普通高等教育“十四五”规划教材

普通高等教育“十一五”国家级规划教材

面向21世纪课程教材
Textbook Series for 21st Century

普通化学

General Chemistry

第4版

王红梅　赵士铎　主编

中国农业大学出版社
·北京·

图书在版编目(CIP)数据

普通化学/王红梅,赵士铎主编. —4 版. —北京:中国农业大学出版社,2019.4(2025.8 重印)

ISBN 978-7-5655-2191-1

Ⅰ.①普… Ⅱ.①王…②赵… Ⅲ.普通化学-高等学校-教材 Ⅳ.O6

中国版本图书馆 CIP 数据核字(2019)第 061643 号

书　　名 普通化学(第 4 版)

作　　者 王红梅　赵士铎　主编

策划编辑 张秀环　　**责任编辑** 张秀环

封面设计 郑　川　李尘工作室

出版发行 中国农业大学出版社

社　　址 北京市海淀区学清路甲 38 号　　**邮政编码** 100083

电　　话 发行部 010-62818525,8625　　读者服务部 010-62732336

编辑部 010-62732617,2618　　出　版　部 010-62733440

网　　址 http://www.caupress.cn　　**E-mail** cbsszs@cau.edu.cn

经　　销 新华书店

印　　刷 涿州市星河印刷有限公司

版　　次 2019 年 6 月第 4 版　　2025 年 8 月第 7 次印刷

规　　格 787×980　16 开本　21.5 印张　395 千字　彩页 1

定　　价 66.00 元

第 4 版编委会

主　编　王红梅　赵士铎

副主编　张　莉　张大伟　胡　滨

编　者　王红梅　赵士铎　张　莉　张大伟　胡　滨　朱荣华
邸建城　冯贵颖　江文世　蒋　疆　李子荣　宁爱民
石　军　孙　英　郑先福

主　审　董元彦　杨桂梧

第3版编委会

主　编　赵士铎

副主编　董元彦　杨桂梧　冯贵颖　马文英　刘希光　孙　英
郑先福

编　者　赵士铎　董元彦　杨桂梧　冯贵颖　马文英　刘希光
孙　英　郑先福　石　军　李子荣　蒋　疆　宁爱民
王红梅　朱荣华　江文世

第 2 版编委会

主　编　赵士铎

副主编　董元彦　杨桂梧

编　者　赵士铎　董元彦　杨桂梧　张荣华　贾之慎　王伊强
　　　　　孙　英　胡唐华　王春娜

主　审　任丽萍　葛　兴

第1版编委会

主　编　赵士铎

编　者　赵士铎　董元彦　贾之慎　杨桂梧　张荣华

第 4 版前言

党的二十大报告明确提出科教兴国战略，强化现代化建设人才支撑。强国先强农，农大做先锋。普通化学是农林院校生物、食品、农学、植保、园艺、动医、动科、环境等专业大学一年级学生的第一门核心专业基础课程，在农林院校高质量人才培养方面起着非常重要的支撑作用。

本教材自 1999 年第一版出版以来，被多所农林院校、师范院校等作为普通化学课程教材，受到师生的一致好评，取得了良好的教学效果，并被全国各地大量立志服务于“三农”的有志青年作为考研自学教材。本书第 3 版于 2007 年印制，应师生要求已印刷 13 次。我们应出版社要求，决定再版。根据现阶段教育改革的方向和新时代学生特点，在保持原书概念严谨、逻辑性强、文字精炼、难度适中、课后题紧扣农林院校考研考试大纲等特点基础上，对原书中的错误进行修正，内容适当增减，使其科学性、实用性更强。鉴于大批量的读者是继续进行深造，我们加强了基本概念的专业英语词汇的编写，课后的小结、思考题、习题有助于学生自主学习和复习。

本书再版，除了第 3 版编写人员外，吉林大学的张大伟、胡滨、邸建城，中国农业大学的张莉也参加了本书的编写工作，由主编负责统稿完成。由于主编水平有限，不足之处恳请同行批评指正。

感谢前 3 版参与编写的各位老师，为本书再版打下了良好的基础。特别感谢主审董元彦、杨桂梧两位老师。中国农业大学出版社和编辑张秀环老师为本书出版付出了大量的艰辛，特此表示感谢！

本次重印，我们结合本课程教学内容，融入关于夯实粮食安全以及人与自然和谐共生的党的二十大精神内容。

编　者

2023 年 5 月 6 日于中国农业大学

第 3 版前言

本书第 1 版、第 2 版分别于 1999 年、2003 年印制发行。作为“面向 21 世纪课程教材”，近 8 年来，本书为多所农林院校、师范院校和其他院校选作普通化学课程教材，受到师生的好评，取得了良好的教学效果，但同时也暴露出该书内容、编排等方面的一些错误和欠缺。

借这次该书作为“普通高等教育‘十一五’国家级规划教材”再版的机会，中国农业大学出版社组织数所学校多年使用该书的教师，就如何重新编写进行了充分的研讨。与会者一致认为，本次再版应在保持原书概念严格、逻辑性强、选材合理、难度适中、文字精练、适于农林院校使用等特点的原则下，对原书中的错误进行修正，对部分内容进行适当增减，对部分编排进行调整，以便更加符合教学规律，并在每章后增加了“本章小结”和“思考题”，以利于学生对课程内容的理解，培养训练学生分析问题、解决问题的能力，同时编写与本书配套使用的《普通化学学习指导》。

本次再版，邀请到吉林大学、西北农林科技大学、天津农学院、河南农业大学、福建农林大学、青岛农业大学、安徽科技学院、华南热带农业大学、西昌学院等学校的老师参加编写工作。他们的学识和丰富的教学经验不仅为本书带进了很多新内容、新思路，还会使本书适用性更强。

董元彦、杨桂梧、冯贵颖、马文英、刘希光、石军、李子荣、郑先福、宁爱民、蒋疆、孙英、王红梅、朱荣华、江文世、赵士铎参加了各章的编写工作，由主编负责统稿完成。由于主编水平有限，不足之处仍恳请同行专家指正。

感谢参加过本书前 2 版编写工作的贾之慎、张荣华、王伊强、王春娜等诸位老师，是他们为此次再版打好了基础。中国农业大学出版社对本书再次出版提供了大量帮助。张秀环、丛晓红二位同志为本书的出版更付出了大量的艰辛。在此，所有编者对她们表示衷心的感谢。

赵士铎

2007 年 6 月 13 日于中国农业大学

第 2 版前言

本书于 1999 年出版发行，被很多农林院校选作教材，收到了良好的教学效果。但正如第 1 版前言所说，本书“仅是对普通化学课程改革的初步尝试”。4 年来，我们收到使用过这本教材的同行专家和学生的很多中肯的批评和建议，也真切地意识到本书亟待修订，以适应教育改革的不断深入。感谢中国农业大学出版社又给了我们一次珍贵的机会，使本书第 2 版能够及时面世发行。

根据同行专家和学生的建议，第 2 版依然保持了原书精简理论、强调应用、加强元素化学内容等特点。除修正了原书中出现的错误外，我们还在以下几方面做了调整：

1. 考虑到现行分析化学课程的内容安排，本书增添了无机定性分析一章，以满足资源与环境、食品等专业的教学需求；考虑到有机化学课程的需要，增加了蒸馏、分馏原理等内容。

2. 加强了与生物科学、农业科学有关知识，如氨基酸的酸碱性、稀土肥料等的讨论和介绍。

3. 根据课堂讲授内容应难、易相间安排的特点，对部分章节内容的先后顺序做了调整。

4. 避免文字过于艰涩，对一些学生不易理解的定义、原理，尽量通过示例进行说明和解释。

尽管想努力做好，但这次再版也只能算是我们对普通化学课程改革的又一次尝试。囿于编者水平，不足之处仍恳请同行赐教。

参加第 2 版编写工作的，除董元彦、杨桂梧、张荣华、贾之慎、赵士铎外，还请到了使用过原书的王伊强、王春娜、孙英、胡唐华几位同志。他们的加入为本书的编写带入了很多新思想、新方法、新内容。

特别感谢任丽萍、葛兴二位主审和中国农业大学出版社编辑丛晓红同志，她们为本书的出版付出了大量辛劳。

再次感谢所有同行和学生给予我们的支持和帮助。

编　者

2003 年 4 月 20 日

第 1 版前言

本书是教育部《面向 21 世纪高等农林院校本科生化学系列课程教学内容和课程体系改革的研究与实践》研究课题成果之一，编写过程中得到中华农业科教基金和北京市高教委的大力资助。本书适用于高等农、林、水院校各专业本科生使用。

化学科学是现代生物科学的基础，化学系列课程是农林院校本科生必修的重要基础课。为培养 21 世纪的合格生物、农、林科技工作者，编者多年来对农林院校“普通化学”课程改革做了大量尝试性的研究和实践，本书正是在此基础上编写而成的。编者力图在以下几方面有所突破：

1. 精简化学理论内容，力图做到够用即可；尽量避免公式的冗长推导和解释，有些内容仅做科普性的叙述，强调理论的应用。

2. 加强与农林科学有重要关系的元素化学内容，其中部分内容分散于各有关理论章节，力图做到以理论教学带动元素化学教学。实践证明，这种新的处理方法，避免了理论部分教学的空洞和元素化学教学的枯燥，再将理论与实践有机结合起来，无论对学生知识的掌握，还是对学生应用理论分析问题、解决问题能力的培养均大为有益。

3. 注意化学科学发展的新动向，力图用新的观点对理论、概念进行叙述和定义。本书积极贯彻《量和单位国家标准》(1993)，以力图保证概念的科学性。全国量和单位标准化技术委员会副主任委员刘天和教授对本书编写给予了大量指导，并亲自对有关章节进行了修改，在此，再次对刘天和教授表示诚挚的感谢。

4. 学生课后作业，是教学中的一极其重要的环节。本书正文简约，将部分重要内容放于习题中，引导学生经思考而掌握之，着意调动学生学习的积极性，利于对学生能力的培养，也给使用此书的教师充分发挥的余地，便于教学的组织。

参加本书编写的有：华中农业大学董元彦(第三、十章)、内蒙古农业大学杨桂梧(第五、六、十一章)、浙江大学贾之慎(第四、八章)、北京林业大学张荣华(第七、九章)、中国农业大学赵士铎(第一、二章)，全书由主编、副主编修改统稿完成。中国农业大学出版社和编辑丛晓红同志对本书的出版付出了极大的精力和艰辛，在此特致谢意。

像小儿“牙牙”学语，至长大回首，定觉幼稚可笑。本书的编写，是编者对普通化学课程改革的初步尝试，书中不足，恳望同行专家和使用此书的同学不吝赐教，以待改进。

编　者

1999年4月20日

目　　录

Contents

绪论(Introduction) ……………………………………………… (1)
1　分散系(Dispersion System) ……………………………………… (4)
1.1　分散系 ……………………………………………………… (5)
1.2　气体 ………………………………………………………… (6)
1.3　液体 ………………………………………………………… (9)
1.4　溶液及混合物的组成标度 ………………………………… (11)
1.5　稀溶液的依数性 …………………………………………… (14)
1.6　两挥发组分溶液的蒸馏和分馏原理 ……………………… (21)
1.7　胶体溶液 …………………………………………………… (24)
1.8　表面活性剂和乳浊液 ……………………………………… (31)
本章小结……………………………………………………………… (33)
思考题………………………………………………………………… (33)
习题…………………………………………………………………… (34)
2　化学热力学基础(Primary Conception of Chemical Thermodynamics) … (36)
2.1　热力学基础知识 …………………………………………… (37)
2.2　热化学 ……………………………………………………… (43)
2.3　化学反应的自发性 ………………………………………… (51)
本章小结……………………………………………………………… (66)
思考题………………………………………………………………… (66)
习题…………………………………………………………………… (67)
3　化学平衡原理(The Principle of Chemical Equilibrium) ……………… (70)
3.1　标准平衡常数 ……………………………………………… (71)
3.2　多重平衡系统 ……………………………………………… (75)
3.3　化学平衡的移动 …………………………………………… (77)
本章小结……………………………………………………………… (81)
思考题………………………………………………………………… (82)
习题…………………………………………………………………… (82)

4 化学反应速率(Rate of Chemical Reaction) …… (84)
4.1 化学反应速率概念 …… (85)
4.2 浓度对化学反应速率的影响 …… (87)
4.3 温度对化学反应速率的影响 …… (89)
4.4 反应速率理论简介 …… (91)
4.5 催化作用 …… (93)
本章小结 …… (96)
思考题 …… (97)
习题 …… (97)
5 原子结构(Atomic Structure) …… (99)
5.1 微观粒子的特性 …… (100)
5.2 单电子原子的波函数及其结构 …… (106)
5.3 多电子原子的结构 …… (114)
5.4 原子结构与元素周期律 …… (120)
本章小结 …… (133)
思考题 …… (133)
习题 …… (133)
6 化学键与分子结构(Chemical Bond and Molecular Structure) …… (136)
6.1 离子键与离子晶体 …… (137)
6.2 共价键的价键理论 …… (140)
6.3 分子轨道理论简介 …… (148)
6.4 分子的极性、分子间力和氢键 …… (152)
6.5 物性与结构简介 …… (160)
本章小结 …… (167)
思考题 …… (168)
习题 …… (168)
7 酸碱反应(Acid-Base Reaction) …… (171)
7.1 酸碱质子理论 …… (172)
7.2 水溶液中的重要酸碱反应 …… (174)
7.3 酸碱平衡的移动 …… (179)
7.4 酸碱缓冲溶液 …… (186)
7.5 强电解质溶液简介 …… (190)
7.6 酸碱反应的生物学意义 …… (191)

本章小结…… (194)
思考题…… (194)
习题…… (194)
8　沉淀-溶解反应(Precipitation-Dissolution Reaction) …… (196)
8.1　难溶电解质的溶度积 …… (197)
8.2　溶度积原理的应用 …… (199)
8.3　沉淀反应在分析化学中的应用 …… (209)
本章小结…… (210)
思考题…… (210)
习题…… (211)
9　氧化还原反应(Oxidation-Reduction Reaction)…… (213)
9.1　氧化还原反应的基本概念 …… (214)
9.2　氧化还原反应与原电池 …… (217)
9.3　原电池电动势和电极电势 …… (220)
9.4　氧化还原反应的自发方向 …… (221)
9.5　氧化还原反应的标准平衡常数 …… (227)
9.6　元素电极电势图及其应用 …… (230)
9.7　常见重要氧化还原反应 …… (234)
本章小结…… (250)
思考题…… (250)
习题…… (250)
10　配位化合物(Coordination Compound) …… (254)
10.1　配位化合物的基本概念…… (255)
10.2　配位化合物的价键理论…… (262)
10.3　配位平衡…… (265)
10.4　重要的配位化合物及其应用…… (272)
本章小结…… (274)
思考题…… (274)
习题…… (274)
11　无机定性分析概论(Introduction of Inorganic Qualitative Analysis) … (277)
11.1　概述…… (278)
11.2　定性分析的化学反应…… (280)
11.3　阴离子分析…… (284)

11.4 阳离子分析…………………………………………………………………………… (289)
习题……………………………………………………………………………………………… (297)
12 化学与食品、化学与环境保护(Chemistry and Food, Chemistry and Environmental Protection) ……………………………………… (298)
12.1 化学与食品…………………………………………………………………………… (299)
12.2 化学与环境保护……………………………………………………………………… (304)
习题……………………………………………………………………………………………… (312)
附录……………………………………………………………………………………………… (313)
附录Ⅰ-1 SI 单位制的词头……………………………………………………………… (313)
附录Ⅰ-2 一些非推荐单位、导出单位与 SI 单位的换算 ……………………………… (313)
附录Ⅱ 常见物质的 $\Delta_f H_m^\ominus$、$\Delta_f G_m^\ominus$ 和 $S_m^\ominus$(298.15 K) ………………………… (314)
附录Ⅲ 弱酸、弱碱的离解常数 $K^\ominus$ ……………………………………………… (319)
附录Ⅳ 常见难溶电解质的溶度积 $K_{sp}^\ominus$(298.15 K)……………………………… (319)
附录Ⅴ-1 酸性溶液中的标准电极电势 $\varphi^\ominus$(298.15 K) ……………………… (320)
附录Ⅴ-2 碱性溶液中的标准电极电势 $\varphi^\ominus$(298.15 K) ……………………… (323)
附录Ⅵ 常见配离子的稳定常数 $K_f^\ominus$(298.15 K)………………………………… (324)
附录Ⅶ 元素的第一电离能 I_1/kJ·mol^{-1} ………………………………………… (325)
附录Ⅷ 常见化合物摩尔质量/g·mol^{-1} ……………………………………………… (326)
参考文献………………………………………………………………………………………… (328)

绪　论
Introduction

化学是研究物质的组成、结构、性质以及这三者之间关系的科学。它与人们的生活息息相关。首先，化学极大地丰富了绚丽多彩的物质世界，如各种金属和高分子材料、合成纤维、药品、火箭高能燃料、超高纯的半导体材料，以及现代农业须臾不可少缺的化肥、高效低毒农药、除草剂和植物生长调节剂等，无一不依赖于化学工作者的创造性劳动。其次，化学反应为人们提供了生产和生活中所需的大量能量。至今，人类活动所需能量的95%以上仍来自化学能源。

化学不但是人们生活的“第二大自然”，还与数学、物理并称为三大“中心科学”，渗入到几乎所有的现代学科中。化学第一次把物质结构揭示到分子、原子水平，并在此基础上研究物质的变化规律。在历史上，化学曾对物理学、地质学、冶金学、农学等学科的发展产生过极大的影响。在近现代，化学与生物学联手，对揭示生命的奥秘有着任何其他学科无法替代的重要意义。光合作用的物质基础和机理、血红蛋白的输氧机理、神经对信号的快速传递机理等，都是靠化学家与生物学家联手才得以研究清楚；蛋白质、DNA、RNA 的结构测定及人工合成，人类基因组测定等，更是主要依赖于化学工作者的聪明才智和艰辛劳动才得以完成。我国化学工作者于 1965 年首次人工合成牛胰岛素的成功，让人们重新认识了生命。诺贝尔奖获得者、美国医学教授 A. Kornberg 更明确地指出，要把生命理解成化学。

在对相关学科做出重大贡献的同时，化学科学也不断地从其他学科中汲取思想的营养，学习其方法和手段，从而发展为现代化学。如化学热力学就是热力学在化学科学中的应用，解决了化学反应的方向和限度问题；而现代原子结构、分子结构理论的基础正是量子力学。

但是，化学科学和任何一门科学一样，是一柄双刃剑。随着工业的发展、人类生活水平的提高，大量化学制品被滥用，环境的严重污染已经成为困扰社会进步的全球性问题。如何发展“绿色化学”已成为现代化学工作者的重要研究课题。与此同时，在环境监测、环境治理工作中，化学工作者也发挥了重要的作用。

由此可见，化学知识是现代科学工作者必不可少的武器。而“普通化学”课程，正是介绍化学科学的基本理论和基本知识的导论性课程。在农林院校中，普通化学课程为后继分析化学、有机化学、物理化学以及有关专业课程的先导性课程。学习化学科学，最重要的是正确处理好理论与实际的关系。自然科学中，所谓理论，实际上是人类对自然界某一侧面的抽象。科学理论的发展过程，也就是人类对自然本质的逐渐接近过程。从一定意义上讲，一切科学理论都只是一种简化了的模型，是不全面的、近似的，有些已经被或将被新的实验事实证明为错误的，必将被新的理论所替代。这个过程，也就是科学不断完善、发展、进步的过程。因此，我们一定要强调以下两点问题：一，注意科学理论的适用局限性。比如牛顿力学仅适用于对宏观物体运动特征的描述，而电子、原子等微观粒子的运动特征只能用量子力学的方法进行研究；元素的电离能和电极电势都可以定量说明元素原子的氧化还原能力大小，但适用条件却大不相同，等等。二，重视实际的化学反应。化学变化是物质的复杂的高级形式的运动，影响化学反应进行的因素十分复杂，很多还未被人类所认识，化学理论的分析、计算结果往往或多或少地存在着误差，很多只能作为实际工作的指导或参考。所以从这个意义上讲，化学至今主要还是一门实验科学。学习化学的目的，是为了驾驭复杂的化学反应，能熟练地按照需要控制反应的方向、程度和进行的快慢。因此，理论的意义在于指导实践。学习化学，切忌脱离性质各异的化学物质和生动的化学反应，一定要注意积累、理解重要的化学反应知识。否则，满腹经纶而对实际的化学反应不甚了了，进到实验室而手足无措，终究是毫无意义的。

本书中经常使用几个非常重要的基本概念，现介绍如下：

1. 化学反应方程式、化学计量数

化学反应的通式，一般可以写为：

$$-\nu_A A-\nu_B B-\cdots=\cdots+\nu_Y Y+\nu_Z Z$$

式中，以 A、B 代表反应物（reactants），Y、Z 代表产物（products），它们可以是原子、分子、离子、自由基；式中 ν 为化学计量数（stoichiometric number），对于反应物其为负，对于产物其为正。ν 的 SI 单位为 1。ν 可以是整数，也可以是简分数。

上式常常写成下列简单形式：

$$\sum_R(-\nu_R R)=\sum_P \nu_P P$$

式中，ν_R 和 ν_P 分别代表反应物 R 和产物 P 的化学计量数。移项后，上式也常常写成更简单的形式：

$$0=\sum_B \nu_B B$$

式中的 B 代表反应物和产物。

例如，合成氨反应，若反应式写为如下形式：

$$3H_2 + N_2 = 2NH_3$$

则 $\nu(H_2) = -3$，$\nu(N_2) = -1$，$\nu(NH_3) = +2$

若反应式写为如下形式：

$$H_2 + \frac{1}{3}N_2 = \frac{2}{3}NH_3$$

则 $\nu(H_2) = -1$，$\nu(N_2) = -1/3$，$\nu(NH_3) = +2/3$。

2. 反应进度

反应进度(extent of reaction)是化学反应的最基础的量。化学反应进度表示化学反应进行的程度。

对于化学反应：

$$0 = \sum_B \nu_B B$$

反应进度 ξ 的定义式为：

$$\xi = \nu_B^{-1} \cdot \Delta n_B$$

反应进度的 SI 单位为 mol。

例如，对于反应：

$$3H_2 + N_2 = 2NH_3$$

若 $\xi = 1$ mol，则 $\Delta n(H_2) = -3$ mol，$\Delta n(N_2) = -1$ mol，$\Delta n(NH_3) = +2$ mol，即 3 mol H_2 与 1 mol N_2 完全反应，生成 2 mol NH_3。

如果反应式写为：

$$H_2 + \frac{1}{3}N_2 = \frac{2}{3}NH_3$$

若 $\xi = 1$ mol，则 $\Delta n(H_2) = -1$ mol，$\Delta n(N_2) = -1/3$ mol，$\Delta n(NH_3) = 2/3$ mol，即 1 mol H_2 与 1/3 mol N_2 完全反应，生成 2/3 mol NH_3。

由此可见，反应进度与反应式的写法有关，而与选择反应系统中何种物质 B 无关。使用反应进度概念时，必须指明反应式。

1 分散系
Dispersion System

【教学目标】

- 了解均相分散系、多相分散系概念。
- 掌握理想气体状态方程式及其应用。
- 掌握理想气体分压定律。
- 熟练掌握各种溶液的组成标度及有关计算。
- 掌握稀溶液的通性、有关计算及应用。
- 胶体溶液:

1. 了解胶体溶液的基本性质。
2. 了解比表面、表面能概念,理解溶胶为热力学不稳定系统。
3. 了解固体对溶液中离子的选择性吸附规律、了解胶团结构。
4. 了解溶胶的稳定性、溶胶的保护和破坏。

- 了解表面活性物质和乳浊液的基本知识。

1 种或多种物质分散在其他物质中所构成的系统称为分散系。

1.1 分散系(dispersion system)

在日常生活和生产实践中，经常可以碰到像泥浆、牛奶、海水等这样一些混合系统，这些系统是由 1 种或多种物质分散在另 1 种物质中所构成的，这些系统被称为分散系。分散系由分散质(dispersate)和分散剂(dispersant)两部分构成：分散质是被分散的物质，分散剂是分散其他物质的物质。分散质处于分割成粒子的不连续状态，而分散剂则处于连续的状态。在分散系内，分散质和分散剂可以是固体、液体或气体，故按分散质和分散剂的聚集状态分类，有 9 种分散系，如表 1.1 所示。

表 1.1 按聚集状态分类的各种分散系

分散质	分散剂	实　例
气	气	空气、家用煤气
液	气	云、雾
固	气	烟、灰尘
气	液	泡沫、汽水
液	液	牛奶、豆浆、农药乳浊液
固	液	泥浆、油漆
气	固	泡沫塑料、木炭
液	固	肉冻、硅胶
固	固	红宝石、合金、有色玻璃

生物体内的各种生理、生化反应都是在液体介质中进行的。按分散粒子的大小，常把液态分散系分为 3 类，如表 1.2 所示。

表 1.2 按分散质粒子大小分类的各种分散系

<table>
<tr><td rowspan="2">均相掺和物　分子或离子分散系
（粒子直径小于 1 nm）</td><td colspan="2">胶体分散系
（粒子直径为 1～100 nm）</td><td rowspan="2">粗分散系
（粒子直径大于 100 nm）</td></tr>
<tr><td>高分子溶液</td><td>溶胶</td></tr>
<tr><td>最稳定</td><td>很稳定</td><td>稳定</td><td>不稳定</td></tr>
<tr><td>电子显微镜下也不可见分散质</td><td colspan="2">超显微镜下可察觉到分散质存在</td><td>一般显微镜下可见分散质</td></tr>
<tr><td>分散质能通过半透膜</td><td colspan="2">能透过滤纸，不能透过半透膜</td><td>分散质不能透过紧密滤纸</td></tr>
<tr><td colspan="2">单相系统</td><td colspan="2">多相系统</td></tr>
</table>

上述液态的均相掺和物就是溶液(solution)。人们日常生活用水是一种含有某些矿物质的水溶液,生物体内的各种生理、生化反应主要在以水为溶剂的溶液系统中进行。科学研究和工农业生产也都与溶液密不可分。掌握有关溶液的基础知识对农业科技工作者有重要的意义。

液态胶体分散系常被称为溶胶(colloid),溶胶在自然界普遍存在,在工农业生产、科学研究以及日常生活中有大量应用。

1.2 气体(gas)

1.2.1 理想气体状态方程式

许多化学变化和生理生化过程,如物质的燃烧、生物的呼吸、植物的光合作用、生物固氮等,都是在空气中发生的。在科学研究和生产实践中,也常利用气体参加的化学反应。了解气体的基本性质具有重要的理论和实践意义。

分子本身没有体积、分子间没有相互作用力的气体称为理想气体(ideal gas)。理想气体是一种人为的模型,实际中并不存在。

科学研究中的各种"模型",是指某种想象的构造或图形,它将实际问题简化,仅反映某些对真实系统行为有决定意义的重要特征,对解决实际问题有重要的指导意义。

在低压、高温条件下,实际气体分子自身的体积与气体体积相比可忽略;气体分子之间距离相当远,分子间的作用力显得微不足道。因此可把低压、高温下的实际气体近似看作理想气体。

通过实验或根据理想气体分子运动论的推导,可得到极为重要的结论:理想气体的压力 p、体积 V、温度 T 和物质的量 n 之间的关系可用理想气体状态方程表示:

$$pV=nRT \tag{1-1}$$

式中,R 为摩尔气体常数。实验测得,在 273.15 K、101.325 kPa 时,理想气体的摩尔体积 $V_m=0.022\,414\,10\ m^3\cdot mol^{-1}$,依下式:

$$pV_m=RT \tag{1-1'}$$

可得 $R=8.314\,5\ Pa\cdot m^3\cdot mol^{-1}\cdot K^{-1}=8.314\,5\ J\cdot mol^{-1}\cdot K^{-1}$。

【例 1.1】 某种碳氢化合物的蒸汽,在 100℃ 及 101.325 kPa 时,测得其密度

$\rho=2.55\ \mathrm{g\cdot L^{-1}}$;由化学分析结果知该化合物中碳原子数与氢原子数之比为1∶1。试确定该化合物的分子式。

解 设该化合物的摩尔质量为 M,质量为 m。

依据理想气体状态方程 $pV=nRT$,

得 $$pV=\frac{m}{M}RT,$$

故 $$M=\frac{mRT}{pV}=\frac{\rho RT}{p}=\frac{2.55\ \mathrm{g\cdot L^{-1}}\times 8.315\ \mathrm{kPa\cdot L\cdot mol^{-1}\cdot K^{-1}}\times 373.15\ \mathrm{K}}{101.325\ \mathrm{kPa}}=77.89\ \mathrm{g\cdot mol^{-1}}。$$

因为该化合物中碳原子数与氢原子数之比为1∶1,设该化合物分子式为$(CH)_x$,

得 $$M=x[M(\mathrm{C})+M(\mathrm{H})]=x(12.0\ \mathrm{g\cdot mol^{-1}}+1.0\ \mathrm{g\cdot mol^{-1}}),$$

解得 $$x=6,$$

故该化合物的分子式为 C_6H_6。

1.2.2 道尔顿理想气体分压定律

实际工作中,经常遇到由两种或多种气体组成的多组分系统。若多种相互不发生化学反应的气体混合后,分子本身的体积和相互作用力均可忽略不计,则称之为理想气体混合物。理想气体混合物中各种组分气体如同单独存在一样,均充满整个容器,任一组分气体分子对器壁碰撞所产生的压力不会因其他组分气体的存在而有所改变。该压力称为理想气体混合物中某组分气体分压力(partial pressure),简称分压 p_i,其与该组分气体独占整个容器时所产生的压力相同:

$$p_i=\frac{n_i}{V}RT \tag{1-2}$$

理想气体混合物的总压力 p 等于混合气体中各组分气体分压力之和:

$$p=p_1+p_2+p_3+\cdots=\sum_i p_i \tag{1-3}$$

此规律最早于1801年由英国化学家道尔顿 (Dolton)通过实验提出,后经气体分子运动论证明,故称之为道尔顿理想气体分压定律。

根据式(1-2)和式(1-3):

$$p=\sum_i p_i=\sum n_i\frac{RT}{V}=n\frac{RT}{V} \tag{1-4}$$

式中,n 为混合气体总的物质的量。

结合式(1-2)和式(1-4),可得:

$$\frac{p_i}{p}=\frac{n_i}{n}$$

或

$$p_i=\frac{n_i}{n}p=x_ip \tag{1-5}$$

式中,x_i 为某组分气体的摩尔分数。式(1-5)表明,理想气体混合物中某组分气体的分压等于该组分气体的摩尔分数与总压力的乘积。

在处理有气体参加的化学反应时,常涉及气体混合物中各组分气体分压的计算。例如,用排水集气法收集气体时,所得气体是含有水蒸气的混合物,在计算有关气体的压力或物质的量时,必须考虑水蒸气的影响。

【例 1.2】 在 25℃、$p=99.43$ kPa 压力下,利用排水集气法收集氢气 $V=0.400$ L。计算在同样温度、压力下,用分子筛除去水分后所得干燥氢气的体积 $V(H_2)'$和氢气的物质的量 $n(H_2)$。已知 25℃时水的饱和蒸气压 $p(H_2O)=3.17$ kPa。

解 实验过程中所收集的氢气实际上是氢气和水蒸气的混合物,根据分压定律可得混合物中氢气的分压力为

$p(H_2)=p(总)-p(H_2O)=99.43\ \text{kPa}-3.17\ \text{kPa}=96.26\ \text{kPa}$,

设经干燥后氢气的压力为 $p(H_2)'$,

因为

$$p(H_2)V(H_2)=p(H_2)'V(H_2)'$$

得干燥后氢气的体积 $V(H_2)'$为

$$V(H_2)'=\frac{p(H_2)V(H_2)}{p(H_2)'}=\frac{96.26\ \text{kPa}\times 0.400\ \text{L}}{99.43\ \text{kPa}}=0.387\ \text{L}$$

$$n(H_2)=\frac{p(H_2)'V(H_2)'}{RT}=$$

$$\frac{99.43\ \text{kPa}\times 0.387\ \text{L}}{8.315\ \text{kPa}\cdot\text{L}\cdot\text{mol}^{-1}\cdot\text{K}^{-1}\times(273.15+25)\text{K}}=$$

1.55×10^{-2} mol。

与理想气体状态方程一样,只有理想气体才严格遵守分压定律。所以对于实际气体混合物,只有在低压、高温条件下才能近似应用分压定律。

1.3 液体(liquid)

1.3.1 液体蒸发

液体分子脱离液体表面变为气体的过程称为蒸发。蒸发是液体气化的一种方式。蒸发过程能够进行是因为尽管液体中的分子被邻近的分子束缚着,但一定温度下液体分子中总有一部分分子具有较高的动能,这些分子能克服分子间的引力而进入气相。按照麦克斯韦(Maxwell)-玻尔兹曼(Boltzmann)分子动能分布定律,动能大于某最小值 E——分子脱离液体表面时所需要的最低动能的分子个数与液体分子总数的比值 $f=e^{-E/RT}$。式中,R 为摩尔气体常数,T 为热力学温度。一定温度下,由于 f 恒定,所以在敞口的容器中,液体的蒸发过程将不断进行下去,直至没有液体留下为止。

1.3.2 饱和蒸气压

一定温度下将液体置于密闭容器中,并将液体上方空间抽真空,则随着蒸发进行,液体上方气体分子数目逐渐增多,蒸气的压力逐渐增高,气体分子中动能较低的分子重新凝结为液体的速率逐渐增快。最终达到液体蒸发速率与气体凝结速率相等的状态,此时液面上方单位体积空间中气体分子数目不再变化,蒸气的压力不再改变,液相物质与气相物质达到平衡。一定温度下,液体与其蒸气平衡时蒸气的压力称为该温度下液体的饱和蒸气压(saturated vapor pressure),简称为蒸气压(vapor pressure)。

蒸气压是液体的重要性质,它与液体的本质及温度有关。若某液体分子间的引力较强,分子脱离液体表面时所需要的动能 E 较高,在一定温度下该液体的蒸气压必然较低。对某种液体,温度越高,f 值越大,蒸气压必然就越高。图 1.1 为几种液体的蒸气压曲线,纵坐标为压力,横坐标为温度,曲线表示气、液两相平衡时温度与压力间的关系。如图 1.1 所示,乙醚、丙酮、乙醇和水 4 种液体,在相同温度下,乙醚的蒸气压最高,最易挥发,而水的蒸气压最低;各种液体的蒸气压均随温度的升高而增大。

固体中动能较高的分子也有脱离固体表面而挥发的倾向。一定温度下,固体与其蒸气平衡时蒸气的压力称为固体的饱和蒸气压。图 1.2 为冰和水的蒸气压曲线。在二曲线的交点,固态物质冰的蒸气压与液态物质水的蒸气压相等。此时冰与蒸气达到平衡、水也与蒸气达到平衡,所以固态物质冰与液态物质水之间必然也

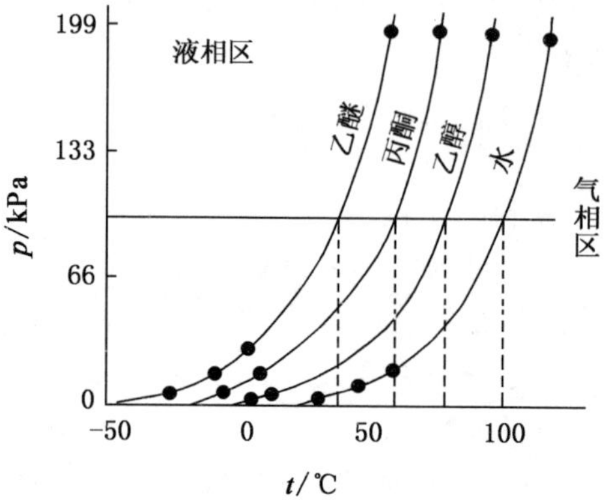

图 1.1 几种液体的蒸气压曲线

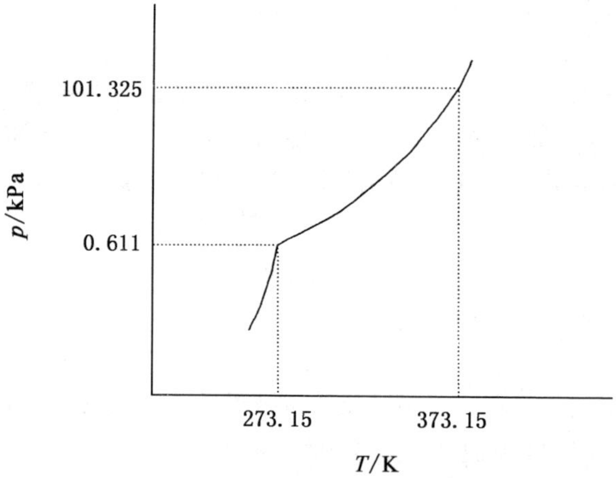

图 1.2 水和冰的蒸气压曲线

达到平衡状态。暴露于 $p=101.325$ kPa 压力的空气中，固态物质与液态物质达到平衡状态时的温度称为液体的凝固点(freezing point)，亦称为液体的冰点或固体的熔点(melting point)。水的凝固点为 0℃。当液体的蒸气压等于外压时，液体的气化将不仅仅发生于液体表面，同时发生于液体内部，这种气化过程称为沸腾(boiling)。液体蒸气压等于外压时的温度称为液体的沸点(boiling point)。通常，液体的沸点是指其蒸气压等于 101.325 kPa 时的温度，称为正常沸点，或简称为沸点。水的正常沸点为100℃。由图1.2可知,液体的沸点随外压升高而升高。

1.4 溶液及混合物的组成标度(composition scales of solutions and mixtures)

有很多方法表示溶液的组成,化学上常用的有物质的量浓度、质量摩尔浓度、摩尔分数等。

1.4.1 B的物质的量浓度

B的物质的量浓度(molarity of B)是指B的物质的量除以混合物的体积。在不可能混淆时,可简称为浓度。物质的量浓度用符号 c_B 表示:

$$c_B = \frac{n_B}{V} \tag{1-6}$$

式中,n_B 为物质B的物质的量,SI单位为mol;V 为混合物的体积,SI单位为 m^3。物质的量浓度的SI单位为 $mol \cdot m^{-3}$。由于体积 V 常用的非SI单位为L,故物质的量浓度的常用单位为 $mol \cdot L^{-1}$。

根据SI规定,使用物质的量单位“mol”时,要指明物质的基本单元。而物质的量浓度单位是由基本单位“mol”推导得到的,所以在使用物质的量浓度时也必须注明物质的基本单元。

1.4.2 溶质B的质量摩尔浓度

溶液中溶质B的物质的量除以溶剂的质量,称为溶质B的质量摩尔浓度(molality of B)。溶质B的质量摩尔浓度用 b_B 表示:

$$b_B = \frac{n_B}{m_A} \tag{1-7}$$

式中,n_B 为溶质B的物质的量,SI单位为mol;m_A 为溶剂的质量,SI单位为kg。质量摩尔浓度的SI单位为 $mol \cdot kg^{-1}$。

由于物质的质量不受温度的影响,所以,溶液的质量摩尔浓度与温度无关。

1.4.3 B的摩尔分数

B的物质的量与混合物的物质的量之比,称为B的摩尔分数(mole fraction of

B)，又称为 B 的物质的量分数。B 的摩尔分数用 x_B 表示：

$$x_B = \frac{n_B}{\sum_A n_A} \tag{1-8}$$

式中，n_B 为 B 的物质的量，SI 单位为 mol；$\sum_A n_A$ 为混合物的物质的量，SI 单位为 mol。摩尔分数的单位为 1。

对于一个两组分的溶液系统来说，溶质的物质的量分数 x_B 与溶剂的物质的量分数 x_A 分别为：

$$x_B = \frac{n_B}{n_A + n_B}, x_A = \frac{n_A}{n_A + n_B}$$

所以 $x_A + x_B = 1$。

若将这个关系推广到任何一个多组分系统中，则有 $\sum_B x_B = 1$。

1.4.4 B 的质量分数

B 的质量与混合物的质量之比，称为 B 的质量分数(mass fraction of B)。B 的质量分数用 ω_B 表示：

$$\omega_B = \frac{m_B}{\sum_A m_A} \tag{1-9}$$

式中，m_B 为 B 的质量，SI 单位为 kg；$\sum_A m_A$ 为混合物的质量，SI 单位为 kg。质量分数的单位为 1。

【例 1.3】 计算 $w(\text{NaCl}) = 10\%$ 的氯化钠水溶液中溶质和溶剂的摩尔分数。

解 根据题意，100 g 溶液中含有 NaCl 10 g，水 90 g；因此，100 g 溶液中，NaCl 和 H_2O 的物质的量分别为

$$n(\text{NaCl}) = \frac{m(\text{NaCl})}{M(\text{NaCl})} = \frac{10\ \text{g}}{58.5\ \text{g} \cdot \text{mol}^{-1}} = 0.17\ \text{mol}$$

$$n(H_2O) = \frac{m(H_2O)}{M(H_2O)} = \frac{90\ \text{g}}{18.0\ \text{g} \cdot \text{mol}^{-1}} = 5.0\ \text{mol}$$

所以

$$x(\text{NaCl})=\frac{n(\text{NaCl})}{n(\text{NaCl})+n(\text{H}_2\text{O})}=\frac{0.17\ \text{mol}}{0.17\ \text{mol}+5.0\ \text{mol}}=0.033$$

$$x(\text{H}_2\text{O})=\frac{n(\text{H}_2\text{O})}{n(\text{NaCl})+n(\text{H}_2\text{O})}=\frac{5.0\ \text{mol}}{0.17\ \text{mol}+5.0\ \text{mol}}=0.97$$

1.4.5 B 的质量浓度

B 的质量与混合物体积之比称为 B 的质量浓度(mass concentration of B)。B 的质量浓度用 ρ_B 表示：

$$\rho_B=\frac{m_B}{V} \tag{1-10}$$

式中，m_B 为 B 的质量，SI 单位为 kg；V 为混合物的体积，SI 单位为 m^3。质量浓度的 SI 单位为 $kg \cdot m^{-3}$，常用单位为 $g \cdot L^{-1}$。

除以上介绍的几种表示混合物和溶液组成的方法外，还有很多方法，如表示气体混合物组成时，常用 B 的体积分数 φ_B：意义为 B 组分气体的分体积与气体混合物体积的比值，即二者分压的比值，等等。

1.4.6 几种溶液组成标度之间的关系

(1)物质的量浓度与质量分数　若溶质 B 的质量分数为 w_B 的溶液密度为 ρ，则该溶液的物质的量浓度与质量分数的关系为：

$$c_B=\frac{n_B}{V}=\frac{m_B}{M_BV}=\frac{m_B}{M_Bm/\rho}=\frac{\rho m_B/m}{M_B}=\frac{w_B\rho}{M_B} \tag{1-11}$$

式中，m 为溶液的质量。

(2)物质的量浓度与质量摩尔浓度　若已知溶液的密度 ρ 和溶液的质量 m，则有：

$$c_B=\frac{n_B}{V}=\frac{n_B}{m/\rho}=\frac{n_B\rho}{m}$$

若该系统是一个 2 组分系统，且 B 组分的含量较少，则溶液的质量 m 近似等于溶剂质量 m_A，上式可近似为：

$$c_B=\frac{n_B\rho}{m}\approx\frac{n_B\rho}{m_A}=b_B\rho \tag{1-12}$$

若该溶液是稀的水溶液，则

$$c_B/(\text{mol}\cdot\text{L}^{-1})\approx b_B/(\text{mol}\cdot\text{kg}^{-1})$$

【例 1.4】 已知 $w(H_2SO_4)=96.0\%$ 的浓硫酸，密度 $\rho=1.84\ \text{g}\cdot\text{mL}^{-1}$。计算 $c(H_2SO_4)$ 及 $c\left(\frac{1}{2}H_2SO_4\right)$。

解 根据公式(1-11)

$$c(H_2SO_4)=\frac{w(H_2SO_4)\rho}{M(H_2SO_4)}=\frac{0.960\times1.84\ \text{kg}\cdot\text{L}^{-1}}{98.0\times10^{-3}\ \text{kg}\cdot\text{mol}^{-1}}=18.0\ \text{mol}\cdot\text{L}^{-1}$$

$$c\left(\frac{1}{2}H_2SO_4\right)=\frac{w(H_2SO_4)\rho}{M\left(\frac{1}{2}H_2SO_4\right)}=\frac{0.960\times1.84\ \text{kg}\cdot\text{L}^{-1}}{\frac{1}{2}\times98.0\times10^{-3}\ \text{kg}\cdot\text{mol}^{-1}}=36.0\ \text{mol}\cdot\text{L}^{-1}$$

由计算结果可以看出，同一溶液，由于基本单元选择不同，其物质的量浓度的数值不同。

【例 1.5】 $w(\text{HAc})=4.64\%$ 的醋酸水溶液，在 20℃时，$\rho=1.005\ \text{kg}\cdot\text{L}^{-1}$，计算 $c(\text{HAc})$ 和 $b(\text{HAc})$。

解 根据公式(1-11)

$$c(\text{HAc})=\frac{w(\text{HAc})\rho}{M(\text{HAc})}=\frac{0.046\ 4\times1.005\ \text{kg}\cdot\text{L}^{-1}}{60.0\times10^{-3}\ \text{kg}\cdot\text{mol}^{-1}}=0.777\ \text{mol}\cdot\text{L}^{-1}$$

由于该醋酸溶液浓度较小，可以用公式(1-12)近似计算质量摩尔浓度

$$b(\text{HAc})\approx\frac{c(\text{HAc})}{\rho}=\frac{0.777\ \text{mol}\cdot\text{L}^{-1}}{1.005\ \text{kg}\cdot\text{L}^{-1}}=0.773\ \text{mol}\cdot\text{kg}^{-1}$$

1.5 稀溶液的依数性(colligative properties of dilute solutions)

稀溶液中，溶质对溶剂的作用力可忽略。因此稀溶液中的溶剂与纯溶剂相比，差异仅在于稀溶液中溶剂的摩尔分数较小。因此，相同溶剂、不同溶质但溶质的摩尔分

数相同的稀溶液必然会具有一系列共同的性质，如稀溶液的蒸气压下降、凝固点降低、沸点升高和渗透压等。这些性质只与溶质的摩尔分数有关，而与溶质的本性无关，所以这一类性质称为稀溶液的通性，或者称为依数性(colligative properties)。

1.5.1 稀溶液蒸气压下降

在一定温度下，任何纯溶剂都有一定的饱和蒸气压 p^*。如果在纯溶剂中加入一定量的难挥发性溶质，由于溶剂摩尔分数下降，使溶液表面的动能较高、足以克服分子间引力而进入气相的溶剂分子的相对含量降低，必然使得溶液的蒸气压比相同温度下纯溶剂的饱和蒸气压低(图 1.3)，而且降低的程度与溶质的摩尔分数有关。

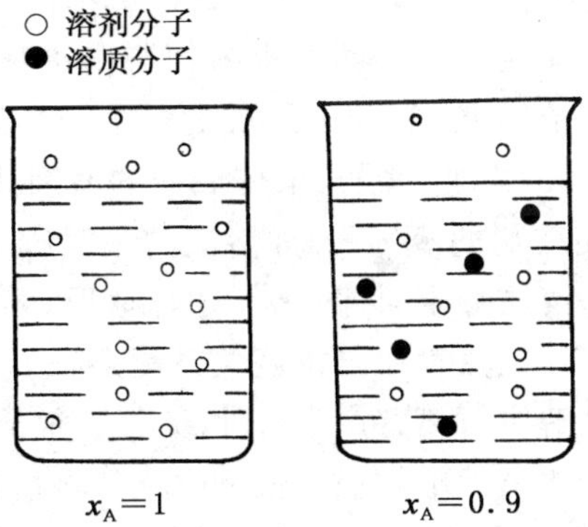

图 1.3 溶液蒸气压下降示意图

法国物理学家拉乌尔 (Raoult)在 1887 年总结出一条关于溶液蒸气压的规律：在一定温度下，难挥发非电解质稀溶液的蒸气压等于纯溶剂的饱和蒸气压与溶液中溶剂摩尔分数的乘积。其数学表达式为：

$$p=p^*x_A \tag{1-13}$$

式中，p 为溶液的蒸气压，p^* 为溶剂的饱和蒸气压，SI 单位均为 Pa；x_A 为溶剂的摩尔分数。

对于一个 2 组分的系统来说，由于 $x_A+x_B=1$，即 $x_A=1-x_B$

所以 $$p=p^*(1-x_B)=p^*-p^*x_B$$

$$\Delta p=p^*-p=p^*x_B \tag{1-13'}$$

式中，Δp 代表溶液蒸气压的下降，x_B 代表溶质的摩尔分数。因此，拉乌尔定律又可表述为:在一定温度下,难挥发非电解质稀溶液的蒸气压下降与溶质的摩尔分数成正比。

在稀溶液中,溶质B的摩尔分数:

$$x_B = \frac{n_B}{n_A + n_B} \approx \frac{n_B}{n_A} = \frac{n_B M_A}{n_A M_A} = b_B M_A$$

即溶质B的摩尔分数与B的质量摩尔浓度成正比。故式(1-13′)可改写为:

$$\Delta p = p^* x_B = p^* b_B M_A = k b_B \tag{1-13″}$$

所以,拉乌尔定律还可表述为:一定温度下,难挥发非电解质稀溶液的蒸气压下降与溶质的质量摩尔浓度成正比。

由分子运动论可对拉乌尔定律作微观的定性解释:一定温度下,纯溶剂的蒸气压和液体中动能足够大、能克服分子间的束缚而脱离液体表面的分子数与液体分子总数的比值 f 有关,而在难挥发、非电解质的稀溶液中,由于溶剂摩尔分数降低到 x_A,使得能克服分子间的束缚而脱离液体表面的溶剂分子数与溶液分子总数的比值也降低至 $x_A f$,致使溶剂的蒸气压,即溶液的蒸气压 $p = p^* x_A$。

若溶液的浓度较大,溶质分子对溶剂分子的作用不可忽略,故虽然难挥发溶质的浓溶液蒸气压明显下降,但蒸气压与浓度关系复杂,Raoult 定律不再适用。

若溶质为电解质,电解质可离解产生2个或多个离子,且离子与离子间、离子与溶剂分子间作用复杂,故虽然电解质溶液的蒸气压下降比非电解质溶液明显,但蒸气压与浓度的定量关系复杂,拉乌尔定律也不适用。

挥发性溶质的溶液蒸气压等于溶剂蒸气压与溶质蒸气压之和,可能比纯溶剂的蒸气压还高。但对于易挥发、非电解质溶质的稀溶液,与之平衡的蒸气中气态溶剂的分压力依然服从拉乌尔定律。

1.5.2 溶液沸点升高和凝固点下降

液体的沸点是指液体的蒸气压等于外压时的温度,液体的正常沸点是液体的蒸气压等于101.325 kPa时的温度。由于难挥发非电解质稀溶液的蒸气压比纯溶剂的蒸气压低,所以温度达到纯溶剂的沸点时,溶液不能沸腾。为了使溶液在此压力下沸腾,就必然使溶液温度升高,促使溶剂分子热运动加剧,以增加溶液的蒸气压。当溶液的蒸气压达到101.325 kPa时,溶液沸腾。图1.4(a)表示稀溶液的沸点升高。图中,T_b^0 代表纯溶剂的沸点,T_b 代表溶液的沸点,二者的差值 ΔT_b 称为溶液的沸点升高。

由拉乌尔定律知 Δp 与溶液的质量摩尔浓度成正比,因此难挥发、非电解质稀

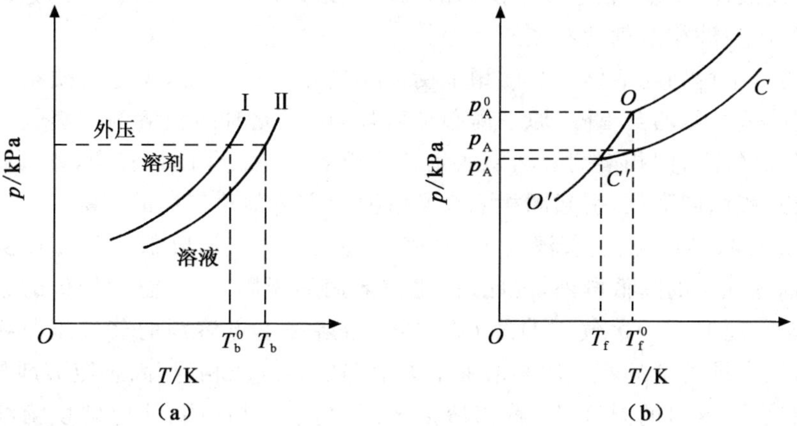

(a)稀溶液的沸点升高;(b)稀溶液的凝固点降低

图 1.4 溶液的沸点升高、凝固点降低示意图

溶液的沸点升高与溶质 B 的质量摩尔浓度成正比:

$$\Delta T_b = K_b b_B \tag{1-14}$$

式中,ΔT_b 为难挥发非电解质稀溶液沸点的升高,单位为 K;K_b 称为溶剂沸点升高常数,单位为 K · kg · mol^{-1}。沸点升高常数 K_b 只与溶剂有关,而与溶质无关,不同的溶剂有不同的 K_b,如表 1.3 所示。

表 1.3 几种溶剂的 T_b 和 K_b

溶 剂	T_b/K	K_b/(K · kg · mol^{-1})
水(H_2O)	373.15	0.52
苯(C_6H_6)	353.35	2.53
四氯化碳(CCl_4)	351.65	4.88
丙酮[$(CH_3)_2CO$]	329.65	1.71
三氯甲烷($CHCl_3$)	334.45	3.63
乙醚($C_4H_{10}O$)	307.55	2.16

溶液沸腾后,随着溶剂不断蒸出,溶液的浓度不断增大。所以与纯液体不同,溶液在沸腾时沸点不能保持恒定,而是不断升高直至溶液达到饱和。

溶液的凝固点比纯溶剂的凝固点低是一个常见的自然现象。例如,由于海水中含有大量的盐分,因此在比纯水更低的温度下才结冰。在 p=101.325 kPa 的大气中，纯液体与其固相达成平衡时的温度就是该液体的正常凝固点，这时固相溶剂的蒸气压与液相溶剂的蒸气压相等。

若向一个达到纯液体与其固相平衡的系统中加入溶质，无论溶质是否易于挥发，溶剂的蒸气压均会下降，原平衡必被破坏：由于此时固相溶剂的蒸气压大于液相溶剂的蒸气压，固相溶剂必然要融化。固相溶剂在融化的过程中，要吸收系统的能量，故系统温度降低，引起固相溶剂及溶液上方溶剂蒸气压的下降。

由图 1.4(b)可见，随着温度下降，固态溶剂的蒸气压降低的程度比溶液上方液态溶剂蒸气压的降低剧烈，因此，在比纯溶剂的凝固点 T_f^0 温度较低的某一温度 T_f 处，固态纯溶剂的蒸气压曲线 OO' 必然与溶液上方溶剂的蒸气压曲线 CC' 相交，此时固态纯溶剂的蒸气压与溶液上方溶剂的蒸气压相等，固态纯溶剂与溶液达到平衡状态。这时的温度 T_b 称为溶液的凝固点。可证明，非电解质稀溶液凝固点下降也与溶质的质量摩尔浓度成正比：

$$\Delta T_f = K_f b_b \tag{1-15}$$

式中，ΔT_f 称为溶液凝固点下降，单位为 K；K_f 为溶剂凝固点下降常数，单位为 $K \cdot kg \cdot mol^{-1}$。凝固点下降常数 K_f 只与溶剂有关，而与溶质无关，不同的溶剂有不同的 K_f，如表 1.4 所示。

表 1.4 几种溶剂的 T_f 和 K_f

溶　剂	T_f/K	$K_f/(K \cdot kg \cdot mol^{-1})$
水(H_2O)	273.15	1.86
苯(C_6H_6)	278.66	5.12
硝基苯($C_6H_5NO_2$)	278.85	6.90
萘($C_{10}H_8$)	353.35	6.80
醋酸(CH_3COOH)	289.75	3.90
环己烷(C_6H_{12})	279.65	20.2

溶液温度达到其凝固点时，有少量固体纯溶剂析出，使得溶液的浓度增大。所以，与纯液体不同，溶液在凝结过程中凝固点不能保持恒定，而是不断降低直至溶液达到饱和。

溶液的沸点上升和凝固点下降都与溶质的质量摩尔浓度成正比，而质量摩尔浓度又与溶质的摩尔质量有关。因此，可以通过对溶液沸点升高和凝固点下降的测定来估算溶质的摩尔质量。由于凝固点下降常数要比沸点升高常数大，且溶液凝固点下降公式可适用于挥发性或非挥发性非电解质的稀溶液，因此通常用测凝固点的方法来测定溶质的摩尔质量。

【例 1.6】 某一 $w=1.00\%$的水溶液，测得其凝固点为 273.05 K。计算该溶液中溶质的摩尔质量。

解 根据公式 $\Delta T_f=K_f b_B$，则有

$$\Delta T_f=K_f\frac{m_B}{m_A M_B}$$

所以 $$M_B=\frac{K_f m_B}{m_A \Delta T_f}$$

由于该溶液的浓度较小，所以 $m_A+m_B\approx m_A$，即 $m_B/m_A\approx 1.0\%$

故 $$M_B=\frac{1.86\ \text{K}\cdot\text{kg}\cdot\text{mol}^{-1}\times 1.0\%}{273.15\ \text{K}-273.05\ \text{K}}=0.186\ \text{kg}\cdot\text{mol}^{-1}$$

科学研究表明，植物的抗旱性和抗寒性与溶液蒸气压下降及凝固点下降有关。当植物所处的环境温度发生较大改变时，植物细胞中的有机体就会产生大量的可溶性碳水化合物来提高细胞液的浓度。细胞液浓度越大，其凝固点下降越大，使细胞液能在较低的温度环境中不结冰，表现出一定的抗寒能力。由于细胞液浓度增加，细胞液的蒸气压下降较大，使得细胞的水分蒸发减少，因此表现出植物的抗旱能力。利用溶液凝固点下降的性质，还可以将冰盐混合物作为制冷剂：在冰的表面撒上食盐，盐就溶解在冰表面上的少量水中，形成盐溶液，而造成溶液的蒸气压下降，凝固点降低，冰就要融化，而吸收大量的热，故冰盐混合物的温度降低，温度可低至−22.4℃。若用 $CaCl_2\cdot 2H_2O$ 和冰的混合物，可降低到−55℃。故盐和冰混合而成的冷冻剂，广泛应用于水产品和食品的保存和运输。冬天，汽车的水箱中加入甘油或乙二醇，可以防止水的冻结。

1.5.3 溶液的渗透压

扩散现象不但存在于溶质与溶剂之间，也存在于任何不同浓度的溶液之间。如果在两个不同浓度的溶液之间，存在一种能有选择地通过某些粒子的膜，即半透膜(semi-permeable membrance)，即可观察到这种扩散现象。例如，在一个连通器的两边各装有蔗糖溶液与纯水，中间用半透膜将它们隔开(图 1.5)。开始时，使连通器两边玻璃柱中的液面高度相同。经过一段时间后，蔗糖溶液一边的液面比纯水的液面要高。这是因为半透膜能够防止溶质蔗糖分子的扩散，却不能阻止溶剂水分子的扩散。由于在单位体积内纯水中水分子比糖溶液中的水分子多，因此纯水中的水分子通过半透膜进入糖溶液的速率要比相反的过程快，所以，蔗糖溶液的

液面升高。像这种物质粒子通过半透膜单向扩散的现象称为渗透(osmosis)。随着糖溶液液面的升高,液柱的静压力增大,使糖溶液中水分子通过半透膜的速率加快。当压力达到一定值时,水从两个相反方向通过半透膜的速率相等,此时渗透达到平衡。将溶液与纯溶剂用半透膜隔开,若在溶液上加一额外压力,恰能使渗透作用达到平衡,这个额外压力就是该溶液的渗透压(osmotic pressure)。渗透压相等的溶液称为等渗溶液。

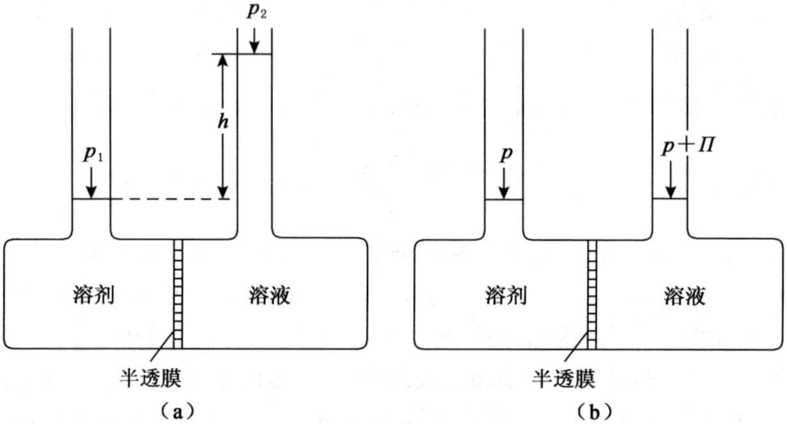

图 1.5 渗透压示意图

德国植物学家菲弗尔(W. Pfeffer)第一个定量研究了溶液渗透压与温度及浓度之间的关系:温度一定时,非电解质稀溶液的渗透压与溶质的物质的量浓度成正比,而当溶液的浓度一定时,渗透压与温度成正比。随后,荷兰理论化学家、诺贝尔奖获得者范特霍夫(J. H. van't Hoff)进一步总结了溶液渗透压与浓度、温度的关系:

$$\pi = c_B RT \tag{1-16}$$

式中,π 为溶液的渗透压,R 为摩尔气体常数,c_B 为溶质的物质的量浓度。

通过对溶液渗透压的测定,也能估算出溶质的摩尔质量。

【例 1.7】 有一蛋白质的饱和水溶液,每升含有蛋白质 5.18 g。已知在 293.15 K 时,溶液的渗透压为 0.413 kPa。求算此蛋白质的摩尔质量。

解 根据公式 $\pi = c_B RT$

得 $M_B = \dfrac{m_B RT}{\pi V} =$

$$\frac{5.18\ \text{g}\times 8.315\times 10^{3}\ \text{Pa}\cdot\text{L}\cdot\text{mol}^{-1}\cdot\text{K}^{-1}\times 293.15\ \text{K}}{0.413\ \text{kPa}\times 1\ \text{L}}=$$

$$3.06\times 10^{4}\ \text{g}\cdot\text{mol}^{-1}$$

渗透是一种自然现象，广泛存在于动植物的生理活动之中。生物体内所占比例最高、作用最大的组分是水。生物体中的细胞液和体液都是水溶液，它们具有一定的渗透压，而且生物体内的绝大部分膜都是半透膜。因此渗透压的大小与生物的生存和发展有着密切的关系。例如，将淡水鱼放入海水中，由于其细胞液浓度较低，渗透压较小，在海水中就会因细胞大量失去水分而死亡。植物也一样，当在它的根部施肥过多或生长于盐碱地中，就会造成作物细胞脱水而枯萎。

渗透作用在工业上的应用也很广泛，如"反渗透(reverse osmosis)技术"就是一例。所谓"反渗透技术" 就是在渗透压较大的溶液一边加上比其渗透压还要大的压力，迫使溶剂从高浓度溶液向低浓度溶液扩散，从而达到浓缩溶液的目的。对某些不适合在高温条件下浓缩的物质，可以利用反渗透的方法进行浓缩，如速溶咖啡和速溶茶的制造。"反渗透技术"还可以用于海水的淡化。

稀溶液的蒸气压下降、沸点升高、凝固点降低和渗透压均与溶液的浓度成正比，而与溶质的本性无关。当浓度较大时，上述定量关系不再适用。电解质在水溶液中发生离解、缔合等变化，上述定量关系也不能适用(表 1.5)。但一般可根据溶液中溶质的粒子总数来比较不同溶液的蒸气压、沸点、凝固点及渗透压的大小。

表 1.5 NaCl 和 HAc 水溶液的凝固点下降

$b_B/(\text{mol}\cdot\text{kg}^{-1})$	NaCl			HAc		
	实验值/K	计算值/K	实验值/计算值	实验值/K	计算值/K	实验值/计算值
0.100 0	0.348	0.186	1.87	0.188	0.186	1.01
0.050 0	0.176	0.093 0	1.89	0.094 9	0.093 0	1.02
0.010 0	0.035 9	0.018 6	1.93	0.019 5	0.018 6	1.05
0.005 0	0.018 0	0.009 3	1.94	0.009 8	0.009 3	1.06

1.6 两挥发组分溶液的蒸馏和分馏原理(principles of distillation and fractionation of solution with two volatile components)

无论在工农业生产中还是科学实验中，经常遇到将挥发性物质的混合溶液中各组分分离、提纯的问题。如将石油中的柴油、汽油、煤油等组分分离，将水和乙醇分离等。蒸馏(distilation)和分馏(fractionation)是将挥发性物质分离、提纯最常用、最有效的方法。

2种挥发性液体A和B混合后,由于二者浓度都较大,溶液的性质比稀溶液的性质往往复杂得多。但若两组分中分子间作用力大小相同或近似时,则可认为两组分之间的相互作用十分微弱,可忽略不计,因此,A、B两组分在所有的浓度范围内均服从拉乌尔定律,即在一定温度时,溶液蒸气中A组分的分压与溶液中A的摩尔分数成正比、蒸气中B组分的分压与溶液中B的摩尔分数成正比:

$$p(\mathrm{A})=x_{\mathrm{A}}p^{*}(\mathrm{A})$$
$$p(\mathrm{B})=x_{\mathrm{B}}p^{*}(\mathrm{B})$$

此时溶液的蒸气压等于二组分蒸气压之和:

$$p=p(\mathrm{A})+p(\mathrm{B})=x_{\mathrm{A}}p^{*}(\mathrm{A})+x_{\mathrm{B}}p^{*}(\mathrm{B})$$

符合上述性质的溶液称为理想溶液。理想溶液也是一种人为的模型,只有某些溶液,如苯-甲苯溶液等可近似视作理想溶液。显然,理想溶液的沸点高于其中较易挥发组分的沸点、低于较不易挥发组分的沸点,且随两组分浓度的变化而改变。

若一理想溶液由 $x(C_6H_6)=0.33$ 和 $x(C_6H_5CH_3)=0.67$ 的苯与甲苯组成。在20℃时,苯和甲苯的蒸气压分别为:

$$p^{*}(C_6H_6)=10\ \mathrm{kPa}$$
$$p^{*}(C_6H_5CH_3)=2.9\ \mathrm{kPa}$$

所以,20℃时,此溶液的蒸气中,苯蒸气和甲苯蒸气的分压及溶液的蒸气压分别为:

$$p(C_6H_6)=x(C_6H_6)\times p^{*}(C_6H_6)=0.33\times 10\ \mathrm{kPa}=3.3\ \mathrm{kPa}$$
$$p(C_6H_5CH_3)=x(C_6H_5CH_3)\times p^{*}(C_6H_5CH_3)=0.67\times 2.9\ \mathrm{kPa}=1.9\ \mathrm{kPa}$$
$$p=3.3\ \mathrm{kPa}+1.9\ \mathrm{kPa}=5.2\ \mathrm{kPa}$$

根据以上结果,可计算出蒸气中苯和甲苯的摩尔分数 $x(C_6H_6,g)$、$x(C_6H_5CH_3,g)$为:

$$x(C_6H_6,g)=p(C_6H_6)/p=3.3\ \mathrm{kPa}/5.2\ \mathrm{kPa}=0.63$$
$$x(C_6H_5CH_3,g)=p(C_6H_5CH_3,g)/p=1.9\ \mathrm{kPa}/5.2\ \mathrm{kPa}=0.37$$

计算结果表明，理想溶液中组分的摩尔分数与其蒸气中组分的摩尔分数不同：蒸气中易挥发组分的摩尔分数比其在溶液中的摩尔分数高。因此，将一个两组分的理想溶液如苯-甲苯溶液加热至沸腾，并将所得蒸气冷凝，冷凝液中易挥发组分苯的含量必然比原溶液中要高。若两组分沸点相差较大，一次操作就可基本达到将二者分离的目的，此即所谓的蒸馏原理。若两组分沸点相差较小，可将馏出液再多次蒸馏，使二者较彻底地分离。工业中利用精馏塔、实验室中利用分馏柱（图1.6）实现连续蒸馏，即分馏操作。

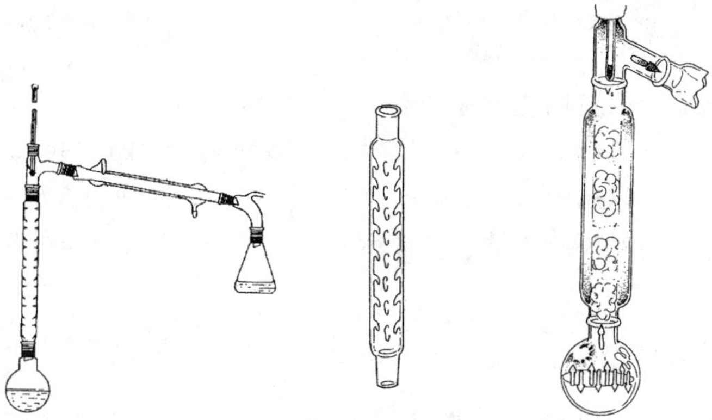

分馏装置　　刺型分馏柱　　分馏柱

图 1.6　分馏装置

在分馏过程中，蒸馏烧瓶中溶液沸腾，混合物蒸气进入分馏柱。受柱外空气冷却，上升蒸气中的高沸点组分凝结成液体向下回流，低沸点组分仍以气体存在，这样低沸点组分在气相中的分数较前增加。回流的冷凝液下降时与上升的热蒸气接触时，发生的热交换使其再次气化上升；上升蒸气中高沸点组分又会被冷凝，而低沸点组分仍继续上升。这样，分馏柱里的回流液中高沸点组分不断回流，而低沸点组分不断气化上升，则在蒸气中低沸点组分逐步富集。如此不停地蒸馏，在分馏柱中反复进行汽化、冷凝、回流，再汽化……。若分馏柱的效率足够高，在分馏柱顶部引出的蒸气就接近于纯净的低沸点组分，最终可能将低沸点的物质分离出来。

非理想溶液的性质偏离理想溶液。若偏离较大，会出现恒沸现象。所谓恒沸，是指当非理想溶液在某一确定的组成时，其沸点恒定，此时在气相中各组分的摩尔分数与液相中各组分的摩尔分数完全相同。所以达到恒沸点（azeotropic point）温度后，已不能利用蒸馏的方法进行组分的分离。例如，在 101.325 kPa 条件下，H_2O-C_2H_5OH 混合溶液的恒沸点为 78.13℃，低于乙醇的沸点。恒沸混合物

(azeotrope)中乙醇的质量分数 $w(C_2H_5OH)=95.57\%$，所以，对 $w(C_2H_5OH)<95.57\%$ 的乙醇水溶液进行蒸馏，馏出液中乙醇的质量分数最多只能达到 95.57%；对 $w(C_2H_5OH)>95.57\%$ 的乙醇水溶液进行蒸馏，最终也只能得到 $w(C_2H_5OH)=95.57\%$ 的溶液。又如，在 101.325 kPa 条件下，H_2O-HCl 混合溶液的恒沸点温度为 108.5℃，高于水的沸点。恒沸混合物中氯化氢的质量分数 $w(HCl)=20.24\%$。

1.7 胶体溶液(colloid)

胶体的概念是由英国化学家格雷厄姆(T. Graham)在 1861 年提出的。大约在 40 年以后，俄国科学家维伊曼通过对 200 多种化合物的试验，证明几乎各种典型的晶体物质都可以用降低其溶解度或选用适当的分散剂的方法制成溶胶。从此人们才真正了解到胶体并非是一类特殊的物质，它只不过是一种物质以一定分散程度存在的状态。

1.7.1 胶体溶液

从表 1.2 可以看出，胶体分散系(colloidal dispersion system)是由颗粒大小为 $10^{-9}\sim10^{-7}$ m 的分散质组成的系统。它可分为 2 类：一类是胶体溶液，又称溶胶，它是由小分子、原子或离子聚集成较大颗粒而形成的多相系统，如 $Fe(OH)_3$ 溶胶和 As_2S_3 溶胶等；另一类是高分子溶液，它是由一些高分子化合物所组成的溶液。高分子化合物由于其分子结构较大，整个分子大小属于胶体分散系，因此，它表现出许多与胶体相同的性质。事实上，高分子溶液是均相的真溶液。

溶胶系统是多相系统，相与相之间存在界面，也称为表面。分散系的分散度常用比表面积来衡量，比表面积定义为：

$$s=S/V \tag{1-17}$$

式中，s 为分散质的比表面积；S 为分散质的总表面积；V 为分散质的体积。

从式 1-17 中可以看出，单位体积的分散质表面积越大，即分散质的颗粒越小，则比表面积越大，系统的分散度越高。例如，一个 1 cm^3 的立方体，其表面积为 6 cm^2，比表面积为 $6\times10^2\ m^{-1}$。如果将其分割成边长为 10^{-7} cm 的小立方体，共有 10^{21} 个，则其总面积为 $6\times10^7\ cm^2$，比表面积为 $6\times10^9\ m^{-1}$。胶体分散系的粒子大小在 $10^{-9}\sim10^{-7}$ m 范围内，所以溶胶粒子的比表面积非常大，因此，溶胶具有某些特殊的性质。

1.7.2 表面吸附

处在液体或固体表面的质点，如分子、原子、离子等，所受其他质点的作用力与处于内部的质点不同。内部质点所受合力为0，而表面质点因外部气体分子对其引力较小，必然受到一指向液体或固体内部的作用力。因此，欲将内部质点迁移到表面，即扩大表面积，就必须吸收能量。通常用表面能表示表面质点比内部质点高出的能量。系统的比表面积越大，表面能越高，越不稳定，因此液体和固体都有自动减少表面能的能力。凝聚(coagulation)和表面吸附(adsorption)是两种降低表面能的途径。

吸附作用的应用很重要，如吸附作用是一种有效的除去杂质的方法，早在2 000多年前就已被我国劳动人民所掌握。在20世纪70年代湖南长沙出土的汉墓中，考古工作者发现古人用新烧制的木炭和石炭作为除水和除臭的吸附剂，达到防腐的目的。而今吸附作用越来越多地被应用在工农业生产、医药卫生和日常生活中，如制糖工业中糖汁的脱色、石化工业中高分子化合物催化裂解、医用保健制生物炭氧机中将氧气与氮气分离等。尽管吸附作用的应用已十分普及，但尚有许多复杂的吸附机理还待深入研究。

1.7.3 胶体的制备与性质

1.7.3.1 溶胶的制备

由于溶胶粒子的大小介于粗分散系与分子分散系之间，所以，溶胶的制备有2种方法：其一是将粗分散系中的粒子通过破碎与研磨，使粒子大小达到胶体分散系的范围内，这种方法称为分散法；其二是使小分子、原子或离子聚集，使粒子大小符合胶体分散系的要求，这种方法称为聚集法。在分散法制备胶体的过程中，通常采用超声波粉碎、高速胶体磨研磨、高压电弧放电等方法将大颗粒分散成为胶体颗粒，如常见的气溶胶和原子态溶胶的制备。用聚集法制备溶胶时，往往通过突然改变溶剂或者利用化学反应等手段。例如，硫溶胶就可以通过在硫-乙醇溶液中加水的方法制备，使得硫由于在水中的溶解度减小而发生聚集成为溶胶。而化学反应法则是通过一个化学反应生成难溶物，在难溶性化合物从饱和溶液中析出过程中，使之聚合成溶胶粒子，从而形成一个多相的溶胶系统。比如，氢氧化铁溶胶和硫化砷溶胶就可用此方法制备得到。

1.7.3.2 溶胶的性质

(1)溶胶的光学性质　早在1869年，丁达尔(Tyndall)在研究胶体时，将一束光线照射到透明的溶胶上，在与光线垂直方向上可以观察到一条发亮的光柱，这一

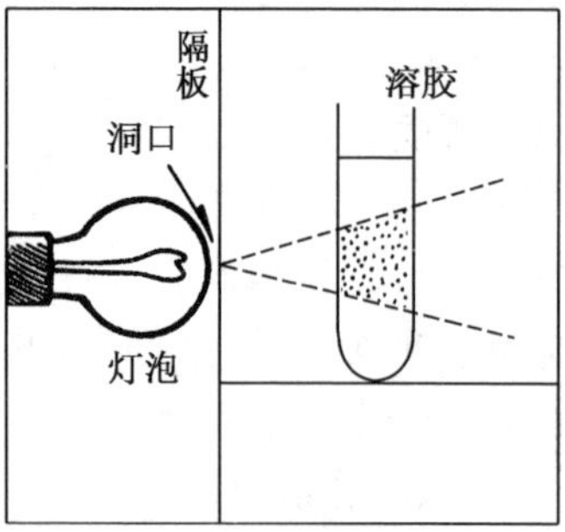

图 1.7 丁达尔效应

现象称为丁达尔效应(图 1.7)。丁达尔效应是胶体所特有的现象,可以区别溶液与胶体。

当光线照射到物体表面时,如果物质颗粒的直径远远大于入射光的波长,入射光被反射;如果物质的颗粒直径比入射光小则发生光的散射作用而出现丁达尔现象。溶胶的粒子直径在 1～100 nm,而可见光的波长范围为 400～760 nm,故可见光通过溶胶时产生明显的散射作用,产生胶体溶液特有的丁达尔效应。利用丁达尔效应可制成超显微镜,研究胶体内部粒子的运动。

(2)溶胶的动力学性质　在超显微镜下观察溶胶的散射现象时,可以看到溶胶中的发光点在做无休止、无规则的运动(图 1.8),这就是布朗(Brown)运动。布朗运动是由于分散质粒子不断地受到分散剂粒子从各个方向的碰撞而造成的。由于粒子热运动的方向和速率是无法预测的,所以溶胶粒子的运动是无规则的。

(3)溶胶的电学性质　在溶胶中插入正、负 2 个电极,溶胶粒子会发生定向迁移,这种现象称为溶胶的电泳(electrophoresis)。可以通过溶胶粒子在电场中的迁移方向来判断溶胶粒子的带电性(图 1.9)。

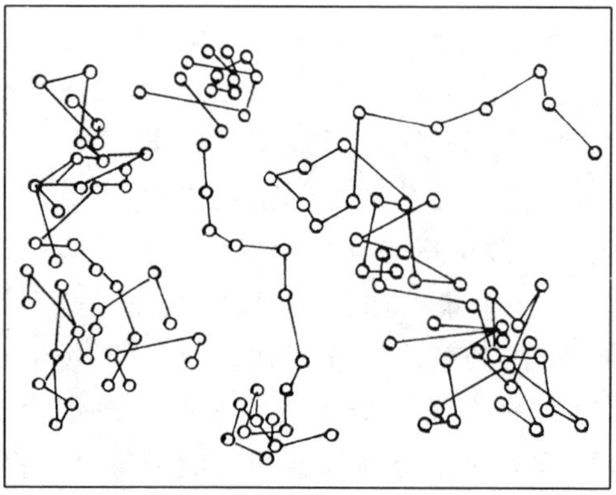

图 1.8 布朗运动

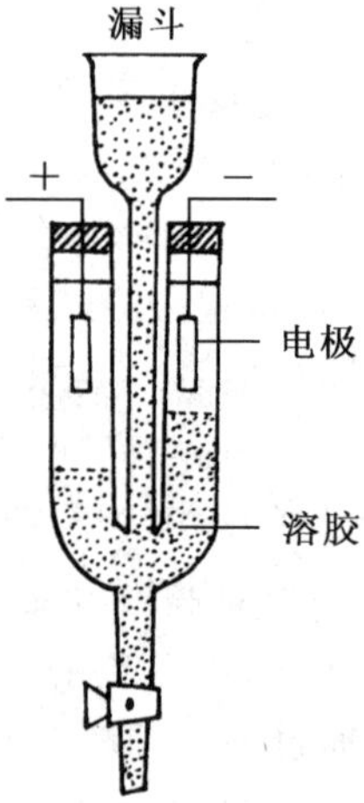

图 1.9 溶胶的电泳

在 U 形管中装入棕红色的氢氧化铁溶胶,并在溶胶的表面小心滴入少量蒸馏水,使溶胶表面与水之间有一明显的界面。然后在两边管子的蒸馏水中插入铂电极,并加上电压。经过一段时间,可以观察到 U 形管中溶胶的液面不再等高,在负极一端溶胶液面比正极端高。这说明氢氧化铁溶胶粒子在电场中向负极迁移,溶胶粒子带正电。这就是氢氧化铁溶胶的电泳现象。若将分散质固定,让分散剂在电场作用下迁移,这种现象称为电渗(electroosmosis),如图 1.10 所示。

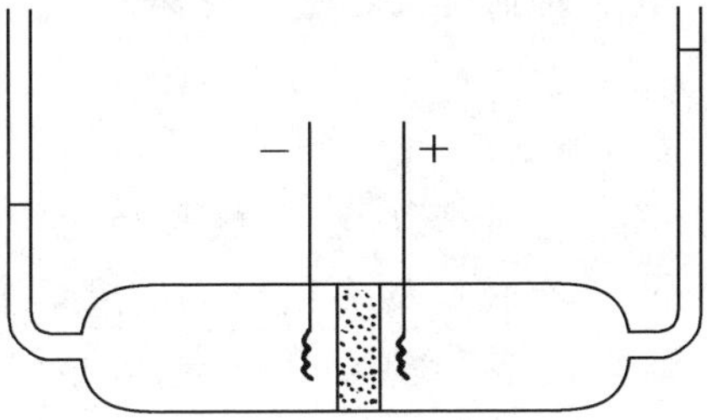

图 1.10 溶胶的电渗

电泳现象和电渗现象都说明溶胶粒子是带电荷的。溶胶粒子带电荷的主要原因是:

①吸附作用。溶胶是由许多高度分散的小颗粒组成,因此,溶胶系统具有很大的比表面积和较高的表面能。这些小颗粒强烈地吸附溶液中的离子,使表面能降低。根据吸附规则,溶胶粒子总是尽先吸附溶液中与其组成有关的离子。以氢氧化铁溶胶为例,该溶胶是用 $FeCl_3$ 在沸水中水解而制成的。在水解过程中,有大量的 FeO^+ 产生,由于 $Fe(OH)_3$ 对 FeO^+ 的吸附而使 $Fe(OH)_3$ 溶胶粒子带正电荷。又如将 H_2S 气体通入饱和 H_3AsO_3 溶液中,可制得淡黄色的 As_2S_3 溶胶。由于 H_2S 在溶液中离解产生 HS^-,所以,As_2S_3 溶胶吸附 HS^- 以后,带有负电。

②离解作用。部分溶胶粒子带电荷是由于自身表面离解造成的。例如,硅胶粒子带电荷就是因为表面的 H_2SiO_3 离解形成 $HSiO_3^-$ 或 SiO_3^{2-} 而带负电荷。

应该指出,溶胶粒子带电原因十分复杂,以上 2 种情况只能说明溶胶粒子带电荷的某些规律,至于溶胶粒子究竟怎样带电荷,带什么电荷,都还需要通过实验来证实判断。例如,将 $AgNO_3$ 溶液与 KI 溶液混合制得 AgI 溶胶,该溶胶带的电荷种类需要根据反应过程中哪个物质过量来判断:若 $AgNO_3$ 过量,AgI 固体选择性地吸附 Ag^+,使溶胶粒子带正电荷;若 KI 过量,则 AgI 固体选择性地吸附 I^-,使溶胶粒子带负电荷。

电泳技术在生物科学中应用广泛。许多生物大分子常常是带电荷的离子,它们在电场中会发生移动，可以根据其移动的速度研究和了解该分子的电荷、形状、大小等有关情况。也可以用电泳的方法将差别很小的生物大分子进行分离，例如，镰刀形细胞贫血这种遗传病是由不正常血红蛋白引起的，它和正常血红蛋白之差仅在于正常血红蛋白中两处能离解的氨基酸被不能离解的氨基酸替换，因此少 2 个电荷。用电泳法可将这 2 种血红蛋白完全分离。

1.7.4 胶团的结构

以碘化银溶胶为例，Ag^+ 与 I^- 反应后生成直径为 1～100 nm 的 AgI 颗粒，称为胶核。胶核颗粒很小，具有较高的表面能。如果系统中存在过剩的离子，胶核就选择性地吸附这些离子。若系统中 KI 过量，胶核优先吸附 I^-，胶核表面就会带负电。被胶核吸附的离子称为电位离子。带有负电荷的 AgI 胶核，又因静电引力吸引介质中带正电的 K^+，这些带相反电荷的离子称为反离子。胶核与被其吸附的电位离子以及部分被较强吸附的反离子一起称为胶粒，而胶粒与其他吸附较弱的反离子形成的不带电的物质称为胶团。胶团是电中性的，如图 1.11 所示：其中，电位离子处于胶团结构的紧密层，反离子处于扩散层，在电泳实验中运动的是胶核及紧密层和部分扩散层组成的胶粒。胶团结构可用结构式（图 1.12）表示：

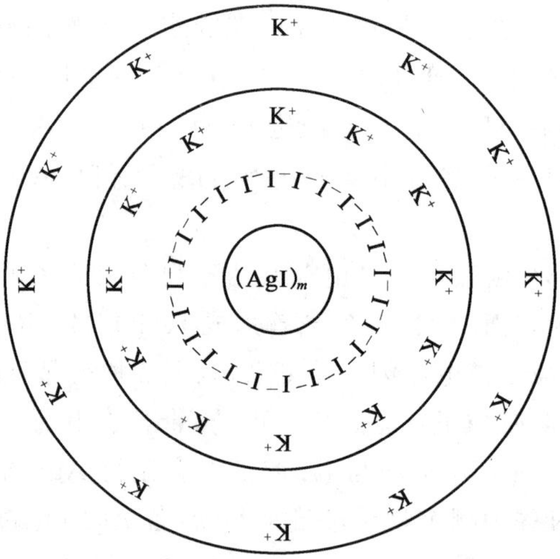

图 1.11 KI 过量时形成的 AgI 胶团结构示意图

$$\{(AgI)_m \cdot nI^- \cdot (n-x)K^+\}^{x-} \cdot xK^+$$

胶核 电位离子 反离子 反离子

吸附层 扩散层

胶粒

胶团

图 1.12 AgI 胶团结构式

在制备 AgI 溶胶时，如果 $AgNO_3$ 过量，那么其胶团结构为：

$$\{(AgI)_m \cdot nAg^+ \cdot (n-x)NO_3^-\}^{x+} \cdot xNO_3^-$$

同理，氢氧化铁、三硫化二砷和硅胶的胶团结构式可表示如下：

$$\{(Fe(OH)_3)_m \cdot nFeO^+ \cdot (n-x)Cl^-\}^{x+} \cdot xCl^-$$

$$\{(As_2S_3)_m \cdot nHS^- \cdot (n-x)H^+\}^{x-} \cdot xH^+$$

$$\{(H_2SiO_3)_m \cdot nHSiO_3^- \cdot (n-x)H^+\}^{x-} \cdot xH^+$$

1.7.5 溶胶的稳定性和聚沉

1.7.5.1 溶胶的稳定性

溶胶的不稳定性表现在 2 个方面：第一，溶胶粒子会在重力的作用下，发生沉降；第二，溶胶是一个高分散、高表面能的系统，因此，胶粒间会相互凝聚成大颗粒而聚沉。事实上，溶胶系统相当稳定，其主要原因是溶胶具有一定的动力学稳定性和聚结稳定性。

溶胶动力学稳定性是指分散粒子不会在重力作用下从分散剂中分离出来。由于布朗运动，溶胶粒子在系统中做无规则运动，而不发生沉降。而粗分散系由于其分散质粒子质量较大，且不可能作布朗运动，所以，会在重力作用下发生沉淀。例如，在 20℃的水中，直径为 1 mm 的石英砂在 25 s 内沉降 2.5 cm；而将其分散成粒径为 100 nm 时，沉降同样的高度需 1 个月时间；当石英砂被分散成为粒径为 1 nm 时，沉降 2.5 cm 需要 280 年。

溶胶的聚结稳定性是指溶胶在放置过程中，不发生分散质粒子的相互聚结。溶胶之所以具有聚结稳定性，最重要的原因是吸附作用使胶粒带电而产生胶粒之间的静电斥力；此外，由于被吸附的离子和溶剂相互作用，使胶粒表面形成溶剂化膜，阻止了胶粒之间的接触和聚结。

1.7.5.2 溶胶的聚沉和保护

倘若溶胶的动力学稳定性与聚结稳定性遭到破坏，胶粒就会因碰撞而聚结沉降，澄清透明的溶胶就会变混浊，此过程称为聚沉。

造成溶胶聚沉的因素很多，如溶胶本身浓度过高，溶胶被长时间加热，以及加入强电解质等。溶胶的浓度过高，胶粒的碰撞机会就会增加，容易发生聚沉。将溶胶长时间加热，增强溶胶粒子的热运动，且胶粒周围的溶剂化膜被破坏，同时由于胶粒的热运动加剧使胶粒表面的电位离子和反离子数目减小，双电层变薄，胶粒间的碰撞聚结的可能性大大增加。对溶胶聚沉影响最大的是在溶胶中加入电解质。当溶胶内电解质浓度较低时，胶粒周围的反离子扩散层较厚，静电斥力起主要作用，防止胶粒聚沉，但加入大量的电解质以后，大量的离子进入扩散层内，扩散层变薄，同时反离子减少了胶粒所带电荷，使胶粒之间的静电斥力减弱，聚沉的机会增加。

电解质对溶胶起聚沉作用的主要是与胶粒所带电荷相反的离子，而且与其所带电荷多少有关。一般来说，离子电荷越高，对溶胶的聚沉作用就越大。带有相同电荷的离子对溶胶的聚沉能力也存在差异：随着离子半径的减小，电荷密度增加，其水化半径也相应增加，聚沉能力就会减弱。例如，碱金属离子，对带负电溶胶的聚沉能力大小顺序为：$Rb^+ > K^+ > Na^+ > Li^+$；碱土金属离子的聚沉能力大小顺序为：$Ba^{2+} > Sr^{2+} > Ca^{2+} > Mg^{2+}$。这种带相同电荷的离子对溶胶聚沉能力大小的顺序称为感胶离子序。

如果将 2 种带有相反电荷的溶胶按适当比例相互混合，溶胶也会发生聚沉，这种现象称为溶胶的互聚。溶胶的互聚必须按照等电量原则进行，即 2 种互聚的溶胶粒子所带的总电荷数必须相等，否则其中一种溶胶的聚沉不完全。

在某些情况下需要对溶胶进行保护。保护溶胶的方法有很多，可以加入适量的保护剂，如动物胶之类的物质，以增加胶粒的溶剂化保护膜；也可以对溶胶进行渗析，以减小溶胶中所含电解质的浓度，从而防止胶粒的聚沉。

有时溶胶的生成会带来许多麻烦，例如，分离沉淀时，如果是胶状的沉淀，它不但能够透过滤纸，而且还会使过滤时间大为增加，此时则要设法破坏已形成的胶体。

1.8 表面活性剂和乳浊液(surfactants and emulsions)

1.8.1 表面活性剂

2 种极性相差很大的物质,通过机械分散方式很难形成一个均匀混合的稳定单相系统,即两物质各成一相。只有在这 2 种物质接触面积最小时才能够稳定。水和油就是如此:水是一种强极性的化合物,油是直链碳氢化合物,极性较弱。因此,将这两种物质通过机械方式混在一起后,无须多时,油水就会自动分层。而加入表面活性剂(surfactant)后,能够显著降低两相间的界面能,使极性相差较大的物质也能相互均匀分散而稳定存在。如上述水油系统中,加入适量的表面活性剂如洗涤剂以后,水油不再分层,形成相对稳定的混合系统。

表面活性剂的分子是由极性基团(亲水)和非极性基团(疏水)两部分构成。极性部分通常是—OH、—COOH、$—NH_2$、$—NH_3^+$ 等基团,而非极性部分主要是由碳氢组成的长链或芳香基团。

由于表面活性剂特殊的分子结构,它具有既能进入水相,又能进入油相的能力,因此,它能在水和油的界面形成膜,降低水相和油相之间的表面能,起到防止被分散的物质重新碰撞而聚结的作用。常见的表面活性剂如表 1.6 所示。

表 1.6 常见的几种表面活性剂

类型	化合物类别	实 例*
阳离子型	伯铵盐	$[RNH_3]^+Cl^-$
	仲铵盐	$[R—NH_2]^+Cl^-$ | CH_3
	叔铵盐	CH_3 | $[R—NH]^+Cl^-$ | CH_3
	季铵盐	CH_3 | $[R—N—CH_3]^+Cl^-$ | CH_3

续表 1.6

类型	化合物类别	实　例*
阴离子型	羧酸盐	$R—COONa$
	硫酸酯盐	$R—O—SO_3Na$
	磺酸盐	$R—SO_3Na$
	磷酸酯盐	$R—O—PO_3Na_2$
两性	氨基酸类	$R—NH—CH_2CH_2—COOH$
	内胺盐类	$R—N^+(CH_3)_2—CH_2—COO^-$
非离子型	聚氧乙烯醚类	$R—O(CH_2—CH_2—O)_nH$
	多元醇类	$R—COOCH_2C(CH_2OH)_3$

注：* R代表烃基(包括脂肪烃和芳香烃)。

1.8.2 乳浊液

乳浊液(emulsion)是分散质和分散剂均为液体的粗分散系。牛奶、豆浆、某些植物茎叶裂口渗出的白浆(如橡胶树的胶乳)以及人和动物机体中的血液、淋巴液都是乳浊液。根据分散质与分散剂的不同性质,乳浊液又可分为2类:一类是“油”(通常指有机相)分散在水中所形成的系统,以油/水型表示,如牛奶、豆浆、农药乳化剂等;另一类是水分散在“油”中形成的水/油形乳浊液,如原油。

将油和水一起放在容器内猛烈振荡,可以得到乳浊液。但是这样得到的乳浊液并不稳定,停止振荡后,分散的液滴相碰后自动合并,油水迅速分离成2个互不相溶的液层。可见乳浊液也像溶胶那样需要有第三种物质作为稳定剂才能稳定存在。乳浊液的稳定剂称为乳化剂。许多乳化剂都是表面活性物质。常用的亲水性乳化剂有:钾肥皂、蛋白质、动物胶等。亲油性乳化剂有钙肥皂、高级醇类、高级酸类等。

极细的固体粉末也可以起分散、乳化的作用。非极性的固体粉末,如炭黑,是一种水/油型分散剂,而二氧化硅等亲水粒子是油/水型分散剂。去污粉(主要是碳酸钙细粉)或细炉灰(碳酸盐或二氧化硅细粉)等也有很好的分散、乳化能力。

在制备不同类型的乳浊液时,要选择不同类型的乳化剂。例如,亲水性乳化剂适于制备油/水型乳浊液，不适于制备水/油型乳浊液。反之，亲油性乳化剂则适于制备水/油型乳浊液。

绝大多数有机农药、植物生长调节剂的使用都离不开乳化剂。例如，有机农药水溶性较差，不能与水均匀混合。为了能使农药与水较好地混合，需加入适量的乳化剂，以均匀喷洒、降低成本、提高杀虫治病的效果。在人体的生理活动中，乳浊液也有重要的作用。例如，食物中的脂肪在消化液（水溶液）中不溶，但经过胆汁中胆酸的乳化作用和小肠的蠕动，使脂肪乳化，有利于肠壁的吸收。此外，乳浊液在制药、食品、制革、涂料、石油钻探等工业生产中都有许多应用。有时又必须设法破坏已形成的乳浊液。例如，在溶液萃取、处理石油和橡胶类植物的乳浆时，为了使水、油两相分层完全，要破坏乳浊液。常用的方法有，加入不能生成牢固的保护膜的表面活性剂来取代原来的乳化剂，例如，加入异戊醇等。加入无机酸，因可使皂类变为脂肪酸，故可以破坏皂类乳化剂。升高温度等方法也能破坏乳浊液。

本 章 小 结

分散系由分散质和分散剂构成：分散质是被分散的物质，分散剂是分散其他物质的物质。

理想气体是一种模型，分子本身没有体积、分子间没有相互作用力。混合理想气体中某一组分气体独占整个容器时所产生的压力称为该组分气体的分压。混合理想气体的总压等于各组分气体分压之和。

化学上常用物质的量浓度 c_B、质量摩尔浓度 b_B、摩尔分数 x_B、质量分数 w_B、质量浓度 ρ_B 等表示溶液的组成。

蒸气压下降、凝固点降低、沸点升高和渗透压，只与溶质的摩尔分数有关，而与溶质的本性无关，称为稀溶液的通性，或依数性。除凝固点降低外，依数性只适用于难挥发的非电解质的稀溶液。

胶体分散系是分散质颗粒大小在 $10^{-9} \sim 10^{-7}$ m 的系统。溶胶的光学性质、动力学性质和电学性质是由于溶胶是多相系统，有大的比表面积，具有聚结不稳定性产生的。

乳浊液是分散质和分散剂均为液体的粗分散系。表面活性剂能够显著降低两相间的界面能，以利于形成稳定的乳浊液。

思 考 题

1.1 何谓分散系？根据分散质的粒径大小，可将分散系分为几种？它们各有什么特征？哪些是单相分散系？哪些是多相分散系？

1.2 常用的溶液组成的标度各是如何定义的？它们之间有什么关系？

1.3 何谓理想气体？摩尔气体常数 R 的单位若为 $\text{Pa} \cdot \text{m}^3 \cdot \text{mol}^{-1} \cdot \text{K}^{-1}$、$\text{kPa} \cdot \text{L} \cdot \text{mol}^{-1} \cdot$

K^{-1}、$J \cdot mol^{-1} \cdot K^{-1}$，其值分别应为多少？

1.4 稀溶液中的溶剂与纯溶剂之间的本质差异何在？

1.5 对易挥发非电解质稀溶液，溶液蒸气压是否一定降低？溶剂的蒸气压是否符合拉乌尔定律？

1.6 凝固点降低公式的适用范围是什么？为什么？

1.7 胶体分散系分散质粒径大约在什么范围？属于单相还是多相分散系？溶胶具有一定稳定性的原因何在？

习 题

1.1 回答下列问题：

(1)为什么在冰冻的田上撒些草木灰，冰较易融化？

(2)施肥过多为什么会引起作物凋萎？

(3)为什么海水较河水难结冰？

1.2 溶质是难挥发物质的溶液，在不断沸腾时，它的沸点是否恒定？其蒸气在冷却过程中的凝结点是否恒定？为什么？

1.3 通常用作消毒剂的过氧化氢溶液中，过氧化氢的质量分数 $\omega(H_2O_2)=3.0\%$，这种水溶液的密度 $\rho=1.0\ g \cdot mL^{-1}$，请精确计算这种水溶液中过氧化氢的质量摩尔浓度 $b(H_2O_2)$、物质的量浓度 $c(H_2O_2)$ 和摩尔分数 $x(H_2O_2)$。

1.4 在实验室，浓硫酸和浓盐酸常用来配制一定浓度的稀酸溶液。已知 $\omega(H_2SO_4)=98\%$ 的浓硫酸，密度 $\rho=1.84\ g \cdot mL^{-1}$；$\omega(HCl)=37\%$ 的浓盐酸，密度 $\rho=1.19\ g \cdot mL^{-1}$。分别计算浓硫酸和浓盐酸的 $c(H_2SO_4)$ 和 $c(HCl)$。

1.5 比较下列各溶液凝固点的大小次序：$b(C_{12}H_{22}O_{11})=0.1\ mol \cdot kg^{-1}$ 的葡萄糖水溶液，$b(CH_3COOH)=0.1\ mol \cdot kg^{-1}$ 的醋酸水溶液，$b(KCl)=0.1\ mol \cdot kg^{-1}$ 的氯化钾水溶液。

1.6 海水中含有下列离子，它们的质量摩尔浓度分别为：$b(Cl^-)=0.57\ mol \cdot kg^{-1}$，$b(SO_4^{2-})=0.029\ mol \cdot kg^{-1}$，$b(HCO_3^-)=0.002\ mol \cdot kg^{-1}$，$b(Na^+)=0.49\ mol \cdot kg^{-1}$，$b(Mg^{2+})=0.055\ mol \cdot kg^{-1}$，$b(K^+)=0.011\ mol \cdot kg^{-1}$ 和 $b(Ca^{2+})=0.011\ mol \cdot kg^{-1}$，请计算海水的近似凝固点和沸点。

1.7 在 27℃时，100 mL 水中含 0.40 g 多肽的溶液的渗透压为 0.499 kPa，试计算该多肽的摩尔质量。

1.8 孕甾酮是一种雌性激素，其中 H、O、C 的质量分数分别为 9.5%、10.2% 和 80.3%。计算它的化学式。5.00 g 苯中含有 0.100 g 孕甾酮的溶液在 5.18℃时凝固，估算孕甾酮的摩尔质量并确定其分子式。

1.9 今有 2 种溶液，其一为 1.50 g 尿素 $(NH_2)_2CO$ 溶于 200 g 水中；另一为 42.8 g 未知物溶于 1 000 g 水中，这 2 种溶液在同一温度开始结冰。计算未知物的摩尔质量。

1.10 硫化砷溶胶是通过将硫化氢气体通到 H_3AsO_3 溶液中制备得到：$2H_3AsO_3+3H_2S=$

$As_2S_3+6H_2O$，请写出该溶胶的胶团结构式。

1.11 将 10.0 mL $c(KCl)=0.01\ mol\cdot L^{-1}$ 的氯化钾水溶液和 100 mL $c(AgNO_3)=0.05\ mol\cdot L^{-1}$ 的硝酸银溶液混合以制备 AgCl 溶胶。试问该溶胶在电场中向哪极运动？写出胶团结构。

1.12 解释下列现象：

(1)明矾为什么能净水？

(2)江河入海口为什么常常形成三角洲？

1.13 将 $0.02\ mol\cdot L^{-1}$ 的 NaI 溶液和 $0.03\ mol\cdot L^{-1}$ $AgNO_3$ 溶液等体积混合，制成溶胶。下列哪个电解质对该溶胶聚沉能力最大？

A. Na_3PO_4； B. $MgSO_4$； C. NaCl； D. Na_2SO_4。

1.14 雪景非常美丽，但是在城市，大雪会严重影响交通，因此大雪过后，工人会撒大量的融雪剂来融雪。简要说明融雪剂的成分和作用原理以及融雪剂融雪的利弊。

Optional question:

1.15 4.57 g of $HgCl_2$ is dissolved in 158.5 g of ethanol. The boiling-point elevation of the solution is 0.127℃. Is $HgCl_2$ an electrolyte in ethanol? ($K_b=1.20\ K\cdot kg\cdot mol^{-1}$)

1.16 Calculate osmotic pressure of the solution of 0.60 g of sugar in 500 mL of water at 298 K.

2 化学热力学基础

Primary Conception of Chemical Thermodynamics

【教学目标】

● 热力学基础知识:

1. 了解状态函数、功、热的概念及状态函数的特征。
2. 理解热力学第一定律和热力学能概念,掌握定容热与热力学能变、定压热与焓变的关系。

● 热化学:

1. 掌握化学反应定容热、定压热概念及其与反应的摩尔热力学能[变]、摩尔焓[变]的关系。
2. 理解并能熟练应用热化学定律,掌握化学反应热的基本计算方法。

● 化学反应的方向性:

1. 理解自发过程的 2 个趋势,粗知熵与混乱度概念。
2. 能应用吉布斯自由能判据判断化学反应的自发方向。
3. 掌握吉布斯自由能的有关计算。
4. 熟练运用吉布斯-亥姆霍兹方程进行有关计算。

远古时代，我们的祖先学会了火的使用，人类开始了有意识地利用化学反应。在随后的铜器时代、铁器时代，人类研究了更多化学反应的应用。炼金术士、炼丹术士企图点石成金或炼得长生不老丹，也接触到大量的化学反应现象，积累了大量化学反应知识。中国古代四大发明中，火药、造纸两项均与化学有关，表明古代中国在化学领域已取得骄人的成就。纵观古代化学的发展历史，我们不禁思索：人类研究和利用化学反应，最朴素的目的究竟何在？答案不外乎 2 点：一是利用化学反应提供人类活动所需能量；二是为人类提供所需的种种新物质。

现代社会对化学科学提出了极高的要求，如高能、清洁、经济的燃料的开发和使用、具有种种特殊功能的新材料的合成、对复杂的生命现象的研究和探索等。面对浩如烟海的化学物质和化学反应，仅凭经验或盲目试验，显然不能应对社会对化学的挑战。因此，化学工作者必须能对以下问题做出合理的判断和预测：

①一定条件下，利用某化学反应能提供多少能量？

②一定条件下，某化学反应能否自动发生？

③一定条件下，某化学反应的转化率如何？如何改善反应的完成程度？

④一定条件下，某化学反应进行的快慢如何？如何改善化学反应速率？

化学热力学（chemical thermodynamics）成功地解决了前三者，即化学反应热、化学反应的自发方向和化学平衡等问题。化学反应速率则属化学动力学（chemical kinetics）研究的范畴。

化学热力学是热力学 3 大组成部分之一。化学热力学将热力学基本原理应用于研究化学现象以及与化学有关的物理现象，用能量转换的基本规律预测化学反应起始时的变化方向和终止时的平衡位置。

2.1 热力学基础知识（basic knowledge of thermodynamics）

热力学是研究各种形式的能量相互转化规律的科学，它是从研究如何提高热机效率、热和机械功之间的转换关系发展起来的。

热力学建立在热力学第一、第二和第三定律的基础之上。热力学第一定律和第二定律是人类长期科学实践的经验总结，是不能以任何其他定理、定律为基础进行推导或论证的。

热力学研究的是大量质点（分子、原子）组成的宏观系统，根据系统的宏观性质，推导出有用的结论以指导实践。热力学不考虑个别质点的行为、不研究系统的微观结构和变化机理、不考虑时间因素，这些是热力学的局限性。

2.1.1 系统的状态函数及其特征

热力学研究中，首先必须确定被研究的对象。热力学中称要研究的任何一部分真实世界为系统(system)，未被选为系统部分的与系统有关的事物为系统的环境，或简称为环境(surrounding)。例如，在研究烧杯中的冰融化时需吸收多少热时，可选冰为系统，烧杯、加热用的电炉、周围的大气等均为环境。系统和环境是根据研究问题的需要而人为划分的，系统和环境之间一定有一个界限，这个界限可以是实际的，也可以是想象的。根据系统和环境之间进行的物质和能量的交换情况，可以把系统分为 3 种类型：系统与环境之间既无能量交换又无物质交换的系统称为孤立系统或隔离系统；只有能量交换而无物质交换的系统称为封闭系统；既有能量交换又有物质交换的系统称为敞开系统。

选定了系统之后，还必须说明系统在发生变化前后的状态(state)。所谓状态，是系统所有宏观性质的综合表现。如上例中需说明融化前冰的物质的量 n_1、温度 T_1、压力 p_1 和冰融化后所得水的物质的量 n_2、温度 T_2、压力 p_2 等，所研究问题方才明确。用来说明、确定系统所处状态的这些宏观物理量，称为状态函数(state function)。物质的量 n、温度 T、压力 p、体积 V、密度 ρ 等均为状态函数。系统的性质之间是彼此相互关联的，因此系统的各个状态函数间往往有确定的关系。如理想气体的物质的量 n、温度 T、压力 p、体积 V 之间的关系可用理想气体状态方程确定，故用 n 及 T、p、V 中的任意 3 个状态函数即可确定理想气体所处的状态。实践证明，其他系统的状态一般也均可用 3 个状态函数来确定，通常总选最易测定的状态函数来确定系统的状态。

状态函数是与系统的状态相联系的，当系统处于一定状态时，各个状态函数均只能取一个确定的值。反之，也可以说，当所有这些状态函数都不随时间变化时，则系统处于一定的状态下。若某个、某些或所有状态函数发生了改变，则系统所处状态必然发生了变化。当系统的状态发生了变化，就说系统发生了一个过程(process)。

系统从始态变化到终态发生一个过程，可以经由多种不同的路线来完成。热力学中称系统在变化时经由的具体路线为途径(path)。如 1 mol 理想气体，由始态 $T_1=300$ K、$p_1=100$ kPa 变化到终态 $T_4=400$ K、$p_4=300$ kPa，可先等温升压至 $T_2=300$ K、$p_2=300$ kPa，再定压升温到达终态，亦可先定压升温至 $T_3=400$ K、$p_3=100$ kPa，再等温升压到达终态(图 2.1)，虽然经历了 2 条不同的途径，但系统发生的却是同一过程。

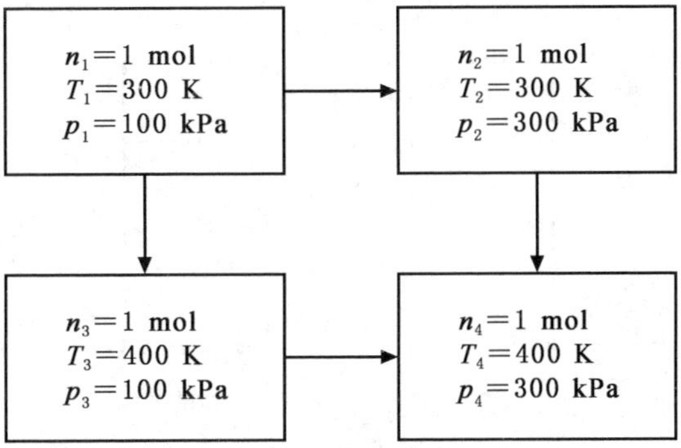

图 2.1　过程与途径

由于状态函数仅仅决定于系统的状态，因此，状态函数的变化只与过程有关，只要系统的始、终态一定，无论变化的途径如何，状态函数的变化是相同的，并不因途径的不同而不同。根据状态函数的这一重要特征，对于比较复杂的过程往往可以设想出其他比较简单的途径来计算状态函数的变量，其结果与实际进行的途径一样。状态函数的这种特性可使复杂问题大大简化。

2.1.2　功和热

系统和环境之间可通过功(work)、热(heat)和辐射(radiation)3 种形式进行能量的交换。热力学中，仅考虑功和热 2 种能量交换形式。由于热力学系统在发生变化时以功和热 2 种形式与环境进行能量交换，因此，功和热只是在系统发生变化时才表现出来，系统不发生变化，就没有功或热，故功和热均不是系统自身的性质，不是状态函数。系统做多少功、放多少热与系统变化所经历的具体途径有关。

热力学中，称系统和环境之间由于温度差的存在而传递的能量为热，除热以外，系统与环境之间以其他形式交换或传递的能量为功。功是由于压力差或其他机电“力”引起的能量在系统与环境之间的一种流动。

热用符号 Q 表示，规定若系统吸热，$Q>0$；系统放热，$Q<0$，热的 SI 单位为 J。功用符号 W 表示，规定若环境对系统作功，$W>0$；系统对环境作功，$W<0$。功的 SI 单位为 J。为研究方便，热力学中将功分为体积功和非体积功 2 类。体积功是系统体积变化时所做的功。除体积功外其他各种形式的功统称为非体积功，如电功、系统表面积变化时所做的表面功等。

【例 2.1】 体积为 V 的理想气体发生定压膨胀，体积增大 ΔV。以该理想气体为系统(图 2.2)，计算过程中系统所做体积功。

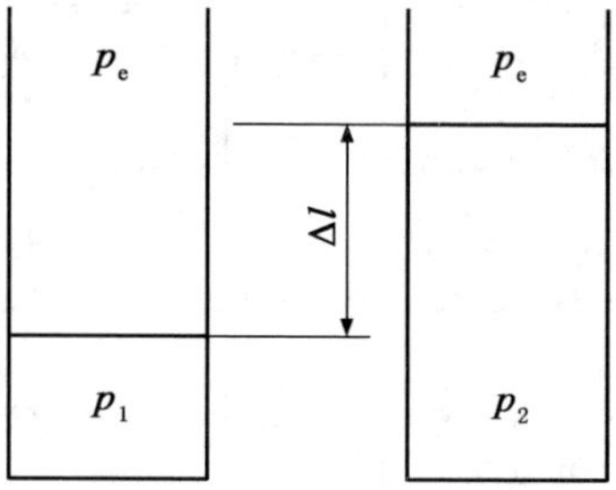

图 2.2 理想气体定压膨胀示意图

解 定压过程，是指环境压力(外压)p_e 保持不变的条件下，系统始态 1 和终态 2 压力相同且等于环境压力的过程，

$$p_1 = p_2 = p_e = \text{常数}$$

设活塞面积为 A，活塞移动的距离为 Δl，则可得

$$W = -p_e A \Delta l = -p_e \Delta V$$

式中，负号表示系统对环境作功。当系统的压力 p 与环境的压力 p_e 保持相等时，p_e 可用 p 代替，于是

$$W = -p \Delta V$$

【例 2.2】 将例 2.1 中的体积为 V 的理想气体，在保持压力恒定条件下向真空膨胀，体积增大 ΔV。以该理想气体为系统，计算过程中系统所做体积功。

解
$$W = -p_e A \Delta l = 0$$

例 2.1 和例 2.2 中，同一个系统发生了同一过程，但由于经由了 2 个不同的途径，系统做功不相同。这说明，由于功不是状态函数，所以当系统发生同一变化过程而经由不同的途径时，功不一定相同。热和功一样，不但与过程有关，还与途径有关。

2.1.3 热力学第一定律

能量不能自行产生、自行消灭，这是人们早即熟知的事实。1840 年，焦耳(Joule)做了大量的实验，证实了能量在转化过程中总量保持不变，从此，能量守恒原理为科学界公认。能量守恒原理应用于热力学系统，就称为热力学第一定律(first law of thermodynamics)。

当宏观静止且不考虑外力场作用时，对于一个与环境没有物质交换的封闭系统，若环境对其做功 W、系统从环境吸热 Q，则系统的能量必有增加。根据能量守恒原理，系统能量的变化等于 W 与 Q 之和：

$$\Delta U = Q + W \tag{2-1}$$

此式即为热力学第一定律的数学表达式，并定义 U 为系统的热力学能(internal energy)。热力学能是热力学系统内各种形式的能量总和，是状态函数。它包括组成系统的各种粒子(如分子、原子、电子、原子核等)的动能(如分子的平动能、振动能、转动能等)以及粒子间相互作用的势能(如分子的吸引能、排斥能，化学键能等)。热力学能的大小与系统的温度、体积、压力以及物质的量有关。使用热力学第一定律计算系统的热力学能变化时，应注意功和热的符号规定。

由于系统内部各种粒子运动的复杂性，系统热力学能的绝对值是不知道的，我们能得到的只是系统发生过程前后热力学能的变化。热力学能是系统的重要状态函数。由热力学第一定律可看出，系统经由不同途径发生同一过程时，不同途径中的热和功不一定相同，但热和功的代数和却只与过程有关，与途径无关。

【例 2.3】 在 $p=101.3$ kPa，$T=373$ K 条件下，1.00 mol 水完全汽化，吸热 40.6 kJ。以水为系统，计算此条件下 1 mol 水汽化过程的 ΔU。(忽略液态水的体积)

解 $Q=40.6$ kJ

$W=-p\Delta V=-\Delta nRT=$

$-1.00\ \text{mol}\times 0.008\ 31\ \text{kJ}\cdot\text{mol}^{-1}\cdot\text{K}^{-1}\times 373\ \text{K}=-3.1\ \text{kJ}$

$\Delta U=Q+W=37.5$ kJ

【例 2.4】 一封闭系统，经由 2 条不同的途径到达同一终点。

途径 1：系统由初态直接变化到终态：$W_1=-10$ J，$Q_1=90$ J。

途径 2：分两阶段进行。

(1)系统由初态变化至中间状态：$W_2=20$ J，$Q_2=-60$ J

(2)系统由中间状态变化至终态：$Q_3=100$ J

计算系统由中间状态变化至终态时系统所做的功 W_3。

解 $\Delta U=Q_1+W_1$

$\Delta U=(Q_2+Q_3)+(W_2+W_3)$

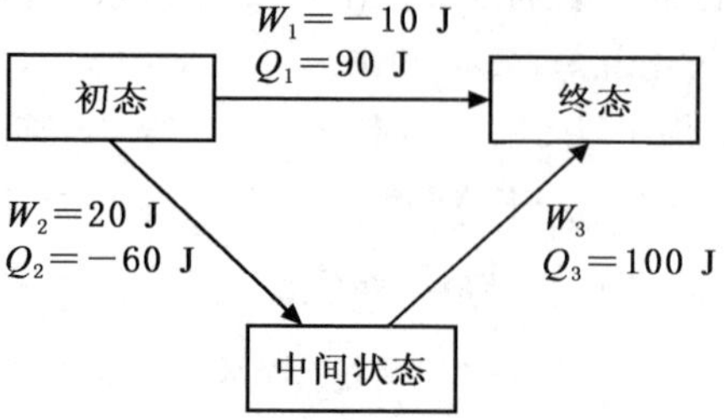

所以 $Q_1+W_1=(Q_2+Q_3)+(W_2+W_3)$

得 $W_3=20$ J

2.1.4 过程的热

前已述及，由于热不是状态函数，故其不但与过程有关，还与途径有关。但是否系统发生一过程时，所经历的不同途径中热都不相等呢？

2.1.4.1 定容热 Q_V

若系统在变化过程中保持体积恒定，此过程的热称为定容热。当不做非体积功时，由热力学第一定律可得：

$$Q_V=\Delta U-W=\Delta U-0=\Delta U \tag{2-2}$$

即当不做非体积功时，定容热等于系统热力学能的变化。由于热力学能是状态函数，所以虽然热不是状态函数，但在此特定情况时，定容热只与过程有关，而与途径无关。

2.1.4.2 定压热 Q_p

若系统在变化过程中保持压力恒定，此过程的热称为定压热。当系统不做非体积功时，由热力学第一定律可得：

$$\begin{aligned}Q_p=\Delta U-W=\Delta U+p\Delta V=\\(U_2-U_1)+(p_2V_2-p_1V_1)=\\(U_2+p_2V_2)-(U_1+p_1V_1)\end{aligned}$$

因为 U、p、V 均为状态函数，所以它们的组合也必为状态函数。由此，可以定义一个新的状态函数——焓(enthalpy)：

$$H\equiv U+pV \tag{2-3}$$

结合以上二式，可得：

$$Q_p = H_2 - H_1 = \Delta H \tag{2-4}$$

即当不做非体积功时,定压热等于系统的焓变。由于焓是状态函数,故定压热只与过程有关,而与途径无关。

焓是一个非常重要的状态函数,其 SI 单位为 J,但焓没有确切的物理意义,它仅是由式 2-3 所定义出来的一个状态函数。与热力学能一样,焓的绝对值也是不能测量的。

2.2 热化学(thermochemistry)

化学反应进行时总是伴随着热量的释放或吸收,应用化学热力学的规律研究化学反应过程热的科学称为热化学。

2.2.1 化学反应热

热化学中化学反应热(简称反应热)是指化学反应发生后,当反应物的温度与产物的温度相同,且系统只做体积功,不做非体积功时所吸收或放出的热量。由于热不是状态函数,热与途径有关,因此,在讨论反应热时不但要明确系统的始、终态,还应指明具体的反应途径。通常所说的化学反应热是定压反应热或定容反应热。

2.2.1.1 定容反应热

实际工作中,原料可能放入一定容积的反应罐中进行反应,此时反应热用定容反应热表示。热力学第一定律已证明,在不做非体积功时,过程的定容热等于系统热力学能变:

$$Q_V = \Delta U$$

将之应用于一化学反应过程,当产物温度与反应物温度相同,反应过程中系统不做非体积功,且反应在定容条件下进行时,系统吸收或放出的热等于化学反应的热力学能变。

由于 ΔU 与参加反应的物质的量多少有关,热化学中引入了化学反应的摩尔热力学能变(或简称摩尔热力学能)$\Delta_r U_m$ 概念(下角标"r"表示化学反应,下角标"m"表示反应进度为 1 mol)。反应的摩尔热力学能变等于系统的热力学能变 ΔU 除以反应进度 ξ:

$$\Delta_r U_m = \Delta U / \xi \tag{2-5}$$

反应的摩尔热力学能变的 SI 单位为 $J \cdot mol^{-1}$,一般情况下,常用其倍数单位

kJ · mol^{-1}。

热化学方程式(thermochemical equation)是表示化学反应与反应热关系的方程式。例如,火箭燃料联氨在氧气中定容完全燃烧,反应的热力学能可用下列热化学方程式表示:

N_2H_4(l,298.15 K,100 kPa) + O_2(g,298.15 K,100 kPa) = N_2(g,298.15 K,100 kPa) + 2H_2O(l,298.15 K,100 kPa);$\Delta_r U_m$(298.15 K) = −662 kJ · mol^{-1}

上式表示 1 mol N_2H_4(l)与 1 mol O_2(g)在指定的压力、温度下完全转化为指定条件下的 1 mol N_2(g)和 2 mol H_2O(l)时,系统的热力学能减少,或放热 662 kJ,或更确切地说,在 298.15 K 按上反应方程式,反应进度等于 1 mol 时,系统热力学能减少 662 kJ。

由于反应进度的定义与反应式的写法有关,所以 $\Delta_r U_m$ 也与反应式写法有关。例如,上例中的反应的摩尔热力学能亦可表示为:

2N_2H_4(l,298.15 K,100 kPa) + 2O_2(g,298.15 K,100 kPa) = 2N_2(g,298.15 K,100 kPa) + 4H_2O(l,298.15 K,100 kPa);$\Delta_r U_m$(298.15 K) = −1 324 kJ · mol^{-1}

所以在报告 $\Delta_r U_m$ 时,必须同时指明反应式,即要用热化学方程式表示反应热。书写热化学方程式时,要注明各反应物的温度、压力、聚集状态等。

2.2.1.2 定压反应热

大量的化学反应是在敞口的容器中、基本恒定的大气压力下进行的。当产物温度与反应物温度相同,反应过程中系统不做非体积功,且反应在定压条件下进行,此时的反应热称为定压反应热。热力学第一定律已证明,在不做非体积功时,定压过程中系统吸收或放出的热等于化学反应系统的焓变,即

$$Q_p = \Delta H$$

类似于引入反应的摩尔热力学能变概念,热化学中引入反应的摩尔焓变(或简称为反应的摩尔焓)概念。反应的摩尔焓变 $\Delta_r H_m$ 等于系统的焓变 ΔH 除以反应进度 ξ:

$$\Delta_r H_m = \Delta H / \xi \tag{2-6}$$

反应的摩尔焓变,SI 单位为 J · mol^{-1},一般情况下,常用 kJ · mol^{-1}。例如,氢气在氧气中完全燃烧,其热化学方程式可表示如下:

$H_2(g,298.15\ K,100\ kPa)+\frac{1}{2}O_2(g,298.15\ K,100\ kPa)=H_2O(l,298.15\ K,100\ kPa)$ $\Delta_r H_m=-285.84\ kJ\cdot mol^{-1}$

与反应的摩尔热力学能变相似,反应的摩尔焓变也与反应式的写法有关,使用时需特别注意。

由于大量化学反应是在定压条件下进行的,所以反应的摩尔焓变的应用要比摩尔热力学能变更常见和重要,一般所说的反应热,大都指反应的摩尔焓变。

2.2.2 化学反应热的计算

化学家用特殊的量热计测定了大量化学反应热。但很多重要的化学反应热无法用实验方法测得,如氨基酸在动物体内氧化,最终主要生成尿素、二氧化碳和水,但在体外实验条件下,氨基酸氧化生成的却是氨、二氧化碳和水;再如反应速率太慢的或同时有副反应发生的化学反应,反应热均无法直接测得。这些反应热只能通过计算得到。

2.2.2.1 热化学定律(Hess' Law)

碳与氧气反应,必有二氧化碳产生,所以反应:

$$C(石墨)+\frac{1}{2}O_2(g)=CO(g)$$

的摩尔焓变无法直接测量。但可以测得以下 2 个有关反应的摩尔焓变:

(1)$C(石墨)+O_2(g)=CO_2(g)$,$\Delta_r H_m(1)$

(2)$CO(g)+\frac{1}{2}O_2(g)=CO_2(g)$,$\Delta_r H_m(2)$

以上 3 个反应的关系可用热化学循环图表示如下:

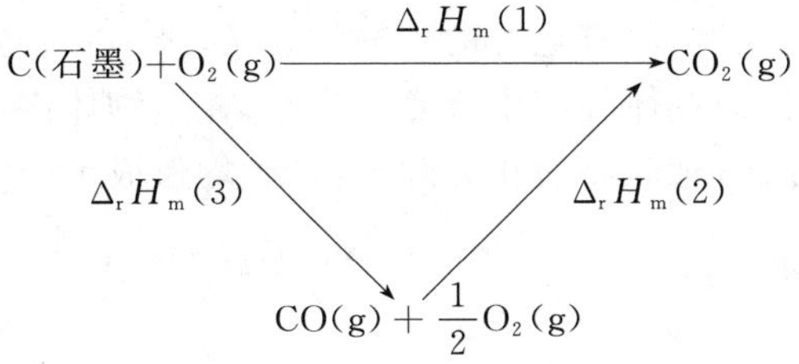

热力学循环图说明,$C(石墨)+O_2(g)\rightarrow CO_2(g)$这一过程可经由 2 个不同的途径进行:第一个途径为 C(石墨)与 $O_2(g)$作用,一步生成产物 $CO_2(g)$,反应的摩尔焓变为 $\Delta_r H_m(1)$;第二个途径分 2 步进行:第一步先生成 CO(g);第二步,

$CO(g)$ 再与 $O_2(g)$作用生成最终产物 $CO_2(g)$，2 步反应摩尔焓变的和为 $\Delta_r H_m(3)+\Delta_r H_m(2)$。由于焓是系统的状态函数，其变化只与过程有关，而与途径无关，所以

$$\Delta_r H_m(1)=\Delta_r H_m(3)+\Delta_r H_m(2)$$

那么，根据已知的 $\Delta_r H_m(1)$和 $\Delta_r H_m(2)$，即可计算得到 $\Delta_r H_m(3)$，用之即可表示反应：

$$C(石墨)+\frac{1}{2}O_2(g)=CO(g)$$

的摩尔焓变。

由此例不难理解，一个反应若在定压（或定容）条件下分多步进行，则总定压（或定容）反应热等于各分步定压（或定容）反应热的代数和。这个规律，即热化学定律，最早由俄国化学家盖斯（G. H. Hess）根据大量实验数据总结出，人们常称之为盖斯定律。

【例 2.5】 已知 298.15 K、100 kPa 时，

(1) $3O_2(g)+2NH_2CH_2COOH(s)=4CO_2(g)+2H_2O(l)+2NH_3(g)$；$\Delta_r H_m(1)=-1\ 163.2\ kJ\cdot mol^{-1}$

(2) $H_2O(l)+H_2NCONH_2(s)=CO_2(g)+2NH_3(g)$；$\Delta_r H_m(2)=133.6\ kJ\cdot mol^{-1}$

计算甘氨酸在 298.15 K 下氧化，生成尿素反应

(3) $3O_2(g)+2NH_2CH_2COOH(s)=H_2NCONH_2(s)+3CO_2(g)+3H_2O(l)$

的摩尔焓变。

解 反应式(1)－ 反应式(2)＝反应式(3)，

故 $\Delta_r H_m(3)=\Delta_r H_m(1)-\Delta_r H_m(2)=-1\ 163\ kJ\cdot mol^{-1}-133.6\ kJ\cdot mol^{-1}=-1\ 296.6\ kJ\cdot mol^{-1}$。

例 2.5 中提及的问题，具有重要的生物学意义，因为各种氨基酸在生物体内的主要氧化产物是尿素，而在体外则生成氨。当然，在生物体内，氨基酸、尿素都不是以固体形式存在。在此，把问题简化处理，设二者均形成无限稀释的溶液：

(4) $NH_2CH_2COOH(s)+\infty H_2O(l)=NH_2CH_2COOH(aq)$；$\Delta_r H_m(4)=15.69\ kJ\cdot mol^{-1}$

(5) $H_2NCONH_2(s)+\infty H_2O(l)=H_2NCONH_2(aq)$；$\Delta_r H_m(5)=13.93\ kJ\cdot mol^{-1}$

反应式(3)－ 2×反应式(4)＋ 反应式(5)，得：

$$3O_2(g)+2NH_2CH_2COOH(aq)=H_2NCONH_2(aq)+3CO_2(g)+3H_2O(l)$$

此条件下，甘氨酸氧化反应：

$$\Delta_r H_m=\Delta_r H_m(3)-2\Delta_r H_m(4)+\Delta_r H_m(5)=-1\ 314.1\ \mathrm{kJ\cdot mol^{-1}}$$

当然，实际情况更复杂，如二氧化碳也溶于水，反应在一定酸度的溶液中进行等。但只要测量或计算出有关反应的摩尔焓变，利用热化学定律计算，即可得到满意的结果。

利用热化学定律进行计算时，应注意以下几个要点：

①正、逆反应的 $\Delta_r H_m$，绝对值相等，符号相反。

②反应的 $\Delta_r H_m$ 与反应式的写法有关。

③同一物质在各反应中的聚集状态等条件应相同。

④所选取的有关反应数量越少越好，以避免误差积累。

利用热化学定律，关键在寻找有关已知 $\Delta_r H_m$ 的反应设计热化学循环。但化学反应种类繁多，任何化学手册也无法刊载完全的数据，加之对复杂的反应，热化学循环有时很难设计，所以化学家们设计出了几种十分简单的使用热化学定律的方法，如使用物质的标准摩尔生成焓(standard molar enthalpy of formation)和标准摩尔燃烧焓(standard molar enthalpy of combustion)计算反应的标准摩尔焓变。

2.2.2.2 物质的标准摩尔生成焓

同一种物质，在不同的温度、压力、组成等状态下，性质是有差异的。化学热力学中，为表述状态函数和计算状态函数的变化，必须对各种物质规定一个共同的基准状态，称为物质的标准状态(standard state)。所谓标准状态，是在指定温度 T 和标准压力 $p^\ominus$(100 kPa)下该物质的状态。对具体系统而言，气体物质B的标准状态，是气体在指定温度 T、压力 $p=p^\ominus$ 的状态；纯液体和纯固体的标准状态，分别是在指定温度 T、压力 $p=p^\ominus$ 时纯液体和纯固体的状态；溶液中溶质B的标准状态，是在指定温度 T、压力 $p=p^\ominus$、质量摩尔浓度 $b=b^\ominus$ 时溶质的状态(标准质量摩尔浓度 $b^\ominus=1\ \mathrm{mol\cdot kg^{-1}}$)。由于压力对液体、固体和溶液的体积的影响很小，故通常可忽略不计；在稀薄水溶液中，因为 $c/\mathrm{mol\cdot L^{-1}}$ 与 $b/\mathrm{mol\cdot kg^{-1}}$ 数值相差很小，常近似将溶质B的标准质量摩尔浓度改用标准浓度 $c^\ominus=1\ \mathrm{mol\cdot L^{-1}}$ 代替。

应当注意的是，标准状态只规定了压力 $p^{\ominus}$，而没有指定温度。为了便于比较，国际纯粹和应用化学联合会(IUPAC)推荐选择 298.15 K 作为参考温度。所以，通常从手册查到的有关热力学数据大都是 298.15 K 时的数据。

若在指定温度，参加反应的各物质(包括反应物和生成物)均处于标准状态，则称反应在标准状态进行，如例 2.5 中的反应即是在 298.15 K、标准状态下进行，其热化学方程式可写为：

$$3O_2(g) + 2NH_2CH_2COOH(s) = H_2NCONH_2(s) + 3CO_2(g) + 3H_2O(l),$$
$$\Delta_r H_m^{\ominus}(298.15\ K) = -1\ 029.6\ kJ \cdot mol^{-1}$$

$\Delta_r H_m^{\ominus}$ 称为反应的标准摩尔焓变。

物质 B 的标准摩尔生成焓 $\Delta_f H_m^{\ominus}$(下标"f"表示生成)是指在温度 T，由参考状态的元素生成物质 B 时的标准摩尔焓变。这里所谓的参考状态的元素，一般是指每个元素在所讨论的温度和压力时最稳定的状态，即一般是指每个元素在所讨论的温度和压力时最稳定的单质状态。书写相应的化学反应方程式时，要使 B 的化学计量数 $\nu_B = +1$。例如，298.15 K 时，下列各反应的标准摩尔焓变即为各生成物在 298.15 K 时的标准摩尔生成焓：

$$H_2(g) + \frac{1}{2}O_2(g) = H_2O(l), \Delta_r H_m^{\ominus}(298.15\ K) = \Delta_f H_m^{\ominus}(H_2O, l, 298.15\ K) = -285.84\ kJ \cdot mol^{-1}$$

$$H_2(g) + \frac{1}{2}O_2(g) = H_2O(g), \Delta_r H_m^{\ominus}(298.15\ K) = \Delta_f H_m^{\ominus}(H_2O, g, 298.15\ K) = -241.82\ kJ \cdot mol^{-1}$$

$$C(石墨) + 2H_2(g) + 1/2\ O_2(g) = CH_3OH(l),$$
$$\Delta_r H_m^{\ominus}(298.15\ K) = \Delta_f H_m^{\ominus}(CH_3OH, l, 298.15\ K) = -238.7\ kJ \cdot mol^{-1}$$

根据定义可知，参考状态单质的标准摩尔生成焓，在所有温度时均为零。如 $\Delta_f H_m^{\ominus}(O_2, g, 298.15\ K) = 0$，$\Delta_f H_m^{\ominus}(H_2, g, 298.15\ K) = 0$，$\Delta_f H_m^{\ominus}(C, 石墨, 298.15\ K) = 0$，$\Delta_f H_m^{\ominus}(I_2, s, 298.15\ K) = 0$ 等。

化学手册中，给出了大量物质在 298.15 K 时的标准摩尔生成焓(见本书附录Ⅱ)，利用这些数据可方便地计算 298.15 K 时化学反应的标准摩尔焓变：

$$\Delta_r H_m^{\ominus}(298.15\ K) = \sum_B \nu_B \Delta_f H_m^{\ominus}(B, 298.15\ K) \tag{2-7}$$

即反应的标准摩尔焓变等于各反应物和生成物标准摩尔生成焓与相应各自化学计

量数乘积之和。应注意,按规定,反应物的化学计量数取负值、生成物的化学计量数取正值。

根据热化学定律,很容易理解以上结论:从参考状态的最稳定单质转化为生成物,可设计经由另一条途径完成,即参考状态的稳定单质,第一步先转化为反应物,然后反应物作用再转化为生成物:

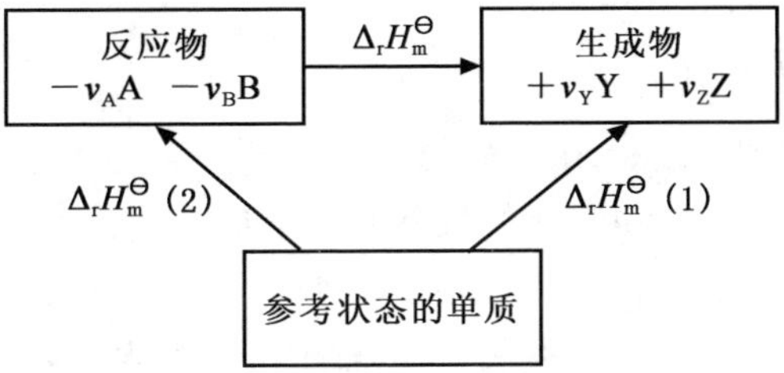

途径 1:单质→ 生成物

$\Delta_r H_m^\ominus(1)$等于各生成物 $\Delta_f H_m^\ominus$ 与化学计量数乘积之和 $\nu_Y \Delta_f H_m^\ominus + \nu_Z \Delta_f H_m^\ominus$;

途径 2:(1)单质→反应物

$\Delta_r H_m^\ominus(2)$等于各反应物 $\Delta_f H_m^\ominus$ 与化学计量数乘积之和的相反数$-\nu_A \Delta_f H_m^\ominus - \nu_B \Delta_f H_m^\ominus$;

(2)反应物→生成物,$\Delta_r H_m^\ominus$

因 $\Delta_r H_m^\ominus(1) = \Delta_r H_m^\ominus(2) + \Delta_r H_m^\ominus$,则有:

$$\Delta_r H_m^\ominus = \sum_B \nu_B \Delta_f H_m^\ominus$$

【例 2.6】 计算 298.15 K,双氨基肽氧化反应的标准摩尔焓变:

$$C_4H_8N_2O_3(s) + 3O_2(g) = H_2NCONH_2(s) + 3CO_2(g) + 2H_2O(l)$$

1 g 固体双氨基肽在 298.15 K、标准状态时氧化生成尿素、二氧化碳和水,放热多少? 已知 $M(C_4H_8N_2O_3) = 132.12\ g \cdot mol^{-1}$

解 $\Delta_r H_m^\ominus(298.15\ K) = \{\Delta_f H_m^\ominus(H_2NCONH_2, s, 298.15\ K) + 3\Delta_f H_m^\ominus(CO_2, g, 298.15\ K) + 2\Delta_f H_m^\ominus(H_2O, l, 298.15\ K)\} + \{(-1)\Delta_f H_m^\ominus(C_4H_8N_2O_3, s, 298.15\ K) + (-3)\Delta_f H_m^\ominus(O_2, g, 298.15\ K)\} =$

$\{-333.17\ kJ \cdot mol^{-1} + 3\times(-393.51\ kJ \cdot mol^{-1}) + 2\times(-285.84\ kJ \cdot mol^{-1})\} + \{(-1)\times$

$(-745.25\ \text{kJ}\cdot\text{mol}^{-1}) + (-3)\times(0)\} =$

$-1\ 340.13\ \text{kJ}\cdot\text{mol}^{-1}$

1 g 双氨基肽被氧化，根据反应式可知，

$$\xi = \Delta n(C_4H_8N_2O_3)/\nu(C_4H_8N_2O_3) = \Delta n(C_4H_8N_2O_3)/(-1) = \frac{1\ \text{g}}{132.12\ \text{g}\cdot\text{mol}^{-1}} = \frac{1}{132.12}\ \text{mol}$$

$$Q_p = \Delta_r H_m^\ominus \times \xi = -10.14\ \text{kJ}$$

即 1 g 双氨基肽氧化时，放热 10.14 kJ。

营养学中，在研究食品和饲料的发热量时，由于样品组成复杂、且各组分含量不固定，如大豆中同时含有脂肪、蛋白质、碳水化合物和水分，特别是一些组分的单元(化学式)不明确，发热量单位不便于用 $\text{kJ}\cdot\text{mol}^{-1}$ 表示，而常用一定质量的(如 1 g、100 g 等)物质的发热量来说明。

2.2.2.3 物质的标准摩尔燃烧焓

多数有机物的标准摩尔生成焓很难测定，但有机物大多可以在氧气中燃烧，其燃烧热容易准确测得，故常用标准摩尔燃烧焓的数据进行有关计算。

物质 B 的标准摩尔燃烧焓 $\Delta_c H_m^\ominus$(下标"c"表示燃烧)是指在温度 T，物质 B 完全燃烧时的标准摩尔焓变。书写相应的化学反应方程式时，要使 B 的化学计量数 $\nu_B = -1$。所谓完全燃烧是指有机物中各元素均氧化为最稳定的产物，如 $C \rightarrow CO_2(g)$、$N \rightarrow N_2(g)$、$H \rightarrow H_2O(l)$、$S \rightarrow SO_2(g)$、$Cl \rightarrow HCl(aq)$ 等。因为上述燃烧产物及 O_2 已不能再燃烧，所以，它们的标准摩尔燃烧焓均为零。表 2.1 列出了某些物质的标准摩尔燃烧焓。

有了标准摩尔燃烧焓的数据，就可方便地计算 298.15 K 时化学反应的标准摩尔焓变：

$$\Delta_r H_m^\ominus(298.15\ \text{K}) = -\sum_B \nu_B \Delta_c H_m^\ominus(\text{B}, 298.15\ \text{K}) \tag{2-8}$$

【例 2.7】 计算下列反应在 298.15 K 的标准摩尔焓变：

$$C_2H_5OH(l) + CH_3COOH(l) = CH_3COOC_2H_5(l) + H_2O(l)$$

解 查表得

	$C_2H_5OH(l)$	$CH_3COOH(l)$	$CH_3COOC_2H_5(l)$
$\Delta_c H_m^\ominus/(\text{kJ}\cdot\text{mol}^{-1})$	$-1\ 366.83$	-871.54	$-2\ 246.5$

$\Delta_r H_m^\ominus(298.15\ \text{K}) = -\sum_B \nu_B \Delta_c H_m^\ominus(\text{B}, 298.15\ \text{K}) =$

$-\{(-1)\times(-1\ 366.83\ \text{kJ}\cdot\text{mol}^{-1}) + (-1)\times$

$(-871.54\ kJ \cdot mol^{-1}) + (+1) \times (-2\ 246.5\ kJ \cdot mol^{-1}) + 0\} = 8.13\ kJ \cdot mol^{-1}$

表 2.1 一些物质的标准摩尔燃烧焓(298.15 K)

物质	$\Delta_c H_m^{\ominus}/(kJ \cdot mol^{-1})$	物质	$\Delta_c H_m^{\ominus}/(kJ \cdot mol^{-1})$
$H_2(g)$	−285.84	$(COOH)_2(s)$草酸	−246.0
C(石墨)	−393.51	$C_6H_6(l)$	−3 267.62
CO(g)	−283.0	$C_6H_{12}(l)$环己烷	−3 919.91
$CH_4(g)$	−890.31	$C_7H_8(l)$甲苯	−3 909.95
$C_2H_2(g)$	−1 299.63	$C_8H_{10}(l)$对二甲苯	−4 552.86
$C_2H_4(g)$	−1 410.97	$C_6H_5COOH(s)$	−3 227.5
$C_2H_6(g)$	−1 559.88	$C_6H_5CHO(l)$	−3 527.95
$C_3H_6(g)$	−2 058.49	$C_{10}H_8(s)$萘	−5 153.9
$C_3H_8(g)$	−2 220.07	$CH_3OH(l)$	−726.64
$C_4H_{10}(g)$正丁烷	−2 878.51	$C_2H_5OH(l)$	−1 366.83
$C_4H_{10}(g)$异丁烷	−2 871.65	$(CH_2OH)_2(l)$乙二醇	−1 192.9
$C_4H_8(g)$	−2 718.6	$C_6H_5OH(s)$苯酚	−3 063
$C_5H_{12}(g)$	−3 536.15	$C_3H_8O_3(l)$甘油	−1 664.4
HCHO(g)	−563.6	$C_2N_2(g)$氰	−1 087.8
$CH_3CHO(g)$	−1 192.4	$CO(NH_2)_2(s)$尿素	−631.99
$CH_3COCH_3(l)$	−1 802.9	$C_6H_5NH_2(l)$苯胺	−3 397.0
$CH_3COOC_2H_5(l)$	−2 246.5	$CS_2(l)$	−1 075
$(C_2H_5)_2O(l)$	−2 730.9	$C_6H_{12}O_6(s)$葡萄糖	−2 815.8
HCOOH(l)	−269.9	$C_{12}H_{22}O_{11}(s)$蔗糖	−5 648
$CH_3COOH(l)$	−871.54		

2.3 化学反应的自发性(spontaneous reaction)

自然界中发生的一切变化,在一定条件下,都是朝着一定方向进行的。例如,物体在重力作用下总是自发地由较高处落到较低处,热总是自发地从高温物体传向低温物体,室温下,氢气和氧气会自发地反应生成水,等等。而欲使这些过程的逆过程得以进行,就必须对系统做非体积功。例如,利用起重机做功将重物升起,利用制冷机做功将热从低温物体传向高温物体,利用电功电解水使之分解为氢气和氧气,等等。人们称一定条件下,不需环境对系统做非体积功就能进行的过程为自发过程,在环境对系统做非体积功条件下而进行的过程为非自发过程。显然,若失去环境对系统做功的条件,非自发过程是不可能发生的。一定条件下,自发过程的逆过程是不可能自发进行的,即过程具有方向性。

化学家十分重视在一定条件下某化学反应能否自发进行。例如,为治理煤燃烧时产生的污染,能否利用氧化钙在约 1 200℃的炉温条件下吸收煤燃烧时产生的三氧化硫?能否利用碳与水作用大规模工业化生产淀粉等碳水化合物?能否在常温常压条件将氢气通过石墨以制取苯?能否选一种催化剂使汽车尾气中的一氧化氮和一氧化碳转化为氮气和二氧化碳后再排出,以降低汽车对城市空气的污染等。为此,人们应研究究竟是什么因素决定着过程的自发方向?能否找到一个判断一定条件下过程方向的共同准则?

2.3.1 自发过程的 2 个趋势

很多简单的物理过程,总是向着系统势能降低的方向自发进行。例如,水自发地从高处流向低处,以降低其重力势能;正电粒子在电场中自发地从高电位处运动到低电位处,以降低其电位能等。依此类推,19 世纪的化学家企图根据化学反应是否放热,即 $\Delta_r H_m$ 是否小于零作为判断化学反应是否自发的准则:$\Delta_r H_m < 0$ 的反应自发进行,反之则反应不可能自发进行。

实践证明,大量的放热反应自发进行。这说明,系统放热以降低势能的确是过程自发进行的重要趋势。但是,很多吸热反应在一定条件下亦可自发进行,放热反应在一定条件下亦可能不能自发进行。例如,硝酸钾自发溶于水,系统大量吸热;碳酸钙分解为氧化钙和二氧化碳,是 $\Delta_r H_m > 0$ 的反应,但在高温可自发(如在石灰窑中),而氯化氢气体与氨气化合反应,虽然 $\Delta_r H_m < 0$,却只在较低温度时自发,高温则不可能。这说明影响过程自发的内在因素决不仅是过程放热。

影响过程自发性的另一个内在因素是:自发过程趋向于系统混乱度的增大。在一定条件下,系统内部微观粒子的无序程度就可以看成系统的混乱度。对混乱度,可通过水的相变过程进行粗浅的理解。在冰的晶体里,水分子位于各个晶格点上,有秩序地排列,且只能在晶格点附近振动,运动的剧烈程度较低;而在液态水中,分子排列较无序,水分子能在液体内部作无规则的运动,热运动的剧烈程度较大;在气态水中,水分子充满整个容器,排列更为无序,热运动的剧烈程度更高。因此,气态水的混乱度最高,液态水次之,固态水的混乱度最低。冰在室温吸热自发融化、升华以及水吸热自发蒸发,都是因为自发过程趋向于系统混乱度增大。所以系统混乱度增大也是过程自发的重要趋势。

2.3.2 熵概念初步

系统处于一定状态时，内部分子的排列及运动的剧烈程度是一定的，所以可以用某一个状态函数的大小来代表系统混乱度的高低，这个状态函数称为熵(entropy)，用符号 S 表示。系统的熵值越大，混乱度越高。

任何纯物质系统，温度越低，内部微粒运动的速率越慢，自由活动的范围越小，混乱度越小，熵就越低。温度降到热力学温度 0 K 时，所有微粒都位于晶格点上，分子的热运动完全停止，这是理想的最有序状态。据此，在热力学上总结出一条经验规律：任何纯物质的完美晶体在热力学温度 0 K 时，熵值都等于零。这就是热力学第三定律(the third law of thermodynamics)。当一种纯物质的完美晶体从热力学温度 0 K 升温至 T 时，系统熵的增加即为系统在 T 时的熵 S，并定义此熵与系统内物质的量 n 的比为该物质在 T 时的摩尔熵 S_m：

$$S_m = S/n \tag{2-9}$$

标准状态下物质 B 的摩尔熵 $S_m^\ominus$ 称为物质的标准摩尔熵，其 SI 单位为 $J \cdot K^{-1} \cdot mol^{-1}$。

常见的重要物质在 298.15 K 的标准摩尔熵如表 2.2 所示，更多的数据参见本书附录Ⅱ或各化学手册。

表 2.2　298.15 K 时物质的标准摩尔熵 $S_m^\ominus$　　$J \cdot K^{-1} \cdot mol^{-1}$

固体		液体		气体	
C(金刚石)	2.38	Hg	76.02	He	126.04
C(石墨)	5.74	Br_2	152.23	Hg	175.0
Si	18.8	H_2O	69.94	H_2	130.57
Fe	27.3	H_2O_2	110	N_2	191.5
Fe_2O_3	87.40	CH_3OH	127	O_2	205.03
Na	51.21	C_2H_5OH	161	F_2	202.7
NaCl	72.13	HCOOH	129.0	Cl_2	222.96
KCl	82.59	CH_3COOH	160	NO	210.65
CaO	39.75	C_6H_6	172.8	NO_2	240.0
$CaSO_4$	107	n-C_8H_{18}	357.7	N_2O_4	304.2
$CuSO_4$	109	CH_2Cl_2	178	CO	197.56
$CuSO_4 \cdot 5H_2O$	300	CCl_4	216.4	CO_2	213.6

物质的标准摩尔熵大小的一般规律为：

①同一物质，气态的 $S_m^\ominus$ 总是大于液态的 $S_m^\ominus$、液态的 $S_m^\ominus$ 总是大于固态的 $S_m^\ominus$。如 298.15 K 时，$H_2O(g)$ 和 $H_2O(l)$ 的 $S_m^\ominus$ 分别为 188.7 $J \cdot K^{-1} \cdot mol^{-1}$ 和 69.9 $J \cdot K^{-1} \cdot mol^{-1}$。原因是微粒的运动自由程度总是气态大于液态、液态大于固态。

②同类物质，如卤素、直链烷烃等，总是摩尔质量越大，$S_m^\ominus$ 越大。摩尔质量越大，则分子内原子数越多或电子数越多，分子结构越复杂，$S_m^\ominus$ 越大。如 $F_2(g)$、$Cl_2(g)$、$Br_2(g)$、$I_2(g)$ 的 $S_m^\ominus(298.15\ K)$ 依次递增。

③气态多原子分子的 $S_m^\ominus$ 大于单原子的 $S_m^\ominus$，原子数越多，$S_m^\ominus$ 越大。如 $O(g)$、$O_2(g)$、$O_3(g)$ 的 $S_m^\ominus(298.15\ K)$ 依次递增。

④同一物质，温度越高，$S_m^\ominus$ 越大。

化学反应的熵变用反应的摩尔熵变 $\Delta_r S_m$ 表示，标准状态下反应的熵变用反应的标准摩尔熵变 $\Delta_r S_m^\ominus$ 表示。根据物质 B 的 $S_m^\ominus(298.15\ K)$，即可计算 298.15 K、标准状态下化学反应的标准摩尔熵变：

$$\Delta_r S_m^\ominus(298.15\ K) = \sum_B \nu_B S_m^\ominus(298.15\ K) \tag{2-10}$$

即化学反应的标准摩尔熵变等于各反应物和生成物标准摩尔熵与相应各化学计量数乘积的代数和。

【例 2.8】 计算 298.15 K 时，反应 $3H_2(g) + N_2(g) = 2NH_3(g)$ 的标准摩尔熵变。

解 $\Delta_r S_m^\ominus(298.15\ K) = 2S_m^\ominus(NH_3, g, 298.15\ K) + \{(-3)S_m^\ominus(H_2, g, 298.15\ K) + (-1)S_m^\ominus(N_2, g, 298.15\ K)\} =$

$2 \times (192.3\ J \cdot K^{-1} \cdot mol^{-1}) + (-3) \times (130.6\ J \cdot K^{-1} \cdot mol^{-1}) + (-1) \times 191.5\ J \cdot K^{-1} \cdot mol^{-1} =$

$-298.7\ J \cdot K^{-1} \cdot mol^{-1}$

化学反应的摩尔熵变，对于气体物质的量增加的反应，总是正值；对于气体物质的量减少的反应，总是负值；对于气体物质的量不变的反应，摩尔熵变一般总是很小。实验证明，无论是反应的摩尔熵变还是摩尔焓变，一般受反应温度的影响不很大。所以，实际应用中，在温度变化范围不是很大并作为一般估算时，可忽略温度对二者的影响。

熵增，是过程自发进行的趋势，但实践证明，系统熵增的过程亦不一定自发，熵减的过程亦可能是自发的。所以只考虑系统是否熵增，或只考虑系统是否焓减，均不能对过程是否自发做出准确判断。例如，下列各反应：

(1)$F_2(g)+H_2(g)=2HF(g)$

$\Delta_r S_m^\ominus>0$，$\Delta_r H_m^\ominus<0$，标准状态下，任意温度均自发；

(2)$CO(g)=C(石墨)+\frac{1}{2}O_2(g)$

$\Delta_r S_m^\ominus<0$，$\Delta_r H_m^\ominus>0$，标准状态下，任意温度均不可能自发；

(3)$HCl(g)+NH_3(g)=NH_4Cl(s)$

$\Delta_r S_m^\ominus<0$，$\Delta_r H_m^\ominus<0$，标准状态下，低温自发、高温不可能自发；

(4)$CaCO_3(s)=CaO(s)+CO_2(g)$

$\Delta_r S_m^\ominus>0$，$\Delta_r H_m^\ominus>0$，标准状态下，高温自发，低温不可能自发。

这说明只有综合熵增和焓减这 2 个过程自发的趋势，并结合温度的影响，才能对反应的自发性作出正确的判断。

2.3.3 吉布斯自由能与吉布斯自由能判据

2.3.3.1 吉布斯自由能

1876 年，美国物理化学家吉布斯(J. W. Gibbs)提出一个综合了熵、焓和温度的状态函数，人们称之为吉布斯自由能(Gibbs free energy，或称吉布斯函数)，并用符号 G 代表。其定义为：

$$G \equiv H-TS \tag{2-11}$$

G 的 SI 单位为 J。和 U、H 一样，G 的绝对值也不可知，但系统经历某一过程后，其变化值 ΔG 是可以得到的。

对于等温过程，吉布斯自由能的变化：

$$\Delta G=\Delta H-T\Delta S \tag{2-12}$$

此式称为吉布斯-亥姆霍兹方程(Gibbs-Helmholtz equation)，是热力学中非常重要、实用的方程。将此式应用于化学反应，则可得：

$$\Delta_r G_m=\Delta_r H_m-T\Delta_r S_m \tag{2-13}$$

若反应在标准状态下进行，则

$$\Delta_r G_m^\ominus=\Delta_r H_m^\ominus-T\Delta_r S_m^\ominus \tag{2-14}$$

$\Delta_r G_m$ 和 $\Delta_r G_m^{\ominus}$ 分别称为化学反应的摩尔吉布斯自由能变和标准摩尔吉布斯自由能变，二者均与反应方程式的写法有关，SI 单位为 $J \cdot mol^{-1}$。

2.3.3.2 吉布斯自由能变与反应自发性

由于吉布斯自由能综合了熵和焓这 2 个影响过程自发性的因素，因此，吉布斯自由能的变化将决定化学反应的自发方向。

由吉布斯-亥姆霍兹方程可以看出：

当焓减（$\Delta H<0$）和熵增（$\Delta S>0$）这 2 个自发过程的趋势均存在时，反应正向自发进行，此时 $\Delta G<0$。

当焓增（$\Delta H>0$）和熵减（$\Delta S<0$）时，驱动自发变化的 2 个因素（焓变和熵变）均对正向变化起阻碍作用，反应逆向自发进行，此时 $\Delta G>0$；

当 $\Delta H=T\Delta S$ 时，驱动自发变化的 2 个因素产生的作用大小相等、方向相反，反应处于平衡状态，此时 $\Delta G=0$。

综合上述 3 种情况，等温、定压且系统不做非体积功条件下发生的过程总是自发地向系统吉布斯自由能降低的方向进行，这就是自由能减小原理，也是热力学第二定律（second law of thermodynamics）的自由能表述。即

$\Delta G<0$，正向过程自发进行；

$\Delta G>0$，正向不可能自发，逆向过程自发进行；

$\Delta G=0$，系统处于平衡状态。

化学反应大都在等温、定压且系统不做非体积功条件下进行，所以利用过程的 $\Delta_r G_m$ 作为判断化学反应是否自发进行的准则就十分重要。应用于化学反应系统，此判断准则可写为：

$\Delta_r G_m<0$，则化学反应过程正向自发进行；

$\Delta_r G_m>0$，则化学反应过程正向不可能自发进行，逆过程自发进行；

$\Delta_r G_m=0$，则化学反应系统处于平衡状态。

所有的在等温、定压且不做非体积功条件下自发的过程，系统均有对环境做非体积功的能力。例如，在 298.15 K、标准状态下，反应

$$Cu^{2+}(aq) + Zn(s) = Cu(s) + Zn^{2+}(aq)$$

自发进行。若将其设计在原电池中进行，则此系统在过程中可对环境做电功。由于功不是状态函数，所以当反应进度均为 1 mol，但放电电流不同时，系统对外做电功不同：放电电流越小，做功越多。当放电电流趋于零时，系统对外所作非体积功最大，$W'_{max}=-212.3\ kJ \cdot mol^{-1}$。无论人们采用何种措施，利用这个反应对外

做的非体积功永远不可能超过 212.3 kJ・mol^{-1}。这暗示系统能做的最大非体积功 W'_{max} 可能与系统的某个状态函数的改变有关。根据热力学第二定律可证得：

$$\Delta G = W'_{max} \tag{2-15}$$

即系统吉布斯自由能的变化等于系统可能对外做的最大非体积功。对上述反应的逆反应：

$$\Delta_r G_m^{\ominus} = W'_{max} = +212.3\ \text{kJ} \cdot \text{mol}^{-1}$$

此时 $\Delta_r G_m^{\ominus} \gg 0$，表示过程非自发，如需反应进行，需环境对系统做功，在标准状态时所需的最少电功为 212.3 kJ・mol^{-1}。

实际上系统在过程中所做非体积功永远少于最大非体积功，即 $\Delta G < W'$。例如，上述铜锌原电池反应在标准状态下，当反应进度为 1 mol 时，对环境所做电功一定小于 212.3 kJ。

又如，反应

$$H_2O(l) = H_2(g) + \frac{1}{2}O_2(g) \quad \Delta_r G_m^{\ominus} = 237\ \text{kJ} \cdot \text{mol}^{-1} > 0$$

表示标准状态下，水不可能自发分解为氢气和氧气，欲使反应进行，需环境做电功进行电解，且每电解 1 mol $H_2O(l)$，所需电功必然要超过 237 kJ。

2.3.4 化学反应摩尔吉布斯自由能的计算

2.3.4.1 物质的标准摩尔生成吉布斯自由能

吉布斯自由能是系统的状态函数，所以，利用状态函数的特点，运用根据物质的标准摩尔生成焓计算化学反应的标准摩尔焓变同样的方法，可根据物质的标准摩尔生成吉布斯自由能计算化学反应的标准摩尔吉布斯自由能变 $\Delta_r G_m^{\ominus}$。

物质 B 的标准摩尔生成吉布斯自由能 $\Delta_f G_m^{\ominus}$ 是指在温度 T，由参考状态的元素生成物质 B 时的标准摩尔吉布斯自由能变。这里所谓的参考状态，一般是指每个元素在所讨论的温度和压力时最稳定的状态，即一般是指每个元素在所讨论的温度和压力时最稳定的单质状态。书写相应的化学反应方程式时，要使 B 的化学计量数 $\nu_B = +1$。例如，下列各反应的标准摩尔吉布斯自由能变即为各生成物的标准摩尔生成吉布斯自由能：

$$H_2(g) + \frac{1}{2}O_2(g) = H_2O(l), \Delta_r G_m^{\ominus}(298.15\ \text{K}) =$$

$$\Delta_f G_m^{\ominus}(H_2O, l, 298.15\ \text{K}) = -237.19\ \text{kJ} \cdot \text{mol}^{-1}$$

$$H_2(g)+\frac{1}{2}O_2(g)=H_2O(g), \Delta_r G_m^{\ominus}(298.15\ K)=$$
$$\Delta_f G_m^{\ominus}(H_2O, g, 298.15\ K)=-228.59\ kJ\cdot mol^{-1}$$

$$C(石墨)+2H_2(g)+\frac{1}{2}O_2(g)=CH_3OH(l)$$

$$\Delta_r G_m^{\ominus}(298.15\ K)=\Delta_f G_m^{\ominus}(CH_3OH, l, 298.15\ K)=-166.4\ kJ\cdot mol^{-1}$$

根据定义可知，参考状态元素的标准摩尔生成吉布斯自由能，在任何温度时均为零。如 $\Delta_f G_m^{\ominus}(O_2, g, 298.15\ K)=0$、$\Delta_f G_m^{\ominus}(H_2, g, 298.15\ K)=0$、$\Delta_f G_m^{\ominus}$(C，石墨，298.15 K)$=0$、$\Delta_f G_m^{\ominus}(I_2, s, 298.15\ K)=0$ 等。

化学手册中给出了大量物质在 298.15 K 时的标准摩尔生成吉布斯自由能（见附录Ⅱ），利用这些数据可方便地计算 298.15 K 时化学反应的标准摩尔吉布斯自由能变：

$$\Delta_r G_m^{\ominus}(298.15\ K)=\sum_B \nu_B \Delta_f G_m^{\ominus}(298.15\ K) \tag{2-16}$$

即反应的标准摩尔吉布斯自由能变等于各反应物和生成物标准摩尔生成吉布斯自由能与相应化学计量数乘积之和。

【例 2.9】 在关于生命起源的各种理论中，总要涉及动物、植物体内的一些复杂的化合物能否自发地由简单化合物转化得来。如 298.15 K、标准状态下，尿素能否由二氧化碳和氨自发反应得来？

解 $CO_2(g)+2NH_3(g)=(NH_2)_2CO(s)+H_2O(l)$

$$\begin{aligned}\Delta_r G_m^{\ominus}(298.15\ K)=&[\Delta_f G_m^{\ominus}\{(NH_2)_2CO, s, 298.15\ K\}+\Delta_f G_m^{\ominus}(H_2O, l,\\&298.15\ K)]+[(-1)\Delta_f G_m^{\ominus}(CO_2, g, 298.15\ K)+\\&(-2)\Delta_f G_m^{\ominus}(NH_3, g, 298.15K)]=\\&(-197.15\ kJ\cdot mol^{-1})+(-237.19\ kJ\cdot mol^{-1})+(-1)\times\\&(-394.36\ kJ\cdot mol^{-1})+(-2)\times(-16.5\ kJ\cdot mol^{-1})=\\&-6.98\ kJ\cdot mol^{-1}\end{aligned}$$

$\Delta_r G_m^{\ominus}(298.15\ K)<0$，所以在 298.15 K、标准状态下，二氧化碳和氨可自发反应生成尿素。

在此要特别指出，等温、定压条件下反应是否自发的判据是反应的摩尔吉布斯自由能变 $\Delta_r G_m<0$，而不是反应的标准摩尔吉布斯自由能变 $\Delta_r G_m^{\ominus}<0$，即 $\Delta_r G_m^{\ominus}$ 只能用来判断标准状态下反应是否为自发或是否已平衡，而不像 $\Delta_r G_m$ 可用来判断反应在指定条件下是否为自发或是否已平衡。但在新的化学反应合成设计中，

反应的 $\Delta_r G_m^\ominus$ 是十分重要的数据，可用来定性地估计反应的可能性。表 2.3 是历史上有名的规则。表中的 $\Delta_r G_m^\ominus$ 是对应于主要反应生成物 B 的化学计量数为 +1 的化学反应方程式的。

表 2.3 反应的标准摩尔吉布斯自由能与反应的可能性

$\Delta_r G_m^\ominus/(kJ \cdot mol^{-1})$	反应的可能性
<0	反应有希望
0～42	反应的可能性有怀疑，应进一步研究
>42	反应非常不利，只有在特殊条件下才有可能

因此，当反应的 $\Delta_r G_m^\ominus(T)>0$ 时，一般地并不能得出反应是无希望的这一结论，若改变反应温度、压力、浓度等条件，反应就有可能自发进行。

2.3.4.2 吉布斯-亥姆霍兹方程的应用

利用物质在 298.15 K 的标准摩尔生成吉布斯自由能，计算得反应的标准摩尔吉布斯自由能变，即可判断标准状态、298.15 K，等温、定压、不做非体积功条件时化学反应的可能性。但反应的摩尔吉布斯自由能变，不像反应的摩尔焓变和摩尔熵变受温度的影响可以忽略，它受温度的影响显著，对 $\Delta_r H_m>0$、$\Delta_r S_m>0$ 及 $\Delta_r H_m<0$ 、$\Delta_r S_m<0$ 的这两类反应，温度的改变可能引起反应自发方向的改变。

根据吉布斯-亥姆霍兹方程式：

$$\Delta_r G_m^\ominus(T)=\Delta_r H_m^\ominus(T)-T\Delta_r S_m^\ominus(T)$$

若忽略温度对 $\Delta_r H_m^\ominus$ 和 $\Delta_r S_m^\ominus$ 的影响，则可得该式的近似式：

$$\Delta_r G_m^\ominus(T)\approx\Delta_r H_m^\ominus(298.15\ K)-T\Delta_r S_m^\ominus(298.15\ K)$$

从吉布斯-亥姆霍兹方程的近似式可知，化学反应的 $\Delta_r G_m^\ominus$ 与反应温度 T 呈直线关系，直线的截距为 $\Delta_r H_m^\ominus$，斜率为 $-\Delta_r S_m^\ominus$。对于 $\Delta_r S_m^\ominus>0$ 的反应，随温度升高，$\Delta_r G_m^\ominus$ 变小，故高温对反应的自发有利；对于 $\Delta_r S_m^\ominus<0$ 的反应，随温度升高，$\Delta_r G_m^\ominus$ 变大，故低温对反应的自发有利，如图 2.3 所示。

利用该近似式，即可根据 $\Delta_r H_m^\ominus(298.15\ K)$ 和 $\Delta_r S_m^\ominus(298.15\ K)$数据，计算反应的 $\Delta_r G_m^\ominus(T)$，对标准状态、温度 T 下的反应自发方向做出估计。

【例 2.10】 估计标准状态下，反应

$$CO_2(g) + 2NH_3(g)=(NH_2)_2CO(s)+H_2O(l)$$

在 373 K 时发生的可能性并讨论温度对它的影响。

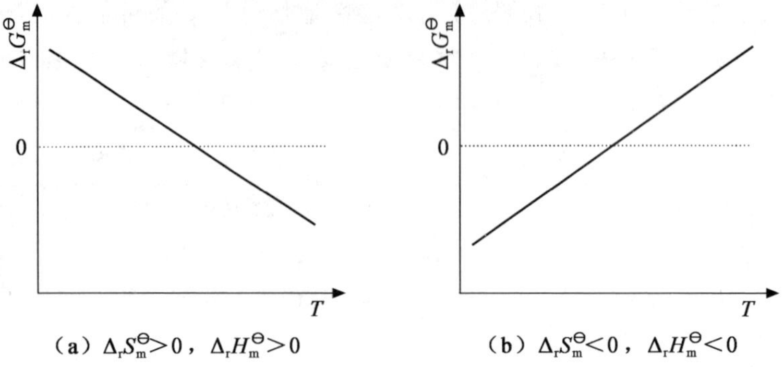

图 2.3　$\Delta_r G_m^\ominus$ 与 T 关系曲线

解　$\Delta_r S_m^\ominus(298.15\ K) = S_m^\ominus\{(NH_2)_2CO, s, 298.15\ K\} + S_m^\ominus(H_2O, l, 298.15\ K) + (-1)S_m^\ominus(CO_2, g, 298.15\ K) + (-2)S_m^\ominus(NH_3, g, 298.15\ K) =$
$104.60\ J\cdot K^{-1}\cdot mol^{-1} + 69.94\ J\cdot K^{-1}\cdot mol^{-1} - 213.6\ J\cdot K^{-1}\cdot mol^{-1} - 2\times 192.3\ J\cdot K^{-1}\cdot mol^{-1} =$
$-423.7\ J\cdot K^{-1}\cdot mol^{-1}$；

$\Delta_r H_m^\ominus(298.15\ K) = \Delta_f H_m^\ominus\{(NH_2)_2CO, s, 298.15\ K\} + \Delta_f H_m^\ominus(H_2O, l, 298.15\ K) + (-1)\Delta_f H_m^\ominus(CO_2, g, 298.15\ K) + (-2)\Delta_f H_m^\ominus(NH_3, g, 298.15\ K) =$
$-333.17\ kJ\cdot mol^{-1} + (-285.84\ kJ\cdot mol^{-1}) - (-393.51\ kJ\cdot mol^{-1}) - 2\times(-46.11\ kJ\cdot mol^{-1}) =$
$-133.28\ kJ\cdot mol^{-1}$

$\Delta_r G_m^\ominus(373\ K) \approx \Delta_r H_m^\ominus(298.15\ K) - T\Delta_r S_m^\ominus(298.15\ K) =$
$-133.28\ kJ\cdot mol^{-1} - 373\ K\times(-423.7\ J\cdot K^{-1}\cdot mol^{-1}) =$
$24.8\ kJ\cdot mol^{-1}$

因为 $\Delta_r G_m^\ominus > 0$，所以，反应在标准状态、373 K 不可能正向自发进行。但因为 $\Delta_r G_m^\ominus(373\ K)$ 小于 42 $kJ\cdot mol^{-1}$，所以反应的可能性应进一步研究。

由于该反应 $\Delta_r S_m^\ominus < 0$、$\Delta_r H_m^\ominus < 0$，由

$$\Delta_r G_m^\ominus(T) \approx \Delta_r H_m^\ominus - T\Delta_r S_m^\ominus$$

可知，温度较低时，$\Delta_r G_m^\ominus(T)$ 将由正值转变为负值，利于反应正向进行。由吉布斯-亥姆霍兹方程可得：

$$T \approx \{\Delta_r H_m^\ominus - \Delta_r G_m^\ominus(T)\}/\Delta_r S_m^\ominus = \{\Delta_r H_m^\ominus - 0\}/\Delta_r S_m^\ominus =$$
$$(-133.28\ \text{kJ}\cdot\text{mol}^{-1})/(-0.423\ 7\ \text{kJ}\cdot\text{K}^{-1}\cdot\text{mol}^{-1}) = 314.6\ \text{K}$$

即温度低于 314.6 K 时，$\Delta_r G_m^\ominus < 0$，有利于正向反应；高于 314.6 K 时，$\Delta_r G_m^\ominus > 0$，有利于逆向反应；等于 314.6 K 时，$\Delta_r G_m^\ominus = 0$，达平衡状态。

对于 $\Delta_r H_m^\ominus < 0$、$\Delta_r S_m^\ominus < 0$ 或 $\Delta_r H_m^\ominus > 0$、$\Delta_r S_m^\ominus > 0$ 的反应，$\Delta_r G_m^\ominus = 0$ 时的温度称为反应的转变温度。

【例 2.11】 近似计算液溴的正常沸腾温度。

解 物质的正常沸腾温度，是指在 $p = 101.3$ kPa 条件下，气、液两相间达到平衡时的温度。近似地，可认为是在标准状态下气、液两相间达到平衡的温度，即 $\Delta_r G_m^\ominus = 0$ 时的温度，也即反应的转变温度。

$Br_2(l) = Br_2(g)$

$\Delta_r H_m^\ominus(298.15\ \text{K}) = \Delta_f H_m^\ominus(Br_2, g, 298.15\ \text{K})$

$\Delta_r S_m^\ominus(298.15\ \text{K}) = S_m^\ominus(Br_2, g, 298.15\ \text{K}) - S_m^\ominus(Br_2, l, 298.15\ \text{K})$

根据 $\Delta_r G_m^\ominus(T) \approx \Delta_r H_m^\ominus(298.15\ \text{K}) - T\Delta_r S_m^\ominus(298.15\ \text{K}) = 0$，得

$$T = \Delta_r H_m^\ominus(298.15\ \text{K})/\Delta_r S_m^\ominus(298.15\ \text{K}) =$$
$$30.91\ \text{kJ}\cdot\text{mol}^{-1}/(0.245\ \text{kJ}\cdot\text{K}^{-1}\cdot\text{mol}^{-1} - 0.152\ \text{kJ}\cdot\text{K}^{-1}\cdot\text{mol}^{-1}) = 332\ \text{K}$$

液溴正常沸腾温度的实测值为 331.9 K。

【例 2.12】 近似计算碳酸钙在大气压力下的热分解温度。

解 碳酸盐、氯化铵等盐类在大气压力下的热分解温度，可由分解反应在标准压力(100 kPa)下达平衡时的温度来估计，即反应的转变温度。

$CaCO_3(s) = CaO(s) + CO_2(g)$

$$\Delta_r H_m^\ominus(298.15\ \text{K}) = \Delta_f H_m^\ominus(CaO, s, 298.15\ \text{K}) + \Delta_f H_m^\ominus(CO_2, g, 298.15\ \text{K}) - \Delta_f H_m^\ominus(CaCO_3, s, 298.15\ \text{K})$$

$$\Delta_r S_m^\ominus(298.15\ \text{K}) = S_m^\ominus(CaO, s, 298.15\ \text{K}) + S_m^\ominus(CO_2, g, 298.15\ \text{K}) - S_m^\ominus(CaCO_3, s, 298.15\ \text{K})$$

根据 $\Delta_r G_m^\ominus(T) \approx \Delta_r H_m^\ominus(298.15\ \text{K}) - T\Delta_r S_m^\ominus(298.15\ \text{K}) = 0$，得

$$T = \Delta_r H_m^\ominus(298.15\ \text{K})/\Delta_r S_m^\ominus(298.15\ \text{K}) =$$
$$178.5\ \text{kJ}\cdot\text{mol}^{-1}/0.160\ 0\ \text{kJ}\cdot\text{K}^{-1}\cdot\text{mol}^{-1} = 1\ 116\ \text{K}$$

石灰窑中，温度一般控制在 1 070 K 左右，与上述估算大体一致。

通过以上几个例题中的数据，可看出化学反应的 $\Delta_r H_m^\ominus$ 对化学反应自发性的影响一般总远远大于 $\Delta_r S_m^\ominus$，故放热反应在常温下大都可以自发进行。但在高温条件下，尤其对 $\Delta_r S_m^\ominus$ 的绝对值较大的反应，不能忽视系统熵变对反应方向的影响。人们常常利用这一现象，控制反应向一定方向进行。如反应

$$\text{(A)}\quad C(s) + \frac{1}{2}O_2(g) = CO(g)$$

反应后气体物质的量增加，$\Delta_r S_m^\ominus > 0$，是熵增加的反应，故反应的 $\Delta_r G_m^\ominus$ 随温度升高而明显降低（图 2.4 中直线 A）；而金属 M 与氧气反应

$$\text{(B)}\quad M(s) + \frac{1}{2}O_2(g) = MO(s)$$

反应后气体物质的量减小，$\Delta_r S_m^\ominus < 0$，是熵减小的反应，故反应的 $\Delta_r G_m^\ominus$ 随温度升高而升高（图 2.4 中直线 B）。在 A、B 二直线交点对应的温度，A、B 二反应的 $\Delta_r G_m^\ominus$ 相等。若温度高于此，反应 A 的 $\Delta_r G_m^\ominus$ 小于反应 B 的 $\Delta_r G_m^\ominus$，因此反应

$$MO(s) + C(s) = M(s) + CO(g)$$

的 $\Delta_r G_m^\ominus$ 一般在高温时总会小于零，反应在大气压力下得以正向自发进行。所以碳是冶金工业中最重要的还原剂。

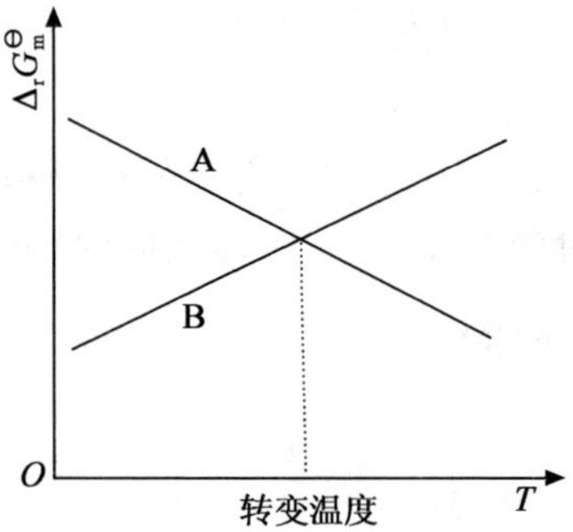

图 2.4　反应 MO(s) + C(s)＝M(s) + CO(g)的转变温度

2.3.4.3　化学反应等温方程式

前面已经讨论了如何利用反应的 $\Delta_r G_m^\ominus$ 来判断标准状态下化学反应的可能性。但大量化学反应不是在标准状态下进行的，其自发方向应该用具有普遍意义的判据——反应的 $\Delta_r G_m$ 来判断。热力学上已经证明，在反应温度 T，任意状态的

$\Delta_r G_m(T)$ 与 $\Delta_r G_m^{\ominus}(T)$ 具有确定的关系，此关系由化学反应等温方程式(isothermal equation of chemical reaction)来表示。如气体反应

$$N_2(g) + 3H_2(g) = 2NH_3(g)$$

在热力学温度 T 时：

$$\Delta_r G_m(T) = \Delta_r G_m^{\ominus}(T) + RT \ln \frac{\{p(NH_3)/p^{\ominus}\}^2}{\{p(N_2)/p^{\ominus}\}\{p(H_2)/p^{\ominus}\}^3}$$

即对理想气体之间的反应

$$0 = \sum_B \nu_B B(g)$$

$$\Delta_r G_m(T) = \Delta_r G_m^{\ominus}(T) + RT \ln \Pi\{p(B)/p^{\ominus}\}^{\nu_B} \tag{2-17}$$

对溶液中发生的反应，如：

$$Ag^+(aq) + 2NH_3(aq) = Ag(NH_3)_2^+(aq)$$

在热力学温度 T 时：

$$\Delta_r G_m(T) = \Delta_r G_m^{\ominus}(T) + RT \ln \frac{c\{Ag(NH_3)_2^+\}/c^{\ominus}}{\{c(Ag^+)/c^{\ominus}\}\{c(NH_3)/c^{\ominus}\}^2}$$

即对溶液中发生的反应

$$0 = \sum_B \nu_B B(aq)$$

$$\Delta_r G_m(T) = \Delta_r G_m^{\ominus}(T) + RT \ln \Pi\{c_B/c^{\ominus}\}^{\nu_B} \tag{2-18}$$

利用化学反应等温方程式(2-17)和方程式(2-18)，即可根据参加反应的各物质的指定热力学温度、压力和浓度，计算出反应的 $\Delta_r G_m(T)$，进而对反应方向作出判断。

关于化学反应等温方程式，以下几点需注意：

①式中标准压力 $p^{\ominus} = 100$ kPa，标准浓度 $c^{\ominus} = 1$ mol・L^{-1}(严格地讲，应为标准质量摩尔浓度 $b^{\ominus} = 1$ mol・kg^{-1})。通常分别称 $p/p^{\ominus}$、$c/c^{\ominus}$ 为相对压力和相对浓度，它们的 SI 单位均为 1，并称 $\Pi\{p(B)/p^{\ominus}\}^{\nu_B}$ 或 $\Pi\{c_B/c^{\ominus}\}^{\nu_B}$ 为反应商，用符号 Q 表示。故化学反应等温方程式又可简单表示为：

$$\Delta_r G_m(T) = \Delta_r G_m^{\ominus}(T) + RT \ln Q \tag{2-19}$$

②若反应中有纯固体或纯液体参加，热力学可证明 Q 中并不涉及它们，如反应

$$CaCO_3(s) = CaO(s) + CO_2(g)$$

其化学反应等温方程式可写为：

$$\Delta_r G_m(T) = \Delta_r G_m^{\ominus}(T) + RT\ \ln\{p(CO_2)/p^{\ominus}\}$$

③若反应中既有气体，又有溶质参加，则反应商中，气体和溶质的状态分别用相对压力和相对浓度表示。如反应

$$Fe(s) + 2H^+(aq) = Fe^{2+}(aq) + H_2(g)$$

其化学反应等温方程式可写为：

$$\Delta_r G_m(T) = \Delta_r G_m^{\ominus}(T) + RT\ \ln \frac{\{c(Fe^{2+})/c^{\ominus}\}\{p(H_2)/p^{\ominus}\}}{\{c(H^+)/c^{\ominus}\}^2}$$

④在以水为溶剂的稀溶液中发生的反应，若水参加反应，热力学可证明 Q 中不出现溶剂水。如反应

$$CO_3^{2-}(aq) + H_2O(l) = HCO_3^-(aq) + OH^-(aq)$$

其化学反应等温方程式可写为：

$$\Delta_r G_m(T) = \Delta_r G_m^{\ominus}(T) + RT\ \ln \frac{\{c(HCO_3^-)/c^{\ominus}\}\{c(OH^-)/c^{\ominus}\}}{\{c(CO_3^{2-})/c^{\ominus}\}}$$

⑤必须注意温度一致，即 $\Delta_r G_m(T)$ 、$\Delta_r G_m^{\ominus}(T)$ 均为热力学温度 T 下的值。

2.3.4.4 反应的偶联

由化学反应等温方程式可知，若一定温度下某化学反应的 $\Delta_r G_m^{\ominus}(T) > 0$，从理论上讲，只要能有效地降低生成物的浓度（压力）或增大反应物的浓度（压力），使反应商 Q 减小，就有可能使反应的 $\Delta_r G_m(T) < 0$，使反应也可能正向自发进行。因此，可利用另一自发进行的化学反应，改变所研究反应的浓度（压力）条件，“驱动”其自发进行。例如，反应

$$2CuO(s) = 2Cu(s) + O_2(g)$$

$$\Delta_r G_m^{\ominus}(298.15\ K) = 260\ kJ \cdot mol^{-1}$$

在 298.15 K、标准状态下反应不可能正向自发。若在反应系统中加入碳（石墨），由于石墨可与氧气自发反应生成二氧化碳：

$$C(石墨) + O_2(g) = CO_2(g)$$

$$\Delta_r G_m^{\ominus}(298.15\ K) = -394\ kJ \cdot mol^{-1}$$

使系统中 $p(O_2)$大大降低，因此可使 CuO 自发转化为 Cu，总反应为：

$$2CuO(s) + C(石墨) = 2Cu(s) + CO_2(g)$$

$$\Delta_r G_m^{\ominus}(298.15\ K) = 260\ kJ \cdot mol^{-1} - 394\ kJ \cdot mol^{-1} = -134\ kJ \cdot mol^{-1}$$

即利用 $\Delta_r G_m^{\ominus} < 0$ 的反应驱动了 $\Delta_r G_m^{\ominus} > 0$ 的反应，使之得以自发进行。这种作用，称为反应的偶联。偶联反应中，总是利用“放能”反应（摩尔吉布斯自由能降低的反应）驱动“吸能”反应（摩尔吉布斯自由能升高的反应）的进行。利用偶联反应，可有效地控制化学反应的方向。例如，反应

$$2Fe^{2+}(aq) + I_2(aq) = 2Fe^{3+}(aq) + 2I^-(aq) \quad \Delta_r G_m^{\ominus}(298.15\ K) > 0$$

反应在 298.15 K、标准状态下不可能自发进行。但若在反应系统中加入 F^-，由于下列反应与之偶联：

$$2Fe^{3+}(aq) + 6F^-(aq) = 2FeF_3(aq) \quad \Delta_r G_m^{\ominus}(298.15\ K) < 0$$

使得 I_2 可将 Fe^{2+} 氧化：

$$2Fe^{2+}(aq) + I_2(aq) + 6F^-(aq) = 2FeF_3(aq) + 2I^-(aq)$$

利用此偶联反应，可有效地防止 $I^-(aq)$被 $Fe^{3+}(aq)$氧化。

偶联反应具有重要的生物学意义。生物体的生长和运动均需要能量。植物和某些细菌通过光合作用而获得能量，所以称它们为自养生物；而动物及人类则必须依靠食物，从其他生物获取能量，所以称它们为异养生物。例如，人食用糖后，糖在体内的代谢，就是一个分多步进行的氧化过程，为人提供糖分子中储存的能量。葡萄糖在人体内的代谢分步进行，但有些步骤，在 pH＝7、其他物种均处于热力学标准状态（即生物学标准状态）、37℃条件下，并不能自发进行，如葡萄糖代谢的第一步反应：

$$葡萄糖 + HPO_4^{2-} = 6\text{-磷酸-葡萄糖}$$

在反应条件下 $\Delta_r G_m = 13.4\ kJ \cdot mol^{-1}$。为使反应得以进行，需要一“放能”反应与之偶联，这就是 ATP（三磷酸腺苷）水解为 ADP（二磷酸腺苷）和 HPO_4^{2-} 的反应：

$$ATP = ADP + HPO_4^{2-} \quad \Delta_r G_m = -30.5\ kJ \cdot mol^{-1}$$

总反应为：

葡萄糖 + ATP= 6-磷酸-葡萄糖 + ADP　$\Delta_r G_m = -17.1\ kJ \cdot mol^{-1}$

显然，是因为 ATP 水解，增大了 HPO_4^{2-} 的浓度，使得反应：

$$葡萄糖 + HPO_4^{2-} = 6\text{-磷酸-葡萄糖}$$

的 $\Delta_r G_m$ 变得小于 0。

生物体内，诸如蛋白质的合成、离子迁移、肌肉收缩等很多过程均因 ATP 水解反应的偶联而得以发生，所以常称 ATP 为生物体内的高能物质。ATP 水解产物 ADP 又会在一些“放能”的生化反应的偶联下转化为 ATP，又因 ATP 的水解速率被酶的催化作用控制，所以人体细胞内 ATP 与 ADP 浓度的比值可维持在 10 左右。

本章小结

化学热力学是热力学原理在化学科学中的应用，可解决一定条件下化学反应热、反应的自发方向及限度问题。它的基础是热力学三定律。

本章介绍了热力学能、焓、熵、吉布斯自由能 4 个重要的状态函数、它们之间的关系以及热、功概念。这些状态函数的绝对数值均不可知，得到的只能是它们在系统变化过程中的改变量，这些状态函数的改变量可以代表定容反应热、定压反应热，或作为一定条件下过程自发方向及限度的判据。化学热力学中引入了反应的摩尔热力学能变、摩尔焓变、摩尔熵变、摩尔吉布斯自由能变等重要概念，分别代表化学反应的定容反应热、定压反应热，或作为一定条件下化学反应过程自发方向及限度的判据。

状态函数的改变量只与过程有关而与途径无关，所以利用热化学定律可计算复杂反应的反应热，或利用物质的标准摩尔生成焓、标准摩尔燃烧热计算标准状态下反应的定压热。利用物质的标准摩尔生成吉布斯自由能(298.15 K)、吉布斯-亥姆霍兹方程、化学反应等温方程，可计算反应的 $\Delta_r G_m^{\ominus}$(298.15 K)、$\Delta_r G_m^{\ominus}(T)$ 及 $\Delta_r G_m(T)$，从而对等温、定压条件下化学反应的自发方向作出判断。

思考题

2.1　解释下列名词：系统、环境、状态、状态函数、过程、途径。

2.2　什么叫状态函数？状态函数有什么特征？指出下列哪些是状态函数？

T、P、V、Q、W、U、H、S、G、Q_p、n、m、$\Delta_f H_m^{\ominus}$。

2.3　热和功的正负号是如何规定的？这种规定与系统热力学能的变化之间有何联系？

2.4　$Q_v = \Delta U$ 和 $Q_p = \Delta H$ 成立的条件各是什么？ΔU 和 ΔH 间有何关系？

2.5　自发过程的趋势是什么？什么是吉布斯自由能判据？它的应用条件是什么？

2.6 判断下列叙述是否正确：

(1)化学反应的定压热与途径无关，故其为状态函数。

(2)化学反应的定压热不是状态函数，但与途径无关。

(3)指定温度下，元素稳定单质的 $\Delta_f H_m^{\ominus}=0$、$S_m^{\ominus}=0$、$\Delta_f G_m^{\ominus}=0$。

(4)$\Delta_f H_m^{\ominus}(I_2,g,298.15\ K)=0$，$\Delta_f H_m^{\ominus}$(金刚石,298.15 K)$=0$，$\Delta_f G_m^{\ominus}$(红磷,298.15 K)$=0$。

(5)应用热化学定律的原理和方法，不但可计算化学反应的 $\Delta_r H_m^{\ominus}$，还可计算 $\Delta_r U_m^{\ominus}$、$\Delta_r G_m^{\ominus}$、$\Delta_r S_m^{\ominus}$ 等。

(6)对于 $\Delta_r S_m^{\ominus}>0$ 的反应，标准状态下高温时可能正向自发。

(7)$\Delta_r G_m^{\ominus}<0$ 的反应一定能自发进行。

(8)298.15 K 时，反应 $Ag^+(aq)+Cl^-(aq)=AgCl(s)$ 的 $\Delta_r H_m^{\ominus}$ 等于 $\Delta_f H_m^{\ominus}(AgCl,s,298.15\ K)$。

2.7 根据某物质的标准摩尔生成焓和标准摩尔熵，利用吉布斯-亥姆霍兹方程能否计算出其标准摩尔生成吉布斯自由能？为什么？

习　题

2.1 450 g 水蒸气在 1.013×10^5 Pa 和 100℃下凝结成水。已知在 100℃时水的蒸发热为 $2.26\ kJ\cdot g^{-1}$。求此过程的 W、Q、ΔU 和 ΔH。

2.2 已知 298 .15 K 时：

(1)$4NH_3(g)+5O_2(g)=4NO(g)+6H_2O(l)$；$\Delta_r H_m^{\ominus}=-1\ 170\ kJ\cdot mol^{-1}$。

(2)$4NH_3(g)+3O_2(g)=2N_2(g)+6H_2O(l)$；$\Delta_r H_m^{\ominus}=-1\ 530\ kJ\cdot mol^{-1}$。

利用以上数据，计算 $\Delta_f H_m^{\ominus}(NO,g,298.15\ K)$。

2.3 已知 298.15 K 时：

(1)$2NH_3(g)+3N_2O(g)=4N_2(g)+3H_2O(l)$；$\Delta_r H_m^{\ominus}=-1\ 010\ kJ\cdot mol^{-1}$。

(2)$N_2O(g)+3H_2(g)=N_2H_4(l)+H_2O(l)$；$\Delta_r H_m^{\ominus}=-317\ kJ\cdot mol^{-1}$。

(3)$2NH_3(g)+\frac{1}{2}O_2(g)=N_2H_4(l)+H_2O(l)$；$\Delta_r H_m^{\ominus}=-143\ kJ\cdot mol^{-1}$。

(4)$H_2(g)+\frac{1}{2}O_2(g)=H_2O(l)$；$\Delta_r H_m^{\ominus}=-286\ kJ\cdot mol^{-1}$。

利用以上数据，计算 $\Delta_f H_m^{\ominus}(N_2H_4,l,298.15\ K)$和下列反应的 $\Delta_r H_m^{\ominus}(298.15\ K)$：

$N_2H_4(l)+O_2(g)=N_2(g)+2H_2O(l)$。

2.4 已知 298.15 K 时：$CH_3OCH_3(l)+3O_2(g)=2CO_2(g)+3H_2O(l)$；$\Delta_r H_m^{\ominus}=-1\ 461\ kJ\cdot mol^{-1}$。

根据其他有关热力学数据，计算 $\Delta_f H_m^{\ominus}(CH_3OCH_3,l,298.15\ K)$。

2.5 为减少对环境的污染和提高热效率，城市中可将煤炭在煤气厂先转化为 CO，再将 CO 输送到用户作燃料使用。将一定质量的碳：

(1)直接作为燃料完全燃烧；

(2)先转化为 CO 后，再以 CO 为燃料。

若反应均在标准状态定压条件下进行，定性分析以上 2 种情况中，哪种燃料放热较多？已知 $\Delta_f H_m^\ominus(CO,g)<0$。(不需再查阅有关数据)

2.6　水煤气(CO 和 H_2 的混合气)用下法制得：$C+H_2O(g)=CO(g)+H_2(g)$

设所用 C 为石墨，计算反应的 $\Delta_r H_m^\ominus(298.15\ K)$。定性分析将一定质量的碳直接作为燃料完全燃烧，或将之完全转化为水煤气后，所得水煤气完全燃烧，哪种情况放热较多？说明为何水煤气是一种重要的高能工业燃料？

2.7　判断标准状态下，以下 4 类反应得以自发进行的温度条件：

反应	$\Delta_r H_m^\ominus$	$\Delta_r S_m^\ominus$	自发进行的温度条件
1	<0	<0	
2	<0	>0	
3	>0	>0	
4	>0	<0	

2.8　确定下列过程中，系统是熵增还是熵减，或者基本不变？

(1)$KNO_3(s)$溶于水；

(2)乙醇(l)→乙醇(g)；

(3)碳与氧气反应生成一氧化碳；

(4)石灰石分解。

2.9　反应 $MgCl_2(s)=Mg(s)+Cl_2(g)$，$\Delta_r H_m^\ominus>0$，标准状态下，此反应：

(1)低温自发进行；

(2)高温自发进行；

(3)任何温度均自发进行；

(4)任何温度均不可能自发进行。

2.10　根据有关热力学数据：

(1)判断反应：$2HgO(s)=2Hg(l)+O_2(g)$在 298.15 K 时是否自发进行？

(2)近似计算反应能自发进行的最低温度。

2.11　金属锡制品在低温下会变为粉末状，俗称“锡疫”，原因是白锡转化为灰锡。计算白锡与灰锡的转化温度。

2.12　人类历史中，铜器时代先于铁器时代，这与人类原来只能使用木材作燃料(火焰温度约 700 K)有关。试计算标准状态下，以下二反应得以正向自发进行的温度范围，说明以上历史现象。

$$2Fe_2O_3(s)+3C(s)=4Fe(s)+3CO_2(g)$$

$$2CuO(s)+C(s)=2Cu(s)+CO_2(g)$$

2.13 计算下列反应正向自发进行的温度条件，并判断工业中能否用碳或一氧化碳作还原剂来冶炼铝？

$$2Al_2O_3(s)+3C(s)=4Al(s)+3CO_2(g)$$
$$Al_2O_3(s)+3CO(g)=2Al(s)+3CO_2(g)$$
$$Al_2O_3(s)+3C(s)=2Al(s)+3CO(g)$$

2.14 砷是一种有毒元素。将含砷样品在酸性介质中用Zn还原，可将砷转化为$AsH_3(g)$，称为胂。将AsH_3用玻璃管导出，并将玻璃管加热至350℃，AsH_3迅速分解，得到的As(s)沉积在玻璃管内壁，形成具金属光泽的黑色斑点（砷镜），这种定性检测砷的方法（Marsh定砷法）可检出0.007 mg的砷。计算下列反应正向自发进行的温度范围，并说明实验中对AsH_3加热的目的：

$$2AsH_3(g)=2As(s)+3H_2(g)$$

已知298 K时，$\Delta_f H_m^\ominus(AsH_3,g)=66.4\ kJ\cdot mol^{-1}$；$S_m^\ominus(AsH_3,g)=223\ J\cdot K^{-1}\cdot mol^{-1}$；$S_m^\ominus(As,s)=35\ J\cdot K^{-1}\cdot mol^{-1}$。

Optional question：

2.15 Use data from Appendix and $\Delta_r H_m^\ominus(298.15\ K)$ for the following reaction to determine the standard enthalpy of formation of hexane，$C_6H_{14}(l)$，at 298.15 K.

$$2C_6H_{14}(l)+19O_2(g)=12CO_2(g)+14H_2O(l)$$
$$\Delta_r H_m^\ominus(298.15\ K)=-8\ 326\ kJ\cdot mol^{-1}$$

3 化学平衡原理

The Principle of Chemical Equilibrium

【教学目标】

● **化学平衡：**

1. 理解化学平衡的意义。
2. 掌握标准平衡常数及其与反应的标准摩尔吉布斯自由能变的关系。
3. 掌握化学平衡计算基本方法。
4. 掌握多重平衡原理及其应用。

● **化学平衡的移动：**

1. 能够通过 Q 和 $K^{\ominus}$ 的比较判断反应进行的方向。
2. 掌握各种因素对化学平衡移动的影响。

由化学反应等温方程式可知，若反应系统中某一种或多种产物的压力或浓度为0，则反应商为0，此时反应的$\Delta_r G_m$必定小于0，反应肯定正向自发进行；若某一种或多种反应物的压力或浓度为0，此时反应的$\Delta_r G_m$必定大于0，反应肯定逆向自发进行。这说明，任何一个向一定方向（无论正向或逆向）自发进行的反应，反应物都不可能百分之百完全转化为生成物，任何化学反应都不能完全进行到底，反应进行到一定程度时，必然宏观上停止，即达到所谓化学平衡(chemical equilibrium)状态。

3.1 标准平衡常数(standard equilibrium constant)

3.1.1 化学平衡状态

从热力学原理分析，即从宏观上分析，一定条件下达到平衡的系统，其吉布斯自由能最低，反应宏观停止。无论反应是从正向还是从逆向达到平衡，各反应物、产物的压力或组成均不再变化。达到平衡时，反应的$\Delta_r G_m = 0$。因此，化学平衡状态是反应在一定条件下所能达到的最大限度的状态。

从化学动力学，即从微观角度分析，达到化学平衡状态的系统，处于正向反应和逆向反应的速率相等的状态，正向反应和逆向反应均未停止，这就是说，化学平衡状态是系统在一定条件下的动态平衡状态。

对于在一定条件下达到化学平衡的系统，若反应条件发生改变，则可能引起反应的摩尔吉布斯自由能的改变，使$\Delta_r G_m$不再等于0，即正、逆反应的速率不再相等。此时，从宏观上看，反应或正向自发、或逆向自发，即原有的平衡状态被破坏，系统又向一新的平衡状态转移，平衡发生移动。这就是说化学平衡状态是系统在一定条件下的动态平衡状态的热力学含义。

3.1.2 标准平衡常数

达到化学平衡状态的系统中，各反应物、产物的组成均不再发生变化，那么各物质浓度或分压力之间有无一定的关系？

根据化学反应等温方程式

$$\Delta_r G_m(T) = \Delta_r G_m^{\ominus}(T) + RT \ln Q$$

当系统达到平衡状态时， $\Delta_r G_m(T) = 0$

则必有 $$-\Delta_r G_m^{\ominus}(T) = RT\ \ln Q^{eq}$$

式中，Q^{eq} 代表平衡状态时的反应商。

在热力学中，由 $-\Delta_r G_m^{\ominus}(T)$ 定义了一个反应的标准平衡常数 $K^{\ominus}(T)$：

$$\ln K^{\ominus}(T) = -\Delta_r G_m^{\ominus}(T)/RT \tag{3-1}$$

对一指定的化学反应，$K^{\ominus}(T)$ 与 $\Delta_r G_m^{\ominus}(T)$ 一样，只是温度的函数。由上式可得：

$$K^{\ominus}(T) = Q^{eq}$$

此式说明，一定温度下，指定化学反应在平衡时的反应商是一个只与反应的本质，即反应的 $\Delta_r G_m^{\ominus}(T)$ 有关，而与浓度或压力无关的常数，或说一定温度下达到平衡的指定化学反应系统中，各物种的平衡组成之间存在确定的函数关系。反应的标准平衡常数 $K^{\ominus}$ 是研究化学反应的平衡问题时的一个很重要的热力学函数。标准平衡常数的 SI 单位为 1。

由此可知，如果能由实验测量出达到平衡时各反应物、产物的组成，就可求得 Q^{eq}，从而可确定 $K^{\ominus}(T)$ 或 $\Delta_r G_m^{\ominus}(T)$。从应用角度看，更重要的是由 $\Delta_r G_m^{\ominus}(T)$ 计算 $K^{\ominus}(T)$，从而由上式求算平衡系统的组成。如反应：

$$N_2(g) + 3H_2(g) = 2NH_3(g)$$

$$\Delta_r G_m^{\ominus}(298.15\ K) = -33\ kJ \cdot mol^{-1}$$

$$\ln K^{\ominus} = -\Delta_r G_m^{\ominus}(T)/RT = \frac{33\ kJ \cdot mol^{-1}}{0.008\,3\ kJ \cdot mol^{-1} \cdot K^{-1} \times 298.15\ K}$$

$$K^{\ominus}(298.15\ K) = 6.1 \times 10^5$$

根据此反应的标准平衡常数表达式：

$$K^{\ominus} = \frac{\{p^{eq}(NH_3)/p^{\ominus}\}^2}{\{p^{eq}(N_2)/p^{\ominus}\}\{p^{eq}(H_2)/p^{\ominus}\}^3}$$

可得知，无论各物种的初始分压力为多少，也无论是从正向还是从逆向达到平衡状态，反应在 298.15 K 达平衡后，$H_2(g)$、$N_2(g)$、$NH_3(g)$ 的相对分压力之间一定存在以下定量关系：

$$K^{\ominus} = \frac{\{p^{eq}(NH_3)/p^{\ominus}\}^2}{\{p^{eq}(N_2)/p^{\ominus}\}\{p^{eq}(H_2)/p^{\ominus}\}^3} = 6.1 \times 10^5$$

利用吉布斯-亥姆霍兹方程式可计算得该反应 $\Delta_r G_m^{\ominus}(673\ K) = 41.7\ kJ \cdot mol^{-1}$，依同样的方法可计算得此反应在 673 K 时的标准平衡常数：

$$K^{\ominus}(673\ \text{K}) = 5.8\times10^{-4}$$

即在 673 K 时，平衡系统中 $H_2(g)$、$N_2(g)$、$NH_3(g)$的相对分压力之间一定存在以下定量关系：

$$K^{\ominus}=\frac{\{p^{eq}(NH_3)/p^{\ominus}\}^2}{\{p^{eq}(N_2)/p^{\ominus}\}\{p^{eq}(H_2)/p^{\ominus}\}^3}=5.8\times10^{-4}$$

很明显，此反应在 298 K 时比在 673 K 时完成趋势大得多。由此可见，标准平衡常数 $K^{\ominus}$ 值的大小表示了反应完成趋势的高低，$K^{\ominus}$ 越大，反应进行彻底的趋势越高，$K^{\ominus}$ 越小，反应进行彻底的趋势越小。

在使用标准平衡常数时，下列几点需特别注意：

(1)标准平衡常数只与反应温度有关，而与浓度或压力无关。故在使用标准平衡常数时，必须注明反应温度。

(2)由于反应的标准摩尔吉布斯自由能变与反应式的写法有关，因此标准平衡常数以及标准平衡常数表达式也必然与反应方程式的写法有关。例如，298.15 K 时，反应(a)：

$$N_2(g) + 3H_2(g) = 2NH_3(g)$$
$$\Delta_r G_m^{\ominus}(298.15\ \text{K}) = -33\ \text{kJ}\cdot\text{mol}^{-1}$$
$$\ln K^{\ominus}(\text{a},298.15\ \text{K}) = -\Delta_r G_m^{\ominus}(298.15\ \text{K})/RT = 13.33$$
$$K^{\ominus}(\text{a},298.15\ \text{K}) = 6.1\times10^5$$

若反应式写为(b)：

$$2N_2(g) + 6H_2(g) = 4NH_3(g)$$
$$\Delta_r G_m^{\ominus}(298.15\ \text{K}) = 2\Delta_r G_m^{\ominus}(298.15\ \text{K}) = -66\ \text{kJ}\cdot\text{mol}^{-1}$$
$$\ln K^{\ominus}(\text{b},298.15\ \text{K}) = -\Delta_r G_m^{\ominus}(\text{b},298.15\ \text{K})/RT = 26.66$$
$$K^{\ominus}(\text{b},298.15\ \text{K}) = \{K^{\ominus}(\text{a},298.15\ \text{K})\}^2=(6.1\times10^5)^2=3.7\times10^{11}$$

若反应式写为(c)：

$$2NH_3(g) = N_2(g) + 3H_2(g)$$
$$K^{\ominus}(\text{c},298.15\ \text{K}) = 1/K^{\ominus}(\text{a},298.15\ \text{K}) = 1.6\times10^{-6}$$

一般说来，若化学反应式中各物种的化学计量数均变为原来写法的 n 倍，则对应的标准平衡常数等于原标准平衡常数的 n 次方。

(3)若有纯固体、纯液体参加反应，或在稀薄的水溶液中发生的反应，则固体、液体以及溶剂水都不会在平衡常数表达式中出现。原理请参阅有关反应商的说明。如：

$$Zn(s) + 2H^+(aq) = Zn^{2+}(aq) + H_2(g)$$

$$K^{\ominus} = \frac{\{c(Zn^{2+})/c^{\ominus}\}\{p(H_2)/p^{\ominus}\}}{\{c(H^+)/c^{\ominus}\}^2}$$

【例 3.1】 血红蛋白运载和输送氧的机理以及一氧化碳可以使人中毒死亡的机理，是生物学家与化学家合作而得以阐明的。血红蛋白可与氧气，也可与一氧化碳生成配合物，下列反应表示氧合血红蛋白可转化为一氧化碳合血红蛋白：

$$CO(g) + Hem \cdot O_2(aq) = O_2(g) + Hem \cdot CO(aq)$$

$$K^{\ominus}(310\ K) = 210$$

实验证明，只要有 10%的氧合血红蛋白转化为一氧化碳合血红蛋白，人就会中毒身亡。计算空气中 CO 的体积分数达到多少，即会对人造成生命危险？

解 空气的压力约为 100 kPa，其中氧气分压约为 21 kPa。当有 10%氧合血红蛋白转化为一氧化碳合血红蛋白时，

$$\frac{c(Hem \cdot CO)/c^{\ominus}}{c(Hem \cdot O_2)/c^{\ominus}} = \frac{1}{9}$$

$$K^{\ominus} = \frac{\{c(Hem \cdot CO)/c^{\ominus}\}\{p(O_2)/p^{\ominus}\}}{\{c(Hem \cdot O_2)/c^{\ominus}\}\{p(CO)/p^{\ominus}\}} = \frac{0.21}{9\{p(CO)/p^{\ominus}\}} = 210$$

得 $$p(CO) = 0.01\ kPa$$

故 $$\varphi(CO) = 0.01\ kPa/100\ kPa = 0.01\%$$

即空气中 CO 的体积分数达万分之一时，即可对生命造成威胁。

【例 3.2】 298.15 K 时，反应：

$$Ag^+(aq) + Fe^{2+}(aq) = Ag(s) + Fe^{3+}(aq)$$

的标准平衡常数 $K^{\ominus} = 3.2$。若反应前 $c(Ag^+) = c(Fe^{2+}) = 0.100\ mol \cdot L^{-1}$，计算反应达平衡后各离子的浓度。

解 设平衡时 $c(Fe^{3+})/c^{\ominus} = x$，则根据反应式可知：

	$Ag^+(aq)$ +	$Fe^{2+}(aq)$ =	$Ag(s)$ +	$Fe^{3+}(aq)$
$c_0/(mol \cdot L^{-1})$	0.100	0.100		0
$c^{eq}/(mol \cdot L^{-1})$	$0.100-x$	$0.100-x$		x

$$K^{\ominus}=\frac{c(Fe^{3+})/c^{\ominus}}{\{c(Ag^{+})/c^{\ominus}\}\{c(Fe^{2+})/c^{\ominus}\}}=\frac{x}{(0.100-x)^{2}}=3.2$$

得 $$x=0.020$$

即平衡时，$c(Fe^{3+})=0.020\ mol\cdot L^{-1}$，$c(Fe^{2+})=0.080\ mol\cdot L^{-1}$，$c(Ag^{+})=0.080\ mol\cdot L^{-1}$。

3.1.3 反应系统中平衡的判断

由化学反应等温方程式及反应的标准平衡常数定义，可知：

$$\Delta_r G_m(T)=\Delta_r G_m^{\ominus}(T)+RT\ln Q=-RT\ln K^{\ominus}+RT\ln Q=RT\ln(Q/K^{\ominus})$$

所以，根据反应的标准平衡常数与反应商大小的比较，即可简单地对反应达到平衡与否作出判断：

若 $Q>K^{\ominus}$，则反应的 $\Delta_r G_m(T)>0$，反应会逆向自发进行；

若 $Q<K^{\ominus}$，则反应的 $\Delta_r G_m(T)<0$，反应会正向自发进行；

若 $Q=K^{\ominus}$，则反应的 $\Delta_r G_m(T)=0$，反应处于平衡状态。

3.2 多重平衡系统(multiple equilibrium system)

通常见到的化学平衡系统，往往同时包含多个相互有关的平衡，系统内有些物质，同时参加了多个平衡。此种平衡系统，称为多重平衡系统。例如，碳在氧气中燃烧，在达到平衡时，系统内起码含有以下 3 个有关的平衡：

(1) $C(s)+\frac{1}{2}O_2(g)=CO(g)$

$$K_1^{\ominus}=\frac{p^{eq}(CO)/p^{\ominus}}{\{p^{eq}(O_2)/p^{\ominus}\}^{\frac{1}{2}}}$$

(2) $CO(g)+\frac{1}{2}O_2(g)=CO_2(g)$

$$K_2^{\ominus}=\frac{p^{eq}(CO_2)/p^{\ominus}}{\{p^{eq}(CO)/p^{\ominus}\}\{p^{eq}(O_2)/p^{\ominus}\}^{\frac{1}{2}}}$$

(3) $C(s)+O_2(g)=CO_2(g)$

$$K_3^{\ominus}=\frac{p^{eq}(CO_2)/p^{\ominus}}{p^{eq}(O_2)/p^{\ominus}}$$

其中，氧气同时参与了所有3个平衡。由于处在同一个系统中，所以氧气的相对分压力只可能有一个，且其必然同时要满足所有3个平衡，即在反应(1)、反应(2)、反应(3)的标准平衡常数表达式中，$p(O_2)$是相同的。同样道理，一氧化碳、二氧化碳均参与了2个平衡，它们的相对分压力也必然要分别同时满足所参与的平衡，即反应(1)、反应(2)的标准平衡常数表达式中，$p(CO)$相同、反应(2)、反应(3)的标准平衡常数表达式中，$p(CO_2)$相同。如此，相关的3个反应的标准平衡常数间必定具有确定的关系，现证明如下。

对反应(1)、反应(2)、反应(3)，它们的标准平衡常数和反应的标准摩尔吉布斯自由能的关系分别为：

$$\Delta_r G_m^\ominus(1) = -RT \ln K^\ominus(1)$$
$$\Delta_r G_m^\ominus(2) = -RT \ln K^\ominus(2)$$
$$\Delta_r G_m^\ominus(3) = -RT \ln K^\ominus(3)$$

由于反应(3)可看作为反应(1)和反应(2)的总反应，即

$$\Delta_r G_m^\ominus(3) = \Delta_r G_m^\ominus(1) + \Delta_r G_m^\ominus(2)$$

则
$$-RT \ln K^\ominus(3) = -RT \ln K^\ominus(1) - RT \ln K^\ominus(2)$$

故得
$$K^\ominus(3) = K^\ominus(1) \cdot K^\ominus(2)$$

推而广之，总反应的标准平衡常数等于各分反应标准平衡常数的乘积。利用这个结论，可以十分方便地根据有关已知反应的标准平衡常数求算相关较复杂反应的标准平衡常数。

【例3.3】 若煤气发生炉中，下列二反应均达到平衡状态，且炉内一氧化碳的分压为$p(CO)$，试计算炉内二氧化碳的分压。

$$2C(s) + O_2(g) = 2CO(g) \quad K^\ominus(1)$$
$$C(s) + O_2(g) = CO_2(g) \quad K^\ominus(2)$$

解 $$K^\ominus(1) = \frac{\{p^{eq}(CO)/p^\ominus\}^2}{p^{eq}(O_2)/p^\ominus} \qquad K^\ominus(2) = \frac{p^{eq}(CO_2)/p^\ominus}{p^{eq}(O_2)/p^\ominus}$$

所以
$$\frac{K^\ominus(1)}{K^\ominus(2)} = \frac{\{p^{eq}(CO)/p^\ominus\}^2}{p^{eq}(CO_2)/p^\ominus}$$

故得
$$p^{eq}(CO_2) = \frac{K^\ominus(2)}{p^\ominus K^\ominus(1)}\{p^{eq}(CO)\}^2$$

3.3 化学平衡的移动(shift of chemical equilibrium)

化学平衡是反应系统在特定条件下达到的动态平衡状态,故一旦条件发生改变,平衡即有可能被破坏,系统的宏观静止状态也就被破坏,反应或正向自发、或逆向自发进行,最终在新的条件下达到新的平衡。这种现象称为化学平衡的移动。根据热力学原理,化学平衡的移动是因为:改变平衡系统的条件后,由于反应商或标准平衡常数发生了变化,使 Q 与 $K^{\ominus}$ 不再相等,即反应的摩尔吉布斯自由能不再等于零而造成的。

3.3.1 浓度对化学平衡的影响

增大反应物的浓度或减小生成物的浓度,平衡将正向移动;减小反应物浓度或增大生成物浓度,平衡将逆向移动。例如,将 $FeCl_3(s)$ 加入水中,由于下列反应的发生,有 $Fe(OH)_3$ 沉淀生成,且溶液显酸性:

$$Fe^{3+}(aq) + 3H_2O(l) = Fe(OH)_3(s) + 3H^+(aq)$$

若向此系统中加入盐酸,即加大产物 H^+ 的浓度,则由于平衡逆向移动,$Fe(OH)_3$ 沉淀将减少直至能完全溶解。

对于已达化学平衡的系统,改变任何一种反应物或产物的浓度,都将使反应商 Q 发生变化,导致 $Q \neq K^{\ominus}$;若增大反应物或减小产物浓度,Q 值减小,必使 $Q < K^{\ominus}$,平衡肯定正向移动;反之,若减小反应物或增大产物浓度,Q 值增大,必使 $Q > K^{\ominus}$,平衡肯定逆向移动。增大某一种反应物浓度后,要使得被减小了的反应商 Q 重新等于 $K^{\ominus}$ 而达到新的平衡状态,只有可能是减小其他反应物的浓度,使产物浓度增大。所以增大某一种反应物的浓度会使得其他反应物的转化率变大。工业生产中,经常用增大廉价、易得的反应物浓度的方法,提高贵重反应物的转化率。

3.3.2 压力对化学平衡移动的影响

压力的变化对没有气体参加的化学反应影响不大,因为压力对固体、液体的体积影响极小。对于气体反应来说,增加系统压力时,气体体积缩小,相当于增大气体物质的浓度。所以对于有气体参加而且反应前后气体的物质的量有变化的反应,压力变化时,将对化学平衡产生影响。改变平衡状态时气体的压力,可有多种方法,如改变系统的体积,即以同样倍数改变参加平衡的所有气体的分压力、在体积不变或总压力不变条件下改变某一种或某几种气体的分压力、在体积不变或总压力不变条件下向系统内加入惰性气体等。无论采用何种方法，只要能引起反应商 Q 发生改变，均要使得化学平衡发生移动。在此，仅讨论改变平衡系统的体积，使系统总压力发生变化时对化学平衡移动的影响。对于反应

$$-\nu_A A - \nu_B B - \cdots = \cdots + \nu_Y Y + \nu_Z Z \text{ 或 } 0 = \sum_B \nu_B B$$

其 $K^\ominus$ 表达式为

$$K^\ominus = \frac{\{p^{eq}(Y)/p^\ominus\}^{\nu_Y}\{p^{eq}(Z)/p^\ominus\}^{\nu_Z}}{\{p^{eq}(A)/p^\ominus\}^{-\nu_A}\{p^{eq}(B)/p^\ominus\}^{-\nu_B}}$$

若在等温条件下使系统的体积变为原来的 $1/n$，即系统总压力以及各物种的分压力均变为原来的 n 倍，此时反应商

$$Q = \frac{\{p^{eq}(Y)/p^\ominus\}^{\nu_Y}\{p^{eq}(Z)/p^\ominus\}^{\nu_Z}}{\{p^{eq}(A)/p^\ominus\}^{-\nu_A}\{p^{eq}(B)/p^\ominus\}^{-\nu_B}} \times n^{\sum_B \nu_B} = K^\ominus \times n^{\sum_B \nu_B}$$

若 $n>1$，即系统被压缩，总压增大，则

当 $\sum_B \nu_B > 0$，即反应为气体物质的量增加的反应时，$Q > K^\ominus$，平衡必逆向移动；

当 $\sum_B \nu_B < 0$，即反应为气体物质的量减少的反应时，$Q < K^\ominus$，平衡必正向移动；

当 $\sum_B \nu_B = 0$，即反应为气体物质的量不变的反应时，$Q = K^\ominus$，系统仍保持原平衡状态。

若 $n<1$，即系统总压减小，则

当 $\sum_B \nu_B > 0$，即反应为气体物质的量增加的反应时，$Q < K^\ominus$，平衡必正向移动；

当 $\sum_B \nu_B < 0$，即反应为气体物质的量减少的反应时，$Q > K^\ominus$，平衡必逆向移动；

当 $\sum_B \nu_B = 0$，即反应为气体物质的量不变的反应时，$Q = K^\ominus$，系统仍保持原平衡状态。

总而言之，增加系统总压力，平衡向气体物质的量减小的方向移动；减小系统总压力，平衡向气体物质的量增大的方向移动。此原理被广泛地应用于化工生产

中，以提高反应的转化率，如合成氨反应即在高压条件下进行，并通入过量的氮气、不断引出生成的氨气，以提高氢气的转化率。

3.3.3 温度对化学平衡移动的影响

在浓度、压力不变的条件下，温度的改变对化学平衡也有影响。这说明，温度变化对化学反应的标准平衡常数有影响。因此，应明了温度与标准平衡常数的关系。结合以下二式：

$$\Delta_r G_m^{\ominus}(T) = \Delta_r H_m^{\ominus}(T) - T\Delta_r S_m^{\ominus}(T)$$

$$\ln K^{\ominus}(T) = -\Delta_r G_m^{\ominus}(T)/RT$$

得

$$\ln K^{\ominus}(T) = -\frac{\Delta_r H_m^{\ominus}}{RT} + \frac{\Delta_r S_m^{\ominus}}{R} \tag{3-2}$$

此式是化学热力学中十分重要的关系式之一，称为范特霍夫方程式。它表示，当把 $\Delta_r H_m^{\ominus}$ 和 $\Delta_r S_m^{\ominus}$ 近似视为常数时，反应的标准平衡常数的对数 $\ln K^{\ominus}$ 与反应温度的倒数 $1/T$ 成线性关系，直线的斜率等于 $-\Delta_r H_m^{\ominus}/R$。若反应为吸热，$\Delta_r H_m^{\ominus}>0$，则直线的斜率$<0$，即随反应温度 T 的升高，$K^{\ominus}$ 值变大，使得 $Q<K^{\ominus}$，平衡正向移动；若反应为放热，$\Delta_r H_m^{\ominus}<0$，则直线的斜率>0，即随反应温度的升高，$K^{\ominus}$ 值变小，使得 $Q>K^{\ominus}$，平衡逆向移动。如图 3.1 所示。

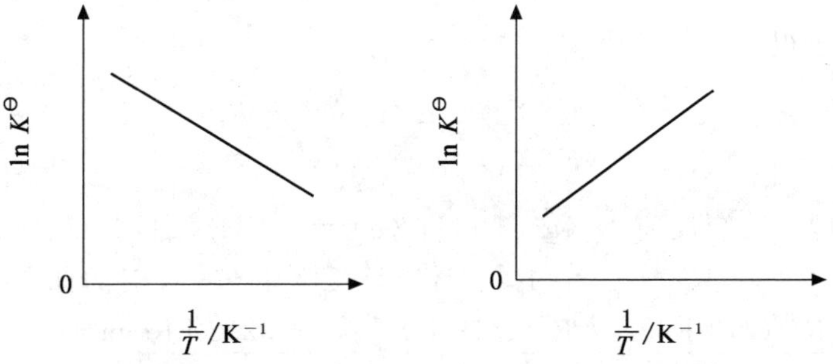

（a）$\Delta_r H_m^{\ominus}>0$　　（b）$\Delta_r H_m^{\ominus}<0$

图 3.1　化学反应的 $\ln K^{\ominus}$ 与 $1/T$ 示意图

若仅从化学平衡角度考虑，为提高反应的完全程度，对 $\Delta_r H_m^{\ominus}>0$ 的反应，应在较高温度条件下进行，对 $\Delta_r H_m^{\ominus}<0$ 的反应，则应在较低温度条件下进行。例如，重水与硫化氢气体的反应是 $\Delta_r H_m^{\ominus}>0$ 的反应

$$D_2O(l) + H_2S(g) = D_2S(g) + H_2O(g)$$

将硫化氢气体通入高温的水中，以上平衡向右移动，反应完成程度较高；再将得到的气体产物冷却，由于温度下降，平衡向左移动，得到重水。原子能工业中利用此方法富集普通水中的重水(重水在普通水中的质量分数约为1/7 000)。又如，利用$\Delta_r H_m^\ominus > 0$的反应

$$TaS_2(s) + 2I_2(g) = TaI_4(g) + S_2(g)$$

可将固体TaS_2置于一密封、真空的石英管的一端，同时在管内放入少量$I_2(s)$。将石英管按一定的温度梯度加热，使放有TaS_2的一端温度较高，另一端温度较低。则在高温端，正向反应进行得可很完全，得到的气体产物扩散到低温端后，平衡又逆向移动，最终得到纯净的TaS_2晶体。这是一种提纯物质的新技术，称为“化学蒸气转移法”。

利用$\ln K^\ominus$-$1/T$曲线，可根据直线的斜率计算出反应的$\Delta_r H_m^\ominus$，也可计算指定温度下反应的$K^\ominus$。若已知反应的$\Delta_r H_m^\ominus$、温度为T_1时反应的标准平衡常数$K^\ominus(1)$，则温度为T_2时反应的标准平衡常数$K^\ominus(2)$亦可用下法近似计算得到：

$$\ln K^\ominus(1) = -\frac{\Delta_r H_m^\ominus}{RT_1} + \frac{\Delta_r S_m^\ominus}{R}$$

$$\ln K^\ominus(2) = -\frac{\Delta_r H_m^\ominus}{RT_2} + \frac{\Delta_r S_m^\ominus}{R}$$

结合上二式可得：

$$\ln \frac{K^\ominus(2)}{K^\ominus(1)} = \frac{\Delta_r H_m^\ominus (T_2 - T_1)}{RT_1 T_2}$$

【例 3.4】 已知反应$N_2(g) + 3H_2(g) = 2NH_3(g)$，$\Delta_r H_m^\ominus = -92.2\ \text{kJ} \cdot \text{mol}^{-1}$，$K^\ominus(298.15\ \text{K}) = 6.2 \times 10^5$。计算该反应在473 K时的标准平衡常数。

解 $$\ln \frac{K^\ominus(473\ \text{K})}{K^\ominus(298\ \text{K})} = \ln \frac{K^\ominus(473\ \text{K})}{6.2 \times 10^5} = \frac{-92.2\ \text{kJ} \cdot \text{mol}^{-1}}{0.008\ 3\ \text{kJ} \cdot \text{K}^{-1} \cdot \text{mol}^{-1}} \times \frac{(473\ \text{K} - 298\ \text{K})}{473\ \text{K} \times 298\ \text{K}}$$

得 $K^\ominus(473\ \text{K}) = 0.62$

对于液体，如水的气化过程：

$$H_2O(l) = H_2O(g)$$

反应的标准平衡常数 $K^{\ominus} = p(H_2O)/p^{\ominus}$，即等于平衡时气体的相对蒸气压力。将上式应用于液体的气化过程，得

$$\ln \frac{p_2}{p_1} = \frac{\Delta_{vap} H_m^{\ominus}(T_2 - T_1)}{RT_1 T_2}$$

此式称为克拉贝龙-克劳修斯(Clapeyron-Clausius) 方程式，表示 T_1 与 T_2 2 个热力学温度与相应 2 个蒸气压力 p_1 与 p_2 间的关系。式中，$\Delta_{vap} H_m^{\ominus}$ 为液体的标准摩尔汽化焓。此式也可用来表示两个不同压力下的相应沸腾温度间的关系。

【例 3.5】 压力锅内，水的蒸气压力可达到 150 kPa，计算水在压力锅中的沸腾温度。

解 $H_2O(l) = H_2O(g)$，$\Delta_r H_m^{\ominus} = 44.0\ kJ \cdot mol^{-1}$

水的正常沸点 $T_1 = 373.15$ K，故可得

$$\ln \frac{p_2}{p_1} = \frac{\Delta_{vap} H_m^{\ominus}}{R} \ \frac{(T_2 - T_1)}{T_1 T_2}$$

$$\ln \frac{150\ kPa}{101.3\ kPa} = \frac{44.0\ kJ \cdot mol^{-1}}{0.008\ 3\ kJ \cdot mol^{-1} \cdot K^{-1}} \times \frac{(T_2 - 373.15\ K)}{373.15\ K \times T_2}$$

得 $T = 383$ K

综上所述，假如改变平衡体系的条件之一，如浓度、温度或压力，平衡向着减弱这个改变的方向移动。此即所谓勒·夏特列(Le Chatelier)原理，又称为平衡移动原理。

平衡移动原理是一条普遍的规律，它对于所有的动态平衡(包括物理平衡)都是适用的。但必须注意，它只能应用在已经达到平衡的系统，对于未达到平衡的系统是不适用的。例如对 $\Delta_r H_m^{\ominus} < 0$，$\Delta_r S_m^{\ominus} > 0$ 的反应，在任何温度下 $\Delta_r G_m^{\ominus}$ 均小于 0，即在标准状态下反应总正向自发，不可能达到平衡状态。故若根据化学平衡移动原理得出“升高反应温度时，因反应放热，平衡逆向移动，即反应逆向自发”的结论，是完全错误的。

本章小结

化学平衡主要研究化学反应进行的限度问题。化学平衡状态，从热力学角度是化学反应在一定条件下所能达到的最大限度的状态，即 $\Delta_r G_m(T) = 0$ 的状态；从动力学角度是在一定条件下正、逆反应速率相等的状态。标准平衡常数 $K^{\ominus}$ 的大小表示反应完成趋势的高低；$K^{\ominus}$ 为温度的函数，与浓度或压力无关，SI 单位为 1。对于多重平衡系统，相关反应的 $K^{\ominus}$ 之间具有确定的

关系。对于已达到化学平衡的系统，增大反应物或减小产物的浓度或压力，平衡正向移动；反之，逆向移动。对有气体参加的反应，增大系统总压力，平衡向着气体物质的量减小的方向移动；反之，平衡正向移动。升高温度，平衡向着吸热方向移动；降低温度，平衡向着放热方向移动。范特霍夫方程可以表示 $K^{\ominus}$ 和 T 之间的定量关系；克拉贝龙-克劳修斯方程式表示不同温度下液体的蒸气压之间的关系。

思考题

3.1　化学平衡状态有何特点？

3.2　简述标准平衡常数的意义。使用标准平衡常数时的注意事项有哪些？

3.3　简述多重平衡系统的特点。在进行多重平衡有关计算时，参与多个反应的物质的浓度或压力应如何处理？

3.4　影响化学平衡移动的因素有哪些？

3.5　对于达到平衡的反应 $N_2(g) + 3H_2(g) = 2NH_3(g)$，下列操作将对平衡产生什么影响？

(1)保持温度和体积不变，向系统中充入惰性气体；

(2)保持温度和系统压力不变，向系统中充入惰性气体。

3.6　反应 $N_2(g) + 3H_2(g) = 2NH_3(g)$ 在一定温度下达平衡状态时，系统内 $n(N_2) = 4$ mol，$n(H_2) = n(NH_3) = 1$ mol。保持系统压力和温度恒定条件下，向系统中充入 1 mol 氮气。根据计算结果，指出平衡移动的方向。

习题

3.1　判断下列叙述是否正确：

(1)化学反应商 Q 和标准平衡常数 $K^{\ominus}$ 的单位均为 1；

(2)对 $\Delta_r H_m^{\ominus} < 0$ 的反应，温度越高，$K^{\ominus}$ 越小，故 $\Delta_r G_m^{\ominus}$ 越大；

(3)一定温度下，反应 1 和反应 2 的标准摩尔吉布斯自由能之间的关系为 $\Delta_r G_m^{\ominus}(1) = 2\Delta_r G_m^{\ominus}(2)$，则两反应标准平衡常数间关系为：$K^{\ominus}(2) = [K^{\ominus}(1)]^2$。

3.2　673 K 时，反应 $N_2(g) + 3H_2(g) = 2NH_3(g)$ 的 $K^{\ominus} = 6.2 \times 10^{-4}$，则反应：

$NH_3(g) = \frac{1}{2}N_2(g) + \frac{3}{2}H_2(g)$ 的 $K^{\ominus} =$ ________。

3.3　反应 $Fe(s) + 2H^+(aq) = Fe^{2+}(aq) + H_2(g)$ 的标准平衡常数表达式为：

$K^{\ominus} =$ ________________。

3.4　已知下列反应在指定温度的 $\Delta_r G_m^{\ominus}$ 和 $K^{\ominus}$：

(1) $N_2(g) + \frac{1}{2}O_2(g) = N_2O(g)$，$\Delta_r G_m^{\ominus}(1)$，$K^{\ominus}(1)$；

(2)$N_2O_4(g)=2NO_2(g)$，$\Delta_r G_m^\ominus(2)$，$K^\ominus(2)$；

(3)$\frac{1}{2}N_2(g)+O_2(g)=NO_2(g)$，$\Delta_r G_m^\ominus(3)$，$K^\ominus(3)$。

则反应 $2N_2O(g)+3O_2(g)=2N_2O_4(g)$的 $\Delta_r G_m^\ominus=$__________，$K^\ominus=$__________。

3.5 在 1 L 容器中，将 2.659 g $PCl_5(g)$加热分解为 $PCl_3(g)$和 $Cl_2(g)$，在 523 K 达到平衡后，总压力为 101.3 kPa，求 PCl_5 的分解率和 $K^\ominus$。

3.6 (1)写出反应 $O_2(g)=O_2(aq)$的标准平衡常数表达式。已知 20℃、$p(O_2)=101$ kPa 时，氧气在水中溶解度为 1.38×10^{-3} mol·L^{-1}，计算以上反应在 20℃时的 $K^\ominus$，并计算 20℃时与 101 kPa 大气平衡的水中氧的浓度 $c(O_2)$。[大气中 $p(O_2)=21.0$ kPa]

(2)已知血红蛋白(Hb)氧化反应 $Hb(aq)+O_2(g)=HbO_2(aq)$在 20℃时 $K^\ominus=85.5$，计算反应 $Hb(aq)+O_2(aq)=HbO_2(aq)$的 $K^\ominus(293K)$。

3.7 已知 $\Delta_f H_m^\ominus(NO,g)=90.25$ kJ·mol^{-1}，在 2 273 K 时，反应 $N_2(g)+O_2(g)=2NO(g)$ 的 $K^\ominus=0.100$。在 2 273 K 时，若 $p(N_2)=p(O_2)=10$ kPa，$p(NO)=20$ kPa，反应商 $Q=$__________，反应向__________方向自发进行；在 2 000 K 时，若 $p(NO)=p(N_2)=10$ kPa，$p(O_2)=100$ kPa，反应商 $Q=$__________，反应____________。

3.8 383 K 时，反应 $Ag_2CO_3(s)=Ag_2O(s)+CO_2(g)$的 $\Delta_r G_m^\ominus=14.8$ kJ·mol^{-1}，求此反应的 $K^\ominus(383\ K)$；在 383 K 烘干 $Ag_2CO_3(s)$时，为防止其受热分解，空气中 $p(CO_2)$最低应为多少 kPa?

3.9 根据有关热力学数据，近似计算 $CCl_4(l)$在 101.3 kPa 压力下和 20 kPa 压力下的沸腾温度。已知 $\Delta_f H_m^\ominus(CCl_4,g,298\ K)=-102.93$ kJ·mol^{-1}，$S_m^\ominus(CCl_4,g,298\ K)=309.74$ J·K^{-1}·mol^{-1}，其他数据见附录Ⅱ。

Optional question:

3.10 The value of $K^\ominus$ for the equilibrium $COCl_2(g)=CO(g)+Cl_2(g)$ is 1.0×10^{-1} at a certain temperature. If the initial pressure of $COCl_2$ is 10 kPa.

(a) what will be the equilibrium partial pressure of $COCl_2$, CO and Cl_2?

(b) What will be the total pressure of the system at equilibrium?

4 化学反应速率

Rate of Chemical Reaction

【教学目标】

- 掌握化学反应速率的表示方法以及基元反应、复杂反应等基本概念。
- 影响反应速率的因素：

1. 了解浓度对反应速率的影响；理解质量作用定律、速率方程及速率常数、反应级数等概念。
2. 了解温度对反应速率的影响；掌握阿伦尼乌斯方程的简单应用。
3. 了解催化作用的原理。

- 掌握反应速率的碰撞理论和过渡态理论要点。

根据化学热力学和化学平衡的知识，可以判断一个化学反应发生的可能性及其进行的程度。例如，298 K 时：

$$H_2(g) + \frac{1}{2}O_2(g) = H_2O(l), K^{\ominus} = 3.76 \times 10^{41}$$

反应可以进行得相当完全。但实际上，在此温度条件下 H_2 与 O_2 混合后，很长时间看不出有任何变化，即反应速率太慢。若改变条件，如加入催化剂，或加热、点火，则反应可以很快进行，甚至发生爆炸。因此研究化学反应，不仅要考虑它发生的可能性，而且要研究如何实现这个反应，研究反应的速率和反应的机理。这就是化学反应动力学研究的内容。

4.1 化学反应速率概念(concept of chemical reaction rate)

不同的化学反应，其速率千差万别。酸碱中和反应可以很快完成，而塑料薄膜在田间降解，则需几年甚至几十年。即使是同一反应，在不同条件下速率也可能有很大的差别。

化学反应速率(rate of chemical reaction)(定容反应器中)通常用单位时间内反应物或生成物浓度的变化来表示。浓度单位常用 $mol \cdot L^{-1}$，时间单位可用 s、min、h 等，故反应速率的常用单位为 $mol \cdot L^{-1} \cdot s^{-1}$、$mol \cdot L^{-1} \cdot min^{-1}$、$mol \cdot L^{-1} \cdot h^{-1}$ 等。

以 H_2O_2 在 I^- 作用下分解反应为例：

$$H_2O_2(aq) \xlongequal{I^-} H_2O(l) + \frac{1}{2}O_2(g)$$

H_2O_2 的浓度与时间的关系列于表 4.1。

表 4.1 中，$\bar{v}$ 表示在时间间隔 Δt 内反应的平均速率，$\bar{v} = \Delta c/\Delta t$。若以反应物浓度的变化率表示反应速率，因反应物随反应的进行浓度减少，Δc 前应加负号(－)：$\bar{v}$(反应物) $= -\Delta c/\Delta t$。上述 H_2O_2 分解反应，$\bar{v}(H_2O_2) = -\Delta c(H_2O_2)/\Delta t$，$\bar{v}(O_2) = \Delta c(O_2)/\Delta t$。

从表 4.1 可以看出，在不同时间段反应的平均速率不同，而且在任一时间段内，前半段的平均速率与后半段的平均速率肯定也不同。所以反应速率 v 应当用 Δt 趋于零时的瞬时速率来表示：

$$v = \pm \lim_{\Delta t \to 0} \frac{\Delta c}{\Delta t} = \pm \frac{dc}{dt}$$

表 4.1　H_2O_2 溶液浓度与时间关系

t/min	$c(H_2O_2)$/(mol·L^{-1})	$\bar{v}(H_2O_2) = -\Delta c/\Delta t$/(mol·L^{-1}·min^{-1})
0	0.80	
		$\frac{0.40}{20} = 0.020$
20	0.40	
		$\frac{0.20}{20} = 0.010$
40	0.20	
		$\frac{0.10}{20} = 0.005\ 0$
60	0.10	
		$\frac{0.050}{20} = 0.002\ 5$
80	0.050	

dc/dt 是浓度 c 对时间 t 的微商，是 c-t 曲线切线的斜率，如图 4.1 所示。

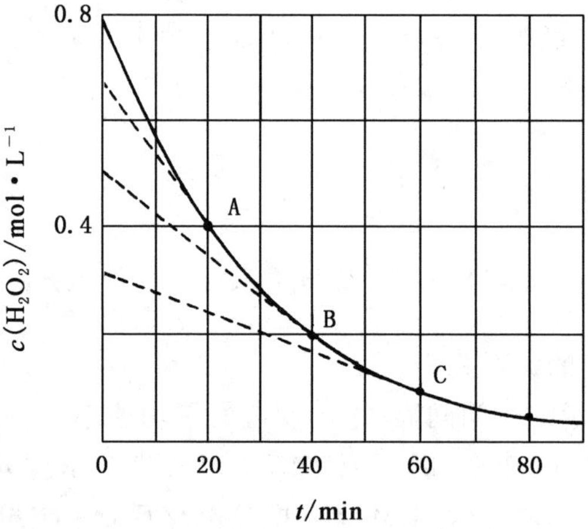

图 4.1　H_2O_2 分解反应的 c-t 曲线

由于反应式中各物质化学计量数不同，用不同物质的浓度变化表示同一反应，速率也不同,易造成混乱。所以现行的国际单位制建议用$\frac{dc_B}{dt}$除以物质 B 的化学计量数来表示一个反应的速率。这样,对一个反应,无论选用反应系统中何种物质的浓度改变来表示该反应的速率,结果均相同。对于反应

$$-\nu_A A - \nu_B B - \cdots = \cdots + \nu_Y Y + \nu_Z Z$$

$$v = \frac{dc(A)}{\nu_A dt} = \frac{dc(B)}{\nu_B dt} = \frac{dc(Y)}{\nu_Y dt} = \frac{dc(Z)}{\nu_Z dt} \tag{4-1}$$

4.2 浓度对化学反应速率的影响(effect of concentration on chemical reaction rate)

4.2.1 反应机理

实验证明,有些反应从反应物转化为生成物,是一步完成的,这样的反应称为基元反应(elementary reaction)。而大多数反应是多步完成的,这些反应称为非基元反应,或复杂反应。例如,反应 $2N_2O_5(g) = 4NO_2(g) + O_2(g)$是经由以下 3 个步骤完成的:

(1)$N_2O_5(g) = N_2O_3(g) + O_2(g)$(慢)

(2)$N_2O_3(g) = NO_2(g) + NO(g)$(快)

(3)$N_2O_5(g) + NO(g) = 3NO_2(g)$(快)

这 3 个基元反应的组合表示了总反应所经历的途径。化学反应所经历的途径称为反应机理(reaction mechanism),或反应历程。化学动力学的重要任务之一就是研究反应机理,确定反应历程,深入揭示反应的本质。

4.2.2 质量作用定律和速率方程

反应物的浓度与反应速率有密切联系。对于基元反应 $aA + bB = yY + zZ$,在一定温度下,

$$v = kc^a(A)c^b(B) \tag{4-2}$$

这就是质量作用定律(law of mass action)。

该方程也就是基元反应的速率方程。式中,k 为速率常数(rate constant)。

k 的大小由反应物的本性决定，与反应物的浓度无关。改变温度或使用催化剂，k 发生变化。速率常数 k 一般是由实验测定的。

质量作用定律只适用于基元反应，不适用于复杂反应。复杂反应一般通过实验确定其速率方程和速率常数。

【例 4.1】 303 K 时，乙醛分解反应 $CH_3CHO(g) = CH_4(g) + CO(g)$ 反应速率与乙醛浓度的关系如下：

$c(CH_3CHO)/(mol \cdot L^{-1})$	0.10	0.20	0.30	0.40
$v/(mol \cdot L^{-1} \cdot s^{-1})$	0.025	0.102	0.228	0.406

(1)写出该反应的速率方程；

(2)求速率常数 k；

(3)求 $c(CH_3CHO) = 0.25\ mol \cdot L^{-1}$ 时的反应速率。

解 (1)设速率方程为 $v = kc^n(CH_3CHO)$。任选两组数据，代入速率方程即可求得 n 值。如选第 1 和第 4 组数据得

$$0.025\ mol \cdot L^{-1} \cdot s^{-1} = k(0.10\ mol \cdot L^{-1})^n$$

$$0.406\ mol \cdot L^{-1} \cdot s^{-1} = k(0.40\ mol \cdot L^{-1})^n$$

二式相除得

$$\frac{0.025\ mol \cdot L^{-1} \cdot s^{-1}}{0.406\ mol \cdot L^{-1} \cdot s^{-1}} = \frac{(0.10\ mol \cdot L^{-1})^n}{(0.40\ mol \cdot L^{-1})^n} = \left(\frac{1}{4}\right)^n$$

解得 $n \approx 2$，故该反应的速率方程为

$$v = kc^2(CH_3CHO)$$

(2)将任一组实验数据(如第 3 组)代入速率方程，可求得 k

$$0.228\ mol \cdot L^{-1} \cdot s^{-1} = k(0.30\ mol \cdot L^{-1})^2$$

$$k = 2.53\ mol^{-1} \cdot L \cdot s^{-1}$$

(3)当 $c(CH_3CHO) = 0.25\ mol \cdot L^{-1}$ 时

$$v = kc^2(CH_3CHO) = 2.53\ mol^{-1} \cdot L \cdot s^{-1} \times (0.25\ mol \cdot L^{-1})^2 = 0.158\ mol \cdot L^{-1} \cdot s^{-1}$$

4.2.3 反应级数

大多数化学反应(无论是否为基元反应)，其速率方程都可表示为反应物浓度某方次的乘积，$v = kc^\alpha(A)c^\beta(B)\cdots$。式中某反应物浓度的方次称为该反应物的反应级数(reaction order)，如反应物 A 的反应级数是 α，反应物 B 的反应级数是 β。所有反应物级数的加和 $\alpha + \beta + \cdots$ 称为该反应的级数。

反应级数是通过实验测定的。一般而言，基元反应中反应物的级数与其化学计量数的绝对值相同，而复杂反应中这两者往往不同，且反应级数可能因实验条件改变而发生变化。例如，蔗糖水解是二级反应，但当反应系统中水的量很大时，反应前后水的浓度可认为未发生变化，则此反应表现为一级反应。

反应级数可以是整数，也可以是分数或是零。表 4.2 列出了一些化学反应的速率方程和反应级数。

表 4.2 某些化学反应的速率方程和反应级数

化学反应	速率方程	反应级数
$SO_2Cl_2 = SO_2 + Cl_2$	$v = kc(SO_2Cl_2)$	一级
$2H_2O_2 = 2H_2O + O_2$	$v = kc(H_2O_2)$	一级
$NO_2 + CO = NO + CO_2$	$v = kc(NO_2)c(CO)$	二级
$4HBr + O_2 = 2Br_2 + 2H_2O$	$v = kc(HBr)c(O_2)$	二级
$2NO + O_2 = 2NO_2$	$v = kc^2(NO)c(O_2)$	三级
$2NH_3 \xlongequal{Fe} N_2 + 3H_2$	$v = k$	零级

在不同级数的速率方程中，反应速率常数 k 的单位不同。一、二、三级和零级反应，k 的单位分别为 s^{-1}、$mol^{-1} \cdot L \cdot s^{-1}$、$mol^{-2} \cdot L^2 \cdot s^{-1}$ 和 $mol \cdot L^{-1} \cdot s^{-1}$。

反应级数和速率常数都是重要的动力学参数，在研究反应机理或控制反应速率时往往须测定反应级数和速率常数。但有些反应机理很复杂，例如，反应

$$H_2(g) + Br_2(g) = 2HBr(g)$$

经测定，其速率方程为：

$$v = \frac{kc(H_2)c^{\frac{1}{2}}(Br_2)}{1 + k'c(HBr)/c(Br_2)}$$

其反应的级数难于确定。

4.3 温度对化学反应速率的影响(effect of temperature on chemical reaction rate)

4.3.1 范特霍夫(Van't Hoff)规则

人们早已熟知，温度对反应速率有很大的影响，升高温度可使大多数反应的速

率加快。范特霍夫依据大量实验事实，提出一个经验的规则：温度每上升 10℃，反应速率就增大到原来的 2～4 倍。

$$\frac{k_{t+10}}{k_t}=r=2\sim4;\frac{k_{t+n\times10}}{k_t}=r^n \tag{4-3}$$

式中，k_t，k_{t+10} 和 $k_{t+n\times10}$ 分别表示温度在 t℃ 、$(t+10)$℃和$(t+n\times10)$℃时的反应速率常数。利用范特霍夫规则可以粗略地估计温度变化对反应速率的影响。

4.3.2 阿伦尼乌斯(Arrhenius)方程

1889 年瑞典化学家阿伦尼乌斯提出一个经验方程：

$$k=A\mathrm{e}^{-E_a/RT} \tag{4-4}$$

式中，A 是常数，称为指前因子，R 为摩尔气体常数，E_a 称为反应的活化能(activation energy)。

若在温度 T_1 和 T_2 时，反应速率常数分别为 k_1 和 k_2，则

$$k_1=A\mathrm{e}^{-E_a/RT_1}$$

$$k_2=A\mathrm{e}^{-E_a/RT_2}$$

结合以上二式，得：

$$\ln\frac{k_2}{k_1}=\frac{-E_a}{R}\left(\frac{1}{T_2}-\frac{1}{T_1}\right) \tag{4-5}$$

或

$$\lg\frac{k_2}{k_1}=\frac{-E_a}{2.303R}\left(\frac{1}{T_2}-\frac{1}{T_1}\right) \tag{4-5'}$$

式(4-4)至式(4-5′)都称为阿伦尼乌斯方程，利用式(4-5)或式(4-5′)，可根据不同温度下测得的 k 求算反应的活化能，也可以从一个温度下的反应速率常数求另一温度下的反应速率常数。

【例 4.2】 反应 $C_2H_4(g)+H_2(g)=C_2H_6(g)$ 在 700 K 时速率常数 $k_1=1.3\times10^{-8}\ \mathrm{mol^{-1}\cdot L\cdot s^{-1}}$，求 730 K 时的速率常数 k_2。已知该反应的活化能 $E_a=180\ \mathrm{kJ\cdot mol^{-1}}$。

解 $\lg\frac{k_2}{k_1}=\frac{-E_a}{2.303R}\left(\frac{1}{T_2}-\frac{1}{T_1}\right)$

$$\lg \frac{k_2}{1.3\times10^{-8}\,\mathrm{mol^{-1}\cdot L\cdot s^{-1}}}=\frac{-180\times10^{3}\ \mathrm{J\cdot mol^{-1}}}{2.303\times8.314\ \mathrm{J\cdot K^{-1}\cdot mol^{-1}}}\left(\frac{1}{730\ \mathrm{K}}-\frac{1}{700\ \mathrm{K}}\right)$$

$$k_2=4.6\times10^{-8}\ \mathrm{mol^{-1}\cdot L\cdot s^{-1}}$$

从阿伦尼乌斯方程可以看出，反应的活化能是决定化学反应速率的最重要的因素。反应的活化能高低，是由反应的本质决定的。活化能较小的化学反应可在室温下或在稍高的温度下进行，活化能较大的反应则需在较高的温度下进行。

4.4 反应速率理论简介（brief introduction of reaction rate theory）

化学反应速率方程和阿伦尼乌斯方程，是人们对大量化学现象研究总结出的经验式。如何理解速率常数、反应的活化能等的物理意义，进而揭示出各种影响反应速率的因素如何对反应速率起着不同的作用，有着重要的理论和实践意义。

4.4.1 反应速率碰撞理论

反应速率的碰撞理论（collision theory）是在气体分子运动论的基础上建立起来的，其主要论点是：

对气相双分子基元反应 A＋B→C，反应物分子 A 与 B 必须相互碰撞才能发生反应，所以反应速率与 A、B 分子的碰撞频率 Z（单位时间、单位体积内 A、B 分子的碰撞次数）成正比，即与 $Z_0c(\mathrm{A})c(\mathrm{B})$ 成正比（Z_0 为 $c(\mathrm{A})=c(\mathrm{B})=1\ \mathrm{mol\cdot L^{-1}}$ 时的碰撞频率）。

根据气体分子运动论可知，常温常压下气体分子之间的碰撞频率极高，可达约 10^{29} 次 $\cdot\ \mathrm{cm^{-3}\cdot s^{-1}}$。若反应速率与 Z 相等，则一切气体反应均应瞬时即可完成，这显然与事实不符。碰撞理论认为，并非 A、B 分子间的每一次碰撞都能使旧的化学键断裂进而形成新的化学键。只有相对动能足够大、超过一临界值 E_a 的一对 A、B 分子间的碰撞，才可能发生反应。碰撞理论中，称 E_a 为反应的活化能。根据麦克斯韦-玻尔兹曼（Maxwell-Boltzmann）能量分布规律可算得，相对平动能超过 E_a 的 A、B 分子间的碰撞频率与 A、B 分子间碰撞频率的比值 $f=\mathrm{e}^{-\frac{E_a}{RT}}$。式中，$f$ 称为能量因子，E_a 为反应的活化能，R 为摩尔气体常数，T 为反应温度。

气体分子运动论中把分子看成无内部结构的刚性小球，但实际上分子有一定的几何形状，有一定的空间结构。要使分子能发生反应，除了必须具有足够高的相对平动能之外，还必须考虑碰撞时分子的空间方位。

例如，反应

$$A_2 + B_2 \longrightarrow 2AB$$

只有分子 A_2 与 B_2 在一定方向上发生碰撞时，才能在 A—A 键和 B—B 键断裂的同时形成两个新的 A—B 键而完成化学反应(图 4.2)。

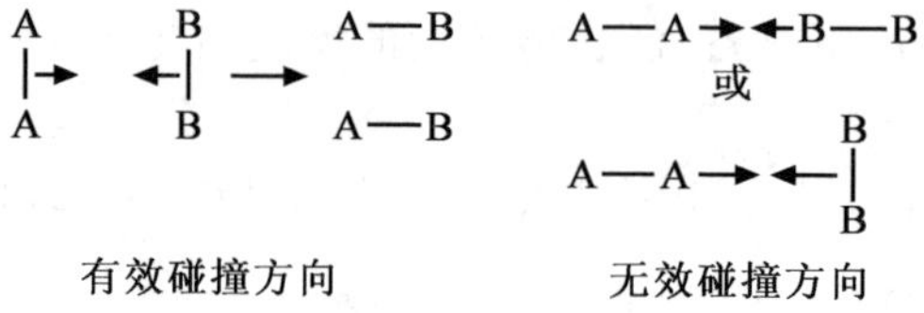

图 4.2　有效碰撞的方向性示意图

分子在碰撞时，必须能量足够高，方位又合适，才能有效地发生反应。若用方位因子 P 表示方位适当的分子间的碰撞频率与总碰撞频率的比值，则碰撞理论认为：

$$v = P \cdot f \cdot Z = P \cdot f \cdot Z_0 \cdot c(\mathrm{A}) \cdot c(\mathrm{B}) \tag{4-6}$$

$$k = P \cdot f \cdot Z_0 = P \cdot Z_0 \cdot \mathrm{e}^{-\frac{E_a}{RT}} \tag{4-7}$$

以上二式与速率方程、阿伦尼乌斯方程在形式上完全一致，从理论上说明了浓度、温度对反应速率的影响，并对速率常数、活化能做出了解释。碰撞理论说明，升高温度，虽然分子间碰撞频率变化不显著，但由于能量因子 f 增大，反应速率明显加快。碰撞理论可以成功地解决某些反应系统的速率计算问题。但该理论也有一些缺陷，其中一个突出的问题就是活化能 E_a 无法从理论上计算，只能借助于阿伦尼乌斯方程通过实验而测定，因此，碰撞理论无法预测化学反应速率。

4.4.2　过渡态理论

过渡态理论(transition state theory)是在量子力学和统计力学的基础上提出来的。该理论认为在反应过程中，反应物必须吸收能量，经过一个过渡状态，再转化为生成物。在此过程中，化学键发生重新排布、能量重新分配。对于反应 A+BC =AB+C，其实际过程是：

$$\mathrm{A+BC} \xrightarrow{\text{快}} [\mathrm{A\cdots B\cdots C}] \xrightarrow{\text{慢}} \mathrm{AB+C}$$

A 与 BC 反应时，A 与 B 接近并产生一定的作用力，同时 B 与 C 之间的键减弱，生成不稳定的[A… B…C]，称之为过渡态(transition state)，或活性复合物(activated complex)(图 4.3)。

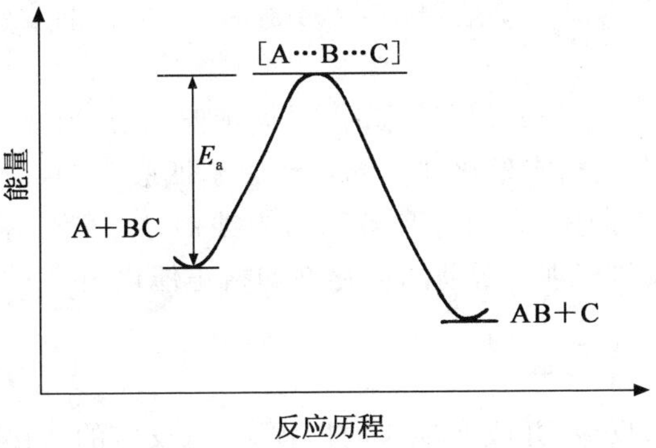

图 4.3 反应物、产物和过渡态的能量关系

图 4.3 表明反应物 A+BC 与生成物 AB+C 均是能量低的稳定状态，过渡态是能量高、不稳定的状态。在反应物和生成物之间有一道能量较高的屏障——势垒，过渡态是反应历程中能量最高的点。

反应物吸收能量成为过渡态，反应的活化能就是翻越势垒所需的能量。过渡态极不稳定，很容易分解成原来的反应物(快反应)，也可能分解为生成物(慢反应)。

从原则上讲，只要知道过渡态的结构，就可以运用光谱学数据及量子力学和统计力学的方法，计算化学反应的动力学数据，如活化能、速率常数 k 等。过渡态理论考虑了分子结构的特点和化学键的特性，较好地揭示了活化能的本质，这是该理论的成功之处。而对于复杂的反应系统，过渡态的结构难以确定，而且量子力学对多质点系统的计算也是尚未解决的困难问题。这些因素造成了过渡态理论在实际反应系统中应用的困难。

4.5 催化作用(catalysis)

4.5.1 催化剂和催化作用

如前所述，反应

$$H_2(g)+\frac{1}{2}O_2(g) = H_2O(l)$$

在 298 K、100 kPa 条件下，长时间观察不到水的生成，但若往该体系中加入微量的 Pt 粉，反应立即发生，而且反应进行得相当完全。但 Pt 粉的量在反应前后并未发生改变，Pt 粉在这个反应中就是催化剂（catalyst）。催化剂改变反应速率的作用被称为催化作用。

当催化剂的作用是加快反应速率时，称为正催化剂；当催化剂的作用是减慢反应速率时，称为负催化剂或阻化剂。如六亚甲基四胺 $(CH_2)_6N_4$ 可以作为负催化剂降低钢铁腐蚀反应的速率，故也常被称为缓蚀剂。一般使用催化剂都是为了加快反应速率，若不特别说明，所谓的催化剂均指正催化剂。

4.5.2 催化作用的特点

（1）催化剂参与反应，并改变反应的历程，降低反应的活化能。

例如，某反应非催化历程为：

$$A+B \longrightarrow P$$

而催化历程为：

$$A+B+C \longrightarrow [A\cdots C\cdots B] \longrightarrow P+C$$

式中，C 为催化剂。图 4.4 表示在上述 2 种历程中能量的变化：在非催化历程中能垒较高，活化能为 E_a；而在催化历程中，只有 2 个较低的能垒，活化能 E_{a1} 和 E_{a2} 均较小。

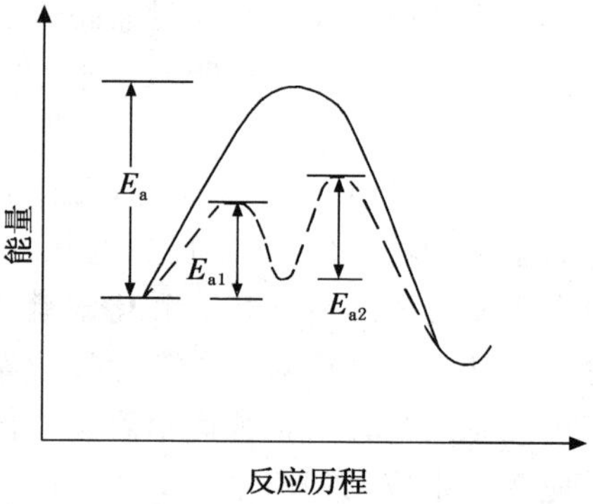

实线为非催化历程，虚线为催化历程

图 4.4 反应进程中能量的变化

例如，反应：

$$N_2O(g) \longrightarrow N_2(g)+\frac{1}{2}O_2(g)$$

非催化历程的活化能为 250 $kJ\cdot mol^{-1}$，当用 Au 粉作催化剂时，活化能降低为 120 $kJ\cdot mol^{-1}$，反应速率提高很多。

（2）催化剂不改变反应系统的热力学状态，不影响化学平衡。从热力学的观点来看，反应系统中反应物和产物的状态不会因为使用催化剂与否而改变，所以，反应前后系统的摩尔吉布斯自由能变是相同的，即“状态函数的变化与途径无关”。因此，热力学上不可能的反应，使用任何催化剂都不能使之发生，而且使用催化剂不会改变反应的标准平衡常数，催化剂只能加快反应速率，缩短达到平衡的时间。

从图4.4可以清楚地看出，使用催化剂后，逆反应的活化能也同样降低了，即提高了逆反应的速率。所以催化剂可以同时提高正反应与逆反应的速率。

(3)催化剂具有一定的选择性。每种催化剂都只能催化某一类或某几类反应，有的甚至只能催化某一个反应，不存在万能的催化剂。

(4)某些杂质对催化剂的性能有很大的影响。有些杂质可能增强催化功能，在工业上称为"助催化剂"；有些杂质可能减弱催化功能，称为"抑制剂"；还有些杂质可能严重阻碍催化功能，甚至使催化剂"中毒"，完全失去催化作用，这种杂质称为"毒物"。

(5)反应过程中催化剂本身会发生变化。尽管反应前后催化剂的质量不变，但催化剂的某些物理性状，特别是表面性状会发生变化。工业生产中使用的催化剂须经常"再生"或补充。

4.5.3 均相催化和非均相催化

(1)均相催化反应　反应物和催化剂处于同一相内的催化反应称为均相催化反应(homogeneous catalysis reaction)。例如，乙醛的气相分解反应：

$$CH_3CHO(g) \xrightarrow{791\ K} CH_4(g) + CO(g)$$

该反应的活化能为 190 kJ · mol^{-1}。在反应系统中加入少许 I_2 蒸气，活化能降为 136 kJ · mol^{-1}，反应速率提高了 3 700 倍。反应可能的机理是：

$$CH_3CHO(g) + I_2(g) \longrightarrow CH_3I(g) + HI(g) + CO(g)$$
$$CH_3I(g) + HI(g) \longrightarrow CH_4(g) + I_2(g)$$

又如，H^+ 对乙酸乙酯水解反应的催化作用也是均相催化反应

$$CH_3COOC_2H_5(l) + H_2O(l) \xrightarrow{H^+} CH_3COOH(l) + C_2H_5OH(l)$$

反应物、生成物和催化剂都是在溶液相内。

(2)多相催化反应　非均相催化反应又称为多相催化反应(heterogeneous catalysis reaction)。多相催化反应中，反应物一般是气体或液体，催化剂往往是固体，催化反应发生在固体表面，故又称为表面催化反应。多相催化反应在工业生产中有广泛应用。如用 Fe 催化合成氨反应，Cu 催化 C_2H_5OH 的脱氢反应等。SO_2 在高空氧化成 SO_3 的过程，既可能有受 NO、O_3 等催化的均相催化过程，也可能包括受烟尘中 Fe、Mn 氧化物催化的多相催化反应。

4.5.4 酶催化反应

酶是生物体内的特殊催化剂，在新陈代谢活动中起着重要的作用，几乎一切生命现象都与酶有关。人体内有3万多种酶，它们都分别是某种反应的有效催化剂，这些反应包括食物消化，蛋白质、脂肪的合成，释放生命活动所需的能量等。体内某些酶的缺乏或过剩，都会引起代谢功能失调或紊乱，引起疾病。

酶是生物催化剂，酶催化的反应，速率常数与反应物(又称为底物)的浓度无关，表现为零级反应。除了具有一般催化剂的特点外，酶催化反应还有以下特点：

(1)催化效率高　酶在生物体内的量很少，一般以微克或纳克计。例如，1 mol 乙醇脱氢酶在室温下，1 s 内可使 720 mol 乙醇转化为乙醛。而同样的反应，工业生产中以 Cu 作催化剂，在 200℃下每 1 mol Cu 1 s 内只能催化 0.1～1 mol 的乙醇转化。可见酶的催化效率非常高，是一般的催化剂无法比拟的。

(2)反应条件温和　一般的化工生产中，反应常在高温高压、强酸性或强碱性介质等条件下进行。而酶催化反应在生物体内进行，条件温和，常温常压下进行，介质是中性或近中性。例如，植物的根瘤菌或其他固氮菌，可以在常温常压下在土壤中固定空气中的氮，使之转化为氨态氮。

(3)高度特异性　酶催化反应的选择性非常高，可以称为特异性。例如，脲酶只专一催化尿素的水解反应，对别的反应物不起作用。有一些酶，如转氨酶、蛋白水解酶、肽酶等，特异性不太高，可以催化某一类反应物的反应。

酶催化反应用于工业生产，可以简化工艺过程、降低能耗、节省资源、减少污染。酿造工业利用酶催化反应生产酒、抗生素等产品，已成为一项重要的产业。

随着生命科学和仿生科学的发展，有可能用模拟酶代替普通催化剂，这必将引发意义深远的技术革新。

本章小结

对于反应：

$$-\nu_A A-\nu_B B-\cdots = \cdots +\nu_Y Y +\nu_Z Z$$

反应速率可用下式表示：

$$v=\frac{dc(A)}{\nu_A dt}=\frac{dc(B)}{\nu_B dt}=\frac{dc(Y)}{\nu_Y dt}=\frac{dc(Z)}{\nu_Z dt}$$

反应速率方程表明反应物浓度对速率的影响。反应速率方程、速率常数和反应级数一般可通过实验确定。

阿伦尼乌斯经验方程表明温度对反应速率的影响。该方程提出了活化能这个重要概念以及实验测定活化能的方法。

碰撞理论和过渡态理论分别对活化能、速率常数以及影响速率的各种因素做出了各自的理论解释。

催化剂改变了反应历程，改变了反应的活化能，能显著地改变反应速率。酶是生物体内重要的催化剂。

思 考 题

4.1 化学反应速率如何表示？速率方程中的速率，指的是平均速率还是瞬时速率？

4.2 反应 $H_2(g)+I_2(g)=2HI(g)$ 的速率方程为 $v=kc(H_2)c(I_2)$，能否断言该反应为基元反应？

4.2 按反应速率的碰撞理论，阿伦尼乌斯方程中，指前因子 A 和指数项各有什么物理意义？

4.3 对基元反应，升高反应温度，单位碰撞频率 Z_0、方位因子 P、能量因子 f、速率常数 k 以及反应速率 v 如何变化？

4.4 对于 0 级反应，反应物浓度 c 与时间 t 曲线的形状应为__________。

习 题

4.1 实验测得 N_2O_5 分解反应 $2N_2O_5(g) = 4NO_2(g) + O_2(g)$ 过程中，$c(N_2O_5)$ 与时间 t 关系如下：

t/s	0	100	200	300	400	500
$c(N_2O_5)/(mol \cdot L^{-1})$	2.00	1.42	0.99	0.71	0.56	0.48

计算各时间段内反应的平均速率，并用作图法确定 t =250 s 时的瞬时速率。

4.2 300 K 时，反应 $2NOCl(g) = 2NO(g) + Cl_2(g)$ 的实验数据如下：

$c(NOCl)/(mol \cdot L^{-1})$	0.200	0.400	0.600
$-\frac{dc(NOCl)}{dt}/(mol \cdot L^{-1} \cdot s^{-1})$	4.8×10^{-5}	1.92×10^{-4}	4.32×10^{-4}

写出反应的速率方程，计算 300 K 时反应速率常数及 $c(NOCl)=0.500\ mol \cdot L^{-1}$ 时的反应速率。

4.3 660 K 时，反应 $2NO(g)+O_2(g)=2NO_2(g)$，NO 和 O_2 的初始浓度 $c(NO)$ 和 $c(O_2)$ 以及反应初始时 $-\frac{dc(NO)}{dt}$ 的实验数据如下：

$c(NO)/mol \cdot L^{-1}$	$c(O_2)/(mol \cdot L^{-1})$	$-\frac{dc(NO)}{dt}/(mol \cdot L^{-1} \cdot s^{-1})$
0.10	0.10	3.0×10^{-2}
0.10	0.20	6.0×10^{-2}
0.30	0.20	0.54

(1)写出反应的速率方程；

(2)求反应级数及 660 K 时的速率常数；

(3)计算 660 K，$c(NO) = c(O_2) = 0.15\ mol \cdot L^{-1}$ 时的反应速率。

4.4 某反应在 20℃及 30℃时的反应速率常数分别为 $1.3\times10^{-5}\ mol^{-1} \cdot L \cdot s^{-1}$ 和 $3.5\times10^{-5}\ mol^{-1} \cdot L \cdot s^{-1}$。根据范特霍夫规则，估算 50℃时的反应速率常数。

4.5 反应 $C_2H_5Br(g) = C_2H_4(g) + HBr(g)$ 的活化能为 $226\ kJ \cdot mol^{-1}$，650 K 时 $k = 2.0\times10^{-5}\ s^{-1}$。计算 600 K 时的速率常数。

Optional questions：

4.6 党的二十大报告提出，全面推进乡村振兴，要全方位夯实粮食安全根基。要保证粮食的产量满足需求，氨是不可缺少的原料，它不仅可以做肥料，还可以加工成各种氮肥和含氮复合肥。请综合利用化学原理说明提高合成氨反应效率的措施。

4.7 The decomposition of HI has rate constants $k = 0.079\ L \cdot mol^{-1} \cdot s^{-1}$ at 781 K and $k = 0.24\ L \cdot mol^{-1} \cdot s^{-1}$ at 813 K. What is the activation energy of the reaction?

4.8 The reaction $2NO_2(g) = 2NO(g) + O_2(g)$ has an activation energy of $111\ kJ \cdot mol^{-1}$, at 673 K, $k = 7.8\ L \cdot mol^{-1} \cdot s^{-1}$. What is the value of k at 703 K?

4.9 In the thermal decomposition of acetaldehyde, $CH_3CHO(g) = CH_4(g) + CO(g)$, the rate of reaction is found to increase by a factor of about 2.8 when the initial concentration of acetaldehyde is doubled. What is the order of this reaction?

5 原子结构
Atomic Structure

【教学目标】

● **微观粒子的运动特性：**

1.了解电子的运动特性：物理量量子化、波粒二象性。

2.了解测不准原理的意义和电子波粒二象性的统计解释。

● **波函数：**

1.了解波函数、量子数的物理意义，掌握量子数的取值规则。

2.了解原子轨道图形表示和电子云图，了解径向分布图的意义。

● **原子结构：**

1.了解单电子原子内轨道能级和简并轨道的概念。

2.了解有效核电荷的概念，了解屏蔽作用和钻穿效应对轨道能级的影响，理解不相容原理、能量最低原理和洪特规则，掌握原子核外电子排布规律，了解能级组概念。

● **元素周期律：**

1.了解元素原子核外电子结构周期性变化规律与周期表结构的关系，掌握周期表中各区元素原子的结构特点，主、副族元素原子结构的差异及主要性质差异。

2.了解电子层结构、原子半径、有效核电荷与元素性质（电离能、电子亲合能、原子的电负性、氧化数等）变化基本规律的关系。

在种类繁多的物质世界中，尽管有些物质性质相似，但绝对没有两种物质性质完全相同。这正是由于组成物质的原子种类、状态的不同，即原子结构不同，原子间的结合形式不同，即分子结构不同所引起的。换句话说，物质的微观结构决定了物质的性质。

在常见的化学变化中，原子核并不发生变化，只是核外电子的运动状态发生改变。因此，要说明化学反应的本质，了解物质的结构与性质的关系，推测新化合物合成的可能性等，就必须了解原子结构，特别是原子的电子层结构。

5.1 微观粒子的特性（characteristics of microscopic particles）

自从 19 世纪初，英国化学家道尔顿提出物质由原子构成、原子不可再分的学说以后，人们几乎都认为原子是不可再分的。直到 19 世纪末，物理学上一系列的新发现，特别是电子的发现和 α 粒子的散射现象，才让人们敲开了原子结构的大门。在此后的 1 个世纪当中，经过众多科学家的不懈努力，根据一系列新的实验事实，先后提出多种原子结构的模型，使得人类对原子结构的认识逐步深入。

1911 年，英国物理学家卢瑟福（E. Rutherford，1871—1937）根据 α 粒子散射实验的结果，利用经典的牛顿力学原理，提出了他的原子核式结构模型：原子由原子核与核外电子组成，原子核位于原子中心，半径为原子半径的 1/10 000～1/100 000，它集中了原子的全部正电荷和几乎全部质量，而带负电的电子只占原子质量的微小部分，并在原子核的静电引力作用下，高速运动于以原子核为圆心的圆形轨道上。经后来其他学者的继续探究，确定了核是由质子和中子所构成，质子数等于核外电子数。电子、质子、中子的发现以及卢瑟福的核式原子模型的建立，正确地回答了原子的组成问题。然而，对于原子中核外电子的分布规律和运动状态等问题的解决，以及近代原子结构理论的确立，则是从对氢原子光谱的研究开始的。

复色光经过色散系统（如棱镜或光栅）分光后，形成的按波长（或频率）的大小依次排列的图案，被称之为光谱（spectrum）。白光经过色散后，可得到连续分布的彩色光谱，这种光谱叫连续光谱（continuous spectrum）。当原子被激发时，发出的光辐射经过色散后在可见光区只能看到几条亮线，形成不连续光谱，或称线状光谱（linear spectrum）。氢原子发射光谱就是不连续光谱（discontinuous spectrum），如图 5.1 所示。

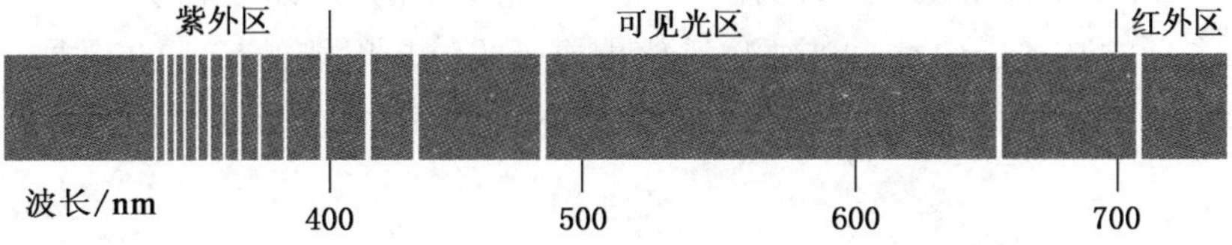

图 5.1 氢原子发射光谱

19 世纪末，科学家们已经对氢原子光谱做了大量的研究工作，发现各谱线的位置之间存在一定规律。当人们试图从理论上解释氢原子光谱现象时，发现经典电磁理论及核式原子模型与原子光谱实验的结果存在着尖锐的矛盾。根据经典电磁理论，绕核高速旋转的电子将不断以电磁波的形式向外辐射能量，电子自身的能量会逐渐减少。这将导致 2 种结果：一是电子逐渐向原子核靠拢，最终将坠落在原子核上，导致原子的毁灭；二是随着电子能量的逐渐降低，发射出的电磁波的频率应该是连续变化的，应该得到 1 个连续光谱。而事实上，原子稳定存在，基态原子并不对外辐射能量，且经激发后得到的原子发射光谱不是连续光谱，而是线状光谱。这说明卢瑟福的原子模型是不完善的，适用于宏观物体的牛顿力学受到了小小原子的挑战。科学家们不禁要思索，电子、原子、分子等微观粒子与宏观物体究竟有何不同？

20 世纪初，理论上的一些重大突破，使人们逐步加深了对于微观粒子运动特性的认识。

5.1.1 物理量变化的不连续性——量子化、玻尔原子模型

物理量变化的不连续性是质量极微小的电子、原子、分子、离子等微观粒子与宏观物体的 1 个重要区别。例如，1 个电子所荷电量 q（1.6×10^{-19} C）是最小的电荷量。1 个带 1 C 负电荷的宏观物体，每当给它加上 1 个电子，它的电量变化都微乎其微，如此一个一个地加上去，可认为电量变化是连续的。与此相似，宏观物体的质量、能量等一切物理量的变化都可认为是连续的，因此经典力学在处理实际问题时，把这一点作为基本假设条件是合理的。但对于微观粒子，如 1 个离子，由于其本身所带电荷只有 1 个或几个 q，则每增加或减少 1 个 q，电量的变化都十分显著，不能再视为连续变化，而明显呈现出跳跃式变化的特征。

如果某一物理量的变化是不连续的，而是以某一最小的单位或其整倍数做跳

跃式增减，就说这一物理量是量子化(quantization)的。“量子化”这一重要概念是普朗克(M. Planck，1858—1947)在1900年首先提出的，他发现辐射能是以1个最小的基本量或基本量的整数倍被物质放出或吸收。辐射能的最小的基本量称为量子(或光子)，光子的能量与辐射的频率成正比：

$$E = h\nu$$

式中，$h = 6.626\times10^{-34}$ J·s，称为普朗克常数。

因为微观粒子具有物理量量子化的特征，因此，若希望将经典牛顿力学定律应用于对微观粒子的研究，就必须修改一切物理量可以连续变化的假设，而代之以某些物理量必须是量子化的假定。这样修改后的经典力学称为旧量子力学。旧量子力学的著名代表人物是丹麦物理学家玻尔(N. Bohr，1885—1962)。

1913年，玻尔在卢瑟福核式结构模型的基础上，吸收了普朗克的量子论和爱因斯坦(A. Einstein，1879—1955)的光子学说，提出了玻尔的氢原子结构模型，基本内容主要包含3点假设：

(1)稳定轨道　在原子中，电子只能在某些符合量子化条件的轨道上运动。轨道的量子化条件是：角动量 mvr 必须是 $h/2\pi$ 的整数倍。

$$mvr = n(h/2\pi)$$

式中，m 为电子的质量，v 为电子的运动速度，r 为轨道半径，h 为普朗克常数，n 称为量子数(quantum number)，只可取1、2、3等正整数。

电子在这些轨道上运动时，不放出也不吸收能量，处于稳定状态。这些轨道称作稳定轨道(stable orbit)。

(2)定态　电子在不同轨道上运动时具有不同的能量，电子运动时所处的能量状态称为能级(energy level)。电子在确定的轨道上运动，能量状态必然确定，这称为定态。玻尔推算出氢原子的允许能量 E 只能取下式给定的量：

$$E = -B/n^2$$

式中，$B = 2.18\times10^{-18}$ J，n 仍为量子数，依然取1、2、3等正整数。

当 $n=1$ 时，电子运行的轨道离核最近，能量最低，这时的能量状态称为氢原子的基态。当 $n=2$、3、4、…轨道依次离核渐远，能量逐渐升高，这些能量状态分别称为氢原子的第一、第二、第三……激发态。

(3)能量的辐射与吸收　电子从某一轨道跳跃到另一轨道的过程称为电子的跃迁。当电子从能量较高(E_2)的轨道跃迁到能量较低(E_1)的轨道时，原子就会以量子的形式辐射出能量。量子的能量等于2个轨道能量之差，且与辐射的频率成正比：

$$\Delta E = h\nu$$

由于轨道的能量是量子化的，所以电子跃迁时吸收或放出的能量 ΔE 必然是量子化的，光子的频率也一定是量子化的。

玻尔理论在解释原子的稳定性和氢原子线状发射光谱方面，获得了初步成功。但它不能满意地用于解释较复杂的原子光谱，不能解释原子光谱在磁场中的分裂，甚至不能说明氢原子光谱的精细结构。玻尔和其他一些物理学家曾致力于使玻尔理论进一步完善化，例如将圆形轨道改为椭圆轨道，引进新的量子数等，但均未能取得成功。到 20 世纪 20 年代以后，人们逐渐放弃了玻尔模型而另寻出路。但玻尔作为原子结构理论的先驱者，他的功绩是不可磨灭的。玻尔理论的提出，给人们以启迪：从宏观物体到微观粒子，物质的性质发生了从量变到质变的飞跃。因此，要建立起适合于微观粒子的力学体系，就必须更全面地了解微观粒子的运动特性。

5.1.2 微观粒子的波粒二象性

波粒二象性(wave-particle duality)是微观粒子与宏观物体的又一重要区别。

人们对微观粒子波粒二象性的认识，得益于对光的本质的认识。光具有波粒二象性，现在看来是个普通常识，但在科学史上却几经反复。19 世纪后期，光的波动学说已变得很成熟，但关于光的粒子性，由于缺少直接的实验事实，一直得不到广泛承认。直到 1905 年，爱因斯坦令人信服地用光子观点阐释了光电效应，并为康普顿的实验所证实后，物理学界才结束了近 200 年的争论，确认了光的本性：光具有波粒二象性。光由光子组成，在光与实物作用，如发生光的吸收、发射、光电效应时，粒性显著；而光在传播时，又主要表现出波性，可发生光的干涉、衍射等现象。光子的能量 $E = h\nu$，因此从粒性考虑，光的强度 $I = \rho h\nu$(ρ 为光子密度)；从波性考虑，光可用波动方程来描述，若以波函数 ψ 表示光波的振幅，则光的强度又可表示为 $I = \psi^2/4\pi$。因此，结合光的粒性和波性可得：光子的密度与波函数的平方成正比，或说可用波函数的平方代表光子的密度。

在光具有波粒二象性的启发下，法国年仅 32 岁的物理学家德布罗意(de Broglie，1892—1987)在 1924 年提出一个大胆的假设：实物微粒除了具有粒子性外，还具有波的性质。德布罗意预言了高速运动的质量为 m、速度为 v 的微观粒子所具有的波长为：

$$\lambda = h/p = h/mv$$

式中，λ（粒子的波长）表现了微粒波动性的特征，p（粒子的动量，mv）表现了粒子性的特征，德布罗意通过普朗克常数（h）把它们联系在了一起。由此，可以计算出电子等微粒的波长。

3年后，戴维逊（C. J. Davisson）和革末（L. H. Germer）的电子衍射实验证实了德布罗意的假设。图5.2是电子衍射示意图，它表示一束电子流，通过作为光栅的镍晶体后，在照相底片上得到和光的衍射相似的一系列圆环，说明电子等微粒具有波动性（中子、质子等微粒的波动性在后来的实验中也被证实）。根据衍射实验测定得到的电子波的波长与德布罗意关系式计算的结果相符，证明德布罗意关于微观粒子波粒二象性的关系式是正确的。

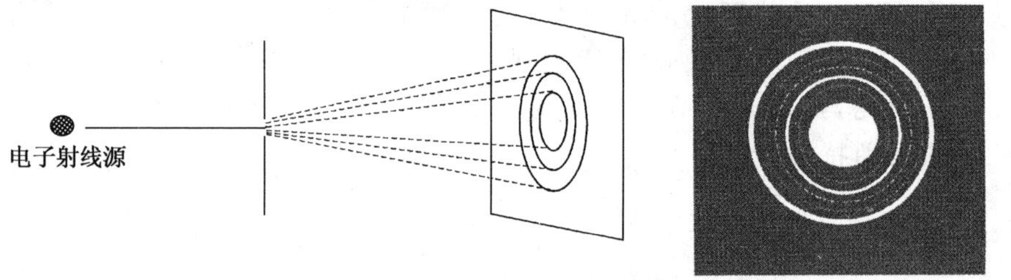

图5.2　电子衍射示意图和电子衍射图谱

电子衍射实验中，电子通过的小孔直径 d 越小，所得衍射角 θ 越大，即电子通过小孔时的空间坐标越确定，则电子的动量的不确定量越大。这说明了，与宏观物体不同，微观粒子的空间坐标与其动量不能同时测准。1927年，德国物理学家海森堡（W. Heisenberg，1901—1976）提出的著名的测不准原理（uncertainty principle）揭示了微观粒子的这一重要性质。他指出，对于具有波粒二象性的微观粒子，不可能同时准确测定它们在某瞬间的空间坐标和动量（或速度），并用测不准关系式表示了微观粒子坐标不确定量与动量不确定量间的关系：

$$\Delta x \cdot \Delta p_x \geqslant \frac{h}{4\pi}$$

式中，Δx、Δp_x 分别为粒子在 x 方向上的坐标不准确量和动量不准确量，h 为普朗克常数。它表明：Δx 和 Δp_x 成反比关系，粒子在某一方向的坐标位置越确定（Δx 越小），则其对应的动量就越不确定（Δp_x 越大）。测不准原理给人们一个非常重要的启示：对微观粒子运动状态的描述，不能采用经典牛顿力学中利用确定的轨道描述宏观物体运动规律的方法。可见，由于微观粒子具有物理量的量子化和波粒二象性这 2 个有别于宏观物体的运动特征，所以经典的牛顿力学完全不能适用于微观世界。旧量子论虽然引入了量子化条件，但依然用确定的轨道对电子的运动状态进行描述，这正是它失败的根本原因。

5.1.3 微观粒子波粒二象性的统计解释

为了能够建立起一种适用于微观世界的全新的力学体系，必须对微观粒子波粒二象性有正确的理解。通过电子衍射实验人们发现，如果用较强的电子流，可在较短时间得到电子衍射图像，如果用较弱的电子流，也可以得到同样的衍射图像，但需要较长的时间。若电子流很弱，弱到电子一个一个地通过小孔到达底片上，每个电子到达后，都只会在底片上留下一个感光点，当感光点不是很多的时候，这些点并不能完全重合，从底片上看不出电子落点具有规律性，见图 5.3(a)。这说明单个或少量的电子并不能表现出波性，某一个电子经过小孔后，究竟落在底片的哪个位置上，是无法准确预言的；但是，只要时间足够长，大量感光点在底片上同样会形成一张完整的衍射图像，见图 5.3(b)，显示了电子的波动性。

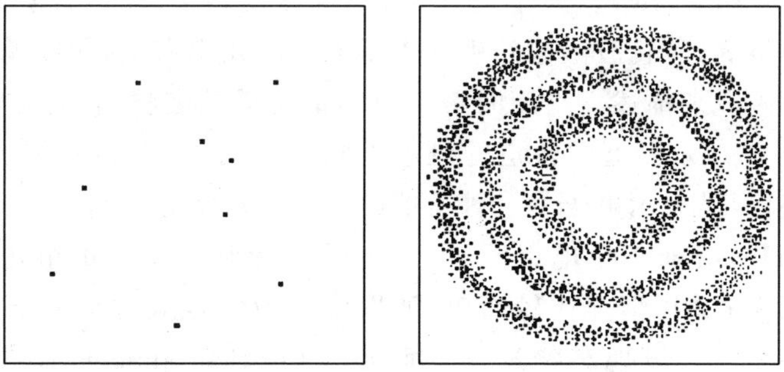

(a)　　(b)

图 5.3　电子衍射图的产生

由此可见，电子等微观粒子运动的波动性，是大量微观粒子运动(或者是 1 个粒子的千万次运动)的统计性规律的表现：就大量粒子的行为而言，在空间某点波的强度大，则电子在该点处单位微体积内出现的几率(probability)，即几率密度(probability density)大；反之，空间某点波的强度小，则电子在该点处单位微体积内出现的几率，即几率密度小。所以，空间任何一点电子波的强度和电子在该处单位微体积内出现的几率密切相关。

根据对微观粒子波粒二象性的统计解释，人类建立了一种全新的力学体系——量子力学，用来对微观粒子的运动状态进行研究。由于电子具有波粒二象性，故量子力学中，假设微观粒子的运动状态可以用波函数 ψ 来描述；又由于波的强度与电子的几率密度成正比，故量子力学中假设微观粒子在空间某点出现的几率密度可用 ψ^2 来表示。自从量子力学在 20 世纪 20 年代建立以来，大量的实验事实已证明了它的正确性。

5.2 单电子原子的波函数及其结构(wave functions and structures of single electron atom)

5.2.1 波函数、量子数

5.2.1.1 波函数(原子轨道)

和经典电磁理论中求解波动方程得到波函数一样，为得到描述电子运动状态的波函数 ψ，首先要根据核外电子的静电势能，建立起波动方程，波动方程的解即为波函数(wave function)。量子力学中，根据波函数 ψ，即可计算得知电子的能量、动量、角动量等，而且波函数的平方表示电子的几率密度，所以说核外电子的运动状态可用波函数来描述。沿用旧量子力学中轨道的名称，常称波函数为原子轨道(orbital)，但与玻尔模型中轨道的概念不同，量子力学中的一条轨道，不是指电子运行的轨迹，而是表示电子的一种可能的空间运动状态。

H 原子、He^+ 等所谓单电子原子中，电子只受到原子核的静电引力，不存在电子之间的相互作用，情况比较简单，所以量子力学是从对单电子原子结构的研究开始的。1926 年，奥地利物理学家薛定谔(E. Schrödinger，1887—1961)在考虑实物微粒的波粒二象性的基础上，建立了单电子原子的波动方程，即著名的薛定谔方程(the Schrödinger equation)：

$$\frac{\partial^2\psi}{\partial x^2}+\frac{\partial^2\psi}{\partial y^2}+\frac{\partial^2\psi}{\partial z^2}+\frac{8\pi^2 m}{h^2}(E-V)\psi=0$$

式中，h 为普朗克常数，m 为电子质量，E 为电子总能量(动能与势能之和)，V 为电子的势能，x、y、z 为粒子的空间坐标，ψ 为波函数。对薛定谔方程求解，就可以得到波函数 ψ 的具体函数式。

薛定谔方程是含有 x、y、z 3 个坐标变量的二阶偏微分方程，所以解出的波函数 ψ 必然是含有 3 个常数项 n、l、m 的 x、y、z 的函数式。所以可将波函数写成

$\psi_{n,l,m}(x,y,z)$的形式。但是，为了便于数学运算，在求解过程中将直角坐标(x、y、z)转换成了球极坐标(r、θ、φ)，转换关系如图 5.4 所示。转换后，使得薛定谔方程的解——波函数成为$\psi_{n,l,m}(r,\theta,\varphi)$的形式。

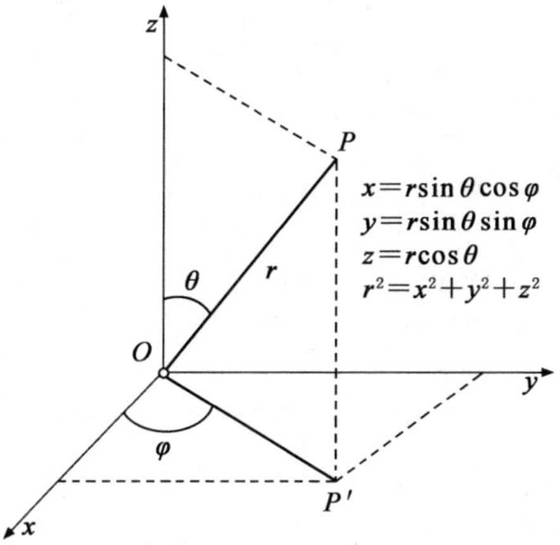

图 5.4　直角坐标与球极坐标的关系

由于ψ^2表示电子的几率密度，因此ψ应为有限、单值、连续函数。所以，为保证薛定谔方程的解ψ具有合理的物理意义，n、l、m 3 个常数必须遵从一定的取值规则。由于它们的取值均为不连续，所以称之为 3 个量子数。n、l、m 3 个量子数的名称和取值规则分别是：

n，称为主量子数(principal quantum number)，$n=1$、2、3、…、∞；

l，称为角量子数(angular momentum quantum number)，$l=0$、1、2、…、$n-1$，共可取 n 个值；

m，称为磁量子数(magnetic quantum number)，$m=0$、±1、±2、…、$\pm l$，共可取 $2l+1$ 个值。

可见，量子数之间有一定的制约关系：n 的取值规定了 l 的取值范围，l 又规定了 m 的取值范围。

在求解薛定谔方程的过程中，每赋予 n、l、m 一组合理的数值，就可以得到一个相应的波函数$\psi_{n,l,m}(r,\theta,\varphi)$的数学表达式，见表 5.1。从表中看出：不同的一组量子数对应着不同的波函数表达式。因为波函数是描述电子空间运动状态的函数式，因此也可以说，n、l、m 这 3 个量子数规定了电子的空间运动状态。

表 5.1　氢原子的一些波函数和能量($a_0=53$ pm)

空间状态	$\psi_{n,l,m}(r,\theta,\varphi)$	$R_n(r)$	$Y_{l,m}(\theta,\varphi)$	能量/J
$\psi_{1,0,0}$	$\sqrt{\frac{1}{\pi\alpha_0^3}}e^{-\frac{r}{2\alpha_0}}$	$2\left(\frac{1}{\alpha_0}\right)^{\frac{2}{3}}e^{-\frac{r}{2\alpha_0}}$	$\left(\frac{1}{4\pi}\right)^{\frac{1}{2}}$	-2.179×10^{-18}
$\psi_{2,0,0}$	$\frac{1}{4}\sqrt{\frac{1}{2\pi\alpha_0^3}}\left(2-\frac{r}{\alpha_0}\right)e^{-\frac{r}{2\alpha_0}}$	$\frac{1}{2\sqrt{2}}\left(\frac{1}{\alpha_0}\right)^{\frac{3}{2}}\cdot\left(2-\frac{r}{\alpha_0}\right)\cdot e^{-\frac{r}{2\alpha_0}}$		
$\psi_{2,1,0}$	$\frac{1}{4}\sqrt{\frac{1}{2\pi\alpha_0^3}}\frac{r}{\alpha_0}e^{-\frac{r}{2\alpha_0}}\cos\theta$	$\frac{1}{2\sqrt{6}}\left(\frac{1}{\alpha_0}\right)^{\frac{3}{2}}\cdot\left(\frac{r}{\alpha_0}\right)\cdot e^{-\frac{r}{2\alpha_0}}$	$\left(\frac{3}{4\pi}\right)^{\frac{1}{2}}\cdot\cos\theta$	-5.447×10^{-19}
$\psi_{2,1,+1}$	$\frac{1}{4}\sqrt{\frac{1}{2\pi\alpha_0^3}}\frac{r}{\alpha_0}e^{-\frac{r}{2\alpha_0}}\sin\theta\cos\varphi$		$\left(\frac{3}{4\pi}\right)^{\frac{1}{2}}\cdot\sin\theta\cos\varphi$	
$\psi_{2,1,-1}$	$\frac{1}{4}\sqrt{\frac{1}{2\pi\alpha_0^3}}\frac{r}{\alpha_0}e^{-\frac{r}{2\alpha_0}}\sin\theta\sin\varphi$		$\left(\frac{3}{4\pi}\right)^{\frac{1}{2}}\cdot\sin\theta\sin\varphi$	

5.2.1.2　4 个量子数

量子数均具有一定的物理意义。

(1)主量子数 n　n 是决定轨道能级的主要参数。在单电子原子(离子)中：

$$E=-\frac{Z^2}{n^2}\times2.179\times10^{-18}\text{J}$$

式中，E 表示轨道能量，SI 单位为 J；Z 表示核电荷，n 表示主量子数。

量子力学中将能量相同的轨道称为简并轨道(degenerate orbital)或等价轨道。单电子原子中，主量子数 n 相同的轨道为简并轨道。n 值越大，轨道能量越高，电子出现几率最大的区域离核越远。所以常用 n 代表电子层数，称 $n=1$、$n=2$、$n=3$ 轨道为第一、第二、第三电子层轨道。

(2)角量子数 l　光谱学中，称 $l=0$、1、2、3、…的原子轨道为 s、p、d、f、…轨道。因为主量子数 n 表示电子层，所以角量子数 l 就表示同一电子层中不同状态的亚层。例如，当 $n=1$ 时，l 只可取 0，即第一电子层只有 1 个电子亚层，称为 1s 亚层；当 $n=2$ 时，l 可取 0 和 1，即第二电子层有 2 个电子亚层，分别称为 2s 和 2p 亚层；依此类推，$n=3$ 时，即第三电子层中有 3s、3p、3d 3 个亚层，等等。

前已述及，单电子原子中，n 相同的原子轨道为简并轨道，即同一电子层中，不同亚层的轨道具有相同的能量。例如，氢原子中 $E_{4s}=E_{4p}=E_{4d}=E_{4f}$。

角量子数 l 与原子轨道的形状有关。轨道的形状可用等值线图或轮廓图等图形近似表示。

原子轨道等值线图

前面已经提到，每当确定了一组合理的量子数(n、l、m)的值，就可以得到一个

含有 r、θ、φ 3 个变量的波函数 ψ 的表达式。空间任意一点都对应一组(r、θ、φ)的坐标值，把这些值代入 ψ 的函数式中，就得到了该点的波函数 ψ 的值。如此，可以求得核外空间各点的 ψ 值。由于三维数值在纸面上难以表达，通常是在由 2 个坐标轴确定的平面上，将 ψ 值正负相同、大小相等的各点用曲线连接起来，就得到了原子轨道等值线图，如图 5.5 所示。若将等值线图绕对称轴转动 180°，可以想象，平面图会变成立体的原子轨道空间分布图。

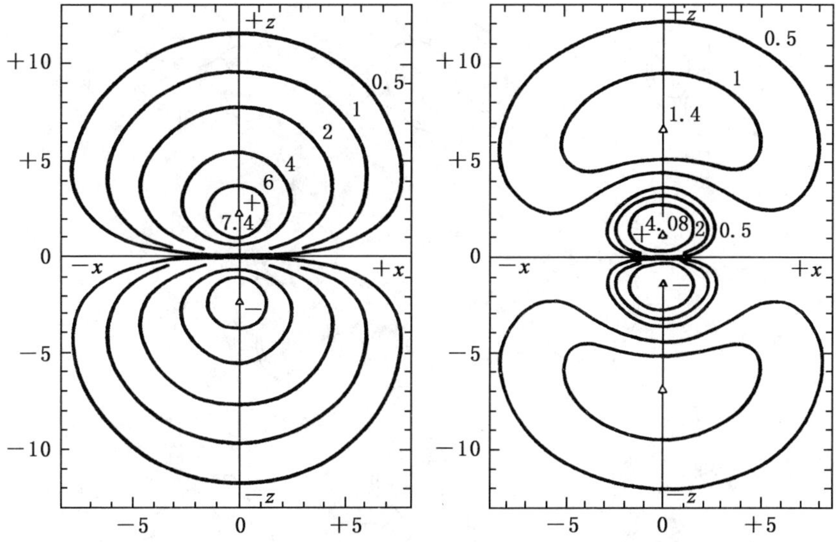

图中数据为 ψ 值乘以 100，坐标为 α_0 乘以 $2/n$，三角形表示绝对值最大的位置

图 5.5　氢原子 $2p_z$(左)和 $3p_z$(右)等值线图

原子轨道轮廓图

把原子轨道 ψ 的大小轮廓和正负在直角坐标系中定性地表达出来，以反映 ψ 在空间分布的图形叫作原子轨道轮廓图。图 5.6 表示出 1s、2p、3d 等共计 9 种原子轨道轮廓图。

从轨道轮廓图和等值线图可看出，$l=0$ 的轨道，即 s 轨道是球形对称的，在以原子核为球心的一球面上各点，ψ 值相等；$l=1$ 的轨道，即 p 轨道呈中心反对称双球状(哑铃形)，ψ 的极大值出现在轨道对称轴的正、负方向，这对 p 轨道的成键作用有重要影响；$l=2$ 的轨道，即 d 轨道呈花瓣形，等等。

(3)磁量子数 m　磁量子数 m 是与原子轨道的空间伸展方向有关的参数。对 $l=1$ 的轨道，m 可取 0、+1、−1，即 np 轨道有 3 条，它们的形状相同，但分别沿 x、y、

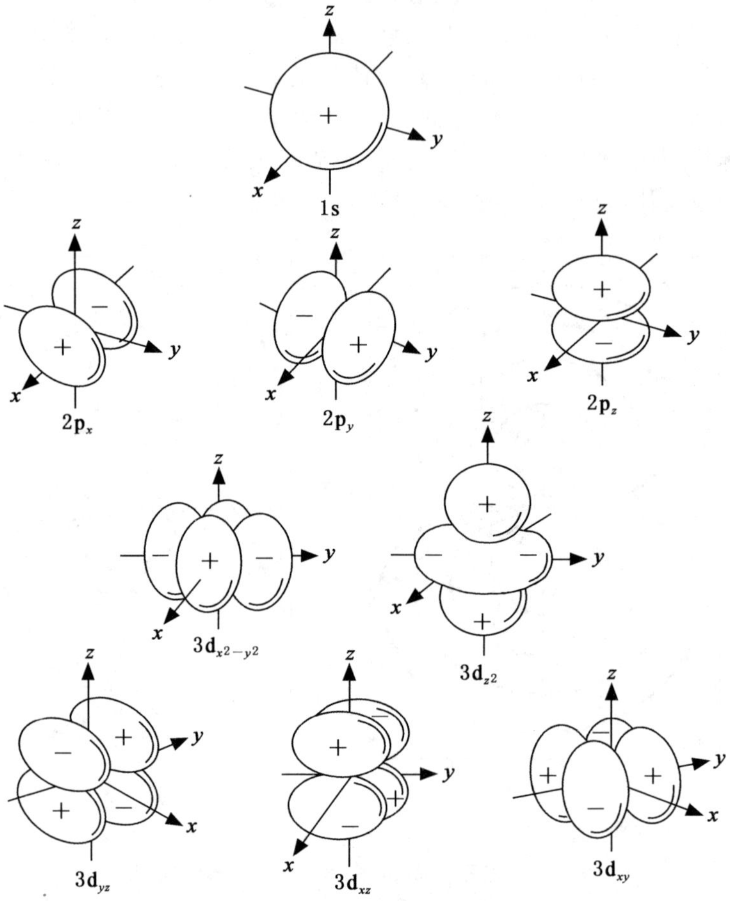

图 5.6 原子轨道轮廓图

z 3 个方向伸展，分别称为 np_x、np_y、np_z 轨道；$l=2$、$l=3$ 的轨道，m 分别可取 5 个、7 个数值，即 nd、nf 轨道分别有 5 条、7 条，而且每条轨道均有确定的空间伸展方向。

磁量子数 m 与轨道能量无关。同一亚层中磁量子数不同的各轨道互为简并轨道，例如 $3p_x$、$3p_y$、$3p_z$ 轨道。由于 l 相同、m 不同的简并的原子轨道在核外空间有不同的伸展方向，所以当外加磁场存在时，它们必然要发生能级的分裂，造成原子发射光谱在外磁场中的分裂现象。

(4)自旋量子数 m_s　光谱实验证明，原子中的电子除了绕核运动外，还存在自旋运动。通过量子力学的处理，得到了与电子自旋运动状态相联系的自旋量子数

(spin quantum number)m_s。它只能有 2 个取值：+1/2 或 −1/2，在轨道表示式中，一般用“↑”和“↓”表示，在语言叙述当中也常用“正旋”和“反旋”来描述电子这 2 种不同的自旋状态。同一轨道中自旋不同的电子，能量相差极小，一般可忽略不计。

有了 n、l 和 m 3 个量子数，就可以确定一个原子轨道 ψ，即确定了电子可能采取的一种空间运动状态：在单电子原子中，主量子数 n 决定了轨道的能量，角量子数 l 决定了轨道的形状，磁量子数 m 决定了轨道的空间伸展方向。自旋量子数 m_s 决定了电子的自旋运动状态，所以，n、l、m、m_s 4 个量子数共同确定了核外电子的运动状态。详见表 5.2。

表 5.2　量子数与电子的运动状态

n	l	m	电子层轨道总数 (n^2)	m_s	状态总数 ($2n^2$)
1	0(1s)	0	1	±1/2	2
2	0(2s)	0	4	±1/2	8
	1(2p)	−1,0,+1			
3	0(3s)	0	9	±1/2	18
	1(3p)	−1,0,+1			
	2(3d)	−2,−1,0,+1,+2			
4	0(4s)	0	16	±1/2	32
	1(4p)	−1,0,+1			
	2(4d)	−2,−1,0,+1,+2			
	3(4f)	−3,−2,−1,0,+1,+2,+3			

5.2.2　核外电子几率密度分布和几率分布，电子云和径向分布图

研究电子在核外空间的几率密度分布、几率分布，对了解原子的结构和性质、了解化学键的形成和性质具有重要的意义。

5.2.2.1　核外电子几率密度分布和电子云图

一个常用的形象化地表示原子内电子几率密度分布的概念叫电子云(electron cloud)，它是“几率密度分布”的同义词，是 ψ^2 的形象化描述。ψ^2 的空间分布图像也称为电子云图像。将空间各点的 ψ 值分别平方后，就得到了对应各点的 ψ^2 值，进而作出 ψ^2 的图像，也就是电子在该运动状态下的电子云图像。

电子云图有 3 种表示方法：

(1)等值线图　可以想象，将空间 ψ^2 值相等的各点连成一个曲面，由于 ψ^2 代

表电子出现的几率密度，所以该面称为等密度面。在曲面上标出几率密度(ψ^2)的大小，若干这样的曲面构成了等密度面图。在二维空间，只能画出电子云等密度面的剖面图——电子云等值线图。

有了原子轨道 ψ 的等值线图，几率密度(即电子云)ψ^2 的等值线图很容易得到。因为 ψ 的等值线也就是 ψ^2 的等值线，ψ 在空间分布的等值面也就是 ψ^2 在空间分布的等值面，只是数值不同，且 ψ^2 没有负值而已。

(2)界面图　画出1个把电子在核外空间出现的几率的90%以上都包括在内的等密度面作为界面，界面以外电子出现的几率可忽略不计，这种图形叫作电子云的界面图，它的形状与等密度面图相同。

(3)小黑点图，如图5.7所示，用小黑点的疏密来表示 ψ^2 的空间分布：小黑点密集处，表示该点 ψ^2 值大，即电子在该点出现的几率密度高；小黑点稀疏处，表示该点 ψ^2 值小，即电子在该点出现的几率密度低。这是一种直观形象的表示核外电子几率密度分布的方法。

5.2.2.2　核外电子几率分布和径向分布图

核外电子的几率和几率密度是2个有关但不同的概念：几率密度指在核外空间某点附近单位微体积内电子出现的机会，而几率则是指在以原子核为球心、半径为 r 的薄球壳中电子出现的机会。几率与几率密度的关系为：几率＝几率密度×薄球壳体积。量子力学中引入径向分布函数 D 的概念，用来表示核外电子的几率分布规律，并以薄球壳半径 r 为横坐标、径向分布函数 D 为纵坐标做得 D-r 图，又称径向分布图，表示电子出现的几率随薄球壳半径 r 变化的规律，如图5.8所示。氢原子1s电子的径向分布图中，在 $r=a_0$ 处($a_0=53$ pm)径向分布函数 D 有一极大值，表示1s电子在半径为 a_0 的薄球壳中出现的几率最大。从1s电子云图(图5.7)可知，离核越近，电子的几率密度越大，且随距离增大，几率密度减小。但因离核越近，薄球壳体积越小，离核越远，体积越大。所以两者乘积有极大值，几率最大值出现在 $r=a_0$ 处(称为玻尔氢原子半径)。从图5.8中可见，D-r 曲线有 $n-l$ 个极值，且主量子数 n 越大，主峰离核越远，说明轨道基本是分层排布的；外层电子的径向分布图在离核很近处出现小峰，表示外层电子有穿透到内部的现象，且 n 值相同但角量子数 l 不同的轨道，l 越小，小峰离核越近，即穿透能力越强。

综上所述，量子力学对氢原子核外电子的运动状态有了一较清晰的描述：薛定谔方程有无数个可能的解 ψ，所以，电子可在无数条能量确定的轨道中运动；每条轨道由 n,l,m 3个量子数决定，形状、伸展方向各异，但 n 相同的轨道为简并轨道；基态氢原子中，电子运动于能量最低的1s轨道，有2种可能的自旋状态，能量等于-2.179×10^{-18} J；1s电子的几率密度随离原子核距离的增大而减小，在半径

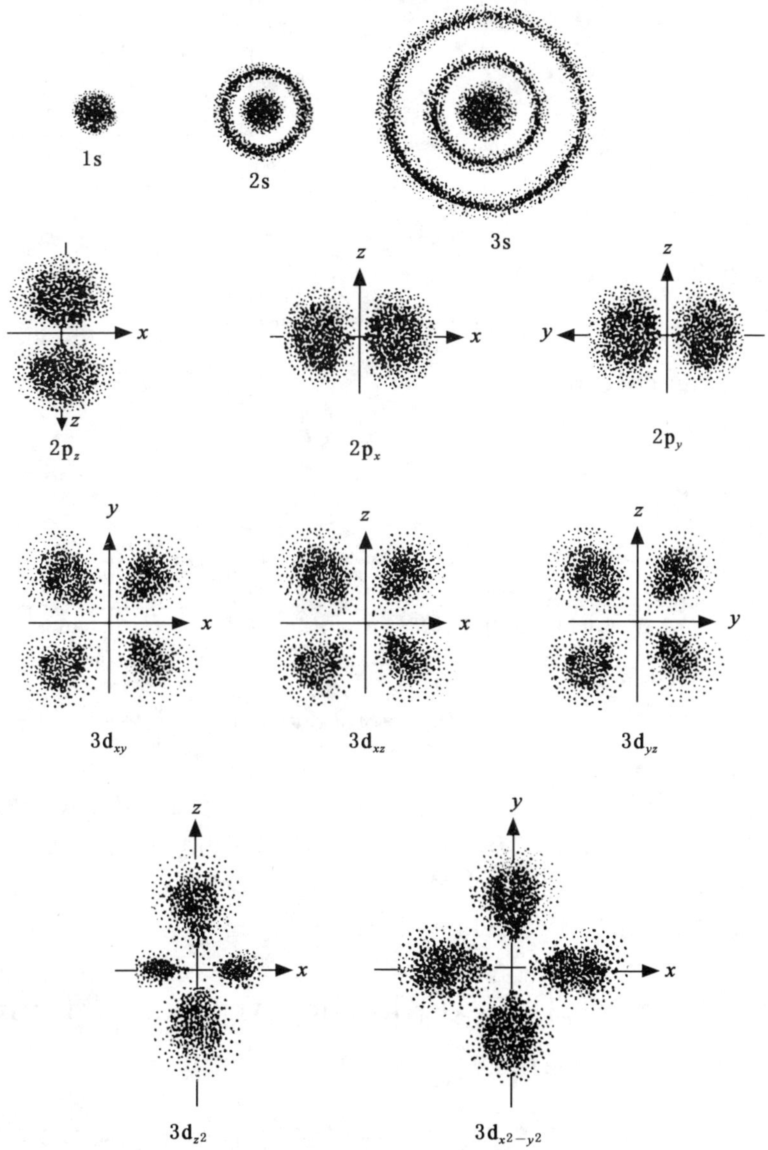

图 5.7　电子云的空间分布剖面图

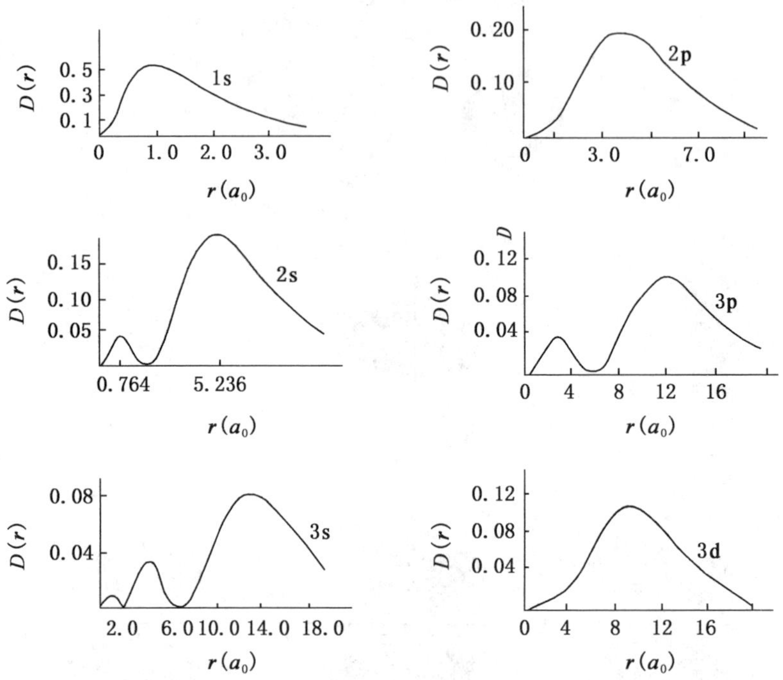

图 5.8 氢原子 s、p、d 径向分布图

为 53 pm 的薄球壳内，电子出现的几率最大。根据 ψ，还可计算出电子的动量、角动量等一系列重要数据，与实验测得的数据吻合；量子力学的氢原子模型，还合理解释了原子光谱在磁场中的分裂现象和谱线的精细结构等。这些说明，虽然还未穷极真理，但量子力学的基本假设是正确的。

5.3 多电子原子的结构(the structure of multiple electron atoms)

对于多电子原子中某个电子而言，它除了受到核的引力之外，还要受到其他电子的排斥作用。各电子都在高速运动，相互作用复杂，故多电子原子的波动方程难以建立，也无法精确求解。作为一种近似方法——中心力场模型，可对多电子原子做近似处理，使问题简化：对某一指定电子来说，中心力场模型把所有其他电子对该电子的排斥作用平均起来看作是球形对称的，它减弱(屏蔽)了原子核发出的正电场对该电子的作用力。这样，指定电子可看作只受到来自原子中心的、被屏蔽后的正电荷的作用。用这种近似方法处理，多电子原子中某指定电子的受力情况十分类似单电子原子中的电子，因此可近似建立波动方程并求解，得到波函数和轨道能级，所得结果与单电子原子有很多相似之处，如波函数的形状、空间分布等与单电子原子大致相同，而轨道能级则复杂得多。

5.3.1 多电子原子轨道能级

(1)屏蔽效应(shielding effect)对轨道能级的影响　利用中心力场模型建立和求解多电子原子的波动方程，结果证明轨道能级可依下式计算：

$$E=-\frac{Z^{*2}}{n^2}\times 2.179\times 10^{-18}\ \text{J}$$

此公式与单电子原子轨道能级公式相似，只是将式中的核电荷 Z 换为 Z^*。Z^* 表示实际上作用于指定电子的、位于原子中心的正电荷，称为有效核电荷。由于屏蔽作用，有效核电荷要小于核电荷：$Z^*=Z-\sigma$，σ 代表屏蔽造成的核电荷数减少或被抵消的部分，称为屏蔽常数。σ 值越大，表明指定电子受其他电子的屏蔽作用越大，轨道能量越高。粗略地说，越是内层的电子，对外层电子的屏蔽作用越大，同层电子间的屏蔽作用较小，外层电子对内层电子的作用不必考虑。

从径向分布图可以看出，l 值相同、n 值不同的轨道中，n 值越大，电子出现几率最大的区域离核越远，所受屏蔽作用越强，能量越高，即同一原子中：

$$E_{1s}<E_{2s}<E_{3s}<\cdots;$$
$$E_{2p}<E_{3p}<E_{4p}<\cdots;$$
$$E_{3d}<E_{4d}<E_{5d}<\cdots;\text{等等。}$$

(2)钻穿效应(penetration effect)对轨道能级的影响　多电子原子中的钻穿效应，可以借用氢原子的径向分布函数图来粗略地加以解释。由图 5.9 可见，3s、3p 和 3d 轨道的径向分布有很大差别。3s 有 3 个峰，其中最小的峰离核最近，这表明 3s 电子能穿透内层电子空间而靠近原子核，这种作用称为钻穿(或穿透)作用。3p 有 2 个峰，最小峰与核的距离比 3s 最小峰要远一些，这说明 3p 电子钻穿作用小于 3s。同理，3d 钻穿作用更小。钻穿作用的大小对轨道能量有明显的影响。不难理解，电子钻穿得越靠近原子核，受其他电子屏蔽的作用越小，受核的吸引力越强，因而能量就越低。由于电子钻穿作用的不同导致 n 相同而 l 不同的轨道能级发生分裂的现象，称为钻穿效应。钻穿效应使得同一原子中：

$$E_{2s}<E_{2p};$$
$$E_{3s}<E_{3p}<E_{3d};$$
$$E_{4s}<E_{4p}<E_{4d}<E_{4f};等等。$$

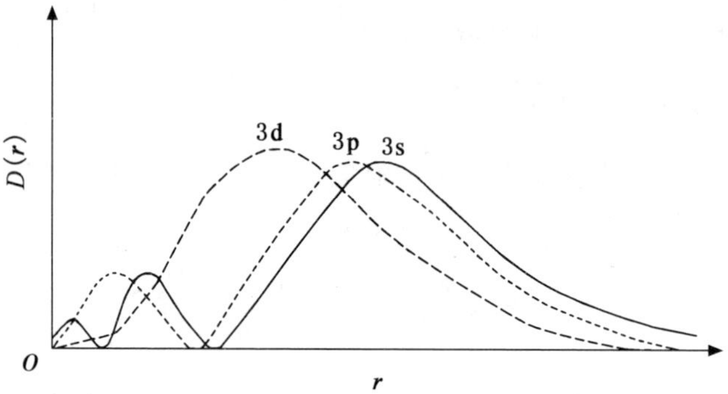

图 5.9　3s、3p、3d 轨道径向分布图比较

钻穿效应使得同一电子层不同亚层的轨道发生了“能级分裂”，即主量子数相同而角量子数不同的轨道能量不同。所以在多电子原子中，n 相同、l 也相同的原子轨道才是简并轨道。显然，由于屏蔽和钻穿效应的存在，多电子原子的轨道能级已远不像单电子原子那么简单了。

(3)原子轨道能级图(atomic orbital energy level diagram)　多电子原子中轨道能级顺序复杂。美国著名化学家鲍林(L. Pauling，1901—1994)根据大量光谱实验数据和理论计算结果，提出了多电子原子的轨道近似能级图，如图 5.10 所示。图中的小圆圈代表原子轨道。鲍林按 ns、$(n-2)$f、$(n-1)$d，np 的排列规律将能量相近的轨道分为 7 个能级组。我国化学家徐光宪也曾总结出一个经验公式 $(n+0.7l)$，用以比较不同轨道能量的高低。$n+0.7l$ 值越大，轨道的能量越高。根据此经验公式，鲍林提出的同一能级组里各能级的计算结果的第一位数字都相同，且和能级组的序号一致。例如，第 4 能级组中的 3 个能级 4s、3d、4p 的 $n+0.7l$ 值分别为 4.0、4.4、4.7，第一位数字均为 4，所以同属第 4 能级组。

必须指出，鲍林能级图仅仅是近似地反映了多电子原子中原子轨道能量的高低，不要误认为所有元素的原子中轨道能级高低都是按此顺序排列。但如果按照鲍林能级图中轨道能级从低到高的顺序填充电子，与实验结果基本吻合。所以，这种能级图也可以看作电子填充顺序图。

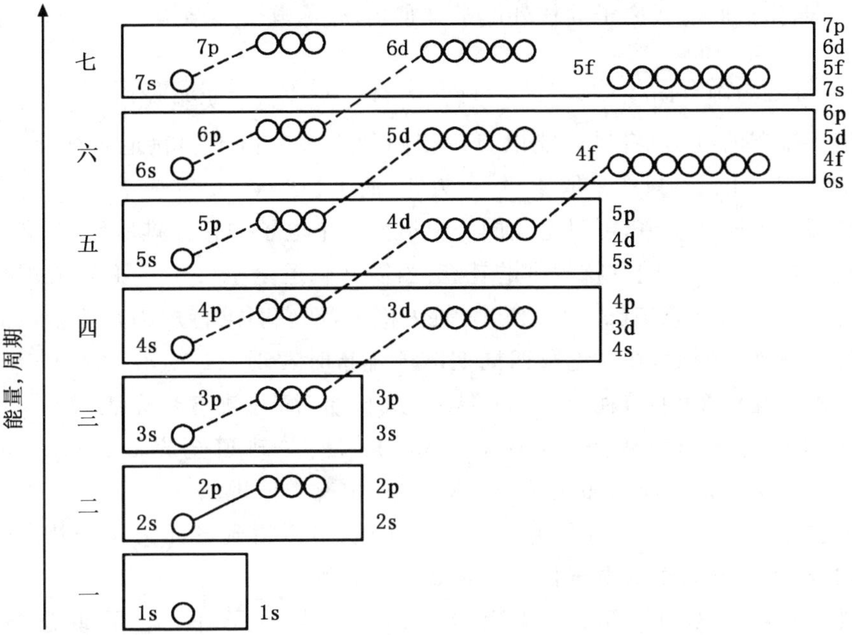

图 5.10 鲍林近似能级图

5.3.2 基态原子的核外电子排布

根据原子光谱实验结果和量子力学理论研究的结论,原子核外电子排布服从以下 3 个原则:

(1)泡利不相容原理(Pauli exclusion principle) 1925 年奥地利物理学家泡利(Pauli)提出,在一个原子中不可能有 4 个量子数完全相同的 2 个电子存在。这就是泡利原理,又称不相容原理。根据泡利原理,每条轨道上最多只能容纳 2 个自旋相反的电子。依此可计算出,s、p、d、f 亚层最多可容纳电子数分别为 2、6、10、14,而每个电子层所容纳的电子数最多为 $2n^2$ 个。

(2)能量最低原理(the lowest energy principle) 电子在原子轨道上的排布,总是尽量使整个原子的能量处于最低状态。这样的状态称为原子的基态。光谱实验数据证明,基态原子中电子按照近似能级图中轨道能量由低到高的顺序填充各轨道,或说按能级组顺序及组内各亚层顺序填充。

根据能量最低原理和泡利原理,第 5 号元素 B 核外的 5 个电子,按第一、第二能级组及 2s、2p 顺序填充为 $1s^2 2s^2 2p^1$ 的形式。这种表示原子或离子中电子排布的形式，叫作该原子或离子的核外电子排布式，亦称电子层结构、电子结构、电子组态等。

(3)洪特规则(Hund's rule)　洪特(F. Hund)从光谱实验数据中总结出：在简并轨道上排布的电子，将尽可能以自旋相同的方式分占不同轨道。据此，碳原子2p 亚层的2个电子，只能采取↑_ ↑_ __方式，而不会按↓_ ↑_ __或↑↓_ __ __方式排布。电子分占简并轨道，可以避免同一轨道内2个电子的相互排斥作用，有利于系统能量保持最低。连同洪特规则的补充：当简并轨道全空(p^0、d^0、f^0)，或被电子半充满(p^3、d^5、f^7)、全充满(p^6、d^{10}、f^{14})时较为稳定，都表明洪特规则是能量最低原理的具体化规则。例如，在讨论第四周期电子排布时发现，24号元素铬(Cr)的外层电子组态不是按$3d^4 4s^2$，而是按$3d^5 4s^1$方式排布，简并轨道半充满；29号元素铜(Cu)的外层电子组态不是$3d^9 4s^2$，而$3d^{10} 4s^1$，简并轨道全充满。42号元素钼(Mo)、47号元素银(Ag)、79号元素金(Au)等也有类似现象。

根据电子排布的3个原则并结合光谱实验，可以得到各元素原子基态的电子组态(也称为基态原子的电子排布式)，如表5.3所示。

在19号元素K和20号元素Ca的基态原子中，电子组态分别为$1s^2 2s^2 2p^6 3s^2 3p^6 4s^1$和$1s^2 2s^2 2p^6 3s^2 3p^6 4s^2$，电子不进入3d轨道而进入4s，发生所谓“能级交错”(the energy level overlap)现象。能级交错的主要原因在于：3d、4s轨道在同一能级组，能量本相差不大，但4s电子的钻穿能力大于3d电子。从4s和3d的径向分布图(图5.11)可见，4s的最大峰虽然比3d距核远，但它的小峰钻到了离核很近处，对降低轨道能量影响较大，致使3d高于4s的轨道能级。

类似的能级交错现象还出现在37、38、55,56号元素中。但上述能级交错现象随原子序数的增加并非持续不变，如从21号元素Sc开始，4s轨道能量又变得高于3d，这是因为从径向分布图可以看出，4s电子出现几率最大的区域明显远于3d，当2个4s电子填入后，核电荷同时增大2个单位，作用于3d的有效核电荷增大，使其能量降低，且此时处于内层的3d电子对外层4s电子有屏蔽作用，使4s电子的穿透作用不再突出，能级不再交错。同样的道理，39号、57号元素之后能级交错现象也消失，因此，副族元素在失去电子时，总是首先失去最外层的s电子。至于为何基态Sc原子外层电子构型不是$3d^3 4s^0$，是由于：第一，4s电子的穿透作用不会使其能量明显高于3d；第二，若最外层的2个电子进入3d轨道，则它们对其他$n=3$的电子会产生屏蔽作用，使整个原子能量升高。所以，若将能量最低原理理解为所谓“电子总是尽先进入能量较低轨道”，是不正确的。

表5.3 基态原子内电子的排布

原子序数	元素名称	元素符号	电子层结构	原子序数	元素名称	元素符号	电子层结构	原子序数	元素名称	元素符号	电子层结构
1	氢	H	$1s^1$	44	钌	Ru	[Kr]$4d^75s^1$	87	钫	Fr	[Rn]$7s^1$
2	氦	He	$1s^2$	45	铑	Rh	[Kr]$4d^85s^1$	88	镭	Ra	[Rn]$7s^2$
3	锂	Li	[He]$2s^1$	46	钯	Pd	[Kr]$4d^{10}$	89	锕	Ac	[Rn]$6d^17s^2$
4	铍	Be	[He]$2s^2$	47	银	Ag	[Kr]$4d^{10}5s^1$	90	钍	Th	[Rn]$6d^27s^2$
5	硼	B	[He]$2s^22p^1$	48	镉	Cd	[Kr]$4d^{10}5s^2$	91	镤	Pa	[Rn]$5f^26d^17s^2$
6	碳	C	[He]$2s^22p^2$	49	铟	In	[Kr]$4d^{10}5s^25p^1$	92	铀	U	[Rn]$5f^36d^17s^2$
7	氮	N	[He]$2s^22p^3$	50	锡	Sn	[Kr]$4d^{10}5s^25p^2$	93	镎	Np	[Rn]$5f^46d^17s^2$
8	氧	O	[He]$2s^22p^4$	51	锑	Sb	[Kr]$4d^{10}5s^25p^3$	94	钚	Pu	[Rn]$5f^67s^2$
9	氟	F	[He]$2s^22p^5$	52	碲	Te	[Kr]$4d^{10}5s^25p^4$	95	镅	Am	[Rn]$5f^77s^2$
10	氖	Ne	[He]$2s^22p^6$	53	碘	I	[Kr]$4d^{10}5s^25p^5$	96	锔	Cm	[Rn]$5f^76d^17s^2$
11	钠	Na	[Ne]$3s^1$	54	氙	Xe	[Kr]$4d^{10}5s^25p^6$	97	锫	Bk	[Rn]$5f^97s^2$
12	镁	Mg	[Ne]$3s^2$	55	铯	Cs	[Xe]$6s^1$	98	锎	Cf	[Rn]$5f^{10}7s^2$
13	铝	Al	[Ne]$3s^23p^1$	56	钡	Ba	[Xe]$6s^2$	99	锿	Es	[Rn]$5f^{11}7s^2$
14	硅	Si	[Ne]$3s^23p^2$	57	镧	La	[Xe]$5d^16s^2$	100	镄	Fm	[Rn]$5f^{12}7s^2$
15	磷	P	[Ne]$3s^23p^3$	58	铈	Ce	[Xe]$4f^15d^16s^2$	101	钔	Md	[Rn]$5f^{13}7s^2$
16	硫	S	[Ne]$3s^23p^4$	59	镨	Pr	[Xe]$4f^36s^2$	102	锘	No	[Rn]$5f^{14}7s^2$
17	氯	Cl	[Ne]$3s^23p^5$	60	钕	Nd	[Xe]$4f^46s^2$	103	铹	Lr	[Rn]$5f^{14}6d^17s^2$
18	氩	Ar	[Ne]$3s^23p^6$	61	钷	Pm	[Xe]$4f^56s^2$	104	𬬻	Rf	[Rn]$5f^{14}6d^27s^2$
19	钾	K	[Ar]$4s^1$	62	钐	Sm	[Xe]$4f^66s^2$	105	𬭊	Db	[Rn]$5f^{14}6d^37s^2$
20	钙	Ca	[Ar]$4s^2$	63	铕	Eu	[Xe]$4f^76s^2$	106	𬭳	Sg	[Rn]$5f^{14}6d^47s^2$
21	钪	Sc	[Ar]$3d^14s^2$	64	钆	Gd	[Xe]$4f^75d^16s^2$	107	𬭛	Bh	[Rn]$5f^{14}6d^57s^2$
22	钛	Ti	[Ar]$3d^24s^2$	65	铽	Tb	[Xe]$4f^96s^2$	108	𬭶	Hs	[Rn]$5f^{14}6d^67s^2$
23	钒	V	[Ar]$3d^34s^2$	66	镝	Dy	[Xe]$4f^{10}6s^2$	109	鿏	Mt	[Rn]$5f^{14}6d^77s^2$
24	铬	Cr	[Ar]$3d^54s^1$	67	钬	Ho	[Xe]$4f^{11}6s^2$	110	𫟼	Ds	[Rn]$5f^{14}6d^87s^2$
25	锰	Mn	[Ar]$3d^54s^2$	68	铒	Er	[Xe]$4f^{12}6s^2$	111	𬬭	Rg	[Rn]$5f^{14}6d^97s^2$
26	铁	Fe	[Ar]$3d^64s^2$	69	铥	Tm	[Xe]$4f^{13}6s^2$	112	鿔	Cn	[Rn]$5f^{14}6d^{10}7s^2$
27	钴	Co	[Ar]$3d^74s^2$	70	镱	Yb	[Xe]$4f^{14}6s^2$	113	鿭	Nh	[Rn]$5f^{14}6d^{10}7s^27p^1$
28	镍	Ni	[Ar]$3d^84s^2$	71	镥	Lu	[Xe]$4f^{14}5d^16s^2$	114	𫓧	Fl	[Rn]$5f^{14}6d^{10}7s^27p^2$
29	铜	Cu	[Ar]$3d^{10}4s^1$	72	铪	Hf	[Xe]$4f^{14}5d^26s^2$	115	镆	Mc	[Rn]$5f^{14}6d^{10}7s^27p^3$
30	锌	Zn	[Ar]$3d^{10}4s^2$	73	钽	Ta	[Xe]$4f^{14}5d^36s^2$	116	𫟷	Lv	[Rn]$5f^{14}6d^{10}7s^27p^4$
31	镓	Ga	[Ar]$3d^{10}4s^24p^1$	74	钨	W	[Xe]$4f^{14}5d^46s^2$	117	鿬	Ts	[Rn]$5f^{14}6d^{10}7s^27p^5$
32	锗	Ge	[Ar]$3d^{10}4s^24p^2$	75	铼	Re	[Xe]$4f^{14}5d^56s^2$	118	鿫	Og	[Rn]$5f^{14}6d^{10}7s^27p^6$
33	砷	As	[Ar]$3d^{10}4s^24p^3$	76	锇	Os	[Xe]$4f^{14}5d^66s^2$				
34	硒	Se	[Ar]$3d^{10}4s^24p^4$	77	铱	Ir	[Xe]$4f^{14}5d^76s^2$				
35	溴	Br	[Ar]$3d^{10}4s^24p^5$	78	铂	Pt	[Xe]$4f^{14}5d^96s^1$				
36	氪	Kr	[Ar]$3d^{10}4s^24p^6$	79	金	Au	[Xe]$4f^{14}5d^{10}6s^1$				
37	铷	Rb	[Kr]$5s^1$	80	汞	Hg	[Xe]$4f^{14}5d^{10}6s^2$				
38	锶	Sr	[Kr]$5s^2$	81	铊	Tl	[Xe]$4f^{14}5d^{10}6s^26p^1$				
39	钇	Y	[Kr]$4d^15s^2$	82	铅	Pb	[Xe]$4f^{14}5d^{10}6s^26p^2$				
40	锆	Zr	[Kr]$4d^25s^2$	83	铋	Bi	[Xe]$4f^{14}5d^{10}6s^26p^3$				
41	铌	Nb	[Kr]$4d^35s^2$	84	钋	Po	[Xe]$4f^{14}5d^{10}6s^26p^4$				
42	钼	Mo	[Kr]$4d^55s^1$	85	砹	At	[Xe]$4f^{14}5d^{10}6s^26p^5$				
43	锝	Tc	[Kr]$4d^55s^2$	86	氡	Rn	[Xe]$4f^{14}5d^{10}6s^26p^6$				

注:表中虚线内是过渡元素,实线内是内过渡元素——镧系和锕系元素。

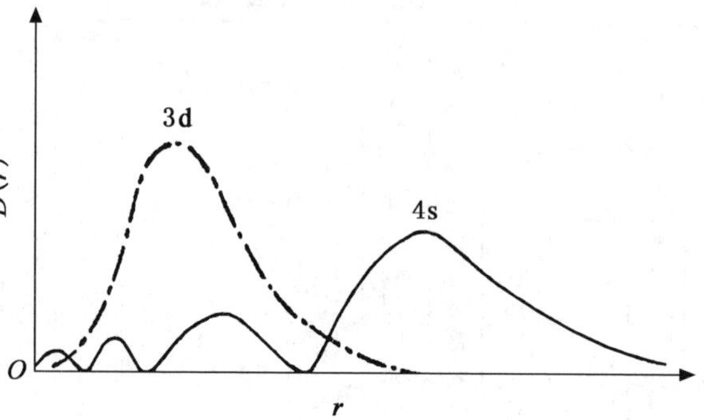

图 5.11 3d、4s 轨道径向分布图

需要指出的是,原子内电子排布规则是概括了大量事实后提出的一般规律,绝大多数原子核外电子的实际结构与这些规律基本一致。但是某些元素的电子层结构,实验测定的结果尚不能用排布规则圆满地解释。这说明微观粒子运动的规律仍有待于进一步深入研究,以不断完善和发展现有的理论,使其更符合客观实际。

为了简便实用,基态原子的电子组态一般只写价电子层电子组态就可以了。所谓价电子层,对于主族元素指最外电子层;对于副族元素指最外电子层和次外层的 d 亚层(镧系和锕系包括 f 亚层电子)。因为内层处于全空或全充满状态的轨道是稳定的,只有价电子层的电子(简称价电子)在化学反应中起决定作用,所以只要写出某原子的价电子组态,而将内层用相应的稀有气体的电子层结构代替就可以表明元素的特点了。例如,钠 Na[Ne]$3s^1$、硫 S[Ne]$3s^2 3p^4$、铁 Fe[Ar]$3d^6 4s^2$、铈 Ce[Xe]$4f^1 5d^1 6s^2$ 等。

5.4 原子结构与元素周期律(atomic structure and the periodic law)

现代化学元素周期律可表达为:元素的性质是原子序数的周期性函数——随着原子序数的递增,原子结构(外电子层构型、原子半径、作用于外层电子的有效核电荷)呈现周期性变化,导致元素性质的周期性变化。依照这个规律把化学元素组织在一起形成的体系叫化学元素周期系。周期系的具体表达形式是各种各样的元素周期表，其中最常用的是长式周期表。长式周期表简单明了，较好地反映了元素的原子结构与元素性质的关系。

5.4.1 周期表的结构

长式周期表分为 7 行、18 列。每行称为 1 个周期。表中 18 列习惯上分为 16 个族（第Ⅷ族为 3 列）：7 个主族（ⅠA～ⅦA）和 7 个副族（ⅠB～ⅦB）、第Ⅷ族和 0 族。表下方列出镧系和锕系元素。

5.4.1.1 周期

周期是依据能级组划分的：同一周期元素基态原子中含有的电子所在的最高能级组的序号等于周期数。由于每个能级组所含的轨道数分别为 1、4、4、9、9、16、…，而每个轨道最多可容纳 2 个电子，因此相对应地，第一周期中只含有 2 个元素，是特短周期；第二、第三周期中各含有 8 个元素，是短周期；第四、第五周期中各含有 18 个元素，是长周期；第六周期中含有 32 个元素，是特长周期；第七周期也属于特长周期，包括人工合成元素，目前已经填满，含有 32 个元素。

5.4.1.2 族和元素的分区

在长式周期表中，价电子数相同、电子层结构相同或相近、仅主量子数不同的元素构成一列，除了第Ⅷ族含有 3 列之外，其余每列称为 1 个族。主族元素与副族元素结构上有明显区别：主族元素基态原子的内电子层轨道或全满，或全空，均为稳定的构型；副族（包括第八族）元素，除ⅠB、ⅡB 族元素外，次外层 d 轨道、次次外层 f 轨道（镧系、锕系元素）均未完全充满，不是稳定的电子构型。通常称第四、五、六、七周期的副族元素（包括第八族）为第一、第二、第三、第四系列过渡元素，称镧系和锕系为内过渡元素。

族序号与元素的价电子数有一定的对应关系：主族及ⅠB、ⅡB 族元素基态原子最外层电子数等于族序号数；ⅢB～ⅦB 族过渡元素的价电子数（外层的 s 电子和次外层的 d 电子数之和）等于族序号数；第Ⅷ族的 3 列元素的价电子数分别为 8、9、10；零族元素的最外层电子数为 8 或 2。

依据元素基态原子的价电子层结构特点，可将周期表中的元素分成 5 个区，如表 5.4 所示。

表 5.4　周期表中元素的分区

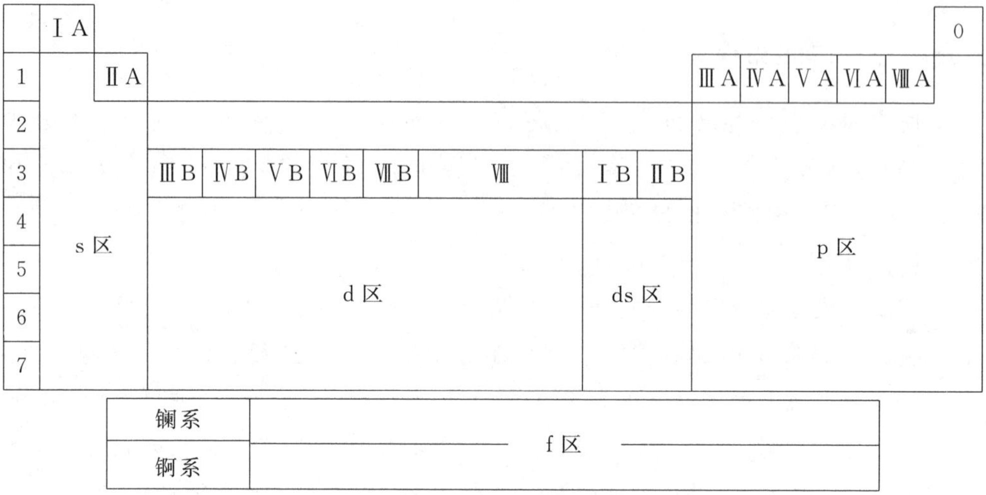

s 区元素包括第ⅠA 和ⅡA 族元素，它们的外层电子构型为 ns^1 和 ns^2。

p 区元素包括第ⅢA～ⅦA 和 0 族元素，它们的外层电子构型为 $ns^2np^{1\sim6}$（He 为 $1s^2$）。

d 区元素包括第ⅢB～ⅦB 以及第Ⅷ族元素，它们的外层电子构型一般为 $(n-1)d^{1\sim9}ns^{1\sim2}$。

ds 区元素包括第ⅠB 和第ⅡB 族元素，它们的外层电子构型为 $(n-1)d^{10}ns^{1\sim2}$。

f 区元素包括镧系和锕系元素，外层电子构型为 $(n-2)f^{1\sim14}(n-1)d^{0\sim2}ns^{1\sim2}$。

5.4.2　影响元素性质的结构因素

元素的化学性质，主要取决于原子核外电子构型、作用于价层电子的有效核电荷和原子半径 3 个因素。

5.4.2.1　外层电子构型

实验表明，对于中性原子，最外层 8 电子的构型是最稳定的，简并轨道中的电子处于全满和全空状态的构型也是最稳定的。因此：

s 区元素，由于内层轨道或全满、或全空，均为稳定结构；最外层只含 1～2 个 s 电子，所以，它们有强烈的失去最外层电子的趋势，均为活泼金属。

p区元素，由于内层轨道或全满、或全空，均为稳定结构；最外层含2个s电子和1～6个p电子，除0族元素外，仅最外电子层不是稳定结构。因此，0族元素表现为化学性质不活泼，而从ⅢA～ⅦA族元素，从趋向于失去最外层电子而逐渐变为趋向于得到电子，化学性质从金属性逐渐过渡到非金属性。

d区元素，最外层含2个或1个s电子，因此均表现为金属性；次外层d轨道含1～8个电子，未完全充满，因此，次外层电子也会参加化学反应，使得d区元素化合价复杂，且易于提供内层的空轨道以生成稳定的配位化合物，与主族元素性质有明显差异。

ds区元素，与d区元素相似。

f区元素，最外层只有2个(个别为1个)s电子，均为活泼金属；次次外层f轨道和次外层d轨道一般未完全充满，也参加化学反应，故性质复杂。锕系元素均为放射性元素，且很多是人工合成元素。镧系元素在自然界广泛分布，基态原子的电子构型为$1s^2 2s^2 2p^6 3s^2 3p^6 3d^{10} 4s^2 4p^6 4d^{10} 4f^n 5s^2 5p^6 5d^m 6s^2$(其中，La、Ce、Gd、Lu的5d轨道上有1个电子，其余均为$5d^0$；而4f电子依次由0升为14)，3价离子外层电子构型为$4f^n 5s^2 5p^6$(4f电子依次由0升为14)，十分相似，这是造成镧系元素性质十分相似的重要原因之一。

5.4.2.2 原子半径与有效核电荷

原子核外的空间没有确定的边界。所谓原子半径(atomic radius)是指形成共价键或金属键时原子间接触所显示出来的半径。若同种元素的两个原子以共价单键结合，它们核间距离的一半称为该原子的共价半径(covalent radius)；在金属晶体中，两个相邻金属原子核间距的一半称为原子的金属半径。原子的金属半径一般比其单键共价半径大10%～15%。稀有气体原子半径指在稀有气体晶体中两相邻原子核间距的一半，称为范德华半径(van der Waals radius)或接触半径。范德华半径明显大于共价半径和金属半径。不同类型的原子半径之间的差异是由于测量方法的不同造成的。不同元素原子同种类型的半径的大小差异，与原子的核外电子层数及作用于最外层电子的有效核电荷(effective nuclear charge)有关。一般来说，电子层数越多，原子半径越大；作用于最外层电子的有效核电荷越大，核对外层电子吸引力越强，原子半径越小。

表5.5给出了各元素的共价半径，其中稀有气体采用的是范德华半径。

表 5.5 原子半径

pm

ⅠA																	0
H 37	ⅡA											ⅢA	ⅣA	ⅤA	ⅥA	ⅦA	He 122
Li 152	Be 111											B 82	C 77	N 70	O 66	F 64	Ne 160
Na 154	Mg 160	ⅢB	ⅣB	ⅤB	ⅥB	ⅦB	Ⅷ			ⅠB	ⅡB	Al 118	Si 117	P 110	S 104	Cl 99	Ar 191
K 227	Ca 197	Sc 161	Ti 145	V 132	Cr 125	Mn 124	Fe 124	Co 125	Ni 125	Cu 128	Zn 133	Ga 122	Ge 122	As 121	Se 117	Br 114	Kr 198
Rb 248	Sr 215	Y 181	Zr 160	Nb 143	Mo 136	Tc 136	Ru 133	Rh 135	Pd 138	Ag 144	Cd 149	In 163	Sn 141	Sb 141	Te 137	I 133	Xe 218
Cs 265	Ba 217	La	Hf 156	Ta 143	W 137	Re 137	Os 134	Ir 136	Pt 138	Au 144	Hg 160	Tl 170	Pb 175	Bi 155	Po 167	At	Rn

镧系	La 188	Ce 183	Pr 183	Nd 182	Pm 181	Sm 180	Eu 204	Gd 180	Tb 178	Dy 177	Ho 177	Er 176	Tm 175	Yb 194	Lu 173

注：表中数据采自"Lange's Handbook of Chemistry", 11ed.

由表 5.5 可见，原子半径随原子序数的增加而呈周期性变化。原子半径在周期表中的变化规律可归纳为：

①同周期主族元素，从左到右随着原子序数的递增，每增加 1 个核电荷，核外最外层就增加 1 个电子。由于同层电子间的屏蔽作用较小，故作用于最外层电子的有效核电荷明显增大，原子半径明显减小，相邻元素原子半径平均减少约 10 pm。这致使元素的金属性明显减小，非金属性明显增大，直至形成 s^2p^6 结构的稀有气体。之所以稀有气体元素的原子半径突然变大，是因为稀有气体原子半径是接触半径。

②同周期的过渡元素，从左到右随着原子序数的递增，每增加 1 个核电荷，核外所增加的一个个电子依次在次外层 d 轨道上填充，对最外层电子产生较大的屏蔽作用，使得作用于最外层电子的有效核电荷增加较小，因而原子半径减小较为缓慢，不如主族元素变化明显，相邻元素原子半径平均减少约 5 pm。这致使元素的金属性递减缓慢，使得整个过渡元素都保持着金属的性质。当 d 电子充满到 d^{10}

时（ⅠB、ⅡB族），由于全满的d亚层对最外层s电子产生较大的屏蔽作用，作用于最外层电子的有效核电荷反而减小，原子半径突然增大。对于内过渡元素如镧系元素，电子填入次次外层的f轨道，产生的屏蔽作用更大，原子半径从左至右收缩的平均幅度更小，相邻元素原子半径平均减少1 pm。镧系元素原子半径逐渐缓慢减小的现象，称为“镧系收缩”。镧系收缩是无机化学中一个非常重要的现象，不仅是造成镧系元素性质相似的重要原因之一，还对镧后第三系列过渡元素的性质有极大影响。

③同一主族元素，从上至下电子层数依次增多，外层电子随着主量子数的增大，运动空间向外扩展；另外，虽然核电荷明显增加，但由于多了1层电子的屏蔽作用，使作用于最外层电子的有效核电荷的增加并不显著，故原子半径依次增大，金属性依次增强。

④同一族的过渡元素中，ⅢB族从上至下原子半径依次增大，这与主族的变化趋势一致。而后面的各族却是：从第一系列过渡元素至第二系列过渡元素，原子半径增大，而由第二系列至第三系列过渡元素，原子半径基本不变，甚至缩小。如Hf的半径（156 pm）小于Zr（160 pm）；Ta（143 pm）与Nb（143 pm）、W（137 pm）与Mo（136 pm），半径十分接近。这种反常现象主要是由于镧系收缩影响所致：第三系列过渡元素，从镧（La）到相邻的铪（Hf），中间实际还包含从铈（Ce）到镥（Lu）14个元素。虽然相邻镧系元素的原子半径变化很小，原子半径收缩的总和却是明显的：从La至Lu原子半径累积共减小15 pm，所以从La至Hf，原子半径减小了32 pm，远大于相应的第二系列元素钇（Y）至锆（Zr）原子半径的降低值21 pm。因此“镧系收缩”的结果影响了镧后所有第三系列过渡元素，形成与相应的第二系列过渡元素原子半径相近的情形。

5.4.3 元素重要性质的周期性变化

5.4.3.1 元素的电离能

元素的1个基态气态原子失去1个电子变成1价气态正离子所需的能量称为元素的第一电离能（first ionization energy of the elements），用 I_1 表示；由1价气态正离子再失去1个电子变成2价气态正离子所需的能量称为元素的第二电离能，用 I_2 表示。依此类推，还可以有 I_3、I_4 等。电离能总是正值，SI单位为 $J \cdot mol^{-1}$，常用 $kJ \cdot mol^{-1}$。

元素的电离能是非常重要的参数，能定量地反映元素气态原子失去电子的能力，用来比较元素的金属性强弱。一般来说，元素的第一电离能越小，原子越易失去电子，即该元素金属性越强。表5.6中列举了各元素的第一电离能数据。

表 5.6 元素的第一电离能 I_1 $kJ \cdot mol^{-1}$

ⅠA																	0
H 1 312	ⅡA											ⅢA	ⅣA	ⅤA	ⅥA	ⅦA	He 2 372
Li 520	Be 900											B 801	C 1 086	N 1 402	O 1 314	F 1 681	Me 2 081
Na 496	Mg 738	ⅢB	ⅣB	ⅤB	ⅥB	ⅦB	Ⅷ			ⅠB	ⅡB	Al 578	Si 787	P 1 012	S 1 000	Cl 1 251	Ar 1 251
K 419	Ca 590	Sc 631	Ti 658	V 650	Cr 653	Mn 717	Fe 759	Co 758	Ni 737	Cu 746	Zn 906	Ga 579	Ge 726	As 944	Se 941	Br 1 140	Kr 1 351
Rb 403	Sr 550	Y 616	Zr 660	Nb 664	Mo 685	Tc 702	Ru 711	Rh 720	Pd 805	Ag 731	Cd 868	In 588	Sn 709	Sb 832	Te 869	I 1 008	Xe 1 170
Cs 376	Ba 503	La 538	Hf 654	Ta 761	W 770	Re 760	Os 840	Ir 880	Pt 870	Au 890	Hg 1 007	Tl 589	Pb 716	Bi 703	Po 812	At 912	Rn 1 037

注：表中数据依照 Robert C. West，"CRC Handbook of Chemistry and Physics"，63ed. 中的数据，乘以 96.4846 将单位由电子伏特(eV)转变为 $kJ \cdot mol^{-1}$ 所得。

电离能的大小，主要取决于原子的电子层结构、有效核电荷以及原子半径。

同一主族及 0 族元素，从上到下原子的价电子构型相同，虽然有效核电荷有所增加，但由于电子层数增加、原子半径增大，所以最外层电子能量升高，电离能递减，元素的金属性自上而下增强。

同一周期的主族元素从左至右，由于有效核电荷递增，半径递减，故总的趋势是电离能明显增大，元素从强金属性变化为强非金属性，到稀有气体元素达到最高的电离能。但也有几处"反常"，即ⅡA 族的 Be、Mg、Ca 的第一电离能分别大于ⅢA 族的 B、Al、Ga；ⅤA 族的 N、P、As 的第一电离能分别大于ⅥA 族的 O、S、Se，图 5.12 表示第二、三周期元素第一电离能的变化特点。这正是原子的电子层结构影响的结果：以 Be 和 B 为例，Be 的价电子构型为 $2s^2 2p^0$，p 亚层为全空的稳定结构，所以 Be 的第一电离能比 B 的高。Mg 的第一电离能高于 Al，Ca 的第一电离能高于 Ga，也是同样道理。至于ⅤA 族的 N、P、As 的第一电离能都分别大于ⅥA 族的 O、S、Se，是由于 N、P、As 具有 s^2p^3 的价电子结构，p 亚层为半充满，失去 1 个电子——由稳定状态变为不稳定状态，需要的能量就要多一些。

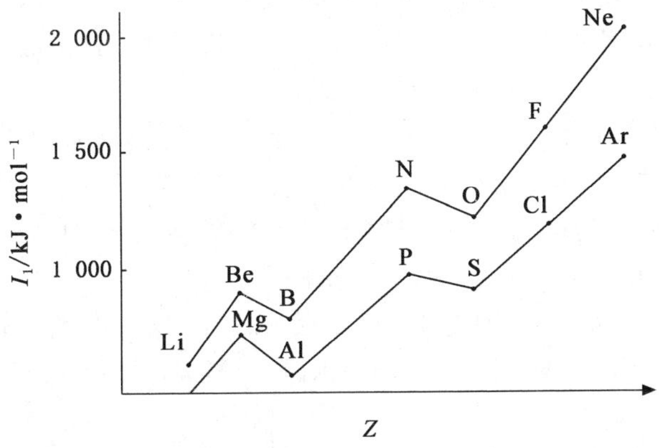

图 5.12 第二、三周期元素的第一电离能比较

同系列过渡元素从左至右，有效核电荷的增大及原子半径的减小均不如主族元素显著，故第一电离能不规则地升高，且升高幅度不及主族明显。加之过渡元素最外层只含 1～2 个电子，所以均显金属性。

同副族(包括Ⅷ族)过渡元素，从第一至第二系列，第一电离能减小，金属性增强；而从ⅣB族开始，第三系列过渡元素的第一电离能明显大于第二系列过渡元素，很多第一电离能高的不活泼金属元素，如 Hg、Au、Pt、Ir、Os、Re、W、Ta 均属于第三系列过渡元素。这种反常，是由于镧系收缩致使第三系列元素原子半径与第二系列的几乎相等，而作用于最外层电子的有效核电荷却增大所造成的。

对于镧系元素，由于作用于最外层电子的有效核电荷相近、原子半径缓慢减小、电子构型相似，故电离能变化很小，使得镧系元素性质非常相近，均为活泼金属。由于镧系收缩作用，Y 的原子半径落在镧系元素半径范围以内，Sc 的原子半径只比 Lu 略小，又由于 Sc、Y 外层电子构型与镧系元素相似，所以 Sc、Y 和 15 个镧系元素在自然界常常共生，统称为稀土元素(rare earth，简称 RE)。稀土元素的特征价态为+3。由于镧系元素原子及离子中含有 4f 电子，4f 电子在不同能级间跃迁运动时吸收或放出的能量与其他元素不同，使得稀土的发光与光吸收别具一格，在发光与激光等光学材料中得到广泛应用；由于 4f 轨道可容纳的电子数目较多，稀土元素原子或离子中所含自旋平行的未成对电子数比其他元素多，使得稀土成为探寻新型磁性材料的重要对象；近年来，我国首次将稀土应用于农业生产，如利用我国包头丰产的稀土制成了稀土硝酸盐肥料“常乐益植素”，主要成分是 Ce 和 La 的硝酸盐，可用于浸种、拌种或叶面喷施，对粮食、水果、蔬菜、油料和棉花等作物都有一定增产效果,可提高种子发芽率,促进作物根系发育,增加叶绿素含量,提高酶的活性。我国是稀土大国,但因为稀土元素性质十分相似,所以稀土元素的分离仍然是我国化学工作者的重大研究课题。

同一元素的第一、第二、第三、……电离能逐级增大,即 $I_1<I_2<I_3\cdots$,主要是因为每失去1个电子,作用于外层电子的有效核电荷都将随之增大,离子半径依次变小,所需电离能越来越大。例如,钠(Na)原子 I_1 为 496 kJ · mol^{-1};而 I_2 却骤然增大为 4 562 kJ · mol^{-1};镁(Mg)原子的 I_1、I_2 较低,分别为 738 kJ · mol^{-1} 和 1 451 kJ · mol^{-1},而 I_3 突然高达 7 733 kJ · mol^{-1}。这不仅说明电离能逐级增大,同时还说明钠只易于形成1价正离子,镁则易于形成2价正离子。电离能数据可说明元素的常见氧化态。

5.4.3.2 元素的电子亲合能

元素的1个基态气态原子获得1个电子形成1价气态负离子所放出的能量,称该元素的第一电子亲合能 E_1(first electronic affinity of elements)。电子亲合能的 SI 单位是 J · mol^{-1},常用单位 kJ · mol^{-1}。元素的1价负离子再继续结合电子,就有第二电子亲合能 E_2、第三电子亲合能 E_3……。多数情况下,原子获得1个电子要放出能量,根据定义放出能量 E_1 取正值。但当1价负离子再获得1个电子时,这个电子就要受到负电荷(1价负离子)的排斥,必须从外界吸收能量才能克服这种排斥力,所以元素的 E_2、E_3、… 为负值。元素的电子亲合能越大,表示元素的气态原子获得电子生成负离子的倾向越大,即非金属性越强。表5.7给出了主族元素的第一电子亲合能的部分数值。

表 5.7 主族元素的第一电子亲合能 E_1 kJ · mol^{-1}

H 72.9							He <0,(−21)
Li 59.8	Be <0,(−240)	B 23	C 122	N 0±20,(−58)	O 141,−780*	F 322	Ne <0,(−29)
Na 52.9	Mg (−230)	Al 44	Si 120	P 74	S 200.4,−590*	Cl 348.7	Ar <0,(−35)
K 48.4	Ca <0,(−156)	Ga 36	Ge 116	As 77	Se 195,−420	Br 324.5	Kr <0,(−39)
Rb 46.9	Sr —	In 34	Sn 121	Sb 101	Te 190.1	I 295	Xe <0,(−40)
Cs 45.5	Ba (−52)	Tl 50	Pb 100	Bi 100			

注:表中数据录自 James E Huheey,"Inorganic Chemistry-Principles of Structrue and Reactivity"2nd ed. 中部分数据。加括号者为理论计算值,带有 * 者为第二电子亲合能。

电子亲合能较难测定,有的是用计算方法推测的,因此数据不全且可靠性也差一些。但从表 5.7 中可以大致看出,电子亲合能的周期性变化规律与电离能的变化规律相似,具有大的电离能的元素一般也都具有大的电子亲合能。活泼非金属一般具有较大的电离能和电子亲合能,不易失去电子,而容易获得电子形成负离子;金属元素的电离能和电子亲合能都比较小,通常易于失去电子形成正离子,而难以获得电子形成负离子。

从表 5.7 的数据中可以看出,第二周期元素的电子亲合能反常地低于同族第三周期元素,如电子亲合能最大的元素是 Cl 而不是 F。这是因为第二周期元素原子半径较小,电子间斥力较大而造成的。ⅡA 和ⅤA 族元素的数据出现反常,与 p 轨道全空、半满结构有关。

5.4.3.3 原子的电负性

有了电离能和电子亲合能这 2 个物理量,便于比较不同元素的气态原子得失电子的难易,即金属性和非金属性的相对强弱。但是,原子一般都不是孤立存在的,单纯用这 2 个参数说明原子在分子当中的行为,有时是不恰当的。例如,C 的电离能低于 N,看来失电子倾向 C 比 N 大一些,但 C 的电子亲合能又高于 N,C 又较 N 易得电子。那么,如果 C 与 N 相结合(如在 CN^- 中),哪 1 个原子对成键电子的吸引力更强一些呢?这就需要有 1 个物理量,能综合原子得失电子这 2 方面的特点,作为衡量原子在分子中吸引成键电子能力的标度。1932 年,鲍林首先引入了原子电负性(electronegativity)的概念:原子的电负性表征原子在分子中吸引成键电子的能力。原子的电负性越大,原子对成键电子的吸引能力越大。电负性通常用 χ 表示。

鲍林指定电负性最大的氟(F)原子电负性等于 4.0,锂(Li)原子的电负性等于 1.0,依此为参照标准,求得其他元素原子的电负性值,如表 5.8 所示。

表 5.8 原子的电负性

								H 2.1								
Li 1.0	Be 1.5											B 2.0	C 2.5	N 3.0	O 3.5	F 4.0
Na 0.9	Mg 1.2											Al 1.5	Si 1.8	P 2.1	S 2.5	Cl 3.0
K 0.8	Ca 1.0	Sc 1.3	Ti 1.5	V 1.6	Cr 1.6	Mn 1.5	Fe 1.8	Co 1.9	Ni 1.9	Cu 1.9	Zn 1.6	Ga 1.6	Ge 1.8	As 2.0	Se 2.4	Br 2.8
Rb 0.8	Sr 1.0	Y 1.2	Zr 1.4	Nb 1.6	Mo 1.8	Tc 1.9	Ru 2.2	Rh 2.2	Pd 2.2	Ag 1.9	Cd 1.7	In 1.7	Sn 1.8	Sb 1.9	Te 2.1	I 2.5
Cs 0.7	Ba 0.9	镧系 1.0～1.2	Hf 1.3	Ta 1.5	W 1.7	Re 1.9	Os 2.2	Ir 2.2	Pt 2.2	Au 1.9	Hg 1.9	Tl 1.8	Pb 1.9	Bi 1.9	Po 2.0	At 2.2
Fr 0.7	Ra 0.9	Ac 1.1														

5.4.3.4 氧化数

1970 年国际纯粹和应用化学会(IUPAC)定义了氧化数(oxidization number)的概念:氧化数是化学实体中某元素 1 个原子的荷电数,这种荷电数是假设把每个键中的电子指定给电负性更大的原子,从而得到的某原子在化合状态时的“形式电荷数”。氧化数的计算规则如下:

(1)在单质中原子的氧化数为 0。

(2)单原子离子的氧化数等于它的荷电数。如 Na^+、Ca^{2+}、Cl^- 的氧化数分别为 +1、+2、−1。

(3)H 在化合物中氧化数一般为 +1,仅在与活泼金属生成的离子型氢化物(如 NaH、CaH_2)中为 −1。

(4)O 在化合物中的氧化数一般为 −2,仅在 OF_2 中为 +2;在过氧化物(如 H_2O_2、Na_2O_2 等)中为 −1;在超氧化物(如 KO_2)中为 −1/2。

(5)化合物分子中各原子氧化数的代数和等于 0,多原子离子中各原子氧化数的代数和等于多原子离子所带电荷数。

第一至第五周期的主族元素的氧化数如表 5.9 所示。可以看出,主族元素最高氧化数等于族序号 N;p 区元素能形成多种氧化态的化合物,最低氧化数为($N-8$)。

过渡元素都是金属元素,负氧化数不多见,正氧化数如表 5.10 所示。由于过渡元素外层的 s 电子和次外层的 d 电子都是价电子,所以随着 d 电子数的增多,元素可能采取的氧化态增多,最高氧化数等于族序数 N。但当 d 亚层接近全充满时,可能的氧化态减少下来。d 电子为 5 个或 6 个的元素可能采取的氧化数最多。

表 5.9 主族元素氧化数(第一至第五周期)

N	Z	元素	−4	−3	−2	−1	0	+1	+2	+3	+4	+5	+6	+7	
0	54	Xe					◎								第五周期
Ⅶ	53	I				◎		○		○		◎		○	
Ⅵ	52	Te			○				○		◎		◎		
Ⅴ	51	Sb		○						◎		◎			
Ⅳ	50	Sn							◎		◎				
Ⅲ	49	In						○		◎					
Ⅱ	38	Sr							◎						
Ⅰ	37	Rb						◎							
0	36	Kr					◎								第四周期
Ⅶ	35	Br				◎		○		○		◎		○	
Ⅵ	34	Se			○				○		◎		◎		
Ⅴ	33	As		○						◎		◎			
Ⅳ	32	Ge							○		◎				
Ⅲ	31	Ga						○		◎					
Ⅱ	20	Ca							◎						
Ⅰ	19	K						◎							
0	18	Ar					◎								第三周期
Ⅶ	17	Cl				◎		○		○		◎		○	
Ⅵ	16	S			◎				○		◎		◎		
Ⅴ	15	P		○				○		◎		◎			
Ⅳ	14	Si	○						○		◎				
Ⅲ	13	Al								◎					
Ⅱ	12	Mg							◎						
Ⅰ	11	Na						◎							
0	10	Ne					◎								第二周期
Ⅶ	9	F				◎									
Ⅵ	8	O			◎	○									
Ⅴ	7	N		◎	○	○	◎	○	○	◎	○	◎			
Ⅳ	6	C	○								◎				
Ⅲ	5	B								◎					
Ⅱ	4	Be							◎						
Ⅰ	3	Li						◎							
0	2	He					◎								
Ⅰ	1	H				○		◎							
氧化数			−4	−3	−2	−1	0	+1	+2	+3	+4	+5	+6	+7	

注:○表示可能的氧化数;◎为常见的氧化数。

表 5.10　过渡元素的氧化数

N	Z	元素	0	1	2	3	4	5	6	7	8
Ⅱ	80	Hg		◎	◎	○					
Ⅰ	79	Au	○	◎	○	◎		○			
Ⅷ	78	Pt	◎		◎	○	◎	○	○		
Ⅷ	77	Ir	◎	○	○	◎	◎	○	○		
Ⅷ	76	Os	◎	○	○	○	◎	○	◎	○	◎
Ⅶ	75	Re	◎	○	○	○	○	○	◎	◎	
Ⅵ	74	W	◎	○	○	○	○	○	◎		
Ⅴ	73	Ta	○	○	○	○	○	◎			
Ⅳ	72	Hf		○	○	○	◎				
Ⅲ	57	La				◎					
Ⅱ	48	Cd		○	◎						
Ⅰ	47	Ag		◎	○	○					
Ⅷ	46	Pd	◎	○	◎	○	◎				
Ⅷ	45	Rh	◎	○	○	◎	◎	○	○		
Ⅷ	44	Ru	◎		○	○	◎	○	○	○	○
Ⅶ	43	Tc	◎	○	○	○	○	○	○	◎	
Ⅵ	42	Mo	◎	○	○	○	◎	○	◎		
Ⅴ	41	Nb	○	○	○	○	○	◎			
Ⅳ	40	Zr		○	○	○	◎				
Ⅲ	39	Y				◎					
Ⅱ	30	Zn		○	◎						
Ⅰ	29	Cu		◎	◎	○	○				
Ⅷ	28	Ni	○	○	◎	○	○				
Ⅷ	27	Co	○	○	◎	◎	○	○			
Ⅷ	26	Fe	○	○	◎	◎	○	○	○		
Ⅶ	25	Mn	○	○	◎	○	◎	○	○	◎	
Ⅵ	24	Cr	○	○	○	◎	○	○	◎		
Ⅴ	23	V	○	○	○	○	◎	◎			
Ⅳ	22	Ti	○		○	◎	◎				
Ⅲ	21	Sc				◎					
氧化数			0	+1	+2	+3	+4	+5	+6	+7	+8

注：○表示可能的氧化数；◎为常见的氧化数。

本章小结

电子等微观粒子有别于宏观物体的运动特性是物理量变化的不连续性(量子化)和波粒二象性。所以,经典力学认为的宏观物体物理量变化的连续性、物体的空间坐标与动量可以同时测准,因此可用轨迹描述物体的运动状态的2个基本假设,均不适用于微观粒子。量子力学中,用波函数 ψ 来描述电子的空间运动状态,用波函数的平方 ψ^2 来描述核外电子的几率密度。一组 n、l、m 量子数,确定 ψ 的1个解,即1条原子轨道;量子数 m_s 确定电子的自旋状态。单电子原子中,轨道能量仅由主量子数 n 决定;多电子原子中,由于屏蔽作用的影响,轨道能量由主量子数 n 和角量子数 l 共同决定。轨道形状和空间伸展方向分别与角量子数 l 和磁量子数 m 有关。

基态多电子原子核外电子排布,遵从能量最低原理、泡利不相容原理和洪特规则。可按近似能级图填充电子。

原子结构的周期性变化,决定了元素性质,诸如元素电离能、元素电子亲合能、原子的电负性、氧化数等的周期性变化规律。影响元素性质的主要结构因素为电子构型、原子半径和有效核电荷。

思考题

5.1 原子的线状发射光谱说明微观粒子的什么运动特性?测不准原理又说明了什么?对电子衍射的统计性解释有什么重要意义?

5.2 4个量子数的取值各有什么规则?它们分别与核外电子的什么运动特性有关?

5.3 何谓简并轨道?单电子原子中什么轨道是简并的?多电子原子中情况又如何?

5.4 基态原子核外电子排布遵循什么规则?为什么出现所谓能级交错现象?

5.5 元素周期表中,周期和族是依据什么划分的?

5.6 影响元素性质的结构因素有哪些?它们的变化规律如何?

5.7 什么是元素的电离能?第一电离能的变化有什么规律?

5.8 为什么会产生镧系收缩现象?镧系收缩意义何在?

5.9 原子的电负性是用来说明什么的?与元素的电子亲合能有什么不同?变化有什么规律?

习题

5.1 电子等微观粒子有别于宏观物体的2个特性:物理量量子化、波粒二象性,分别可由______和______实验事实证明。

5.2 电子衍射实验中,小孔直径越小,即粒子的空间坐标越______,则粒子的______越

______。故经典力学中用______来描述宏观物体运动状态的方法不能用于描述微观粒子的运动状态。

5.3 判断下列叙述是否正确：

(1)电子具有波粒二象性，故每个电子都既是粒子，又是波。

(2)电子的波性，是大量电子运动表现出的统计性规律的结果。

(3)波函数 ψ，即电子波的振幅。

(4)波函数 ψ，即原子轨道，是描述电子空间运动状态的数学表达式。

5.4 量子力学中用______来描述微观粒子运动状态，并用其值的平方表示______。

5.5 下列各量子数合理的为：

(1)$n=2$、$l=1$、$m=0$、$m_s=+\frac{1}{2}$；

(2)$n=3$、$l=3$、$m=-1$、$m_s=-\frac{1}{2}$；

(3)$n=3$、$l=0$、$m=0$、$m_s=0$；

(4)$n=2$、$l=0$、$m=+1$、$m_s=-\frac{1}{2}$。

5.6 写出下列轨道的符号：

(1)$n=4$、$l=0$；(2)$n=3$、$l=1$；(3)$n=2$、$l=0$；(4)$n=5$、$l=3$。

5.7 用 4 个量子数描述基态 N 原子外层 $2s^2 2p^3$ 各电子。

5.8 某元素基态原子，在 $n=5$ 的轨道中仅有 2 个电子，则该原子 $n=4$ 的轨道中含有电子：

(1)8 个；　　(2)18 个；

(3)8～18 个；　　(4)8～23 个。

5.9 在 He^+ 中，3s、3p、3d、4s 轨道能量自低至高排列顺序为________，在 K 原子中，顺序为________，在 Mn 原子中，顺序为________。

5.10 Fe、Mn、Cu、Zn 等，均为生物必需的营养元素，而 Hg、As、Cd、Cr 等为有毒元素。写出上述元素基态原子核外电子排布式，并说明它们在周期表中的位置。

5.11 第四能级组中所包含的原子轨道是________________。

5.12 元素周期表中周期是依________划分的，族是依________划分的，主族元素与副族元素原子结构上的区别在于____________。

5.13 活泼金属主要集中于周期表中________，惰性金属大都集中于周期表________。

5.14 判断下列各对原子哪个半径较大？查表核对是否正确。

H 与 He；Ba 与 Sr；Sc 与 Ca；Cu 与 Ni；Y 与 La；Ti 与 Zr；Zr 与 Hf。

5.15 具有下列原子外层电子结构的 4 种元素：

(1)$2s^2$；(2)$2s^2 2p^1$；(3)$2s^2 2p^3$；(4)$2s^2 2p^4$。

其中第一电离能最大的是________，最小的是________。

5.16 已知 2 个元素基态原子的外层电子结构分别为 $4d^{10} 5s^1$ 和 $3d^1 4s^2$，试推算出它们的原子序数。

5.17 已知 Mg 和 Al 第一至第四电离能数据如下($kJ \cdot mol^{-1}$)：

Mg 738，1 451，7 733，10 540；Al 578，1 817，2 745，11 578。

解释 $I_1 \sim I_4$ 升高并有突跃的原因，比较气态 Mg 原子和 Al 原子的金属性和 2 个元素的常见氧化数。

5.18 写出基态原子符合下列条件的元素符号：

(1)次外层有 8 个电子，最外层电子构型为 $4s^2$；

(2)位于零族元素，但最外层没有 p 电子；

(3)在 3p 轨道上只有 1 个电子。

5.19 下列元素基态原子的外电子层结构分别为：

(1)$(n-1)d^6ns^2$；(2)ns^2np^1；(3)$(n-1)d^{10}ns^1$；(4)ns^2np^6。

指出它们各属于哪一族？哪一区？

5.20 指出基态原子具有下列电子层结构的元素在周期表中的位置。

(1)$3s^23p^6$；(2)$4s^24p^3$；(3)$4d^{10}5s^2$；(4)$4d^55s^1$；(5)$5s^25p^1$。

5.21 24 号元素基态原子核外电子排布式为______，该元素位于元素周期表______周期____族；其+3 价离子核外电子排布式为________。

5.22 某元素基态原子，有量子数为 $n=4$、$l=0$、$m=0$ 的一个电子和 $n=3$、$l=2$ 的 10 个电子，该元素的特征电子构型为______，位于周期表第____周期____族。

5.23 A 原子的第三层比 B 原子的第三层少 4 个电子，B 原子的第四层比 A 原子的第四层多 5 个电子，则 A 的元素符号为________，B 的元素符号为______，A 与 B 的单质在酸性溶液中反应得到的两种化合物分别为______、______。

5.24 第二周期从左向右，元素的第一电离能(I_1)总的趋势是依次增大，但是有转折点。有几个转折点？为什么？

Optional questions:

5.25 Which of the following electron configurations correspond to an excited state? For each excited-state configuration write the ground state configuration.

a. $1s^22s^22p^63p^1$; b. $1s^13p^2$; c. $1s^22s^22p^63s^1$; d. $1s^22s^23s^13p^1$。

5.26 How many single electron (unpaired) are there in oxygen? Write the ground state configuration.

5.27 Explain in your own words why elements produce a characteristic pattern of colors when there is an emission of energy from an excited state to a ground state?

6　化学键与分子结构

Chemical Bond and Molecular Structure

【教学目标】

- **化学键：**

1. 了解离子键理论的要点和离子晶体晶格能的概念，理解同类型离子晶体中离子半径、离子电荷对晶格能及离子晶体重要物理性质的影响。
2. 了解共价键理论和杂化轨道理论要点，了解杂化轨道与分子空间构型的关系，能正确判断简单分子的空间构型。

- **分子间力：**

了解分子间力、氢键及其对物质重要性质的影响。

- **掌握分子结构与物质某些重要性质的关系。**

分子是保持物质化学性质的最小微粒，是物质参与化学反应的基本单元，其性质决定于分子的内部结构。分子结构包括化学键和分子的空间构型两方面内容，前者说明原子是怎样结合起来构成分子以及分子内原子之间结合力的强弱，后者则说明分子的空间形状及分子间如何相互作用。

分子或晶体中直接相邻的原子之间强烈相互吸引力称为化学键(chemical bond)。根据直接相邻的原子间成键方式的不同，化学键可分为离子键、共价键和金属键 3 种基本类型。研究化学键，对于研究物质的性质和化学反应规律具有十分重要的意义。

6.1 离子键与离子晶体(ionic bond and ionic crystals)

电化学研究发现，NaCl、KCl 等晶体，在熔融状态或溶于水后，可以导电。这种现象说明在这些物质内部存在带有正、负电荷的粒子。1913 年，德国化学家柯塞尔(W. Kossel)提出的离子键理论，对这类化合物的形成及性质做出了科学解释。

6.1.1 离子键的形成

柯塞尔的离子键理论认为：

(1)一定条件下，具有较小电离能的活泼金属原子(主要为ⅠA、ⅡA 族金属元素的原子)与具有较大电子亲合能的活泼非金属原子(主要为ⅦA 族元素的原子及 O、S 等原子)之间可发生电子的转移：金属原子失去电子形成阳离子，非金属原子得到金属原子失去的电子形成阴离子。如钠原子与氯原子之间发生电子转移，形成 Na^+ 和 Cl^-：

$$Na(g) \longrightarrow Na^+(g) + e^- \qquad I_1 = 496\ kJ \cdot mol^{-1}$$

$$Cl(g) + e^- \longrightarrow Cl^-(g) \qquad E_1 = 348.7\ kJ \cdot mol^{-1}$$

(2)阳离子和阴离子在静电力作用下，相互吸引、靠近、紧密堆积，过程中放出能量，如此形成了离子键和离子型晶体。例如：

$$Na^+(g) + Cl^-(g) \longrightarrow NaCl(s) \qquad U = -786.5\ kJ \cdot mol^{-1}$$

气态阳离子与气态阴离子结合成 1 mol 固体离子化合物时所放出的能量称为

离子晶体的晶格能(U)(lattice energy),单位为 $kJ \cdot mol^{-1}$。阴、阳离子在相互靠近、紧密堆积、形成离子键及离子晶体过程中所放出能量的多少对离子键和离子晶体的形成以及离子键和离子晶体的稳定性具有决定性的影响,所以化学科学中总用晶格能数据来说明离子键的强弱。

活泼金属原子的电负性较小,活泼非金属原子的电负性较大。一般认为 $\Delta\chi \geqslant 1.7$ 的典型的金属和非金属原子间才能形成离子键。例如,钠的电负性为 0.9,氯的电负性为 3.0,$\Delta\chi=2.1$,所以,氯化钠是离子键结合的离子晶体化合物。近代化学实验和量子化学的计算指出,即使在典型的离子化合物中,离子间的作用力也不完全是静电作用,仍有原子轨道重叠的成分,即离子键中也有部分共价性,如 CsF 中也有 8%的共价性。2 个成键原子的电负性差值越大,键的离子性成分越高,用 $\Delta\chi=1.7$ 作为判断离子键和共价键的分界只是一种近似,如氟和氢的 $\Delta\chi=1.9$,但 H—F 键仍是共价键。

6.1.2 离子键的特点

因为离子所带电荷的分布呈球形对称,在空间各个方向的静电效应相同,可以从任何一个方向吸引带相反电荷的离子,所以离子键没有方向性;而且只要空间条件许可,每个离子均可能吸引尽量多的异号离子直接成键结合,且对晶体中所有异号离子都有吸引力,所以离子键没有饱和性。例如,在不同条件下,CsCl 可形成配位数为 8 和 6 的 2 种不同类型的晶体。故离子晶体是由正负离子按化学式组成比相间排列形成的"巨形分子"。

与 1 个离子相邻的相反电荷离子的数目(即配位数),主要取决于阳离子和阴离子的半径比 $r_{正}/r_{负}$。一般 AB 型离子晶体的构型见表 6.1。

表 6.1 AB 型离子半径比与晶体构型间的关系

半径比 $r_{正}/r_{负}$	一般构型	配位数	实例
0.225~0.414	ZnS 型	4	BeO、BeS 等
0.414~0.732	NaCl 型	6	KCl、KBr、AgF、MgO、CaS 等
0.732~1.00	CsCl 型	8	CsBr、TlCl、NH_4Cl 等

6.1.3 离子的特征

离子是离子化合物的基本结构粒子,离子的性质在很大程度上决定着离子键和离子化合物的性质。

(1)离子电荷　离子是带有电荷的原子或原子团。对简单离子来说,阳离子电荷数就是相应原子失去的电子数，阴离子电荷数就是相应原子得到的电子数。离子电荷的不同往往带来性质上的不同，如 Fe^{2+} 和 Fe^{3+}，尽管是同种原子形成的离子，但性质有很多不同：Fe^{2+} 在水溶液中是浅绿色的，具有还原性；Fe^{3+} 在水溶液中是黄棕色的，具有氧化性等。

(2)离子的电子构型　单原子阴离子(如 F^-、Cl^-、O^{2-}、S^{2-} 等)通常具有稳定的 8 电子构型，但单原子阳离子则有下列 5 种外层电子构型：

①2 电子构型($1s^2$)，如 Li^+、Be^{2+} 等；

②8 电子构型(ns^2np^6)，如 Na^+、Mg^{2+}、Al^{3+}、Sc^{3+}、Ti^{4+} 等；

③9～17 电子构型($ns^2np^6nd^{1\sim9}$)，如 Mn^{2+}、Fe^{2+}、Fe^{3+}、Co^{2+}、Ni^{2+} 等大多数 d 区元素的离子；

④18 电子构型($ns^2np^6nd^{10}$)，如 Cu^+、Ag^+、Zn^{2+}、Cd^{2+}、Hg^{2+} 等 ds 区元素的离子及 Sn^{4+}、Pb^{4+} 等 p 区高氧化数金属阳离子；

⑤18+2 电子构型[$(n-1)s^2(n-1)p^6(n-1)d^{10}ns^2$]，如 Sn^{2+}、Pb^{2+}、Sb^{3+}、Bi^{3+} 等 p 区低氧化数金属阳离子。

离子电子构型的不同对离子性质的影响很大，如具有 9～17、18、18+2 电子构型的离子形成配合物的能力比 2、8 电子构型的离子强得多。

(3)离子半径　同原子半径一样，离子半径也难于确定，且同一离子的半径会因推算方法和所用晶体的不同而不同。在 AB 型离子晶体中，处于平衡位置的阴、阳离子，可近似认为是相互接触的圆球，于是核间距 R 等于 $r_{正}+r_{负}$。

由原子形成阳离子时作用于外层电子有效核电荷增加，形成阴离子时作用于外层电子有效核电荷减小，所以对于同一元素的原子半径和离子半径，一般有如下规律：$r_{正}<r_{原子}$，$r_{原子}<r_{负}$，且随电荷数的增大，阳离子半径减小，如 $r(Fe^{3+})<r(Fe^{2+})$ 等。

离子半径的变化规律与原子半径的变化规律大致相同，即同主族元素电荷数相同的离子，离子半径随电子层数的增加而增大，如 $r(F^-)<r(Cl^-)<r(Br^-)<r(I^-)$；$r(Mg^{2+})<r(Ca^{2+})<r(Sr^{2+})<r(Ba^{2+})$ 等。同周期元素的离子当电子构型相同时，随离子电荷数的增加，阳离子半径减小，阴离子半径增大，如 $r(Na^+)>r(Mg^{2+})>r(Al^{3+})$，$r(F^-)<r(O^{2-})<r(N^{3-})$ 等。

离子半径的大小近似反映了离子的相对大小，是分析离子化合物物理性质的重要依据之一。对于同种构型的离子晶体，离子电荷越大、半径越小，阴阳离子间引力越大，晶格能越大，化合物的熔点、沸点一般越高。如 MgO、CaO、SrO、BaO，熔点依次降低。

6.2 共价键的价键理论(covalent bond theory)

1916年,路易斯(G. N. Lewis)根据稀有气体原子最外层8电子稳定结构的事实,认为原子间可通过共用电子对使每个原子都具有稳定的八隅结构,如此,原子结合为分子。原子间通过共用电子对而形成的化学键称为共价键(covalent bond)。

路易斯共价键概念解释了一些简单非金属原子间形成分子的过程,但未能阐明共价键的本质和特性,也无法解释 PCl_5、SF_6 等众多含有非8电子构型原子的分子结构。

1927年,德国化学家海特勒(W. Heitler)和伦敦(F. London)运用量子力学原理处理 H_2 分子的形成,研究2个氢原子的1s轨道叠加过程中系统能量及电子云密度的变化规律,后又经鲍林(L. Pauling)等的发展和补充,建立起现代共价键的价键理论。它进一步阐明了共价键的本质,比之路易斯理论,可解释更多的实验现象。

6.2.1 共价键的形成和特点

海特勒和伦敦运用量子力学方法处理 H_2 分子的形成,研究两个氢原子自无限远处开始相互逐渐接近过程中系统能量 E 与核间距 R 的关系以及两原子核外电子云的变化,结果如图6.1所示。

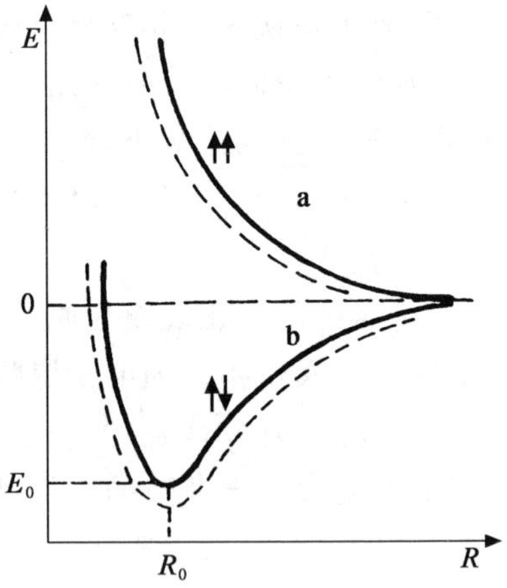

实线为计算值,虚线为测量值。

图6.1 H_2 分子形成时能量变化

若2个氢原子中的电子自旋相反,则2个氢原子相互靠近时,系统的能量变化如曲线b,在核间距为87 pm(实验值为74 pm)处有一最低点,能量比2个氢原子单独存在时低,且二核间电子云密度增大,即2个原子的原子轨道发生了重叠,如此形成了稳定的 H_2 分子。若2个氢原子中的电子自旋相同,二原子相互靠近时,系统的能量变化如曲线a,即2个原子越靠近,系统的能量比2个氢原子单独存在时越高,且2个原子间电子云密度减小,即不能形成 H_2 分子。

据此，海特勒和伦敦提出共价键形成的假设，即共价键的价键理论。该理论基本要点如下：

(1)形成共价键时，仅成键原子的外层轨道及其中的电子参加作用。

(2)原子相互接近时，外层能量相近且含有自旋相反的未成对电子的轨道发生重叠，核间电子几率密度增大，系统能量降低，如此形成共价键。所以，共价键的本质是原子轨道的叠加，或沿用路易斯形象的说法，成键原子靠共用电子对结合。

由于每种元素的原子所能提供的成键轨道的数目以及在形成分子时所能提供的未成对电子数目是确定的，所以原子能够形成共价键的数目也是确定的，此即所谓共价键的饱和性。例如，第二周期元素原子，价轨道为 1 条 2s 和 3 条 2p 轨道，所以最多只能形成 4 个共价单键；对于 Be、B、C 等价电子数小于或等于价轨道数的原子，成键时原子中的成对电子可被激发至空的价轨道成为未成对电子以形成共价键：如 Be($2s^2$)中的 1 个 2s 电子激发至 2p 轨道，故 Be 可形成 2 个共价键，又如 B($2s^2 2p^1$)、C($2s^2 2p^2$)分别可形成 3 个和 4 个共价键。第三周期元素原子，价轨道为 3s、3p、3d，共 9 条轨道，故理论上最多可形成 9 个共价键，实际最高为 6，如 SF_6、AlF_6^{3-} 等。由此即可理解第二周期元素的一个重要特性：原子所能形成共价键数比同族其他元素原子低。如氧只能形成 2 个共价单键，而同族的硫则可生成 H_2S，SF_4，SF_6 等分子。

由于共价键的形成是因原子轨道叠加使能量降低所致，所以，轨道间总是尽可能最大程度地重叠。除 s 轨道外，p、d、f 等轨道均非球形对称，而在空间有一定取向，所以，成键时这些轨道总是尽量沿着电子几率密度最大的方向重叠，此即共价键的方向性。图 6.2 表示 H_2、Cl_2 和 HCl 分子中原子轨道沿电子几率密度最大方向的“头碰头”的重叠，如此形成的共价键称为 σ 键。图 6.3 表示 N_2 分子中原子轨道的重叠情况：当 2 个原子中的 p_x 轨道重叠形成 σ 键后，相互平行的 2 个 p_y 及 2 个 p_z 轨道只能以所谓“肩并肩”的方式重叠，生成 2 个所谓 π 键。由于形成 π 键时未能实现轨道的最大重叠，且 π 键电子云分布在键轴平面两侧，所以易受外电场的作用而变形、流动，故通常 π 键不如 σ 键稳定，键能较低，化学活动性较强，如烯烃、炔烃中的 π 键易于断裂发生加成反应等①。

如果 2 个原子间以共价单键结合，此键必为 σ 键；若以共价多重键结合，其中必定有 1 条 σ 键。多原子分子的立体构型主要由 σ 键的方向决定。

①键能：指气态分子断开 1 mol 化学键形成气态原子时所需能量，常用单位为 $kJ \cdot mol^{-1}$。键能越高，表示共价键越稳定。

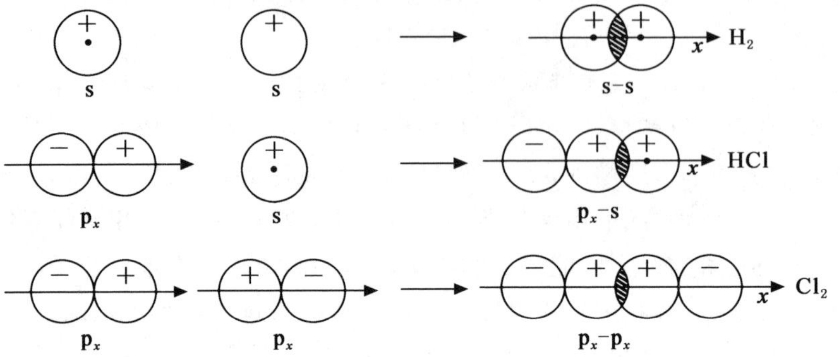

图 6.2 σ 键的形成

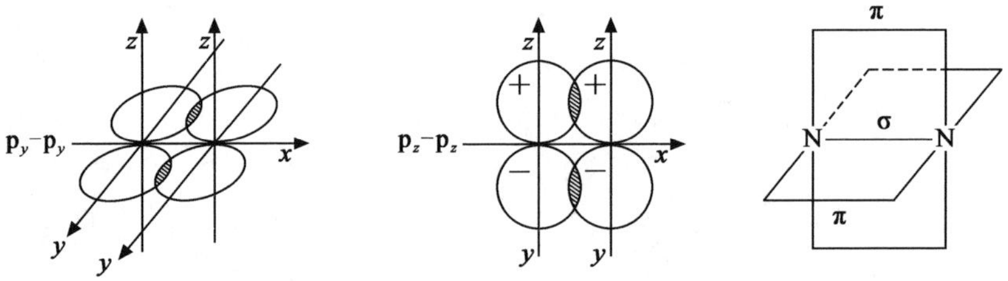

图 6.3 π 键的形成

6.2.2 杂化轨道理论

价键理论成功地解释了共价键的形成、特征及类型等问题。但是在解释分子的空间构型时，理论推测与实验数据往往不相符合。例如，按价键理论，形成 H_2O 分子时，氧原子中的 2 个相互垂直的 2p 轨道可分别与 2 个氢原子中的 1s 轨道重叠，形成 2 个 σ 键，故 2 个 O—H 键之间的键角应为 90°，而实测结果键角为 104.5°。1931 年美国化学家鲍林提出了杂化轨道理论（hybrid orbital theory），补充和发展了价键理论，合理地解释了分子的空间构型。

6.2.2.1 杂化轨道理论的基本要点

杂化轨道理论认为，在形成分子的过程中，为了增强轨道有效重叠程度，增强成键能力，同一原子内能量相近的、类型不同的原子轨道倾向于混杂起来、组合成新的轨道。这种混杂形成的新的原子轨道叫杂化轨道；由原子轨道形成杂化轨道的过程称轨道杂化。很多分子中的共价键就是靠中心原子的这种杂化轨道与其他原子的轨道重叠形成的。

杂化轨道理论认为：参加杂化的轨道数目与形成的杂化轨道数目相等，但杂化轨道的电子云分布不同于原来的轨道，方向、能量也与原轨道不同。因此，原子中有几个能量相近的原子轨道参加杂化作用，就形成几个能量相等、成分相同（或成分不同）、具有一定空间方向的杂化轨道（杂化轨道之间都力图减少相互影响，采用相互影响最小的最大键角）。它们与其他原子中的轨道成键时一般以“头碰头”方式重叠形成 σ 键，或安排孤对电子，组成分子的骨架。

6.2.2.2　杂化轨道的类型

由于参加杂化的原子轨道的种类和数量的不同，杂化轨道可有多种类型。如 *n*s、*n*p 轨道可组合成 sp、sp^2、sp^3 杂化轨道；由（$n-1$）d、*n*s、*n*p 轨道可组合成 dsp^2、dsp^3、d^2sp^3 等杂化轨道；由 *n*s、*n*p、*n*d 轨道可组合成 sp^3d、sp^3d^2 等杂化轨道。

（1）sp 杂化及有关分子的结构　sp 杂化是 1 个 *n*s 与 1 个 *n*p 轨道的杂化，所得 2 个 sp 杂化轨道夹角 180°，未参加杂化的 2 个互成 90°的 *n*p 轨道均与它们垂直。

图 6.4 示意出 Be 原子的 sp 杂化及 $BeCl_2$ 直线型分子的形成。实验测得，$BeCl_2$ 为直线型分子。杂化轨道理论认为，当 Be 原子和 Cl 原子形成 $BeCl_2$ 分子时，基态 Be 原子的 1 个 2s 电子激发到 2p 轨道上，含有 1 个电子的 2s 轨道和 1 条含有 1 个电子的 2p 轨道杂化形成 2 个各含有 1 个电子的 sp 杂化轨道，这 2 个杂化轨道分别与 2 个 Cl 原子的 p 轨道形成 sp-p σ 键，构成 $BeCl_2$ 直线形的骨架结构。

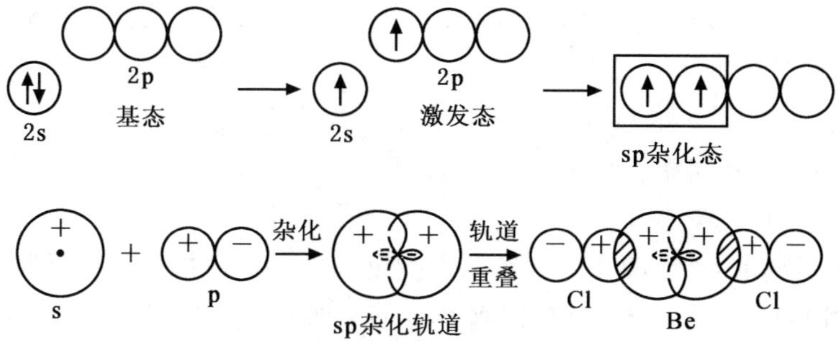

图 6.4　Be 原子的 sp 杂化和 $BeCl_2$ 分子的形成

杂化轨道理论认为 $ZnCl_2$、$CdCl_2$、$HgCl_2$、$Hg(CH_3)_2$ 等都是中心原子以 sp 杂化轨道成键形成的直线形分子。实验测得 C_2H_2 为直线型分子。杂化轨道理论认为，乙炔分子中的 C 原子是采用 sp 杂化轨道成键的，2 个 C 原子以 sp 杂化轨道重叠形成 1 个 sp-sp σ 键，每个 C 原子还各与 1 个 H 原子形成 1 条 sp-s σ 键，C 原子上的其余 2 个 p 轨道分别与另 1 个 C 原子的 2 个 p 轨道重叠形成 2 个相互垂直的 p-p π 键，如图 6.5(a)所示。

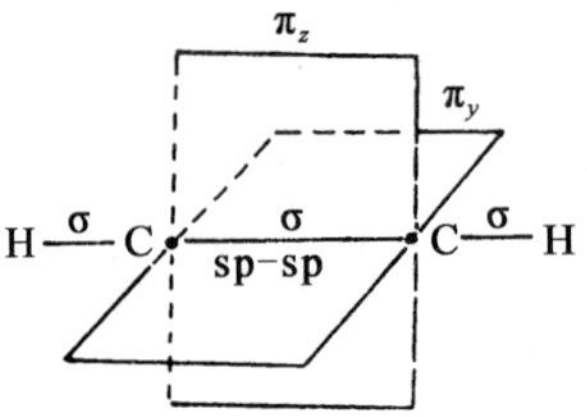

(a)

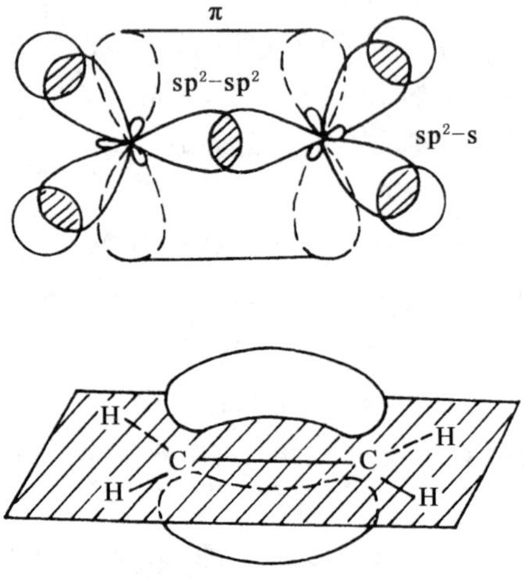

(b)

图 6.5 乙炔和乙烯分子中的 σ、π 键

(2)sp^2 杂化及有关分子的结构　sp^2 杂化轨道是指 1 个 *n*s 轨道和 2 个 *n*p 轨道间的杂化，所得 3 个 sp^2 杂化轨道在一个平面上，夹角互为 120°，未参加杂化的 *n*p 轨道与该平面垂直。

图 6.6 示意出 B 原子的 sp^2 杂化及 BF_3 三角形分子的结构。实验测得，BF_3 为三角形构型。杂化轨道理论认为，B 原子与 F 原子形成 BF_3 分子时，基态 B 原子的 1 个 $2s^2$ 电子激发到 2p 轨道上，含有 1 个电子的 2s 轨道和 2 条各含有 1 个电子的 2p 轨道混杂，形成的 3 个各含有 1 个电子的 sp^2 杂化轨道，分别与 F 原子的 p 轨道重叠形成 3 个 sp^2-p σ 键，构成 BF_3 的平面三角形结构。

杂化轨道理论认为 BCl_3、BBr_3、SO_3 分子及 CO_3^{2-}、NO_3^- 等的中心原子均采用 sp^2 杂化轨道与其他原子成键，具有平面三角形的结构。实验测得乙烯分子中，6 个原子在一个平面内，且相邻化学键的夹角均约为 120°。杂化轨道理论认为，乙烯分子中，C 原子发生 sp^2 杂化，2 个 C 原子间靠 1 个 sp^2-sp^2 σ 键和 1 个 p-p π 键键合，C—H 间均以 sp^2-s σ 键键合，所以，分子中 6 个原子共平面，呈对顶三角形骨架结构，如图 6.5(b)所示。

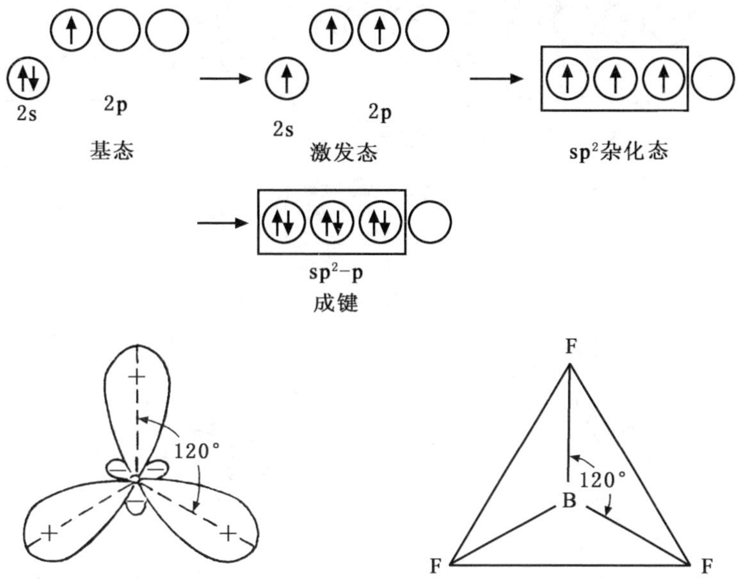

图 6.6 B 原子的 sp^2 杂化及 BF_3 分子的结构

(3)sp^3 杂化及有关分子的结构　sp^3 杂化是 1 个 ns 与 3 个 np 轨道的杂化,所形成的 4 个 sp^3 杂化轨道间夹角均为 109°28′,即由正四面体中心指向 4 个顶点。

图 6.7 示意出 C 原子的 sp^3 杂化及 CH_4 正四面体形分子的形成。当形成 CH_4 分子时,C 原子中的 1 个 $2s^2$ 电子激发到 2p 轨道上,含有未成对电子的 2s 轨道和 3 条 p 轨道形成 4 条各含有 1 个电子的 sp^3 杂化轨道,每个杂化轨道分别与 4 个 H 原子的 1s 轨道形成 sp^3-s σ 键,构成 CH_4 的正四面体骨架结构。

杂化轨道理论认为 CCl_4、$SiCl_4$ 分子及 SO_4^{2-}、ClO_4^- 等的骨架均由 sp^3 杂化轨道形成的 σ 键构成,均为正四面体构型。

(4)不等性杂化及有关分子的结构　上述 3 种类型的杂化是全部由具有未成对电子的轨道形成的,因各杂化轨道成分相同,故称为等性杂化。如果有含有孤对电子的原子轨道参与杂化,因杂化后的轨道成分不相同,故称为不等性杂化。NH_3、PCl_3、H_2O 等分子中,中心原子均采用不等性杂化轨道成键。

图 6.8 表示三角锥形 NH_3 分子和 V 形 H_2O 分子的形成。杂化轨道理论认为,NH_3 分子中 N 原子采用 sp^3 不等性杂化形成 4 个杂化轨道,其中 1 个杂化轨道中含有 1 对电子,而另外 3 个杂化轨道中均含有 1 个电子,空间取向为四面体形。3 个含未成对电子的 sp^3 杂化轨道分别与 3 个 H 原子的 1s 轨道形成 sp^3-s σ

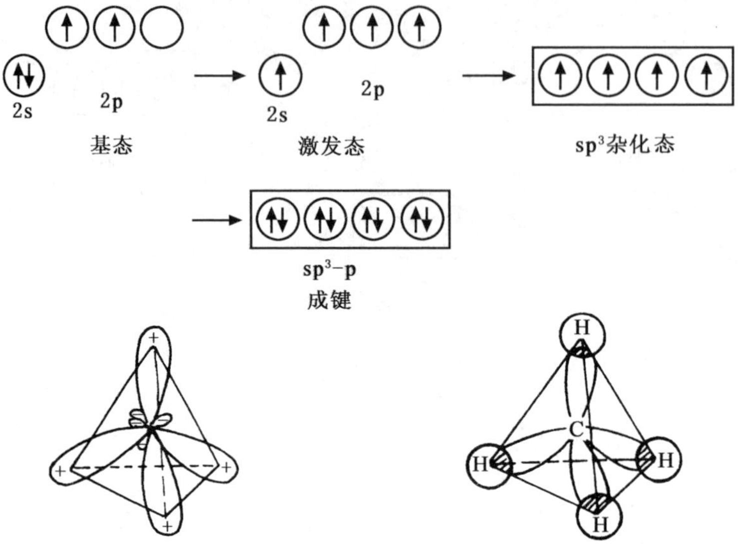

图 6.7　C 原子的 sp^3 杂化及 CH_4 分子的形成

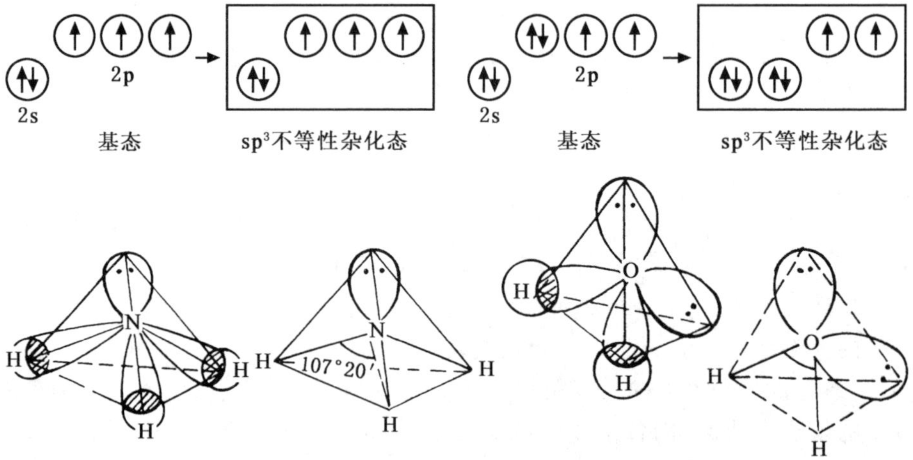

图 6.8　NH_3 分子和 H_2O 分子的形成

键。由于另 1 个杂化轨道被孤对电子占据，不参加成键作用，电子云密集于 N 原子周围，对成键电子对斥力较大，故 NH_3 分子中 N—H 键间夹角从 109°28′被压缩至 107°20′，NH_3 分子呈三角锥构型。

H_2O 分子中，O 原子采用不等性 sp^3 杂化形成 4 个杂化轨道，4 个杂化轨道中有 2 个被孤对电子占据，另 2 个各含 1 个电子的杂化轨道分别与 2 个 H 原子的 1s 轨道重叠形成 2 个 sp^3-s σ 键。由于孤对电子的排斥作用，使 H_2O 分子中 H—O 键夹角被压缩为 104°45′，呈 V 形(或角形)结构。

实验测得 SO_2 为 V 形结构。杂化轨道理论认为：S 原子以不等性 sp^2 杂化轨道成键，其中 1 个杂化轨道被孤对电子占据，其余 2 个各含有 1 个电子的杂化轨道分别与 2 个 O 原子的 1 个 2p 轨道重叠形成 2 个 sp^2-p σ 键，3 个原子在同一个平面上，S 原子的 1 个未参与杂化的 3p 轨道(上面有 2 个电子)和 2 个 O 原子各 1 个含有 1 个未成对电子的、未参与成键的 2p 轨道均垂直于这个平面，这 3 个相互平行的 p 轨道形成 1 个三中心(1 个 S 原子 2 个 O 原子)四电子离域 π 键，或称为大 π 键，记作 π_3^4。

杂化轨道理论还可解释许多分子的空间结构。现将中心原子的杂化类型和分子空间构型间的关系总结如表 6.2 所示。

表 6.2 中心原子的杂化类型和分子空间构型间的关系

杂化类型	sp	sp^2		sp^3		
		等性	不等性	等性	不等性	不等性
分子构型	直线形	三角形	V 形	正四面体	三角锥	V 形
参与杂化的轨道	1 个 s，1 个 p	1 个 s，2 个 p		1 个 s，3 个 p		
杂化轨道数目	2	3		4		
孤对电子数目(参与杂化轨道中)	0	0	1	0	1	2
杂化轨道间夹角	180°	120°	<120°	109°28′	<109°28′	<109°28′
杂化轨道空间几何图形	直线形	正三角形	三角形	正四面体	四面体	四面体
实例	$BeCl_2$ CO_2 $HgCl_2$ C_2H_2	BF_3 SO_3 C_2H_4	SO_2 NO_2	CH_4 SiF_4 NH_4^+	NH_3 PCl_3 H_3O^+	H_2O OF_2

“价层电子对互斥理论”可以帮助判断分子构型，详细内容可参阅有关书籍。对于中心原子是主族元素的分子，由于不可能有次外层 d 轨道参加杂化，一般可简单地根据杂化轨道的数目来确定杂化类型，进而对分子空间构型做出判断：

$$杂化轨道数=\sigma键数 + 孤电子对数$$

例如，OF_2 分子的中心原子 O 以 2 个 σ 键与 F 原子键合，O 原子外层含 2 个孤电子对，故 O 原子中含 4 个杂化轨道，为不等性 sp^3 杂化，OF_2 分子为 V 形。又如 CO_2 分子：

$$O=C=O$$

分子中含 2 个 σ 键，C 原子外层无孤电子对，故 C 原子以 sp 杂化轨道成键，分子呈直线形。又如 PCl_5、SF_6 中的中心原子，分别以 5 个 sp^3d 杂化轨道和 6 个 sp^3d^2 杂化轨道成键，分子分别为三角双锥和正八面体构型(图 6.9)。

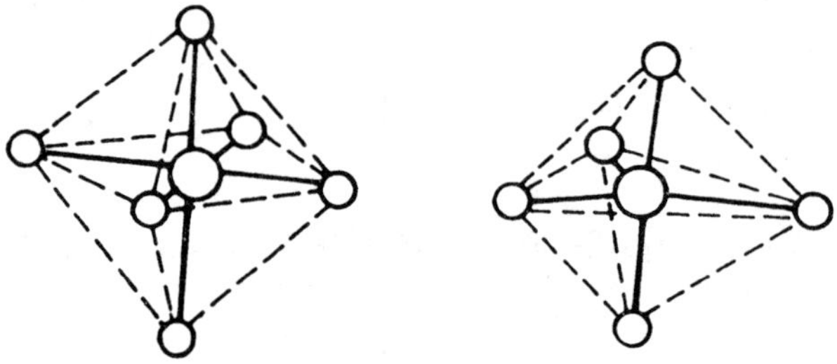

图 6.9 SF_6(左)和 PCl_5(右)的分子构型

杂化轨道理论认为：杂化轨道中电子云分布对称性差，电子云密集于一端，另一端很少，原子以电子云密度大的一端成键，轨道重叠程度大，化学键较稳定。几条杂化轨道在空间的分布，使成键电子对及孤电子对空间分布均匀，距离较远，相互斥力较小，也有利于系统能量的降低。

6.3 分子轨道理论简介(brief introduction of molecular orbital theory)

价键理论可以解释某些物质的结构，但也存在一些缺陷。美国化学家穆利肯(R. S. Mulliken)和德国化学家洪特(F. Hund)等于 1932 年提出分子轨道理论(molecular orbital，MO)。分子轨道理论认为，原子之间形成化学键，不仅仅是原子外层电子的作用，而且内层电子也参加成键作用。分子轨道理论着眼于分子整体，认为分子中的电子不再从属于任何一个组成原子的原子轨道，而在整个分子的若干分子轨道中运动。该理论更全面、更科学，可以解释诸如氧分子为顺磁性等这类价键理论无法解释的实验事实。MO 法自提出后，经过化学家的不断研究和探索，已经成为当代化学键理论的中心。

本节只介绍分子轨道理论的一些最基本的要点及其结论，讨论某些简单的同核双原子分子的结构。

6.3.1 分子轨道理论基本要点

分子轨道理论认为，在分子中电子不从属于某个特定原子，而是在遍及整个分子的范围内运动，分子中每个电子的运动状态用相应的波函数(ψ)来描述。

分子轨道是由分子中原子的原子轨道线性组合而成，简称 LCAO(linear combination of atomic orbitals)。组合形成的分子轨道数与参与组合的原子轨道数相等。例如，2 个原子轨道 ψ_a 和 ψ_b 线性组合后产生 2 个分子轨道 ψ_1 和 ψ_1^*：

$$\psi_1 = c_1\psi_a + c_2\psi_b$$
$$\psi_1^* = c_1\psi_a - c_2\psi_b$$

这种组合和轨道杂化不同，轨道杂化是同一原子内部不同轨道的重新组合，而 LCAO 则是不同原子的原子轨道的线性组合。

分子轨道与原子轨道的不同之处还在于分子轨道是多中心的，即多核的，而原子轨道则只有 1 个中心(1 个核)。原子轨道用 s、p、d、f、…表示，而分子轨道则用 σ、π、δ、…表示。

原子轨道组合成分子轨道时，要遵循对称性匹配原则、能量相近原则和轨道最大重叠原则。这 3 条原则是有效组成分子轨道的必要条件。对称性匹配原则是指原子轨道 ψ_a 和 ψ_b 相对于键轴来说应有相同的对称性。例如图 6.10 中(a)和(c)对称性不匹配，(b)、(d)、(e)对称性匹配。

能量近似原则是指只有能量相近的原子轨道才能组成有效的分子轨道，而且能量越相近越好。如果 2 个原子轨道能量相差很大，则不能组成有效的分子轨道。

最大重叠原则是指在对称性匹配的条件下，原子轨道 ψ_a 和 ψ_b 的重叠程度越大，成键轨道相对于组成原子轨道的能量降低得愈显著，成键效应越强，形成的化学键越牢固。

在上述 3 个原则中，对称性是首要的，它决定原子轨道能否组成分子轨道，而能量相近和最大重叠则决定组合的效率。

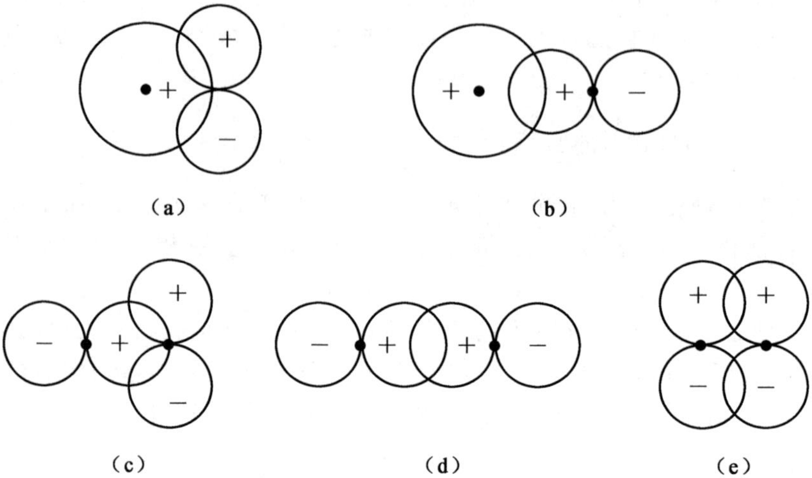

(a)、(c)对称性不匹配;(b)、(d)、(e)对称性匹配。

图 6.10 对称性匹配原则

6.3.2 几种简单分子轨道的形成

在对称性匹配的条件下,2 个原子轨道形成分子轨道时,又有成键轨道和反键轨道之分(注意:不要把"反键"误解为"不能成键")。2 个原子轨道相加时,电子在 2 核间的几率密度增大,其能量低于原来原子轨道的能量,形成成键分子轨道(bonding molecular orbital),用符号 σ、π 等表示。2 个原子轨道相减时,由于电子在 2 核间的几率密度减小,其能量高于原来原子轨道的能量,形成反键分子轨道(antibonding molecular orbital),用符号 σ^*、π^* 等表示。

原子轨道的线性组合主要有 s-s 重叠、s-p 重叠、p-p 重叠等方式。当 s-s 重叠时,2 个原子的 s 轨道相加为成键分子轨道,两者相减为反键轨道。若是 1s 轨道相重叠,则分子轨道分别用 σ_{1s} 和 σ_{1s}^* 表示,若是 2s 轨道相重叠,则分子轨道分别用 σ_{2s} 和 σ_{2s}^* 表示。

当 s-p 重叠时,s 轨道和 p 轨道以"头碰头"的方式叠合,其形成的键分别为 σ_{sp} 和 σ_{sp}^*,后者能量较高。

在 p-p 重叠中,当 2 个 p_x 轨道以"头碰头"的方式叠合时,所成的键分别为 σ_{p_x} 和 $\sigma_{p_x}^*$,卤素单质就是这种叠合方式。当 2 个 p_y(或 p_z)垂直于键轴(习惯上以 x 轴为键轴)，二者以“肩并肩”的方式叠合，由这种方式产生的分子轨道叫作 π 分子轨道，成键的分子轨道用 π_{p_y}（或 π_{p_z}）表示，反键轨道用 $\pi_{p_y}^*$（或 $\pi_{p_z}^*$）表示。

2 个原子各有 3 个 p 电子轨道，故可以形成 6 个分子轨道，即 σ_{p_x}、$\sigma_{p_x}^*$、π_{p_y}、π_{p_z}、$\pi_{p_y}^*$、$\pi_{p_z}^*$，其中 3 个是成键轨道，3 个是反键轨道。

6.3.3 同核双原子分子的分子轨道的能级

分子轨道的能量高低顺序目前主要是从光谱实验数据来确定的。把分子中各分子轨道按能级高低排列，可得到分子轨道能级图。图 6.11 是同核双原子分子的分子轨道能级图。根据能量近似原则，当原子的 2s 和 2p 轨道能量差较大时，2s 和 2p 轨道之间影响较小，形成分子时分子轨道的能级次序如图 6.11(b)所示，此时，$E_{\pi_{2p}} > E_{\sigma_{2p}}$。如果原子的 2s 和 2p 轨道能量差较小，二者之间发生作用，以至改变了分子轨道的能量次序，如图 6.11(a)所示，此时 $E_{\pi_{2p}} < E_{\sigma_{2p}}$。

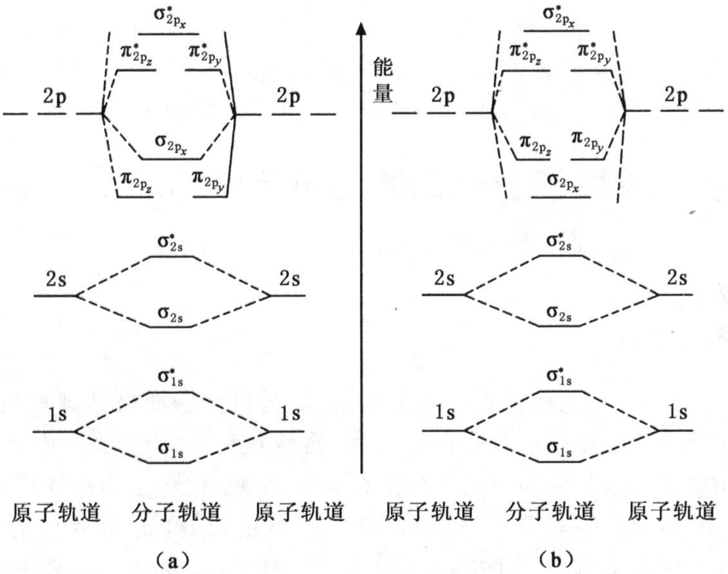

(a)2s 和 2p 能级相差较小；(b)2s 和 2p 能级相差较大。

图 6.11 同核双原子分子的分子轨道的 2 种能级顺序

在第二周期的元素所形成的双原子分子中，只有 O_2 和 F_2 分子成键原子的 2s 和 2p 原子轨道能量差较大，故不必考虑 2s 和 2p 轨道的相互作用，其分子轨道按图 6.11(b)所示的次序排列。N_2、C_2、B_2 等则按图 6.11(a)所示的次序排列。从 Li

到 N_2，其分子轨道的能量次序是：

$$\sigma_{1s}\sigma_{1s}^{*}\sigma_{2s}\sigma_{2s}^{*}(\pi_{2p_y}\pi_{2p_z})\sigma_{2p_x}(\pi_{2p_y}^{*}\pi_{2p_z}^{*})\sigma_{2p_x}^{*}$$

O_2 和 F_2 的分子轨道能量次序是：

$$\sigma_{1s}\sigma_{1s}^{*}\sigma_{2s}\sigma_{2s}^{*}\sigma_{2p_x}(\pi_{2p_y}\pi_{2p_z})(\pi_{2p_y}^{*}\pi_{2p_z}^{*})\sigma_{2p_x}^{*}$$

根据洪特规则，为了使系统能量最低，电子应尽可能多地占据轨道且自旋平行。O_2 分子中，有 2 个电子是以自旋平行成单地占据 $\pi_{2p_y}^{*}$ 和 $\pi_{2p_z}^{*}$，所以 O_2 分子为顺磁性（参见配位化合物一章），与实验结果吻合。在 N_2 分子中，2 个 π 分子轨道的能级较低，因而比较稳定，所以欲破坏 N_2 中的化学键就需要很高的能量。

在分子轨道理论中，常用键级（bond order）的大小来说明成键的强度，键级定义为：

$$键级=(成键电子数-反键电子数)/2$$

一般说来，在同一周期同一区内的元素组成的双原子分子，键级越大，键的强度越大，分子越稳定。若键级为零，表示不能形成稳定的分子。如在 Be_2 中，成键电子数与反键电子数相等，因此可以预期这个分子不能稳定存在。

6.4 分子的极性、分子间力和氢键（molecular polarity, van der Waals forces and hydrogen bond）

6.4.1 分子的极性

按化学键中正、负电荷中心是否重合，化学键可分为非极性键和极性键：同种元素 2 原子间的化学键一般为非极性键，非同种元素 2 原子，由于电负性 χ 不同，成键后共用电子对一般偏向电负性较大的原子一方，化学键为极性键。键的极性大小用“键矩”表示。键矩是矢量，规定其方向由正到负，其 SI 单位为 C·m。键矩大小主要决定于成键 2 原子电负性的差，如 HF、HCl、HBr、HI 分子中原子电负性差值（$\chi_{卤素}-\chi_{氢}$）分别为 1.9，0.9，0.7 和 0.4，相应键矩分别为 6.5×10^{-30}、3.1×10^{-30}、2.4×10^{-30} 和 1.4×10^{-30} C·m。

按分子中正、负电荷中心是否重合，共价分子可分为极性和非极性 2 种。分子的极性对分子的性质有明显影响。分子极性大小用“偶极矩”μ 表示。分子的偶极矩（dipole moment）为各键矩的矢量和。所以，对双原子分子，键有（无）极性，分子就有（无）极性；对多原子分子，若键均无极性，则分子亦无极性；若键有极性，则分子是否有极性以及极性大小、偶极矩方向主要决定于分子的空间构型。例如，在CO_2、CCl_4、CH_4等分子中，键是极性的，但分子呈直线形或正四面体形中心对称结构，故无极性。而在H_2O、NH_3、$CHCl_3$等分子中，键是极性的，而且分子是V形、三角锥形及变形四面体等结构，无中心对称成分，所以分子是极性的。

根据分子的几何构型可以判断分子的极性，反之也可根据分子的极性来判断分子中原子的排布是否对称，从而获得有关分子几何构型的启示。

6.4.2 分子间力

分子间力又称为范德华力(van der Waals forces)，是存在于分子间的弱的短程引力。因其比化学键弱得多，通常不影响物质的化学性质，但它是决定分子晶体的熔点、汽化热、熔化热及溶解度等物理性质的重要因素。

一般地说，分子间力具有如下特点：

(1)分子间力没有方向性和饱和性。

(2)它是一种短程力，与分子间距离的6次方成反比，随分子间距离的增大将很快减小。

(3)它是一种弱的相互作用力，分子间作用能(克服分子间作用力使一摩尔聚集状态的分子变成理想状态的气态分子所需吸收的能量)一般在几到几十$kJ \cdot mol^{-1}$，比化学键能($100 \sim 600\ kJ \cdot mol^{-1}$)小得多。

分子间力包括以下3部分：

(1)色散力(dispersion force) 在非极性分子中，由于电子不断运动和原子核的不断振动，总会不断地发生电子和原子核之间的相对位移，因而产生了分子的瞬时偶极(instantaneous dipole)。不同分子间，瞬时偶极总处于异极相邻的状态，如图6.12(a)所示。虽然瞬时偶极存在的时间短暂，但这种异极相邻的状态在不断地重复，使分子间始终存在着引力。瞬时偶极间的作用力叫色散力，它是分子间普遍存在的作用力，不仅存在于非极性分子之间，也存在于极性分子之间、极性与非极性分子之间。一般来讲，分子的变形性越大，色散力越大。对于化学性质相似的同系物，如卤素分子间、稀有气体分子间、直链烷烃分子间等，摩尔质量越大，分子间色散力越大。

(2)诱导力(induction force) 当极性分子与非极性分子相互靠近时，由于极性分子的固有偶极产生的电场使非极性分子发生变形，使得原来正负电荷中心重合的非极性分子产生诱导偶极(induced dipole)，使极性分子与非极性分子间产生引力。这种固有偶极与诱导偶极之间的作用力称为诱导力。同样地，诱导偶极又作用于极性分子,使极性分子偶极矩增加,进一步加强了它们之间的吸引,如图 6.12(b)所示。极性分子的极性越大、非极性分子的变形性越大,这 2 种分子间的诱导力越大。极性分子之间也存在诱导力。

(3)取向力(orientation force) 当极性分子彼此靠近时,分子间除存在色散力和诱导力外,由于分子的固有偶极之间同极相斥、异极相吸,使得分子在空间按异极相邻状态取向,因此而产生分子间的引力,这种分子间力称为取向力,如图 6.12(c)所示。分子的极性越大,分子间的取向力越大。

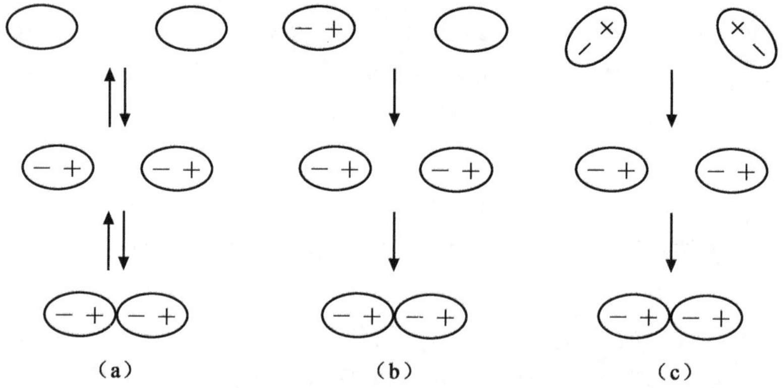

(a)非极性分子间的作用;(b)极性分子与非极性分子间的作用;(c)极性分子间的作用。

图 6.12 分子间的作用情况

总之,在非极性分子之间只存在色散力;在极性分子与非极性分子之间存在色散力和诱导力;在极性分子之间则 3 种力都存在。色散力存在于一切分子之间,而且一般是分子间最主要的一种引力,只有当分子的极性很大时(如 H_2O)分子间力才以取向力为主。

分子间作用力可影响物质的许多物理性质:

对化学相似的同系物,如稀有气体、卤素、直链烷烃、直链烯烃等,分子间力大小主要决定于色散力,故随摩尔质量的增大,分子变形性增强,熔沸点升高。

对于摩尔质量相近而极性不同的分子,极性分子的熔点和沸点往往比非极性分子高。这是因为极性分子间除了色散力之外,还存在取向力和诱导力。如 CO 与 N_2 摩尔质量相近,但 CO 熔点和沸点高。具有离域 π 键的分子,因 π 电子间的结合力较弱,分子容易变形,分子间作用力较大,物质的熔点和沸点往往较高,如苯的熔点和沸点明显高于环己烷。

稀有气体从 He 到 Xe 在水中的溶解度依次增加，与由 He 到 Xe 分子变形性逐渐增大，致使水分子与稀有气体间的诱导力依次增大有关。

6.4.3 氢键

6.4.3.1 氢键的形成与特点

以 H 原子为中心形成的 X—H…Y 键称为氢键(hydrogen bond)。其中 X 和 Y 可以是相同的原子，也可以是不同的原子，但都是电负性很高的原子，如 F、O、N 等。Cl 和 C 在一定条件下也参与形成氢键。当 H 原子和 F、O、N 以极性共价键结合成 HF、H_2O 和 NH_3 等分子时，成键电子对强烈地偏向于 F、O、N 原子一边，使得 H 原子几乎成为"裸露"的质子。由于质子的半径特别小(30 pm)，正电荷密度很高，可以吸引另 1 个电负性很高的 F、O、N 原子的孤对电子而形成氢键。形成氢键的主要条件是：

(1)要有 1 个与电负性很高的原子(如 F、O、N 等)以共价键结合的氢原子；

(2)靠近氢原子的另 1 个原子必须电负性很高(如 F、O、N 等)，且有孤对电子。

氢键的主要特点是：

(1)氢键是一种可存在于分子之间也可存在于分子内部的作用力，它比化学键弱很多，但比范德华力稍强。其键能(指由 X—H…Y—R 分解成 X—H 和 Y—R 所需的能量)为 10～40 $kJ \cdot mol^{-1}$，键长(指 X—H…Y 中 X 原子中心到 Y 原子中心的距离)比共价键要大。表 6.3 列出几种常见氢键的键能和键长。由表 6.3 可见，氢键的强弱与 X、Y 的电负性及半径大小有密切关系，一般 X、Y 电负性越大、半径越小，氢键越强。F—H…F 氢键最强，O—H…O 次之，其余由强到弱的顺序为 N—H…F、N—H…O、N—H…N 等。Cl 的电负性和 N 相当，但比 N 的半径大，只能形成极弱氢键 O—H…Cl，而 O—H…S 氢键就更弱了。

表 6.3 常见氢键的键能和键长

氢键类型	键能/($kJ \cdot mol^{-1}$)	键长/pm	化合物
F—H…F	28.1	255	$(HF)_n$
O—H…O	18.8	276	冰
	25.9	267	甲醇、乙醇
N—H…F	20.9	268	NH_4F
N—H…O	20.9	286	CH_3CONH_4
N—H…N	5.44	338	$(NH_3)_n$

氢键的强弱还与酸碱性有关，一般酸和酸式盐中形成的氢键较强，而碱和碱式盐中形成的氢键较弱。另外，当 C 和 N 以三键或双键相连时（如 N≡C—H 及

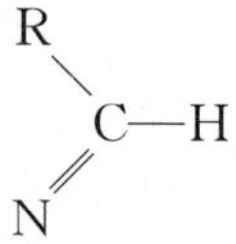

等），形成的氢键 C—H…O 应予以重视，它在生物高分子中是稳定高级结构的一个重要因素。

(2)氢键具有方向性和饱和性。氢键中 X、H、Y 3 个原子尽量在一条直线上，键角接近 180°（但不都是，特别是分子内氢键），这就是氢键的方向性。氢键的饱和性是指每 1 个 X—H 一般只能与 1 个 Y 原子形成氢键，即氢键中氢的配位数一般为 2。

氢键的存在很广泛，如水、醇、酚、酸、羧酸、氨、胺、氨基酸、蛋白质、碳水化合物等许多物质都可以形成氢键。氢键可分为分子间氢键和分子内氢键 2 类。同一个分子内形成的氢键叫分子内氢键。就分子间氢键而言，不仅同种分子间可形成氢键，不同种分子间也可形成氢键。图 6.13 表示出 HF、H_2O、NH_3 形成的分子间氢键。甲酸二聚分子、H_3BO_3 晶体和 $NaHCO_3$ 晶体中也含有分子间氢键。

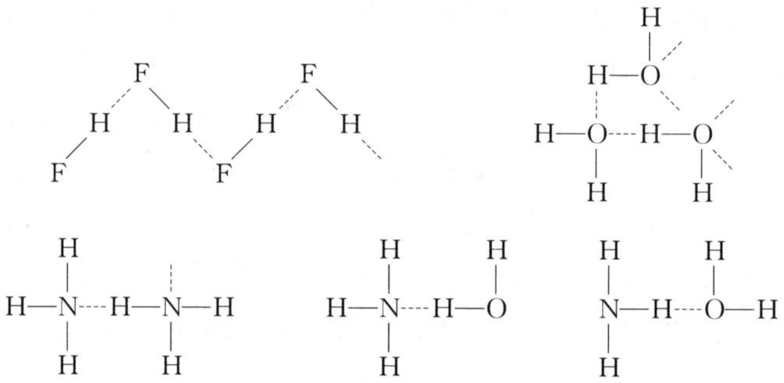

图 6.13　分子间氢键的例子

分子内氢键常见于邻位有合适取代基的芳香族化合物，如邻硝基苯酚、邻苯二酚、邻羟基苯甲醛等（图 6.14）。但是，芳香族化合物中，如取代基处于间位或对位，就不能形成分子内氢键，而只可能形成分子间氢键。

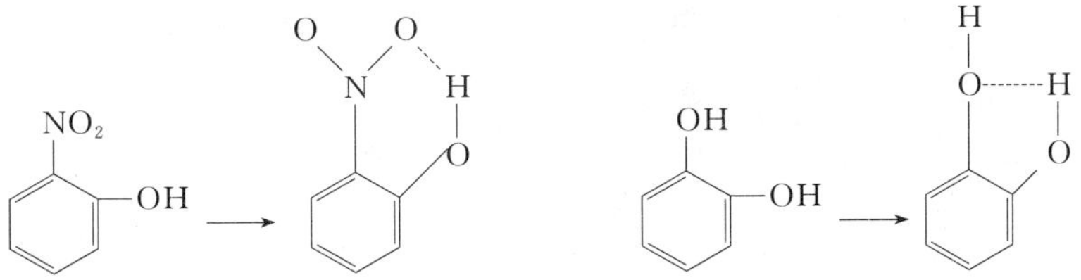

图 6.14 邻位硝基苯酚和邻苯二酚中的分子内氢键

6.4.3.2 氢键对物质性质的影响

氢键的形成会影响物质的性质。分子间氢键的形成会使物质的熔点和沸点显著升高。如图 6.15 所示，HF、H_2O 和 NH_3 的熔点和沸点与同族元素氢化物比较异常偏高。分子内氢键的形成，常使其熔点和沸点低于同类化合物。如邻硝基苯酚的沸点是 45℃，而间位、对位硝基苯酚分别为 96℃和 114℃。

水有一个反常现象是在 4℃时密度最大。这是因为在 4℃以上时，分子的热运动使水的体积膨胀，密度减小；在 4℃以下，分子间的热运动降低，而形成氢键的倾向增加。形成分子间氢键越多，分子间的空隙也越大，密度越小。当水结成冰时，全部水分子都以氢键相连，形成空旷的结构，所以，密度更小而体积变大(图 6.16)。

人们认为氢键对于生命来说比水还重要，因为生物体内的蛋白质和 DNA(脱氧核糖核酸)分子内或分子间都存在大量的氢键。蛋白质分子是许多氨基酸以肽键 $-\overset{\overset{\displaystyle H}{|}}{N}-\overset{\overset{\displaystyle O}{\|}}{C}-$ 缩合而成，这些长链分子之间又是靠羰基上的氧和氨基上的氢以氢键彼此在折叠平面上相连接[图 6.17(a)]，蛋白质分子本身又可成螺旋形排列，螺旋各圈之间也因存在氢键而增强了结构的稳定性[图 6.17(b)]。此外，更复杂的 DNA 双螺旋结构也是靠大量氢键[图 6.17(c)中横线表示]相连而稳定存在。没有氢键的存在，也就没有这些特殊而又稳定的大分子结构，也正是这些大分子支撑了生物机体。

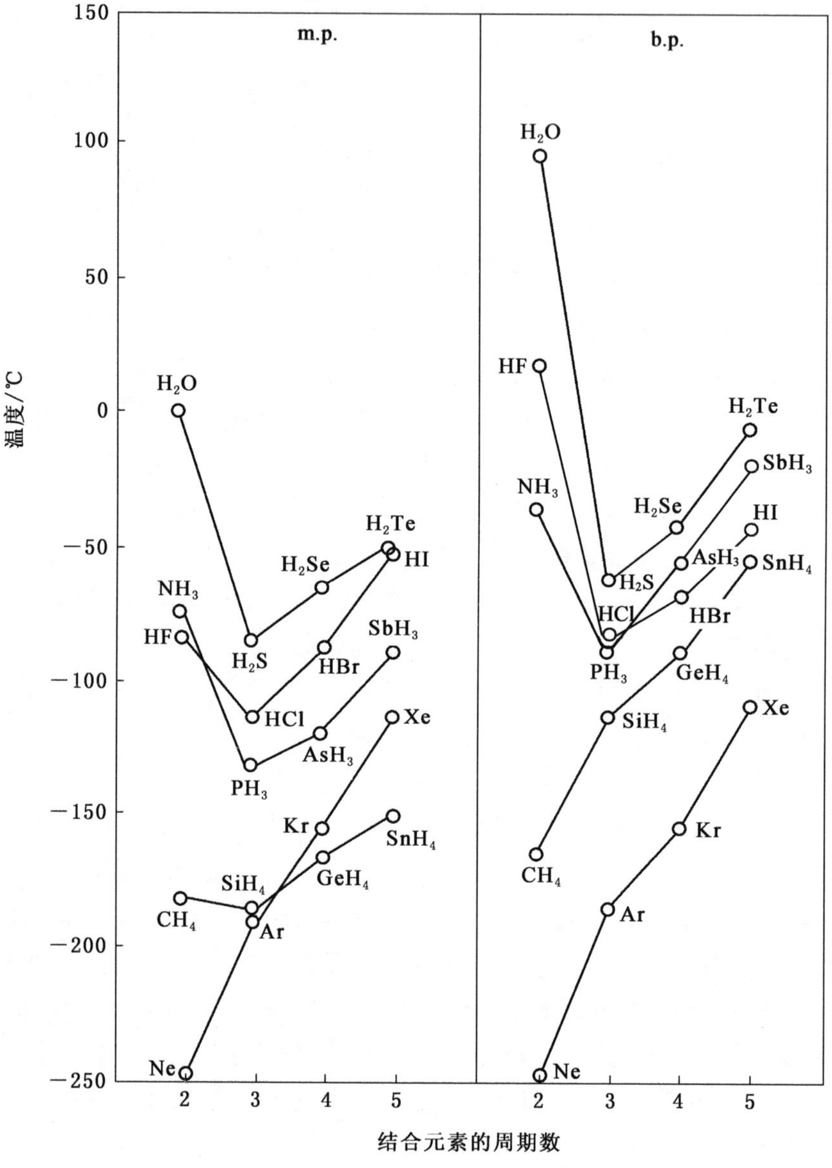

图 6.15 氢化物的熔点和沸点

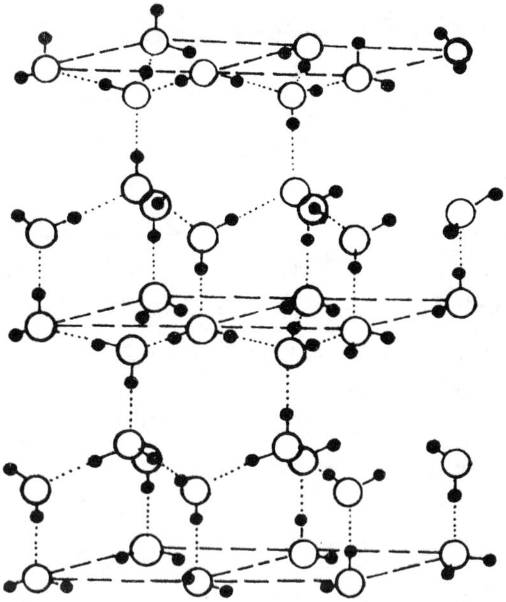

○代表 O ●代表 H

图 6.16 冰的结构

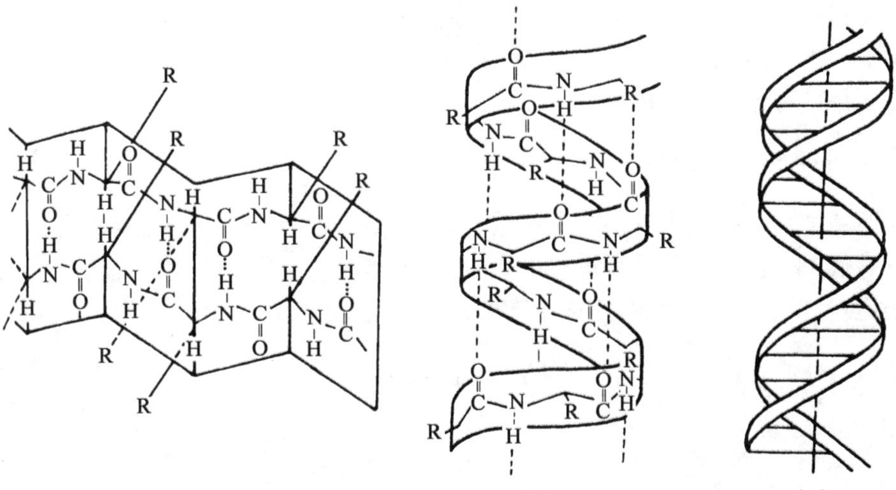

(a) (b) (c)

图 6.17 蛋白质多肽折叠、α-螺旋结构和 DNA 双螺旋氢键

6.5 物性与结构简介(brief introduction of the properties and structures of substances)

6.5.1 物质的溶解性

溶质分子在溶剂中的溶解性质可用“相似相溶”的原理表达。所谓相似,主要指结构相似,对于以分子结合成的物质,主要指溶质分子间力的类型、强弱与溶剂分子间力的类型、强弱相似。溶解过程,均为熵增过程。根据吉布斯-亥姆霍兹方程 $\Delta G=\Delta H-T\Delta S$ 可知,只要溶解过程的 ΔH 不是很大的正值,即只要溶解过程吸热不是很多,就可以保证过程的 $\Delta G<0$,溶解过程可自发进行。溶解过程,首先要破坏溶质分子间的引力和溶剂分子间的引力,进而产生溶质分子和溶剂分子间的引力。欲将水和油,如苯混溶,则需破坏水分子间强烈的氢键和苯分子间较强的色散力,而代之以水与苯分子间的色散力和较弱的诱导力,过程的 ΔH 为较大的正值,使得 $\Delta G>0$,溶解不能自发进行,水与苯不能混溶。如果溶质分子与溶剂水分子之间可形成氢键,则溶质的溶解度增大,如 HF、NH_3、ROH、RCOOH、$R_2C{=}O$、$RCONH_2$ 等均可通过氢键和水结合,在水中溶解度较大。但不具极性的碳氢化合物,如 CH_4 等不能和水生成氢键,在水中的溶解度很小。另外,如果溶质分子形成分子内氢键,则在极性溶剂中的溶解度减小,而在非极性溶剂中的溶解度增大。例如,在 20℃时,邻位和对位硝基苯酚在水中的溶解度之比为 0.39∶1,而在苯中的溶解度之比为 1.93∶1。

6.5.2 无机酸碱强度与结构

结构是影响酸碱强度的本质因素。对于非金属氢化物 H_mX,一般来说,X 的电荷越低、半径越大,越容易离解出质子,即酸性越强。故同周期非金属元素的氢化物,自左至右,酸性增强,同族非金属氢化物,自上而下,酸性增强。

酸性增强 →

NH_3	H_2O	HF	酸
	H_2S	HCl	性
	H_2Se	HBr	增
	H_2Te	HI	强 ↓

含氧酸,是成酸元素的羟基化合物,如硫酸可表示为$(HO)_2SO_2$ 等,故一般通式可写为$(HO)_mXO_n$。其中所含的氧,一般分为羟基氧和非羟基氧 2 种。成酸元

素 X 与 n 个非羟基氧间均以配位键结合：X→O。由于氧原子电负性较大，所以从 X 原子提供一些电子给 O 原子，使 X 原子带一些正电性，X 原子又使羟基中 H、O 原子间的成键电子对偏向氧原子一方，减弱了羟基中 H—O 原子间的结合力。所以含氧酸中的非羟基氧数目 n 越大，酸性越强，如表 6.4 所示。

表 6.4 无机含氧酸的强度

$(HO)_mX$ 很弱酸 $pK_a^{\ominus}$ 为 9 左右		$(HO)_mXO$ 弱酸 $pK_a^{\ominus}$ 为 3 左右		$(HO)_mXO_2$ 强酸 $pK_a^{\ominus}$ 为 1～−3		$(HO)_mXO_3$ 很强酸 $pK_a^{\ominus}$ 为 −10 左右	
(HO)Cl	7.5	ClO(OH)	2.0	$ClO_2(OH)$	−3	$ClO_3(OH)$	−8
(HO)Br	8.7	NO(OH)	3.4	$NO_2(OH)$	−1.4	$MnO_3(OH)$	−8
(HO)I	10.6	IO(OH)	1.6	$IO_2(OH)$	0.8		
$B(OH)_3$	9.2	$SO(OH)_2$	1.8	$SO_2(OH)_2$	−3		
		$HPO(OH)_2$	1.8				
		$H_2PO(OH)$	2.0				
		$PO(OH)_3$	2.1				

注：数据引自周公度《结构和物性》2 版。

对于 HSO_3^- 等两性物质，由于带有负电荷的氧向成酸元素原子 X 供给负电荷，作用与非羟基氧相反，增强了羟基中氢、氧间的引力，所以一般酸性较弱，且使得弱多元酸各级离解常数相差很大。

6.5.3 含氧酸及其盐的热稳定性与分子结构

化合物的热稳定性是指其受热时，自身发生分解反应的性能。分解温度越高，其热稳定性越好。当分解产物中气体总压力达到外压时，分解反应可顺利进行，此时的温度叫该化合物的分解温度。通常所说的分解温度是指外压为 101.325 kPa 时的情况。

利用热力学数据确定物质的热分解温度，通常是指 $\Delta_rG_m^{\ominus}(T)=0$ 时的温度，可通过作 $\Delta_rG_m^{\ominus}(T)$-T 曲线而求得。不同金属的同一含氧酸盐热分解时，$\Delta_rG_m^{\ominus}(T)$ 随 T 改变的直线斜率几乎相同，说明 $\Delta_rS_m^{\ominus}$ 近似相等。因此，决定其热稳定性强弱的主要因素是 $\Delta_rH_m^{\ominus}(T)$，$\Delta_rH_m^{\ominus}(T)$ 越大其热稳定性越强。所以，含氧酸盐热稳定性的结构因素取决于：含氧酸根给出氧离子的能力和阳离子夺取氧离子的能力。

对于同一种含氧酸的盐来说，酸根给出氧离子的能力相同，因此阳离子夺取氧离子的能力越强，则其热稳定性越弱。例如：

①同一种含氧酸的盐及其酸的热稳定性顺序为：正盐＞酸式盐＞酸。

	Na_2CO_3	$NaHCO_3$	H_2CO_3
热分解温度/℃	1 800	270	室温

②同族元素从上到下，同一含氧酸的盐热稳定性增强。

	$MgCO_3$	$CaCO_3$	$SrCO_3$	$BaCO_3$
热分解温度/℃	350	825	1 350	1 450

③不同金属的同一种含氧酸盐的热稳定性次序一般是：碱金属盐＞碱土金属盐＞过渡元素的盐＞铵盐。

	K_2CO_3	$CaCO_3$	$ZnCO_3$	$(NH_4)_2CO_3$
热分解温度/℃	熔融不分解	825	300	58
	K_2SO_4	$CaSO_4$	$ZnSO_4$	$(NH_4)_2SO_4$
热分解温度/℃	熔融不分解	1 450	740	400

对于同一种阳离子的不同含氧酸盐，含氧酸越不稳定，对应的盐的热稳定性越差。如：

	Na_3PO_4	Na_2SO_4	$NaNO_3$	$NaClO_3$
热分解温度/℃	熔融不分解	熔融不分解	380	300

对于同一成酸元素，高氧化态的含氧酸比低氧化态的含氧酸稳定，相应的含氧酸盐的热稳定性次序亦相同。如：

	$NaNO_3$	$NaNO_2$	$NaClO_4$	$NaClO_3$	$NaClO_2$	$NaClO$
热分解温度/℃：	380	320	482	300	180～200	室温

值得注意的是：上述讨论只考虑了离子的电荷和半径对化合物热稳定性的影响。事实上离子的电子构型和酸根的结构对化合物的热稳定性影响也相当大。例如，Pb^{2+} 和 Sr^{2+} 的电荷相同、半径相差无几，但 $PbCO_3$（热分解温度 315℃）比 $SrCO_3$（热分解温度 1 350℃）稳定性差得多，就是因为 Pb^{2+} 为(18＋2)电子型，而 Sr^{2+} 为 8 电子构型，$PbCO_3$ 中化学键已明显呈现共价键的特征，详见 6.5.6 节。

6.5.4 键及键型转化与物质的性质

当把一些化合物按周期表中元素所在位置的关系列出，比较它们的性质时，常会发现它们的性质既有渐变的规律，也有突变的现象。例如，第三周期元素的氟化物的熔点如表 6.5 所示。

表 6.5 第三周期元素氟化物的熔点 ℃

离子键		共价键		
NaF	MgF_2	SiF_4	PF_5	SF_6
993	1 261	−90	−83	−50.5

表 6.5 中，前二者是靠离子键结合的离子化合物，故比后三者熔点高得多，且随着 Na^+ 到 Mg^{2+}，离子电荷增大、半径减小，离子键逐渐增强熔点逐渐升高。后三者是共价键结合的分子，分子间只是靠微弱的范德华力吸引在一起，熔点明显降低，且从 SiF_4 到 SF_6 随摩尔质量增大，分子间力增大，故熔点也是逐渐升高。所以，化学键类型及分子间力的不同造成物质性质上较大的差异。

在化学反应过程中，化学键的个数不变，但键能在改变。例如，当 C═C 双键变成 2 个 C—C 单键时，键能总是增加，因为双键中有 1 个 σ 键和 1 个 π 键，而 π 键键能比 σ 键小，上述过程发生了 π 键到 σ 键的键型转化。了解反应过程中的键型转化，常可预见化学反应的一些性质：当反应有 σ 键转变为 π 键时，通常是吸热反应，如烷烃裂解反应有部分 σ 键转变为 π 键，反应的 $\Delta_r H_m^{\ominus}$ 总为正值：

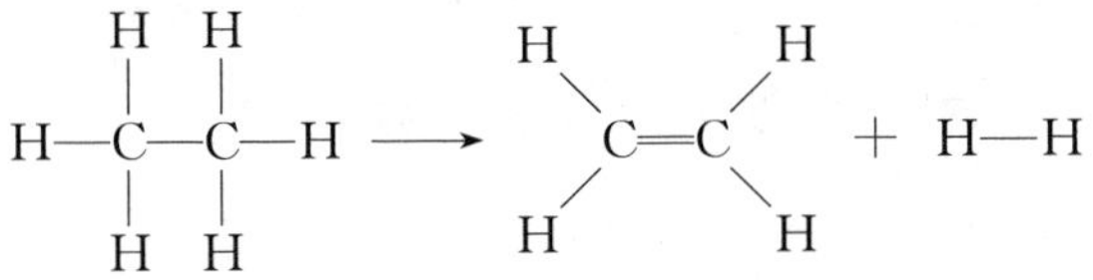

7 个 σ 键　　　　6 个 σ 键+1 个 π 键

当反应时有 π 键转变为 σ 键，反应放热，如合成氨的反应及烯烃聚合反应：

$$nH_2C{=\!=}CH_2 \longrightarrow \left[CH_2{-}CH_2 \right]_n$$

5n 个 σ 键+n 个 π 键　　6n 个 σ 键

对于无 σ 键和 π 键键型转化的反应，如酯化反应、酯的水解和醇解反应等，反应的 $\Delta_r H_m^{\ominus}$ 一般很小。因此，物质的各种宏观性质，例如，物质的各种热力学函数值，都有其内部的结构根源。

6.5.5 不同晶体结构的物性比较

固体物质可分为晶体和无定形物质等几类，以晶体为多数。晶体的一般特点为：

(1)有一定的几何形状　晶体一般为多面体形，晶面与晶面之间的夹角叫晶面夹角，对一定类型的晶体来说，其晶面夹角是一定的。

(2)具有各向异性的特点　晶体的许多物理性质如导电性、导热性、折光率、晶体的生成速度等，在各个方向上是不同的。

(3)有固定的熔点　不同晶体熔点不同，利用这点常可分辨不同的晶体。

(4)具有晶格结构　晶体内部的粒子都有规则地排列在空间的一定的点上，所构成的空间格子叫晶格，其结构粒子就处在晶格的结点上。晶体中最小的重复单元叫晶胞。任何晶体都是由它的晶胞组成，晶胞的形状、大小和组成决定了相应晶体的空间结构。图 6.18 是 NaCl 的晶胞和 ZnS 晶胞。

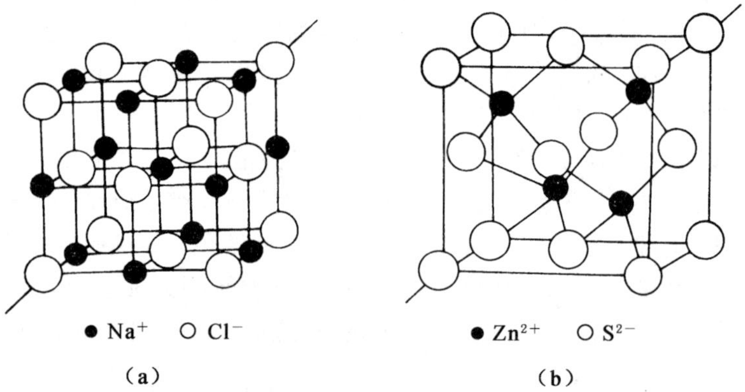

图 6.18　氯化钠晶胞(a)和硫化锌晶胞(b)

晶体的种类繁多，根据其结构粒子和质点间作用力的不同可分为离子晶体、原子晶体、分子晶体和金属晶体等。现将这 4 类基本晶体的性质比较列于表 6.6。

表 6.6　4 类基本晶体性质比较

晶体类型	离子晶体	原子晶体	分子晶体	金属晶体
晶格结点上的粒子	正、负离子	原子	分子	原子、正离子
结构粒子间的作用力	离子键	共价键	分子间力、氢键	金属键
代表性物质	NaCl、CsCl、ZnS、CaF_2、KNO_3、MgO 等	金刚石、单晶硅、SiC、SiO_2、AlN、BN、GaAs 等	H_2、I_2、SO_2、NH_3、冰、干冰、绝大多数有机物	各种金属及一些合金

续表 6.6

晶体类型	离子晶体	原子晶体	分子晶体	金属晶体
熔、沸点及挥发性	熔、沸点较高，低挥发性	熔、沸点很高，无挥发性	低熔、沸点，高挥发性	一般为高熔、沸点但有部分低熔点金属如 Hg、Ga、Cd 等
硬度	较大而脆	大而脆	较小	多数较大
导电、导热性	热的不良导体，熔融或溶于水导电	非导电(热)体	非导电(热)体	良好的导电、导热体
溶解性	易溶于极性溶剂	不溶于一般溶剂	符合相似相溶原理	不溶于一般溶剂
机械加工性	不良	不良	不良	良好的延展性及机械加工性
应用	耐火材料、电解质	高硬材料、磨料、半导体	低温材料、绝缘材料、溶剂	机械制造

6.5.6 离子极化及其对物质性质的影响

(1)离子的极化作用和变形性　离子极化理论从离子键理论出发，把化合物中的组成元素看作正、负离子，然后考虑正、负离子间的相互作用。孤立的简单离子，电荷的分布可视为球形对称，离子的正、负电荷中心重合，故无偶极存在[图 6.19(a)]；但在有外电场存在时，离子的电子云发生变形，偏离了球形对称，产生了诱导偶极[图 6.19(b)]；这种在外电场作用下，离子电子云发生变形产生诱导偶极的现象叫作离子的极化(ionic polarization)。

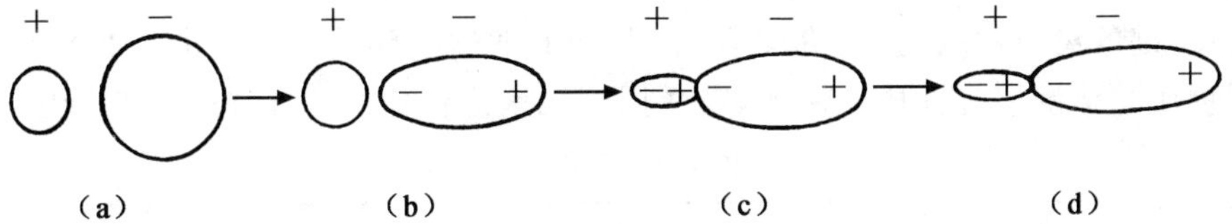

图 6.19　离子的极化过程

在离子晶体中，每个离子都处于邻近带相反电荷离子的电场中，因此，离子极化现象在离子晶体中普遍存在。正离子的电场使负离子极化，负离子的电场也使正离子极化。正、负离子相互极化的结果，使正、负离子都产生了诱导偶极[图 6.19(c)]。

一种离子使异号离子发生极化的能力叫离子的极化力；一种离子被异号离子

极化的程度即离子发生变形的能力叫离子的变形性。显然正、负离子都有极化力和变形性，但正离子的半径一般比负离子要小，电场强度较大，所以，通常条件下正离子表现出较强的极化力而负离子表现出较大的变形性。有些正离子除有较强的极化力外还有较强的变形性，这种情况下与一般只考虑正离子对负离子的极化相比，极化作用增强了，这种增强的极化作用叫附加极化作用[图 6.19(d)]。

离子的极化力强，表示离子对周围异号离子所施加电场的强度大。半径越小，正电荷越高的阳离子，极化能力越强。例如，极化力 $Na^+ < Mg^{2+} < Al^{3+}$；$Mg^{2+} > Ca^{2+} > Ba^{2+}$ 等。当半径和电荷相近时，离子外电子层构型则是影响极化力的重要因素。其规律是：18、(18＋2)、2 电子构型＞9～17 电子构型＞8 电子构型的极化力。

离子半径(ionic radii)是影响离子变形性的重要因素。离子半径越大，核外电子离核越远，在外电场作用下电子云就越易发生相对位移而变形。电子构型相同的离子，负离子的半径大于正离子，因此，负离子的变形性大于正离子。当离子半径相近时，随正电荷的减少或负电荷的增加，变形性增大，如下列离子的变形性：$Si^{4+} < Al^{3+} < Mg^{2+} < Na^+ < F^- < O^{2-}$；另外，离子的电子构型对变形性影响也较大，其规律是：18、(18＋2)、9～17 电子构型＞8、2 电子构型离子的变形性。

一般来讲，复杂阴离子的极化作用和变形性都比较小，且中心原子的氧化数越高，其变形性越小。一些复杂阴离子和简单阴离子的变形性对比如下：

$$ClO_4^- < F^- < NO_3^- < OH^- < CN^- < Cl^- < Br^- < I^-$$

(2)离子极化作用对物质结构及性质的影响　由于离子极化作用，正、负离子原来对称的电子云发生变形，电子云较多地分布在正、负离子之间，使正、负离子距离缩短，键的离子性减弱，共价性增强，由离子键过渡到共价键(图 6.20)，从而影响到物质的熔沸点等性质。例如，第三周期元素氯化物的情况如表 6.7 所示。

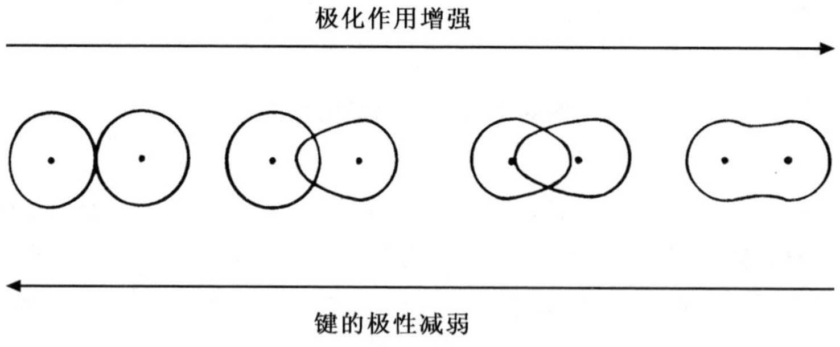

图 6.20　离子极化与键型过渡

表 6.7 第三周期元素氯化物的键型和熔沸点

氯化物	NaCl	$MgCl_2$	$AlCl_3$	$SiCl_4$
键型	离子键	离子键	过渡型	共价键
熔点/℃	801	714	190	−70
沸点/℃	1 413	1 412	177.8(升华)	57.57
晶型	离子晶体	离子晶体	过渡型晶体	分子晶体

离子极化对物质溶解度有明显影响。以 AgX 为例，只有 AgF 易溶于水，AgCl、AgBr、AgI 都是难溶于水的，且在水中的溶解度依次降低。这是因为卤离子 X^- 的变形性大小顺序为 $F^- \ll Cl^- < Br^- < I^-$，$Ag^+$ 的极化力和变形性都很强，相互极化的结果使 AgX 中键的离子性逐渐减弱，而共价性逐渐增强，它们在极性溶剂水中的溶解度降低。S^{2-} 和 O^{2-} 的电荷高、半径大，变形性更大些，所以它们与具有 18、(18+2)、9～17 电子构型的金属离子(如 Cu^{2+}、Ag^+、Pb^{2+}、Bi^{3+}、Cd^{2+}、Hg^{2+} 等)形成的硫化物和氧化物一般都难溶于水。

离子极化对物质颜色的影响比较突出。颜色的产生与离子的变形性有关，易变形的离子易吸收可见光使电子发生跃迁，因而化合物常具颜色。离子极化作用强的化合物颜色比较深。如 AgI 为黄色，AgBr 为浅黄色，AgCl 则为白色，就是因为从 Cl^- 到 I^- 半径加大，变形性增大，Ag^+ 的极化力又强，所以极化作用从 AgCl 到 AgI 逐渐增强所致。S^{2-} 的变形性大于 O^{2-}，所以硫化物的颜色通常比氧化物深。在阴离子相同的情况下，阳离子极化力强的化合物颜色较深。如：

K_2O	CaO	Sc_2O_3	TiO_2	V_2O_5	CrO_3	Mn_2O_7
白	白	白	白	橙	暗红	墨绿

8 电子构型的阳离子极化力弱，一般形成白色的化合物，而 18、(18+2)、9～17 电子构型的阳离子易形成带色的化合物。如 CrO_4^{2-} 为黄色，与极化力较小的 Ba^{2+} 生成黄色的 $BaCrO_4$，而与极化力和变形性都很强的 Ag^+ 形成砖红色的 Ag_2CrO_4。

用离子极化理论还可以解释氯化物的水解、氧化物及其水合物的酸碱性等问题。但是要说明的是：影响化合物性质的因素是多方面的，企图用 1 种理论和 1 个概念去说明一切问题是不行的。通常对不同的问题应作具体分析。

本 章 小 结

本章简要讨论了离子键和共价键的形成和性质、简单共价分子的空间构型、分子间的相互作用力等知识，并简要讨论了某些物性与结构的关系。

离子键的本质是静电引力。离子键及离子晶体的形成和稳定性，与元素的电离能、电子亲和能有关，更与阴、阳离子相互吸引、紧密堆积过程中系统放出能量的高低有关。离子晶体的晶格能对离子化合物的化学性质、物理性质有重要影响。

共价键的价键理论认为共价键的形成是含有自旋相反的未成对电子的原子轨道相互叠加的结果，所以共价键具有饱和性和方向性。杂化轨道理论对价键理论做了重要补充，成功地解释了分子的空间构型。

分子间力是分子与分子之间存在的一种较弱的作用力，它包括色散力、诱导力和取向力。氢键是一种特殊的分子间力，氢键的存在，影响到物质的某些性质，如熔点、沸点、溶解度、黏度、密度等。

思考题

6.1 什么是离子晶体的晶格能？对于同种类型的离子晶体，其大小与什么有关？晶格能对离子晶体的稳定性有什么影响？

6.2 价键理论如何解释共价键的形成以及共价键的方向性和饱和性？

6.3 一般而言，σ 键和 π 键哪个更稳定？为什么？

6.4 简述杂化轨道理论要点。原子为何倾向于使用杂化轨道成键？

6.5 何谓等性杂化轨道？何谓不等性杂化？

6.6 分子间力分为几种？各存在于什么分子之间？一般情况下何种分子间力最强？其与分子的什么性质有关？

习题

6.1 判断下列叙述是否正确：

(1)A、B 2 种元素化合，能形成离子型晶体的必要条件是：A 的电离能小于 B 的电子亲和能。

(2)离子晶体晶格能大小仅与离子电荷、离子半径有关。

(3)基态原子外层未成对电子数等于该原子能形成的共价单键数，此即所谓共价键的饱和性。

(4)2 个原子以共价单键结合时，化学键为 σ 键，以共价多重键结合时，化学键均为 π 键。

(5) C═C 双键的键能大于 C—C 键的键能，小于 2 倍的 C—C 键的键能。

(6)所谓 sp^3 杂化，系指 1 个 s 电子与 3 个 p 电子的混杂。

6.2 第二主族各元素的氧化物(除 BeO 外)，均为________型晶体，熔点自高而低的顺序为________，它们的碳酸盐热分解温度自高而低的顺序为________。

6.3 写出下列离子的电子结构式，并指出各属于何种离子构型：

Fe^{2+}，Fe^{3+}，Pb^{2+}，Sn^{4+}，Al^{3+}，S^{2-}，Hg^{2+}。

6.4 判断下列简单分子(或离子)中心原子的杂化轨道类型(注明等性或不等性)和分子空间构型，说明分子是否有极性：

OF_2，NF_3，BH_3，$SiCl_4$，NH_3，NH_4^+，HCN，PCl_3，PCl_5，CS_2，$SnCl_2$。

6.5 判断下列有机物分子中，每个C原子所采用的杂化轨道：

C_2H_6，C_2H_4，$CH_3C{\equiv}CH$，CH_3CH_2OH，$H{-}\overset{\overset{\displaystyle O}{\|}}{C}{-}H$，$Cl{-}\overset{\overset{\displaystyle O}{\|}}{C}{-}Cl$。

6.6 试写出下列分子或离子的分子轨道表示式，并指出其中有哪几种键？是顺磁性物质还是反磁性物质？计算键级，并比较 O_2^{2-} 与 O_2^+ 的稳定性以及 O_2 与 N_2 第一电离能的高低。

O_2，O_2^{2-}，O_2^+，N_2，N_2^{2-}。

6.7 卤化氢 HF、HCl、HBr、HI 分子极性由强至弱的顺序为________，分子间取向力由强至弱的顺序为________，分子间色散力由强至弱的顺序为________，沸点由高至低的顺序为________。

6.8 由于水分子间存在较强的氢键，使水具有很多特殊的物理性质，对生物体的存在有非常重要的意义。以下分别列出一些水的物理性质(1～4)以及对生命现象的影响(a～d)。试将性质与影响一一对应，并做简单解释：

(1)高热容；	a. 有机体在较低温度下才结冻；
(2)密度大于冰；	b. 陆地动物靠蒸发掉表皮上少量汗液即可在炎夏感到凉爽；
(3)高熔解热；	c. 人体可基本保持体温恒定；
(4)高汽化热。	d. 河流、湖泊在冬季仅在表面结冰。

6.9 试根据离子极化理论解释下列现象：

(1)熔点：$FeCl_2$(672℃)，$FeCl_3$(282℃)。

(2)熔点：$CaCl_2$(782℃)，$ZnCl_2$(215℃)。

(3)过渡元素离子的硫化物一般难溶于水。试估计 MnS 和 CdS 何者溶解度更小些？

6.10 按碱性自强至弱的顺序排列下列物质：ClO_4^-、ClO_3^-、ClO_2^-、ClO^-。

6.11 试比较 HClO 和 HBrO 酸性大小，说明成酸元素原子的电负性对含氧酸酸性的影响。

6.12 试比较 CuCl 和 KCl 在水中的溶解度。

6.13 下列过程中需要克服哪种类型的作用力？

(1)NaCl 溶于水；

(2) 液态 NH_3 蒸发；

(3) SiC 熔化；

(4) 干冰升华。

6.14　试用所学理论解释碳的同素异形体金刚石和石墨的不同物性。

Optional questions：

6.15　Explain which is the stronger acid：(1) HNO_3 or $HClO_4$；(2) CH_2FCOOH or $CH_2BrCOOH$；(3) H_3PO_4 or H_2SO_3.

6.16　Propose hybridization schemes for the C atoms in the molecule allene, CH_2CCH_2, and discribe the molecular geometry.

7 酸碱反应

Acid-Base Reaction

【教学目标】

- **酸碱理论：**

1. 掌握质子酸碱、共轭酸碱、两性物质、酸碱反应、酸碱离解常数等概念。
2. 熟练运用近似方法计算酸碱水溶液的酸度及其他有关离子浓度。

- **酸碱平衡的移动：**

1. 理解同离子效应、介质酸度对酸碱平衡移动的影响，熟练掌握有关近似计算，定性掌握介质酸度与酸碱存在型体的关系。
2. 理解稀释作用、了解盐效应对酸碱平衡移动的影响。

- **酸碱缓冲溶液：**

1. 了解酸碱缓冲溶液的性质，理解酸碱缓冲作用原理。
2. 掌握简单酸碱缓冲溶液的配制方法。

酸和碱是人们经常遇到的2类重要的物质。酸碱反应是一类极为重要的化学反应,而且很多其他类型的化学反应,如沉淀反应、配位反应、氧化还原反应等,均需在一定的酸碱条件下方能顺利进行。因此,多年来人们对酸和碱的概念以及酸碱反应的规律做了大量研究,对酸和碱的认识一步步深入。

7.1 酸碱质子理论(proton theory of acids and bases)

19世纪80年代,瑞典化学家阿伦尼乌斯(Arrhenius)提出了酸碱电离理论。该理论对处理水溶液中的酸碱反应起了十分重要的作用。酸碱电离理论认为,在水中电离,得到的阳离子均为 H^+ 的物质为酸;在水中电离,得到的阴离子均为 OH^- 的物质为碱;所谓酸碱反应,即在水溶液中,酸电离出的 H^+ 与碱电离出的 OH^- 结合为水的反应。显然,电离理论将酸、碱这2种密切相关的物质完全割裂开来,并把酸、碱以及酸碱反应局限在水溶液之中,将碱局限为含有 OH^- 的物质。因此,对发生于非水溶液中酸碱之间的反应、对 NH_3 为何在水溶液中是碱等问题无法解释;对水溶液明显呈碱性的 Na_2CO_3、明显呈酸性的 NH_4Cl 等物质,也不能定义为碱和酸。为了更清晰地说明酸碱反应的本质,以便能深入研究酸碱反应的规律,20世纪,人们又提出了2种重要的酸碱理论,即酸碱质子理论和路易斯酸碱理论(Lewis's acid-base theory)。本书仅介绍布朗斯特(Bronsted)和劳瑞(Lowry)各自独立于1923年提出的酸碱质子理论。

7.1.1 质子酸碱概念

酸碱质子理论认为,凡在一定条件下能给出质子(H^+)的物质为酸,凡在一定条件下能接受质子的物质为碱。因此,质子酸碱概念完全脱离了只有在水溶液中才有酸碱的限制。例如,下列反应式中等号左侧的各物质,在一定条件下均有给出质子的能力,均为酸;等号右侧所列各酸给出质子后的产物,在一定条件下均有接受质子的能力,均为碱。

酸		质子		碱
HCl	=	H^+	+	Cl^-
HAc	=	H^+	+	Ac^-
H_2CO_3	=	H^+	+	HCO_3^-
HCO_3^-	=	H^+	+	CO_3^{2-}
NH_4^+	=	H^+	+	NH_3
H_2O	=	H^+	+	OH^-
H_3O^+	=	H^+	+	H_2O
$[Al(H_2O)_6]^{3+}$	=	H^+	+	$[Al(H_2O)_5(OH)]^{2+}$

由此可见，根据酸碱质子理论，酸和碱可以是中性分子，也可是阳离子或阴离子，分别称为分子酸碱和离子酸碱。酸碱质子理论中，没有盐的概念，如 NH_4Ac 中，NH_4^+ 是酸，Ac^- 是碱。

按酸碱质子理论，酸和碱是成对出现的：酸给出 1 个质子后，即成为它对应的碱。酸与碱的这种对应关系称为酸碱共轭关系：酸给出 1 个质子后即变为其共轭碱。相应的一对酸碱，称为一个共轭酸碱对(conjugate acid-base pair)，如 HAc 与 Ac^- 为一个共轭酸碱对、NH_4^+ 与 NH_3 为一个共轭酸碱对等。所以，酸和碱不是绝然对立的 2 类物质，酸和碱的区别仅在于对质子的亲和能力的不同。自然，一定条件下酸给出质子的能力越强，其共轭碱接受质子的能力越弱。需注意，以上表示共轭酸碱关系的反应式，称为酸碱半反应式，所表示的反应是不会独立发生的，只有酸与和它非共轭的碱相遇时，酸和碱才能显示出各自的给出和接受质子的能力。

在以上表示共轭酸碱关系的反应式中，有些物质如 HCO_3^-、H_2O 等，既有给出质子的能力，又有接受质子的能力。此类物质称为两性物质。两性物质在一定条件下，可以作为酸参加反应，一定条件下，又可以作为碱参加反应。

7.1.2 酸碱反应的实质

酸碱质子理论认为，所谓酸碱反应，是酸与碱相互作用，分别转化为对应的共轭碱和共轭酸的反应，即酸和碱之间进行的质子转移过程，如：

$$HCl + NH_3 = Cl^- + NH_4^+$$

即

$$酸(1) + 碱(2) = 碱(1) + 酸(2)$$

酸碱反应可以在水溶液中进行，也可以在其他溶剂中进行，或者在气相中进行，如 HCl(g)与 NH_3(g)的反应。因此，酸碱质子理论完全脱离了水溶液中才有酸碱反应的限制，使酸碱反应的内涵大大扩展了。

7.2 水溶液中的重要酸碱反应(important acid-base reaction in aqueous solutions)

大量重要的化学反应是在水溶液中进行的，生物体内的化学反应大都也是在水溶液中发生的，故本章重点讨论水溶液中的酸碱反应规律。

7.2.1 水的质子自递反应

水是两性物质，既可作为酸给出质子，又可作为碱接受质子：

$$H_2O = H^+ + OH^-$$
$$H_2O + H^+ = H_3O^+$$

因此，在水中，存在水分子间的质子转移反应。其中，一部分水分子作为酸给出质子，另一部分水分子作为碱接受质子：

$$H_2O + H_2O = H_3O^+ + OH^-$$

通常，水的质子自递反应简写为：

$$H_2O = H^+ + OH^-$$

应注意将此式与水的酸碱半反应式相区别。

水的质子自递反应标准平衡常数表达式为：

$$K_w^{\ominus} = \{c(H^+)/c^{\ominus}\}\{c(OH^-)/c^{\ominus}\} \qquad (7\text{-}1)$$

$K_w^{\ominus}$ 称为水的质子自递常数，或称为水的离子积(the ion product of water)。一定温度下，$K_w^{\ominus}$ 是与浓度、压力无关的常数，即一定温度下，水中 H^+ 与 OH^- 相对浓度的乘积是个常数。由于水的质子自递反应 $\Delta_r H_m^{\ominus}$ 较大，故 $K_w^{\ominus}$ 受温度影响较明显，如表 7.1 中数据所示。

表 7.1 不同温度时水的质子自递常数

t/℃	0	10	20	24	25	50	100
$K_w^{\ominus}$	1.139×10^{-15}	2.920×10^{-15}	6.809×10^{-15}	1.000×10^{-14}	1.008×10^{-14}	5.474×10^{-14}	5.50×10^{-13}

所以在比较严格的工作中，应使用实验温度条件下的 $K_w^\ominus$ 数值。通常，若反应在室温下进行，为方便起见，$K_w^\ominus$ 一般取值 1.0×10^{-14}。

【例 7.1】 计算 $c(HCl)=0.10\ mol\cdot L^{-1}$ 的盐酸水溶液的 pH 和 pOH。

解 HCl 是强酸，在水溶液中完全离解，产生的 H^+ 对水的离解有强烈的抑制作用，故计算溶液中 H^+ 浓度时，可忽略水的离解。所以

$$c(H^+)=0.10\ mol\cdot L^{-1}$$
$$pH=1.00$$

由于 $K_w^\ominus=\{c(H^+)/c^\ominus\}\{c(OH^-)/c^\ominus\}$，所以

$$c(OH^-)=\frac{K_w^\ominus\cdot c^\ominus}{c(H^+)/c^\ominus}=1.0\times10^{-13}\ mol\cdot L^{-1}$$
$$pOH=13.00$$

7.2.2 弱一元酸碱的离解

弱一元酸在水溶液中的离解，是弱一元酸与水之间的质子转移反应：酸给出质子变为其共轭碱，水得到质子变为其共轭酸。如醋酸、NH_4^+ 在水溶液中的离解反应：

$$HAc + H_2O = H_3O^+ + Ac^-$$
$$NH_4^+ + H_2O = H_3O^+ + NH_3$$

弱一元酸在水溶液中的离解反应，常简化写为：

$$HB = H^+ + B^-$$

需注意将此式与酸碱半反应式区分开。

弱一元酸在水溶液中离解反应的标准平衡常数 $K_a^\ominus$ 称为弱一元酸的离解常数(dissociation equilibrium constant of weak monoacid)，或称为弱一元酸的电离常数。HB 在水溶液中的离解常数表达式可写为：

$$K_a^\ominus=\frac{\{c(H^+)/c^\ominus\}\{c(B^-)/c^\ominus\}}{c(HB)/c^\ominus} \tag{7-2}$$

弱一元酸的离解常数，在一定温度下是与浓度无关的常数，其值的大小表示了某一元酸在水中离解反应趋势的大小，即离解常数较大的弱一元酸，酸性强度大于离解常数较小的弱一元酸。常见分子酸的离解常数列于本书附录Ⅲ。

一定浓度 $c(HB)$ 的弱一元酸 HB 水溶液的酸度，可根据其离解常数计算得到：

$$HB = H^+ + B^-$$

$$c^{eq} \qquad c-x \qquad x \qquad x$$

$$K_a^\ominus = \frac{(x/c^\ominus)^2}{(c-x)/c^\ominus} \tag{7-3}$$

求解此一元二次方程，即可得 $c(H^+)$，进而计算溶液的 pH。当 $\frac{c/c^\ominus}{K_a^\ominus} \geqslant 380$ 时，弱酸离解度很小，可忽略弱酸的离解，用 HB 的初始浓度近似代替 HB 的平衡浓度，即 $c-x \approx c$，则 $c(H^+)/c^\ominus$ 可依下列最简式计算：

$$c(H^+)/c^\ominus = \sqrt{K_a^\ominus \cdot c/c^\ominus} \tag{7-4}$$

如此近似，结果相对误差不超过 2%。

弱一元碱在水溶液中的离解，是其与水之间的质子转移反应：水给出质子，碱接受质子，如 NH_3、Ac^- 在水溶液中的离解：

$$NH_3 + H_2O = NH_4^+ + OH^-$$

$$Ac^- + H_2O = HAc + OH^-$$

反应的标准平衡常数 $K_b^\ominus$ 称为弱一元碱的离解常数(dissociation equilibrium constant of weak monobase)或电离常数，据此即可计算一定浓度 $c(B)$ 的弱一元碱水溶液中 OH^- 的浓度：

$$B + H_2O = HB^+ + OH^-$$

$$c^{eq} \qquad c-x \qquad\qquad x \qquad x$$

$$K_b^\ominus = \frac{(x/c^\ominus)^2}{(c-x)/c^\ominus} \tag{7-5}$$

若 $\frac{c/c^\ominus}{K_b^\ominus} \geqslant 380$，则可用最简式近似计算：

$$c(OH^-)/c^\ominus = \sqrt{K_b^\ominus \cdot c/c^\ominus} \tag{7-6}$$

一定条件下，若酸给出质子能力较强，则其共轭碱接受质子的能力必然较弱。比如 HCl 在水溶液中是强酸，则其共轭碱 Cl^- 在水溶液中碱性极弱，甚至可以认为它不具有碱性。水溶液中共轭酸碱 $K_a^\ominus$、$K_b^\ominus$ 的定量关系可依下法证得：

$$HB + H_2O = H_3O^+ + B^-, \quad K_1^\ominus = K_a^\ominus(HB)$$

$$B^- + H_2O = OH^- + HB, \quad K_2^\ominus = K_b^\ominus(B^-)$$

以上二反应式相加，得：

$$H_2O + H_2O = H_3O^+ + OH^-$$

故

$$K_w^\ominus = K_1^\ominus \cdot K_2^\ominus = K_a^\ominus(HB) \cdot K_b^\ominus(B^-) \tag{7-7}$$

即水溶液中，共轭酸碱离解常数的乘积等于水的质子自递常数。实验证明，分子酸碱的离解常数受温度变化的影响较小，一般不必考虑，但因离子酸碱离解常数与 $K_w^\ominus$ 有关，随温度升高而明显变大，使用时应注意。

【例 7.2】 计算 $c(HAc)=0.10\ mol \cdot L^{-1}$ 的醋酸水溶液中 $c(H^+)$、溶液 pH 及醋酸的离解度。已知 $K_a^\ominus(HAc)=1.76\times10^{-5}$。

解 $\dfrac{c/c^\ominus}{K_a^\ominus}=\dfrac{0.10}{1.76\times10^{-5}}\geqslant380$

故可用最简式计算：

$$c(H^+)/c^\ominus=\sqrt{K_a^\ominus \cdot c/c^\ominus}=\sqrt{1.76\times10^{-5}\times0.10}=1.3\times10^{-3}$$

$$c(H^+)=1.3\times10^{-3}\ mol \cdot L^{-1}$$

$$pH=2.89$$

$$\alpha(HAc)=\frac{c(H^+)}{c(HAc)}=1.3\%$$

【例 7.3】 计算 $c(Ac^-)=0.10\ mol \cdot L^{-1}$ 的醋酸钠水溶液中 $c(OH^-)$ 及溶液 pH。

解 $K_b^\ominus(Ac^-)=K_w^\ominus/K_a^\ominus(HAc)=5.67\times10^{-10}$

$\dfrac{c/c^\ominus}{K_b^\ominus}\geqslant380$，故可依最简式计算：

$$c(OH^-)/c^\ominus=\sqrt{K_b^\ominus \cdot c/c^\ominus}=\sqrt{5.67\times10^{-10}\times0.10}=7.5\times10^{-6}$$

$$c(OH^-)=7.5\times10^{-6}\ mol \cdot L^{-1}$$

$$pH=8.88$$

7.2.3 弱多元酸碱的离解

弱多元酸碱(weak polyacid and weak polybase)在水溶液中的离解是分步进行的，如：

$$H_2CO_3 + H_2O = H_3O^+ + HCO_3^-$$

$$K_{a1}^{\ominus}(H_2CO_3) = \frac{\{c(H^+)/c^{\ominus}\}\{c(HCO_3^-)/c^{\ominus}\}}{c(H_2CO_3)/c^{\ominus}} = 4.30 \times 10^{-7}$$

$$HCO_3^- + H_2O = H_3O^+ + CO_3^{2-}$$

$$K_{a2}^{\ominus}(H_2CO_3) = \frac{\{c(H^+)/c^{\ominus}\}\{c(CO_3^{2-})/c^{\ominus}\}}{c(HCO_3^-)/c^{\ominus}} = 5.61 \times 10^{-11}$$

又如：

$$CO_3^{2-} + H_2O = HCO_3^- + OH^-$$

$$K_{b1}^{\ominus}(CO_3^{2-}) = \frac{\{c(HCO_3^-)/c^{\ominus}\}\{c(OH^-)/c^{\ominus}\}}{c(CO_3^{2-})/c^{\ominus}} = 1.78 \times 10^{-4}$$

$$HCO_3^- + H_2O = H_2CO_3 + OH^-$$

$$K_{b2}^{\ominus}(CO_3^{2-}) = \frac{c(H_2CO_3)/c^{\ominus}\}\{c(OH^-)/c^{\ominus}\}}{c(HCO_3^-)/c^{\ominus}} = 2.33 \times 10^{-8}$$

式中，$K_{a1}^{\ominus}$、$K_{a2}^{\ominus}$、$K_{b1}^{\ominus}$、$K_{b2}^{\ominus}$ 分别称为弱多元酸碱的第一步离解常数、第二步离解常数。根据水溶液中共轭酸碱离解常数的乘积等于水的质子自递常数的关系，可知：

$$K_{a1}^{\ominus}(H_2CO_3) \cdot K_{b2}^{\ominus}(CO_3^{2-}) = K_w^{\ominus}$$

$$K_{a2}^{\ominus}(H_2CO_3) \cdot K_{b1}^{\ominus}(CO_3^{2-}) = K_w^{\ominus}$$

弱多元酸碱相邻的两步离解常数相差较大，弱无机多元酸碱，相邻 2 步离解常数的比值，如 $K_{a1}^{\ominus}/K_{a2}^{\ominus}$，或 $K_{b1}^{\ominus}/K_{b2}^{\ominus}$，一般约为 10^4，弱有机酸碱相邻 2 步离解常数的比值，一般也大于 $10^{1.6}$，即弱多元酸碱，第一步离解的趋势远大于其后各步。加之第一步离解所产生的 $H^+(OH^-)$对其后各步离解的抑制作用，故在计算弱多元酸碱水溶液的酸度时，一般可忽略第二、第三等各步离解，而将弱多元酸碱视作弱一元酸碱处理。

【例 7.4】 常温常压下，饱和氢硫酸水溶液的浓度约为 0.10 mol·L^{-1}。计算此溶液中 $c(H^+)$、$c(HS^-)$和 $c(S^{2-})$。

解 计算 $c(H^+)$时，将氢硫酸作为弱一元酸处理。

$\frac{c/c^{\ominus}}{K_{a1}^{\ominus}} \geqslant 380$，故可应用最简式进行计算：

$$c(H^+)/c^{\ominus} = \sqrt{K_{a1}^{\ominus} \cdot c/c^{\ominus}} = \sqrt{1.3 \times 10^{-7} \times 0.10} = 1.1 \times 10^{-4}$$

$$c(H^+) = 1.1 \times 10^{-4}\ \text{mol} \cdot \text{L}^{-1}$$

由于可忽略第二步离解，故 $c(HS^-) = c(H^+) = 1.1 \times 10^{-4}\ \text{mol} \cdot \text{L}^{-1}$

S^{2-} 由第二步离解产生：

$$HS^- + H_2O = S^{2-} + H_3O^+$$

$$K_{a2}^{\ominus}(H_2S) = \frac{\{c(H^+)/c^{\ominus}\}\{c(S^{2-})/c^{\ominus}\}}{c(HS^-)/c^{\ominus}}$$

弱多元酸水溶液是个多重平衡系统，所以既参加第一步离解反应、又参加第二步离解反应的 H^+、HS^- 的平衡浓度，同时满足 2 步离解平衡关系式，即第二步平衡关系式中，$c(H^+)=c(HS^-)=1.14\times10^{-4}\ mol\cdot L^{-1}$，故可得：

$$c(S^{2-})/c^{\ominus} = \frac{K_{a2}^{\ominus}(H_2S)\{c(HS^-)/c^{\ominus}\}}{c(H^+)/c^{\ominus}} \approx K_{a2}^{\ominus}(H_2S)$$

$$c(S^{2-}) = 7.1\times10^{-15}\ mol\cdot L^{-1}$$

以上结果可作为一个一般规律，即弱二元酸水溶液中，酸根离子的相对浓度约等于 $K_{a2}^{\ominus}$，且 H^+ 浓度远远大于酸根离子浓度的 2 倍。

很多高价金属水合离子是多元离子酸，它们在水中分步离解。如水合 Al^{3+} 在水溶液中的离解：

$$[Al(H_2O)_6]^{3+} + H_2O = [Al(H_2O)_5(OH)]^{2+} + H_3O^+$$

$$[Al(H_2O)_5(OH)]^{2+} + H_2O = [Al(H_2O)_4(OH)_2]^+ + H_3O^+$$

$$[Al(H_2O)_4(OH)_2]^+ + H_2O = [Al(H_2O)_3(OH)_3] + H_3O^+$$

习惯称这类反应为金属离子的水解。其结果是有氢氧化物或所谓碱式盐等沉淀生成，如 Sn^{2+}、Bi^{3+}、Sb^{3+} 以及 Fe^{3+}、Fe^{2+}、Cu^{2+} 等水合离子在水溶液中就极易离解。因此在配制含有此类金属离子化合物的水溶液时，均需将它们溶于酸中。

7.3 酸碱平衡的移动(shift of acid-base equilibrium)

酸碱离解平衡，是动态平衡，一旦条件改变，平衡就会发生移动，并在新的条件下达到新的平衡状态，使酸碱溶液的酸度、酸碱的存在型体等均会发生改变。因此，可以调节溶液的酸度以控制酸碱的存在型体，亦可调节酸碱存在型体的浓度以控制溶液的酸度。故深入研究酸碱平衡移动的规律，具有十分重要的实用意义。

7.3.1 稀释作用

对于浓度为 c 的弱一元酸 HB，在水溶液中达到离解平衡时，各物种平衡浓度间关系为：

$$HB = H^+ + B^-$$

$$K_a^\ominus = \frac{\{c(H^+)/c^\ominus\}\{c(B^-)/c^\ominus\}}{c(HB)/c^\ominus}$$

若向系统内加入水进行稀释，使系统体积变为原来的 n 倍，则此时反应商 Q 可依下式算得：

$$Q = \frac{\{c(H^+)/c^\ominus\}\{c(B^-)/c^\ominus\}}{c(HB)/c^\ominus} \times \frac{1}{n} = \frac{K_a^\ominus}{n} < K_a^\ominus$$

平衡必正向移动，即弱酸碱的离解度随溶液浓度减小而增大。但由于稀释后溶液体积增大的倍数比离解度增大的倍数大，所以稀释后弱酸(碱)水溶液的酸(碱)度降低。

7.3.2 同离子效应

若向 HAc 水溶液中加入其共轭碱 Ac^-，或向 NH_3 水溶液中加入其共轭酸 NH_4^+，必使 HAc、NH_3 的离解平衡逆向移动，即使 HAc、NH_3 的离解度降低，使得 HAc 水溶液中 H^+ 浓度减小、pH 升高，NH_3 水溶液 OH^- 浓度减小、pH 降低：

$$HAc + H_2O = H_3^+O + Ac^-$$

$$NH_3 + H_2O = OH^- + NH_4^+$$

当然，水溶液中的 HAc 对 Ac^- 的离解、或水溶液中的 NH_3 对 NH_4^+ 的离解，也同样会产生抑制作用：

$$Ac^- + H_2O = OH^- + HAc$$

$$NH_4^+ + H_2O = H_3O^+ + NH_3$$

以上各例说明，向弱酸(或弱碱)水溶液中加入其共轭碱(或共轭酸)，将会使弱酸及其共轭碱(弱碱及其共轭酸)的离解反应均受到抑制，使溶液的酸度发生改变。此种共轭酸碱对之间对离解反应的相互抑制作用习惯上称为同离子效应(common ion effect)。

共轭酸碱对的混合溶液(即存在同离子效应的溶液)的酸度可根据酸碱离解平衡关系近似计算。

【例 7.5】 计算 $c(HAc) = 0.10\ mol \cdot L^{-1}$、$c(NaAc) = 0.10\ mol \cdot L^{-1}$ 的醋酸和醋酸钠混合溶液的 pH 及醋酸的离解度。

解 设溶液中 H^+ 的相对浓度 $c(H^+)/c^{\ominus}=x$

$$\begin{array}{lcccc} & HAc & = & H^+ & + & Ac^- \\ c^{eq}/mol\cdot L^{-1} & 0.10-x & & x & & 0.10+x \end{array}$$

根据
$$K_a^{\ominus}=\frac{\{c(H^+)/c^{\ominus}\}\{c(Ac^-)/c^{\ominus}\}}{c(HAc)/c^{\ominus}}$$

得：
$$c(H^+)/c^{\ominus}=K_a^{\ominus}\frac{c(HAc)/c^{\ominus}}{c(Ac^-)/c^{\ominus}}$$

由于共轭酸碱对间的同离子效应，使二者离解度均大大降低，一般可用它们的初始浓度代替平衡浓度。上式可简化为：

$$c(H^+)/c^{\ominus}\approx K_a^{\ominus}\frac{c_0(HAc)/c^{\ominus}}{c_0(Ac^-)/c^{\ominus}}=$$

$$1.76\times10^{-5}\times\frac{0.10}{0.10}=1.8\times10^{-5}$$

即
$$c(H^+)=1.8\times10^{-5}\ mol\cdot L^{-1}$$
$$pH=4.74$$
$$\alpha(HAc)=\frac{1.8\times10^{-5}\ mol\cdot L^{-1}}{0.10\ mol\cdot L^{-1}}=0.018\%$$

与例 7.2 比较，可知由于同离子效应，醋酸的离解度明显下降，溶液酸度明显降低，即同离子效应显著影响弱电解质的离解平衡。

根据弱酸碱的离解平衡关系式计算共轭酸碱混合溶液的酸度，亦可使用以下二式：

$$\begin{aligned} pH&=pK_a^{\ominus}-\lg\frac{c(A)/c^{\ominus}}{c(B)/c^{\ominus}} \\ pOH&=pK_b^{\ominus}-\lg\frac{c(B)/c^{\ominus}}{c(A)/c^{\ominus}} \end{aligned} \tag{7-8}$$

式中，$c(A)$、$c(B)$分别表示共轭酸、碱的平衡浓度。一般情况下，可用它们的初始浓度代替平衡浓度进行近似计算。

【例 7.6】 向 100 mL $c(NH_3)=0.10\ mol\cdot L^{-1}$的氨水溶液中加入 100 mL $c(HCl)=0.050\ mol\cdot L^{-1}$的盐酸水溶液，计算所得溶液的 pH。

解 $NH_3+H^+=NH_4^+$

反应后

$$c(NH_3)=\frac{0.10\ mol\cdot L^{-1}\times 100\ mL-0.050\ mol\cdot L^{-1}\times 100\ mL}{200\ mL}=0.025\ mol\cdot L^{-1}$$

$$c(NH_4^+)=\frac{0.050\ mol\cdot L^{-1}\times 100\ mL}{200\ mL}=0.025\ mol\cdot L^{-1}$$

得

$$pOH=pK_b^{\ominus}(NH_3)-\lg\frac{c(NH_3)/c^{\ominus}}{c(NH_4^+)/c^{\ominus}}=4.74-\lg\frac{0.025}{0.025}=4.74$$

$$pH=9.26$$

【例 7.7】 计算 $c(NaHCO_3)=0.10\ mol\cdot L^{-1}$ 的碳酸氢钠与 $c(Na_2CO_3)=0.10\ mol\cdot L^{-1}$ 的碳酸钠混合溶液的 pH。

解 $$pH=pK_{a2}^{\ominus}(H_2CO_3)-\lg\frac{c(HCO_3^-)/c^{\ominus}}{c(CO_3^{2-})/c^{\ominus}}=10.25-\lg\frac{0.10}{0.10}=10.25$$

7.3.3 介质酸度对酸碱平衡的影响

在水溶液中，由于离解作用，弱一元酸碱总以 1 对共轭酸碱存在，比如无论是醋酸水溶液还是醋酸钠水溶液中，均存在 HAc 和 Ac^- 2 种型体；在弱多元酸碱水溶液中，情况更为复杂，如在磷酸或各种磷酸盐的水溶液中，均存在 H_3PO_4、$H_2PO_4^-$、HPO_4^{2-} 和 PO_4^{3-} 4 种存在型体。根据化学平衡移动原理可知，若改变溶液的酸度，必使酸碱离解平衡发生移动：在酸度较高的介质条件下，弱酸碱主要以酸型体存在；反之，则主要以碱型体存在。因此，正确判断一定酸度的溶液中弱酸碱主要以何种型体存在以及计算各种存在型体的浓度，就具有十分重要的理论和应用价值。

在弱一元酸(碱)水溶液中，存在如下离解平衡：

$$HB = H^+ + B^-$$

根据离解平衡关系式可知介质酸度与共轭酸碱对 HB、B^- 浓度的比值的关系：

$$pH=pK_a^{\ominus}-\lg\frac{c(HB)/c^{\ominus}}{c(B^-)/c^{\ominus}}=pK_a^{\ominus}-\lg\frac{c(HB)}{c(B^-)}$$

当 $pH=pK_a^{\ominus}$ 时：$\frac{c(HB)}{c(B^-)}=1$，此时共轭酸碱浓度相等；

当 $pH<pK_a^{\ominus}$ 时：$\frac{c(HB)}{c(B^-)}>1$，此时弱一元酸(碱)主要存在型体为酸；

当 $pH>pK_a^\ominus$ 时：$\dfrac{c(HB)}{c(B^-)}<1$，此时弱一元酸（碱）主要存在型体为碱。

弱酸（碱）某种存在型体的浓度与其各种存在型体浓度总和（即弱酸或弱碱的总浓度）的比值为该型体的摩尔分数 x。可作得 $x(HB)$、$x(B^-)$随介质 pH 变化的曲线，称为弱酸（碱）型体分布图（图 7.1）。对弱一元酸碱，在 $pH=pK_a^\ominus$ 处，$x(HB)=x(B^-)=50\%$。依图可清晰判断一定介质酸度下弱酸碱各种型体的存在情况。

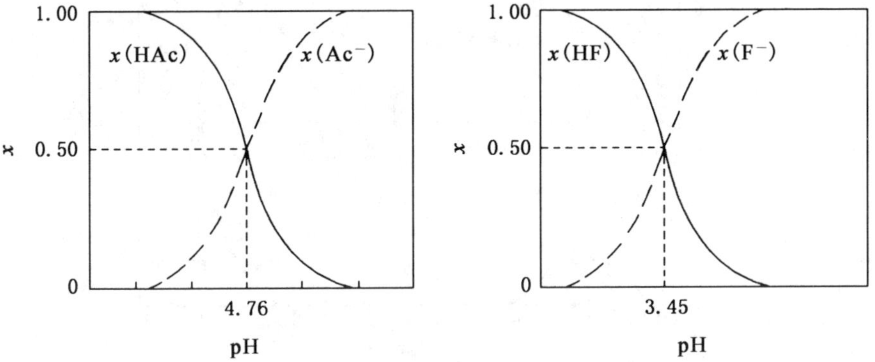

图 7.1 醋酸和氢氟酸的型体分布图

例如，欲使 F^- 与 Al^{3+} 间的配位反应进行较完全，根据 HF 型体分布图可知，只有当溶液 $pH>pK_a^\ominus(HF)$ 时才以 F^- 为主，故溶液 pH 不应低于 $pK_a^\ominus(HF)$，即不应低于 3.45。

在弱二元酸（碱）水溶液中，同时存在多步离解平衡：

$$H_2B = H^+ + HB^- \quad pH = pK_{a1}^\ominus - \lg\frac{c(H_2B)}{c(HB^-)}$$

$$HB^- = H^+ + B^{2-} \quad pH = pK_{a2}^\ominus - \lg\frac{c(HB^-)}{c(B^{2-})}$$

当 $pH=pK_{a1}^\ominus$ 时：$\dfrac{c(H_2B)}{c(HB^-)}=1$，且若 $pK_{a1}^\ominus \ll pK_{a2}^\ominus$，则 $\dfrac{c(HB^-)}{c(B^{2-})}\gg 1$，即此时 $x(H_2B)=x(HB^-)\approx 50\%$，$x(B^{2-})\approx 0$；

当 $pH=pK_{a2}^\ominus$ 时：$\dfrac{c(HB^-)}{c(B^{2-})}=1$，且若 $pK_{a1}^\ominus \ll pK_{a2}^\ominus$，则 $\dfrac{c(H_2B)}{c(HB^-)}\ll 1$，即此时 $x(B^{2-})=x(HB^-)\approx 50\%$，$x(H_2B)\approx 0$；

当 $pH=\frac{1}{2}(pK_{a1}^{\ominus}+pK_{a2}^{\ominus})$时，两性物质 HB^- 的摩尔分数达到其最大值，若 $pK_{a1}^{\ominus} \ll pK_{a2}^{\ominus}$,则可近似认为此时 $x(H_2B)=x(B^{2-})\approx 0, x(HB^-)\approx 100\%$。

类似地,可对弱三元酸(碱)、弱四元酸(碱)等各种存在型体与介质酸度的关系进行分析,并作出弱多元酸(碱)型体分布图(图 7.2)。

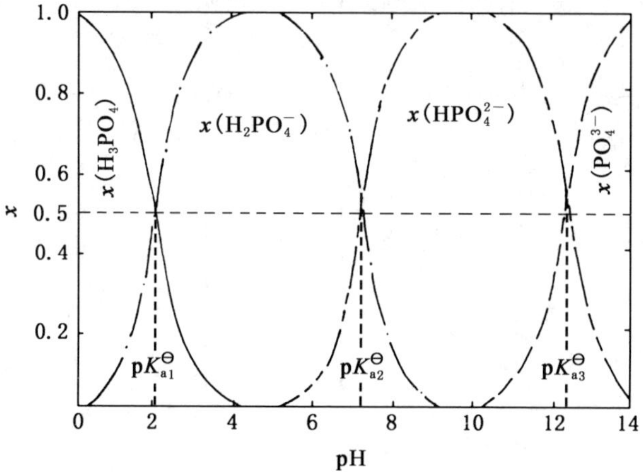

图 7.2 磷酸型体分布图

由弱多元酸(碱)型体分布图可见：

①若弱多元酸(碱)相邻 2 步离解常数相差较大,则在水溶液中仅相邻的 2 种型体能大量共存,二者摩尔分数之和约为 100%:$pH<\frac{1}{2}(pK_{a1}^{\ominus}+pK_{a2}^{\ominus})$时,弱多元酸(碱)主要以 H_nB 和 $H_{n-1}B^-$ 2 种型体存在;$\frac{1}{2}(pK_{a1}^{\ominus}+pK_{a2}^{\ominus})<pH<\frac{1}{2}(pK_{a2}^{\ominus}+pK_{a3}^{\ominus})$时,主要以 $H_{n-1}B^-$ 和 $H_{n-2}B^{2-}$ 2 种型体存在,余可依此类推。由此表明,若弱多元酸(碱)相邻 2 步离解常数相差较大,弱多元酸(碱)与碱(酸)的反应,可近似认为是分步进行的。

②HCO_3^-、$H_2PO_4^-$、HPO_4^{2-} 等两性物质水溶液的 pH,约等于其 $pK_a^{\ominus}$ 与其共轭酸 $pK_a^{\ominus}$ 之和的 1/2,如：

$NaHCO_3$ 水溶液

$$pH\approx\frac{1}{2}\{pK_{a1}^{\ominus}(H_2CO_3)+pK_{a2}^{\ominus}(H_2CO_3)\}=\frac{1}{2}(6.37+10.25)=8.31$$

NaH_2PO_4 水溶液

$$pH \approx \frac{1}{2}\{pK^{\ominus}_{a1}(H_3PO_4)+pK^{\ominus}_{a2}(H_3PO_4)\}=\frac{1}{2}(2.12+7.21)=4.67$$

Na_2HPO_4 水溶液

$$pH \approx \frac{1}{2}\{pK^{\ominus}_{a2}(H_3PO_4)+pK^{\ominus}_{a3}(H_3PO_4)\}=\frac{1}{2}(7.21+12.66)=9.94$$

若两性物质的酸式离解常数大于碱式离解常数，则其水溶液显酸性；反之则显碱性。

【例 7.8】 正常人尿液 pH＝6.30，其中各种磷酸型体的总浓度为 0.020 mol·L^{-1}。判断尿液中磷酸主要以哪 2 种存在型体为主，并计算 $c(H_2PO_4^-)$、$c(HPO_4^{2-})$和 $c(PO_4^{3-})$。

解 由磷酸的型体分布图可判断，尿液中磷酸主要以 $H_2PO_4^-$、HPO_4^{2-} 型体存在，可近似认为此二者浓度之和等于磷酸各种型体的总浓度，即

$$c(H_2PO_4^-)+c(HPO_4^{2-})=0.020\ mol\cdot L^{-1}$$

所以，在近似计算此二者浓度时，可只考虑以下化学平衡：

$$H_2PO_4^- = H^+ + HPO_4^{2-}$$

$$pH=pK^{\ominus}_{a2}(H_3PO_4)-\lg\frac{c(H_2PO_4^-)}{c(HPO_4^{2-})}$$

故 $$\lg\frac{c(H_2PO_4^-)}{c(HPO_4^{2-})}=pK^{\ominus}_{a2}(H_3PO_4)-pH=7.21-6.30=0.91$$

$$\frac{c(H_2PO_4^-)}{c(HPO_4^{2-})}=8.13$$

又 $$c(H_2PO_4^-)+c(HPO_4^{2-})=0.020\ mol\cdot L^{-1}$$

得 $$c(H_2PO_4^-)=0.018\ mol\cdot L^{-1}$$

$$c(HPO_4^{2-})=0.002\ 0\ mol\cdot L^{-1}$$

可根据磷酸的第三步离解平衡计算 $c(PO_4^{3-})$：

$$HPO_4^{2-} = H^+ + PO_4^{3-}$$

$$pH=pK^{\ominus}_{a3}(H_3PO_4)-\lg\frac{c(HPO_4^{2-})}{c(PO_4^{3-})}$$

故 $$\lg\frac{c(HPO_4^{2-})}{c(PO_4^{3-})}=pK^{\ominus}_{a3}(H_3PO_4)-pH=12.66-6.30=6.36$$

$$\frac{c(HPO_4^{2-})}{c(PO_4^{3-})}=2.3\times10^{6}$$

得
$$c(PO_4^{3-})=8.7\times10^{-10}\ mol\cdot L^{-1}$$

酸碱指示剂(indicator),是一类结构复杂的有机弱酸或弱碱,且酸型体与碱型体具有不同的颜色。随溶液酸度不同,酸碱指示剂或主要以酸、或主要以碱型体存在,因此使溶液显示出不同的颜色。如甲基橙酸型体($pK_a^{\ominus}=3.4$)呈红色,碱型体呈黄色,所以在 pH 低于 3.4 的水溶液中主要显现红色,pH 高于 3.4 时主要显现黄色;甲基红是一种弱酸($pK_a^{\ominus}=5.0$),在 pH 低于 5.0、高于 5.0 的水溶液中分别主要显现红色和黄色;酚酞也是一种弱酸,在 pH 低于 8.2 的水溶液中无色,反之则显现红色。由于各种酸碱指示剂离解常数不同,所以可选用不同的指示剂指示溶液不同的 pH。

定性分析化学中,常用在不同酸度条件下生成硫化物的方法进行离子的分离。因此有必要搞清溶液中 S^{2-} 浓度与介质酸度间的关系。氢硫酸在水溶液中分 2 步离解:

$$H_2S + H_2O = H_3O^+ + HS^- \quad K_{a1}^{\ominus}=\frac{\{c(H^+)/c^{\ominus}\}\{c(HS^-)/c^{\ominus}\}}{c(H_2S)/c^{\ominus}}$$

$$HS^- + H_2O = H_3O^+ + S^{2-} \quad K_{a2}^{\ominus}=\frac{\{c(H^+)/c^{\ominus}\}\{c(S^{2-})/c^{\ominus}\}}{c(HS^-)/c^{\ominus}}$$

将 2 步标准平衡常数表达式结合,得:

$$K_{a1}^{\ominus}K_{a2}^{\ominus}=\frac{\{c(H^+)/c^{\ominus}\}^2\{c(S^{2-})/c^{\ominus}\}}{c(H_2S)/c^{\ominus}}$$

由此式可知,若溶液中硫化氢分子相对浓度保持一定,则 S^{2-} 相对浓度与 H^+ 相对浓度的平方成反比。在常温、常压下,若溶液的 pH<6,硫化氢饱和水溶液的浓度约为 $0.1\ mol\cdot L^{-1}$,据此,可计算出在 pH=0 和 pH=6 的氢硫酸饱和溶液中,S^{2-} 浓度分别为 $9.23\times10^{-23}\ mol\cdot L^{-1}$ 和 $9.23\times10^{-11}\ mol\cdot L^{-1}$,即靠调节溶液的酸度,可以较精确地控制氢硫酸饱和溶液中 S^{2-} 的浓度在很大的范围内变化。

7.4 酸碱缓冲溶液(acid-base buffer solutions)

很多化学反应,必须严格控制在一定的 pH 范围才能顺利进行。酸碱缓冲溶液能有效地控制溶液保持一定的 pH,故其具有十分重要的应用价值。

7.4.1 酸碱缓冲溶液的组成和性质

具有抵抗加入的少量酸、碱或适量的稀释作用而保持 pH 基本不变能力的溶液称为酸碱缓冲溶液(buffer)。在 pH 为 3～12 范围内,最重要的缓冲溶液由 1 对或多对共轭酸碱组成,如 HAc-Ac^- 混合溶液、H_2CO_3-HCO_3^- 混合溶液、HCO_3^--CO_3^{2-} 混合溶液、NH_3-NH_4^+ 混合溶液、$H_2PO_4^-$-HPO_4^{2-} 混合溶液等,均具有酸碱缓冲作用。酸碱缓冲溶液的酸度可按下式近似计算:

$$pH=pK_a^{\ominus}-\lg\frac{c(A)}{c(B)}$$

$$pOH=pK_b^{\ominus}-\lg\frac{c(B)}{c(A)}$$

【例 7.9】 根据例 7.2 计算结果,已知 $c(HAc)=0.10\ mol\cdot L^{-1}$ 的醋酸水溶液 pH=2.89。向 100 mL 该溶液中加入 1.0 mL $c(NaOH)=1.0\ mol\cdot L^{-1}$ 的氢氧化钠溶液后,溶液 pH 改变多少?

解 加入 NaOH 后

$$OH^- + HAc = Ac^- + H_2O$$

$$c(HAc)=\frac{0.10\ mol\cdot L^{-1}\times 100\ mL-1.0\ mol\cdot L^{-1}\times 1.0\ mL}{101\ mL}=0.089\ mol\cdot L^{-1}$$

$$c(Ac^-)=\frac{1.0\ mol\cdot L^{-1}\times 1.0\ mL}{101\ mL}=0.010\ mol\cdot L^{-1}$$

$$pH=pK_a^{\ominus}(HAc)-\lg\frac{c(HAc)}{c(Ac^-)}=4.74-\lg\frac{0.089}{0.010}=3.79$$

$$\Delta pH=0.90$$

【例 7.10】 计算一含有 $c(HAc)=0.10\ mol\cdot L^{-1}$ 的醋酸和 $c(Ac^-)=0.10\ mol\cdot L^{-1}$ 的醋酸钠的水溶液的 pH。向 100 mL 该溶液中加入:

(1)1 mL $c(HCl)=1.0\ mol\cdot L^{-1}$ 的盐酸;

(2)1 mL $c(NaOH)=1.0\ mol\cdot L^{-1}$ 的氢氧化钠;

(3)100 mL 水,溶液 pH 各改变多少?

解 $pH=pK_a^{\ominus}(HAc)-\lg\dfrac{c(HAc)}{c(Ac^-)}=4.74-\lg 1=4.74$

(1) 加入 HCl 后

$$H^+ + Ac^- = HAc$$

$$c(HAc)=\frac{0.10\ mol\cdot L^{-1}\times 100\ mL+1.0\ mol\cdot L^{-1}\times 1.0\ mL}{101\ mL}=0.11\ mol\cdot L^{-1}$$

$$c(Ac^-)=\frac{0.10\ mol\cdot L^{-1}\times 100\ mL-1.0\ mol\cdot L^{-1}\times 1.0\ mL}{101\ mL}=0.089\ mol\cdot L^{-1}$$

$$pH=pK_a^{\ominus}(HAc)-\lg\frac{c(HAc)}{c(Ac^-)}=4.74-\lg\frac{0.11}{0.089}=4.74-\lg 1.2=4.66$$

$\Delta pH=-0.08$

(2)加入 NaOH 后

$$OH^- + HAc = Ac^- + H_2O$$

$c(HAc)=0.089\ mol\cdot L^{-1}$

$c(Ac^-)=0.11\ mol\cdot L^{-1}$

$$pH=pK_a^{\ominus}(HAc)-\lg\frac{c(HAc)}{c(Ac^-)}=4.74-\lg\frac{0.089}{0.11}=4.74-\lg 0.81=4.83$$

$\Delta pH=0.09$

(3)加入水后

$c(HAc)=0.050\ mol\cdot L^{-1}$

$c(Ac^-)=0.050\ mol\cdot L^{-1}$

$$pH=pK_a^{\ominus}(HAc)-\lg\frac{c(HAc)}{c(Ac^-)}=4.74-\lg 1=4.74$$

$\Delta pH=0$

对比以上二例计算结果可知，由共轭酸碱对组成的水溶液具有明显的酸碱缓冲作用。单一的弱酸(弱碱)不具有抵抗外加少量强碱(酸)的能力，是由于其与加入的碱(酸)反应后，生成的共轭碱(酸)将对原有弱酸(碱)的离解产生同离子效应，使溶液的性质发生了质的变化，大大抑制了它们的离解；而共轭酸碱对的混合溶液中，加入少量强酸碱后，溶液的组成未发生明显变化，溶液的性质未发生质的变化。所以说共轭酸碱混合溶液之所以具有缓冲能力，原因即在于溶液中存在的强烈的同离子效应。

7.4.2 酸碱缓冲溶液的配制

缓冲溶液的缓冲能力是有一定限度的，只有在加入少量强酸碱后，共轭酸碱对的浓度比不甚改变时，溶液的 pH 才能基本保持不变。显然，适当提高共轭酸碱对的浓度可提高缓冲溶液的缓冲能力。但浓度过高时可能对化学反应造成不利的影响，且浪费试剂。故实际工作中，共轭酸碱的浓度一般控制在 0.1～ 1 $mol\cdot L^{-1}$ 为宜。此外，当共轭酸碱的总浓度一定时，二者浓度的比值为 1∶1 时溶液的缓冲能力最强。因此在配制缓冲溶液时，共轭酸、碱浓度的比值应控制在(10∶1)～(1∶10) 范围内，即利用确定的 1 对缓冲对配制的缓冲溶液，pH 应控制在 pH＝

$pK_a^\ominus \pm 1$，或 pOH 应控制在 $pOH = pK_b^\ominus \pm 1$ 范围内。此范围称为某一缓冲对的缓冲范围(buffer range)。由此可见，缓冲溶液的 pH，主要决定于所选共轭酸、碱的 $K_a^\ominus$、$K_b^\ominus$。

配制缓冲溶液时，可按下列步骤进行：

①根据要求配制的缓冲溶液的 pH 或 pOH，正确选择缓冲对：缓冲对中，酸的 $pK_a^\ominus$ 或碱的 $pK_b^\ominus$ 应在如下范围：

$$pK_a^\ominus = pH \pm 1 \text{ 或 } pK_b^\ominus = pOH \pm 1$$

②计算缓冲对的浓度比，以保证配得的缓冲溶液酸度恰为所需；

③根据以上结果，配制缓冲溶液，并保证酸、碱的浓度均应控制在 $0.1 \sim 1\ mol \cdot L^{-1}$ 范围；

④用酸度计测定所配溶液的 pH。若与所需有差异，再加入少量步骤 1 中选定的酸或碱进行调节。

【例 7.11】 欲配制 pH＝3.50 的缓冲溶液，应选用 HCOOH-HCOONa、HAc-NaAc、NaH_2PO_4-Na_2HPO_4、NH_3-NH_4Cl 中哪一缓冲对？

解 所选缓冲对中酸的 $pK_a^\ominus$ 应在 2.50～4.50 范围，或碱的 $pK_b^\ominus$ 应在 9.50～11.50 范围内。已知

$$pK_a^\ominus(HCOOH) = 3.75$$
$$pK_a^\ominus(HAc) = 4.74$$
$$pK_{a2}^\ominus(H_3PO_4) = 7.21$$
$$pK_b^\ominus(NH_3) = 4.75$$

故应选 HCOOH-HCOONa 缓冲对。

【例 7.12】 欲配制 pH＝5.00 的缓冲溶液 500 mL，且要求其中醋酸的浓度 $c(HAc) = 0.20\ mol \cdot L^{-1}$。问应取 $c(HAc) = 1.0\ mol \cdot L^{-1}$ 的醋酸溶液和固体 $NaAc \cdot 3H_2O$ 各多少？

解 $$pH = pK_a^\ominus(HAc) - \lg \frac{c(HAc)/c^\ominus}{c(Ac^-)/c^\ominus}$$

故 $$\lg \frac{c(HAc)}{c(Ac^-)} = pK_a^\ominus(HAc) - pH = 4.74 - 5.00 = -0.26$$

$$\frac{c(HAc)}{c(Ac^-)} = 0.55$$

$$c(Ac^-) = \frac{c(HAc)}{0.55} = 0.36\ mol \cdot L^{-1}$$

因此，需取原醋酸溶液的体积和醋酸钠的质量分别为

$$V(\mathrm{HAc})=\frac{0.20\ \mathrm{mol}\cdot\mathrm{L}^{-1}\times 0.500\ \mathrm{L}}{1.0\ \mathrm{mol}\cdot\mathrm{L}^{-1}}=0.10\ \mathrm{L}$$

$$m(\mathrm{NaAc}\cdot 3\mathrm{H_2O})=0.36\ \mathrm{mol}\cdot\mathrm{L}^{-1}\times 0.500\ \mathrm{L}\times 136\ \mathrm{g}\cdot\mathrm{mol}^{-1}=24\ \mathrm{g}$$

7.4.3 其他类型的酸碱缓冲溶液

除了由共轭酸碱对组成的缓冲溶液外，较浓的强酸、强碱水溶液也具有酸碱缓冲能力，一般应用于 $\mathrm{pH}<3$ 或 $\mathrm{pH}>12$ 范围。两性物质（如通常所称酸式盐）水溶液，尤其是相邻 2 级离解常数相差较小的弱多元酸的酸式盐，如邻苯二甲酸氢钾、酒石酸氢钾等水溶液，也具有一定的缓冲能力。如酒石酸（$\mathrm{p}K_{\mathrm{a1}}^{\ominus}=3.04$，$\mathrm{p}K_{\mathrm{a2}}^{\ominus}=4.37$），由于 2 级离解常数接近，故酒石酸氢钾酸式离解和碱式离解都较强烈，溶液中存在较高浓度的酒石酸和酒石酸酸根离子，它们分别与酒石酸氢根组成 2 个缓冲对。此类缓冲溶液常常用做校准酸度计的标准缓冲溶液，应严格按规定的方法配制。标准缓冲溶液的 pH 是经准确测定得来，而不是近似计算的结果。标准缓冲溶液的配制方法和 pH 可从化学手册查出，此处不再赘述。

7.5 强电解质溶液简介（introduction of strong electrolyte solutions）

强酸、强碱以及绝大多数酸碱电离理论中所谓的盐，常称为强电解质（strong electrolytes）。它们或是典型的离子化合物，或是具有强极性的共价化合物。在水溶液中，受具有较高介电常数的极性分子水的作用，强电解质 100%完全离解。如在 $c(\mathrm{NaCl})=0.10\ \mathrm{mol}\cdot\mathrm{L}^{-1}$ 的氯化钠水溶液中，$c(\mathrm{Na}^{+})$、$c(\mathrm{Cl}^{-})$ 均为 $0.10\ \mathrm{mol}\cdot\mathrm{L}^{-1}$。但在诸如溶液凝固点下降、溶液的导电性、反应速率以及化学平衡等实验中，若二离子浓度以 $0.10\ \mathrm{mol}\cdot\mathrm{L}^{-1}$ 代入有关计算式，结果有较大误差，而若以 $0.074\ \mathrm{mol}\cdot\mathrm{L}^{-1}$ 作为二者“浓度”，则与实验事实相吻合。这说明，强电解质溶液中，离子在诸如凝固点下降、导电性、化学反应速率及化学平衡等实验中的“表观浓度”与其真实浓度不同，且一般来讲，浓度越大，二者差异越明显。化学科学中，称离子的“表观浓度”为离子活度 a（activity），其 SI 单位为 1。

离子活度与浓度间的关系，可用下列公式联系起来：

$$a=\gamma c \tag{7-9}$$

式中，γ 称为活度系数（activity coefficient）。大多数情况下，γ 数值小于 1，且一般

来讲，离子浓度越大、离子电荷越高，γ 越小；当离子浓度趋于 0 时，γ 数值趋于 1。

德拜（Debye）和休克尔（Huckel）对强电解质溶液理论的建立做出了重要贡献。他们认为，溶液中离子活度与浓度的差异，是因为异号离子之间相互吸引，离子的运动不能完全自由所致。一般情况下，溶液中离子浓度越大、电荷越高，即离子强度 I 越高，离子之间的相互吸引越强，则活度系数越小，活度与浓度的差异越大。

自 Debye、Huckel 开始，很多化学家根据静电学和分子运动论原理及经验参数，提出过不少公式来表示离子强度与活度系数的关系。但因离子间的作用十分复杂，一般只能适用于较低浓度的溶液中。20 世纪 70 年代，Pitzer 提出的计算式可用于浓度低于 6 $mol \cdot kg^{-1}$ 的溶液，对强电解质溶液理论的发展做出重大贡献。本书为简化，总以浓度代替活度进行有关近似计算。但应知，在诸如平衡常数表达式、化学反应速率方程式等公式中，本书所谓的反应物的浓度，实际均应为活度；在化学实验中，更应注意浓度与活度的区别。

若在弱酸或弱碱水溶液中加入强电解质，如在 HAc 水溶液中加入 NaCl，因溶液中离子强度增大、各离子活度降低，致使弱酸（碱）离解反应的反应商减小，平衡正向移动，即弱电解质离解度增大。此种作用通常称为盐效应。由于盐效应对弱电解质离解度影响不太大，通常近似计算中可忽略不计。

7.6 酸碱反应的生物学意义（biological significance of acid-base reaction）

生物体是以水为基础的系统，所以生命与水溶液中的各种化学平衡，包括酸碱平衡密切相关。因此酸碱理论具有重要的生物学意义。

7.6.1 生物体内的酸碱缓冲系统

细胞和各种生物组织都必须具有能保持一定 pH 的能力，其重要原因之一是各种酶均需在一定的 pH 条件下才具有催化生化反应的活性。酶是蛋白质大分子，其中常含有可给出质子的酸性基团和可接受质子的碱性基团，因此介质酸度影响酶的存在形式，对酶的活性影响极大，直接影响生化反应的进行。例如，在细胞质、细胞液中，含有磷酸缓冲对 $H_2PO_4^-$-HPO_4^{2-}，控制其 pH 保持在 6.8 左右，尿液也主要因磷酸缓冲对的作用而保持 pH 在 6.3 左右；血浆的酸度主要由碳酸缓冲对控制，该缓冲对能中和代谢过程中产生的酸或碱，维持血浆的 pH 在 7.4 左右（若 pH＜6.9 或 pH＞7.6，会发生酸中毒或碱中毒而危害生命）；又如，血红细胞内部溶液的酸度由血红蛋白缓冲对 HHb · Hb^- 控制等等。

7.6.2 氨基酸与介质酸度

生命的存在形式——蛋白质，由 α-氨基酸分子通过肽键结合而成。生物体中含有 20 余种 α-氨基酸，其中，分子内仅含有 1 个酸性基团 α-羧基和一个碱性基团 α-氨基的氨基酸称为中性氨基酸，如甘氨酸(Gly)：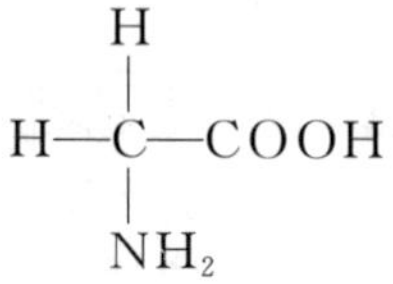 。因羧基是能给出质子的酸性基团，氨基是能接受质子的碱性基团，氨基酸分子内可发生质子转移，在晶体中甘氨酸以双极离子形体存在：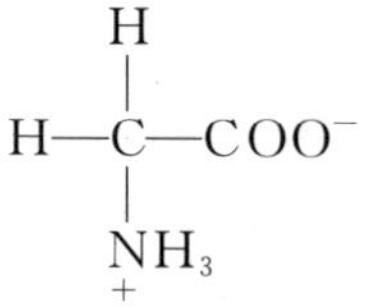，它是一种重要的两性物质，在水溶液中存在下列酸碱平衡：

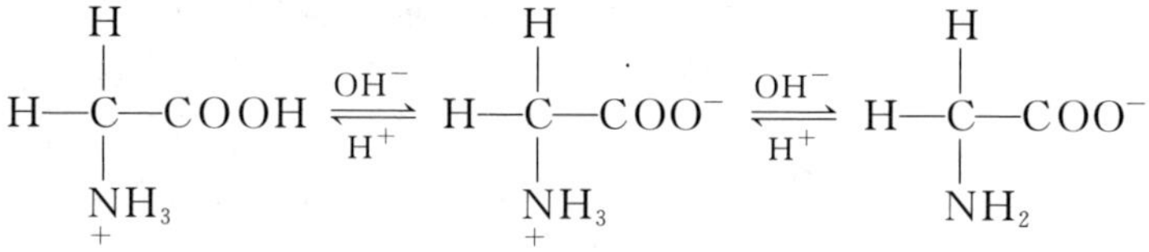

阳离子型体中，—COOH 和—NH_3^+ 给出质子的能力分别用它们的酸常数表示：

$$pK_a^{\ominus}(\alpha\text{-COOH})=2.3,\ pK_a^{\ominus}(\alpha\text{-}NH_3^+)=9.6。$$

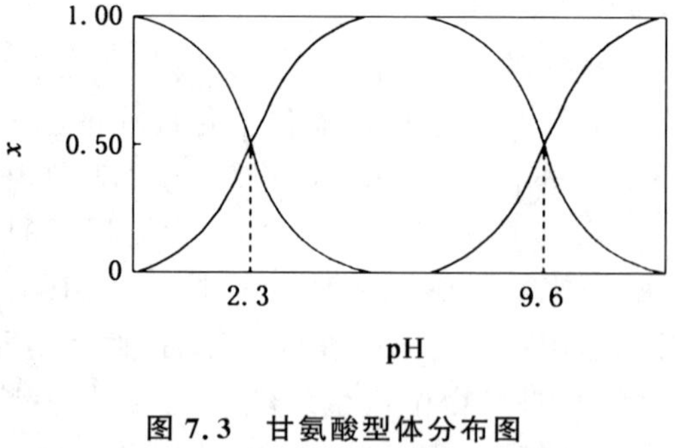

图 7.3 甘氨酸型体分布图

由甘氨酸的型体分布图(图 7.3)可知,若介质 pH<2.3,甘氨酸主要以阳离子形式存在,在电泳过程中将向阴极移动;若介质 pH>9.6,主要以阴离子形式存在,电泳过程中将向阳极移动;若介质

$$pH=\frac{1}{2}\{pK_a^{\ominus}(\alpha\text{-COOH})+pK_a^{\ominus}(\alpha\text{-NH}_3^+)\}=6.0$$

双极离子型体的摩尔分数达到最大值,近 100%,阴、阳离子型体的摩尔分数相等且非常小,甘氨酸所带的净电荷为 0,在电泳过程中将不向任何电极移动。此时介质的 pH 称为中性氨基酸的等电点(isoelectric point)pI:

$$pI=\frac{1}{2}\{pK_a^{\ominus}(\alpha\text{-COOH})+pK_a^{\ominus}(\alpha\text{-NH}_3^+)\} \tag{7-10}$$

等电点是氨基酸的特征常数。不同的氨基酸,等电点 pI 不同,所以调节介质酸度后,利用电泳方法可进行氨基酸混合物的分离。

对于含有多个酸性基团的酸性氨基酸,如谷氨酸

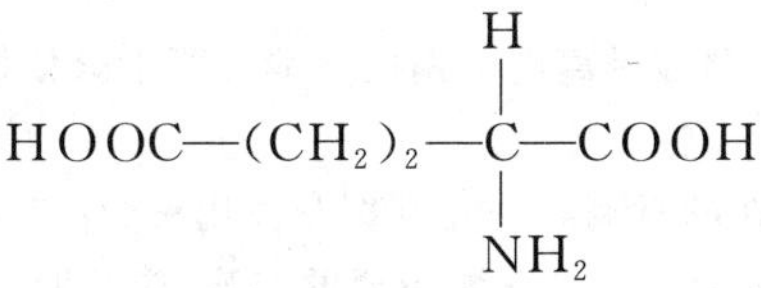

$pK_a^{\ominus}(\alpha\text{-COOH})=2.2$, $pK_a^{\ominus}(\gamma\text{-COOH})=3.9$,$pK_a^{\ominus}(\alpha\text{-NH}_3^+)=9.8$,其双极离子形式为: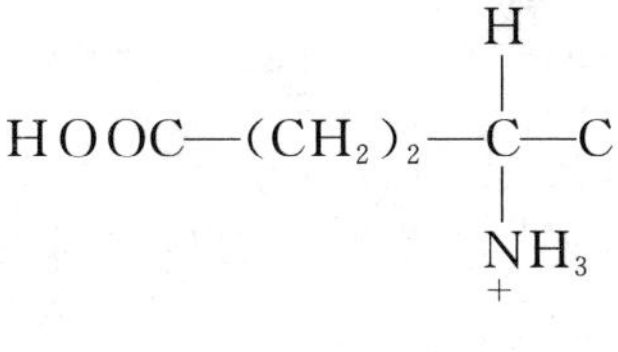;可依据型体分布图判断得知,其等电点:

$$pI=\frac{1}{2}\{pK_a^{\ominus}(\alpha\text{-COOH})+pK_a^{\ominus}(\gamma\text{-COOH})\}=3.0$$

对于含有多个碱性基团的碱性氨基酸,如赖氨酸

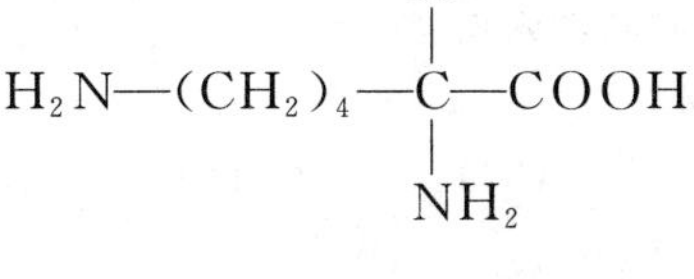

$pK_a^{\ominus}(\alpha\text{-COOH})=2.2$，$pK_a^{\ominus}(\alpha\text{-NH}_3^+)=9.0$，$pK_a^{\ominus}(\varepsilon\text{-NH}_3^+)=10.5$，其双极离子形式为：$^{+}H_3N—(CH_2)_4—\underset{\displaystyle NH_2}{\overset{\displaystyle H}{C}}—COO^-$，等电点

$$pI=\frac{1}{2}\{pK_a^{\ominus}(\alpha\text{-NH}_3^+)+pK_a^{\ominus}(\varepsilon\text{-NH}_3^+)\}=9.8$$

本章小结

酸碱质子理论认为，一定条件下，凡能给出质子的物质为酸，凡能接受质子的物质为碱；所谓酸碱反应，就是酸与碱之间的质子转移反应。水的质子自递反应、酸或碱在水溶液中的离解反应，均为酸碱反应，完成趋势的大小分别用 $K_w^{\ominus}$、$K_a^{\ominus}$、$K_b^{\ominus}$ 表示。共轭酸碱的 $K_a^{\ominus}K_b^{\ominus}=K_w^{\ominus}$。

根据弱酸碱离解平衡常数表达式，可近似计算弱酸、弱碱、共轭酸碱混合物及两性物质水溶液的酸度，以及其他各种离解产物的浓度。

x-pH 图表示介质酸度对弱酸碱离解平衡的影响。要学会依据 x-pH 图判断一定酸度条件下酸碱型体的分布。

共轭酸碱混合溶液中存在的对离解的相互抑制作用称为同离子效应，所以共轭酸碱混合溶液具有 pH 缓冲能力。缓冲溶液是一种非常重要的溶液，应掌握其配制原理和方法。

思考题

7.1　何谓质子酸？质子碱？按质子理论，何谓酸碱反应？

7.2　共轭酸碱在结构上的区别是什么？水溶液中，共轭酸碱的离解常数有何关系？

7.3　根据酸碱质子理论，如何理解同离子效应？

7.4　为何共轭酸碱混合溶液具有酸碱缓冲性质？如何保证缓冲溶液具有较强的缓冲能力？

7.5　何谓氨基酸的等电点？如何计算？

习题

7.1　根据酸碱质子理论，判断在水溶液中下列物质哪些是酸？哪些是碱？哪些是两性物质？分别写出它们的共轭酸(碱)式。

$[Fe(H_2O)_6]^{3+}$、$[Cr(H_2O)_5(OH)]^{2+}$、CO_3^{2-}、HPO_4^{2-}、NH_3、

CN^-、H_2O、$CO(NH_2)_2$、CH_3NH_2、H_2NCH_2COOH。

7.2 (1)水溶液中，强酸与强碱反应的离子反应式为________，反应的标准平衡常数 $K^{\ominus}$ =________；强酸与弱一元碱反应的离子反应式为________，$K^{\ominus}$ = ________；强碱与弱一元酸反应的离子反应式为________，$K^{\ominus}$ = ________；弱一元酸与弱一元碱反应的离子反应式为________，$K^{\ominus}$ = ________。

(2)在水溶液中，$HC_2O_4^-$ 的酸常数 $K_a^{\ominus}$ = ________，碱常数 $K_b^{\ominus}$ = ________，因此 $NaHC_2O_4$ 水溶液的 pH ________ 7.0。

7.3 奴弗卡因(一元弱碱，$K_b^{\ominus}=7\times10^{-6}$)是一种局部麻醉剂。计算 $c=0.020\ mol\cdot L^{-1}$ 的奴弗卡因水溶液的 pH。

7.4 一酸雨样品，pH=4.07。设此酸性完全因水中含 HNO_2 所致，计算 $c(HNO_2)$。

7.5 将等体积的 $c(C_6H_5NH_2)=0.040\ mol\cdot L^{-1}$ 的苯胺水溶液及 $c(HNO_3)=0.040\ mol\cdot L^{-1}$ 的硝酸水溶液混合，计算所得溶液的 pH。已知 $K_b^{\ominus}(C_6H_5NH_2)=4.6\times10^{-10}$。

7.6 尼古丁($C_{10}H_{14}N_2$)是二元弱碱，$K_{b1}^{\ominus}=7.0\times10^{-7}$，$K_{b2}^{\ominus}=1.4\times10^{-11}$。计算 $c(C_{10}H_{14}N_2)=0.050\ mol\cdot L^{-1}$ 的尼古丁水溶液的 pH 及溶液中 $c(C_{10}H_{14}N_2)$、$c(C_{10}H_{14}N_2H^+)$ 和 $c(C_{10}H_{14}N_2H_2^{2+})$。

7.7 计算 $c(Na_2S)=0.10\ mol\cdot L^{-1}$ 的硫化钠水溶液的 pH 及溶液中 $c(S^{2-})$、$c(HS^-)$ 和 $c(H_2S)$。

7.8 向 $c(HCl)=0.050\ mol\cdot L^{-1}$ 的盐酸中通 H_2S 至饱和 $\{c(H_2S)\approx0.10\ mol\cdot L^{-1}\}$，计算溶液 pH 及其中 $c(S^{2-})$。

7.9 柠檬汁是一种酸性最强的果汁，pH=1.92。计算柠檬汁中柠檬酸的各种型体的浓度 $c(H_3Cit)$、$c(H_2Cit^-)$、$c(HCit^{2-})$ 与柠檬酸根浓度 $c(Cit^{3-})$ 的比值各为多少？

7.10 在 1.0 L $c(NH_3)=0.10\ mol\cdot L^{-1}$ 的氨水中，需加入多少克 $(NH_4)_2SO_4$ 方可配得 pH=9.00 的缓冲溶液？

7.11 近似计算酒石酸氢钾(KHA)水溶液的 pH，并计算该水溶液中 $c(H_2A)/c(HA^-)$ 及 $c(A^{2-})/c(HA^-)$。判断此溶液有无缓冲能力？为什么？(已知酒石酸：$pK_{a1}^{\ominus}=3.0$，$pK_{a2}^{\ominus}=4.4$)。若其 2 级 $pK_a^{\ominus}$ 相差较大，情况又将如何？

Optional questions：

7.12 For a 3.0 $mol\cdot L^{-1}$ of H_3PO_4 solution，calculate $c(H^+)$，$c(H_2PO_4^-)$，$c(HPO_4^{2-})$ and $c(PO_4^{3-})$。

7.13 Calculate $c(H^+)$，$c(HSO_4^-)$ and $c(SO_4^{2-})$ in 0.50 $mol\cdot L^{-1}$ of H_2SO_4 and 0.020 $mol\cdot L^{-1}$ of H_2SO_4 solution。

8　沉淀-溶解反应
Precipitation-Dissolution Reactions

【教学目标】

● **溶度积原理:**

1. 掌握沉淀-溶解平衡和溶度积基本概念。
2. 弄清难溶电解质溶解度、溶度积和离子积的关系并能进行有关近似计算。
3. 掌握溶度积原理。

● **沉淀-溶解平衡的移动及溶度积原理的应用:**

1. 掌握沉淀生成与溶解的条件、分步沉淀与沉淀转化的原理,并进行有关计算。
2. 掌握介质酸度对沉淀-溶解平衡的影响,熟练判断常见金属氢氧化物、硫化物的沉淀条件及金属离子分离条件。
3. 理解氧化还原反应、配位反应对沉淀-溶解平衡的影响。
4. 理解同离子效应和盐效应对沉淀-溶解平衡的影响。

电解质按溶解度大小可分为易溶电解质和难溶电解质。习惯上把溶解度小于0.01 g/100 g 水的物质称为难溶电解质。

酸碱平衡是处于同一溶液中的分子和离子，或离子之间的动态平衡，属单相离子平衡。沉淀-溶解平衡则是在一定温度下，难溶电解质的饱和溶液中，未溶解的固体与已进入溶液中的离子之间所建立的动态平衡，故属多相平衡。研究沉淀-溶解平衡，使大家能够了解和掌握沉淀的溶解、生成、转化和分步沉淀等变化规律，在实际工作中是很有意义的。常利用沉淀的生成和溶解进行物质的分离、提纯、离子鉴定和定量测定等。

8.1 难溶电解质的溶度积(solubility product of insoluble electrolyte)

8.1.1 沉淀-溶解平衡和溶度积常数

将 AgCl 固体放入水中，在极性的水分子作用下，固体表面微量的 AgCl 溶于水，发生离解，Ag^+ 和 Cl^- 成为水合离子进入溶液。这个过程称为 AgCl 的溶解。同时，在水溶液中的 Ag^+ 和 Cl^- 作无规则运动，部分水合 Ag^+ 和 Cl^- 互相碰撞而结合成 AgCl 分子又重新回到固体表面。这个过程称为 AgCl 的沉淀。当溶解反应和沉淀反应的速率相等时，就建立了固相 AgCl 和液相中的 Ag^+ 和 Cl^- 之间的动态平衡，即沉淀-溶解平衡(precipitation-dissolution equilibrium)。这是一种存在于难溶电解质饱和溶液中的多相平衡，它可表示为：

$$AgCl(s) \underset{\text{沉淀}}{\overset{\text{溶解}}{\rightleftharpoons}} Ag^+(aq) + Cl^-(aq)$$

其标准平衡常数式为：$K_{sp}^{\ominus} = \{c^{eq}(Ag^+)/c^{\ominus}\}\{c^{eq}(Cl^-)/c^{\ominus}\}$

式中，标准平衡常数 $K_{sp}^{\ominus}$ 称为 AgCl 的溶度积常数，简称溶度积(product of solubility)。

类似地，对于任一难溶电解质 A_mB_n 在水溶液中的沉淀-溶解平衡，可表示为：

$$A_mB_n(s) \underset{\text{沉淀}}{\overset{\text{溶解}}{\rightleftharpoons}} mA^{n+}(aq) + nB^{m-}(aq)$$

其溶度积为：$K_{sp}^{\ominus} = \{c^{eq}(A^{n+})/c^{\ominus}\}^m\{c^{eq}(B^{m-})/c^{\ominus}\}^n$

它表示一定的温度下，难溶电解质的饱和溶液中各个离子相对浓度以其计量数为幂的乘积是一常数。溶度积 $K_{sp}^{\ominus}$ 具有一般平衡常数的物理意义，即其与温度有关，而与离子浓度无关。一些常见的难溶电解质的 $K_{sp}^{\ominus}$ 列于附录Ⅳ中。

8.1.2 溶度积和溶解度的换算

溶度积 $K_{sp}^{\ominus}$ 和溶解度 S 都可以用来表示难溶电解质在饱和溶液中的溶解状况。在一定温度下，溶度积是常数，而溶解度则会因离子浓度、介质酸度等条件的变化而改变，所以溶度积是比溶解度重要得多的化学基本数据。从理论上讲，二者可以互相换算。

【例 8.1】 已知 298.15 K 时 $Mg(OH)_2$ 的 $K_{sp}^{\ominus}=5.61\times10^{-12}$，求其溶解度 S。

解 平衡时 $Mg(OH)_2(s)=Mg^{2+}(aq)+2OH^-(aq)$

c^{eq} S $2S$

则 $K_{sp}^{\ominus}=\{c(Mg^{2+})/c^{\ominus}\}\{c(OH^-)/c^{\ominus}\}^2=(S/c^{\ominus})(2S/c^{\ominus})^2=4(S/c^{\ominus})^3$

$$S/c^{\ominus}=\sqrt[3]{\frac{K_{sp}^{\ominus}}{4}}=\sqrt[3]{\frac{5.61\times10^{-12}}{4}}=1.12\times10^{-4}$$

$$S=1.12\times10^{-4}\ mol\cdot L^{-1}$$

【例 8.2】 已知 AgCl 在 25℃时溶解度为 $1.79\times10^{-3}\ g\cdot L^{-1}$，试计算其 $K_{sp}^{\ominus}$。

解 先换算单位：

$$M(AgCl)=143.4\ g\cdot mol^{-1}$$

所以 AgCl 的溶解度为

$$S(AgCl)=\frac{1.79\times10^{-3}\ g\cdot L^{-1}}{143.4\ g\cdot mol^{-1}}=1.25\times10^{-5}\ mol\cdot L^{-1}$$

达到平衡时 $AgCl(s)=Ag^+(aq)+Cl^-(aq)$

c^{eq} S S

所以

$$K_{sp}^{\ominus}=\{c(Ag^+)/c^{\ominus}\}\cdot\{c(Cl^-)/c^{\ominus}\}=(S/c^{\ominus})^2=(1.25\times10^{-5})^2=1.56\times10^{-10}$$

由以上 2 例的计算结果可知，虽然 $K_{sp}^{\ominus}(AgCl)>K_{sp}^{\ominus}\{Mg(OH)_2\}$，但 $S(AgCl)<S\{Mg(OH)_2\}$。因此，比较不同类型难溶电解质的溶解度时，不能直接依据溶度

积的大小来判断溶解度的大小。但对同一类型的难溶电解质，则可根据溶度积的大小直接比较其溶解度的大小，即溶度积较大者，其溶解度也较大。例如，$K_{sp}^{\ominus}$(AgCl)(1.77×10^{-10})大于 $K_{sp}^{\ominus}$(AgBr) (5.35×10^{-13})，则 AgCl 的溶解度(1.34×10^{-5} mol·L^{-1})也大于 AgBr 的溶解度(7.31×10^{-7} mol·L^{-1})。

应该指出，以上所述溶解度与溶度积的相互换算规律，只适用于溶解度小的难溶电解质，并假定难溶电解质溶解的部分完全离解且不发生副反应。否则溶解度与溶度积的关系会因离子间的作用复杂或因副反应对沉淀-溶解平衡的影响等原因而较难处理。

8.1.3 溶度积原理

把化学平衡移动原理应用到难溶电解质的多相离子平衡系统，可以得出判断沉淀生成、溶解和沉淀-溶解平衡移动方向的规律。

由化学热力学原理可知，通过比较反应商 Q 与 $K^{\ominus}$可以判断反应进行的方向。对于难溶电解质 A_mB_n 的沉淀溶解平衡：

$$A_mB_n(s) \underset{\text{沉淀}}{\overset{\text{溶解}}{\rightleftharpoons}} mA^{n+}(aq) + nB^{m-}(aq)$$

其离子积 Q(难溶电解质溶解反应的反应商)可表示为：

$$Q = \{c(A^{n+})/c^{\ominus}\}^m\{c(B^{m-})/c^{\ominus}\}^n$$

①若 $Q > K_{sp}^{\ominus}$，溶液处于过饱和状态，沉淀可从溶液中析出，直到达成新的平衡。所以 $Q > K_{sp}^{\ominus}$ 是沉淀生成的条件；

②若 $Q = K_{sp}^{\ominus}$，溶液为饱和溶液，处于沉淀-溶解平衡状态；

③若 $Q < K_{sp}^{\ominus}$，溶液为不饱和溶液，若溶液中已有沉淀存在，则沉淀会溶解. 所以 $Q < K_{sp}^{\ominus}$ 是沉淀溶解的条件。

以上关系称为溶度积原理(solubility product principle)。在实践中可用来判断化学反应中是否有沉淀产生或溶解。

8.2 溶度积原理的应用(application of solubility product principle)

8.2.1 沉淀的生成

根据溶度积原理，欲使沉淀生成，必须使溶液中难溶电解质的离子积大于该物质在此温度下的溶度积常数，即 $Q > K_{sp}^{\ominus}$。

【例 8.3】 将 20 mL $c(AgNO_3)=0.004\ mol\cdot L^{-1}$ 的硝酸银溶液与 20 mL $c(K_2CrO_4)=0.004\ mol\cdot L^{-1}$ 的铬酸钾溶液混合，有无 Ag_2CrO_4 沉淀产生？反应平衡后溶液中 Ag^+ 的浓度为多少？已知 $K_{sp}^{\ominus}(Ag_2CrO_4)=1.12\times10^{-12}$。

解 二溶液等体积混合后

$$c(Ag^+)=2\times10^{-3}\ mol\cdot L^{-1},\quad c(CrO_4^{2-})=2\times10^{-3}\ mol\cdot L^{-1};$$

则 $Q=\{c(Ag^+)/c^{\ominus}\}^2\{c(CrO_4^{2-})/c^{\ominus}\}=(2\times10^{-3})^2\times2\times10^{-3}=8\times10^{-9}>K_{sp}^{\ominus}$，

所以有 Ag_2CrO_4 沉淀析出。

设平衡时溶液中 Ag^+ 的浓度为 $2x\ mol\cdot L^{-1}$：

$$Ag_2CrO_4(s)=2Ag^+(aq)+CrO_4^{2-}(aq)$$

$c^{eq}/mol\cdot L^{-1}$ $\qquad 2x \qquad 0.001+x$

则 $K_{sp}^{\ominus}=\{c(Ag^+)/c^{\ominus}\}^2\{c(CrO_4^{2-})/c^{\ominus}\}=4x^2\times(0.001+x)=1.12\times10^{-12}$。

由于 $K_{sp}^{\ominus}$ 很小，x 相对于 0.001 小得多，所以

$$x=\sqrt{\frac{1.12\times10^{-12}}{4\times0.001}}=1.67\times10^{-5}$$

得 $$c(Ag^+)=3.34\times10^{-5}\ mol\cdot L^{-1}$$

由于难溶电解质在水溶液中总是或多或少地有所溶解，所以任何 1 种离子都不可能被 100%沉淀析出，即总会有极少量的离子残留，溶液中的沉淀-溶解平衡是始终存在的。一般认为，当溶液中残留离子浓度低于 $10^{-5}\ mol\cdot L^{-1}$ 时，用一般化学方法已无法定性检出，就可以认为该离子已被定性沉淀完全了；溶液中残留离子浓度低于 $10^{-6}\ mol\cdot L^{-1}$ 时，造成定量分析结果的误差已在允许的范围内，可认为已被定量沉淀完全。当应用沉淀反应来分离溶液中的某种离子时，应采取什么措施才能使其沉淀完全呢？

①选择适当的沉淀剂，使沉淀物的溶解度尽可能地小，从而使沉淀更加完全。如 Ag^+ 可以 AgCl、AgBr、AgI 3 种形式沉淀析出，其中 AgI 的溶解度最小，故选择 KI 作为沉淀剂可使 Ag^+ 沉淀最完全。

②加入适当过量沉淀剂，可以使离子沉淀更加完全。

【例 8.4】 试比较 25℃时 $BaSO_4$ 在纯水和 $0.010\ mol\cdot L^{-1}$ 的 Na_2SO_4 水溶液中的溶解度。已知 $K_{sp}^{\ominus}(BaSO_4)=1.07\times10^{-10}$。

解 设 $BaSO_4$ 在纯水中的溶解度为 $x\ mol\cdot L^{-1}$，

则 $x=c(SO_4^{2-})/c^{\ominus}=c(Ba^{2+})/c^{\ominus}=\sqrt{K_{sp}^{\ominus}(BaSO_4)}=1.03\times10^{-5}$

设 $BaSO_4$ 在 0.010 mol·L^{-1} Na_2SO_4 水溶液中的溶解度为 y mol·L^{-1}，

$$BaSO_4(s)=Ba^{2+}(aq)+SO_4^{2-}(aq)$$

$$c^{eq}/mol\cdot L^{-1} \qquad y \qquad 0.010+y$$

则

$$K_{sp}^{\ominus}(BaSO_4)=\{c(Ba^{2+})/c^{\ominus}\}\{c(SO_4^{2-})/c^{\ominus}\}=y(0.010+y)=1.07\times10^{-10}$$

因为 y 很小，可以认为 $0.010+y\approx0.010$

所以

$$y=\frac{1.07\times10^{-10}}{0.010}=1.07\times10^{-8}$$

由以上计算结果可见，$BaSO_4$ 在 0.010 mol·L^{-1} Na_2SO_4 水溶液中的溶解度比在纯水中溶解度降低到了约千分之一，此时的钡离子已定量沉淀完全了。因此，若在难溶电解质的溶液中，加入含有与难溶电解质离解产物相同离子的易溶强电解质，由于 Q 增大，将会使沉淀-溶解平衡向沉淀生成的方向移动，从而降低难溶电解质的溶解度。此种作用称为同离子效应。若在难溶电解质饱和溶液中加入不含相同离子的强电解质，则会使难溶电解质的溶解度略有增大，这种作用称为盐效应。产生盐效应的原因在于加入强电解质后，溶液中的离子浓度增大，离子强度增加，阴、阳离子的相互牵制作用增强，因此离子的活度（即有效浓度）降低，Q 减小，而使平衡向着沉淀溶解的方向移动，达到新的平衡时溶解度略有增大。比如：$BaSO_4$ 在纯水中的溶解度为 1.03×10^{-5} mol·L^{-1}，但在 0.10 mol·L^{-1} KNO_3 溶液中的溶解度为 1.33×10^{-5} mol·L^{-1}。当然，在难溶电解质的饱和溶液中加入具有相同离子的强电解质时，产生同离子效应的同时也产生盐效应，但后者的影响不显著，一般可不考虑。

从以上数据可以看出，利用同离子效应，加入适当过量沉淀剂，可以使离子沉淀更加完全。如在洗涤沉淀时，为减少损失，常利用同离子效应，用与难溶物具有共同离子的强电解质溶液洗涤，而不直接用水洗涤。如洗涤 $BaSO_4$ 沉淀时，用稀 H_2SO_4 或稀 $(NH_4)_2SO_4$ 洗比用水洗沉淀损失要少得多。但沉淀剂的量并非越多越好，一般以过量 20%～50%为宜，否则会因盐效应及可能发生的副反应，如酸效应、配位效应等，反而使沉淀溶解度增大。如 AgCl 能与溶液中过量的 Cl^- 发生配位反应，生成 $AgCl_2^-$、$AgCl_3^{2-}$、$AgCl_4^{3-}$ 等配离子，因此过量的 Cl^-（浓度高于 $10^{-2.4}$ mol·L^{-1}）时，AgCl 溶解度反而明显增大。还应注意的是，对于能与沉淀剂生成溶度积较小沉淀的离子，如利用 SO_4^{2-} 沉淀 Ba^{2+} 时，适当加入过量的沉淀剂往往可以使离子被沉淀完全，但对于 $CaSO_4$ 等溶度积较大的沉淀，即使加入过量的沉淀剂也不能使之沉淀完全；对于 AgI 等溶度积极小的沉淀，则无须过量的沉淀剂就可使之沉淀得十分完全。所以，难溶电解质沉淀的完全与否主要决定于沉淀的本质，即溶度积的大小。

③酸度对沉淀生成的影响。对于难溶氢氧化物、难溶弱酸盐的沉淀反应，还必须控制溶液的 pH，才能确保沉淀完全。

【例 8.5】 溶液中 $c(Fe^{3+})=0.10\ mol\cdot L^{-1}$，则开始生成沉淀 $Fe(OH)_3$ 时的 pH 是多少？Fe^{3+} 定性沉淀完全时 pH 是多少？已知 $K_{sp}^{\ominus}\{Fe(OH)_3\}=2.64\times10^{-39}$。

解

$$Fe(OH)_3(s)-Fe^{3+}(aq)+3OH^-(aq)$$

$$K_{sp}^{\ominus}\{Fe(OH)_3\}=\{c(Fe^{3+})/c^{\ominus}\}\{c(OH^-)/c^{\ominus}\}^3$$

则开始沉淀时所需 $c(OH^-)$ 为

$$c(OH^-)/c^{\ominus}=\sqrt[3]{K_{sp}^{\ominus}\{Fe(OH)_3\}/\{c(Fe^{3+})/c^{\ominus}\}}=\sqrt[3]{2.64\times10^{-39}/0.10}=2.98\times10^{-13}$$

pH=1.47

定性沉淀完全时，$c(Fe^{3+})=10^{-5}\ mol\cdot L^{-1}$，则此时 $c(OH^-)$ 为

$$c(OH^-)/c^{\ominus}=\sqrt[3]{K_{sp}^{\ominus}(Fe(OH)_3/\{c(Fe^{3+})/c^{\ominus}\}}=\sqrt[3]{2.64\times10^{-39}/10^{-5}}=6.42\times10^{-12}$$

pH=2.81

因此使 $0.10\ mol\cdot L^{-1}\ Fe^{3+}$ 开始沉淀时的 pH 为 1.47，沉淀完全时的 pH 为 2.81。

【例 8.6】 在 $c(Co^{2+})=1.0\ mol\cdot L^{-1}$ 的溶液中，含有少量 Fe^{3+} 杂质。问应如何控制溶液 pH 才能达到去除杂质的目的？已知 $K_{sp}^{\ominus}\{Co(OH)_2\}=1.09\times10^{-15}$，$K_{sp}^{\ominus}\{Fe(OH)_3\}=2.64\times10^{-39}$。

解

①计算使 Fe^{3+} 沉淀完全时所需溶液的最低 pH：

$$Fe(OH)_3(s)=Fe^{3+}(aq)+3OH^-(aq)$$

$$K_{sp}^{\ominus}(Fe(OH)_3)=\{c(Fe^{3+})/c^{\ominus}\}\{c(OH^-)/c^{\ominus}\}^3$$

$$c(OH)/c^{\ominus}=\sqrt[3]{\frac{K_{sp}^{\ominus}\{Fe(OH)_3\}}{c(Fe^{3+})/c^{\ominus}}}=\sqrt[3]{\frac{2.64\times10^{-39}}{1.0\times10^{-5}}}=6.4\times10^{-12}$$

$$pH=14-(-\lg 6.4\times10^{-12})=2.81$$

②计算 Co^{2+} 不生成 $Co(OH)_2$ 沉淀时溶液的最高 pH：

$$Co(OH)_2(s)=Co^{2+}(aq)+2OH^-(aq)$$

$$K_{sp}^{\ominus}\{Co(OH)_2\}=\{c(Co^{2+})/c^{\ominus}\}\{c(OH^-)/c^{\ominus}\}^2$$

$$c(OH^-)/c^{\ominus}=\sqrt{\frac{K_{sp}^{\ominus}\{Co(OH)_2\}}{c(Co^{2+})/c^{\ominus}}}=\sqrt{\frac{1.09\times10^{-15}}{1.0}}=3.3\times10^{-8}$$

$$pH=14-(-\lg 3.3\times10^{-8})=6.52$$

所以控制溶液的 pH 在 2.81～6.52 就可保证 Fe^{3+} 沉淀完全，而 Co^{2+} 不生成沉淀，从而达到去除 Fe^{3+} 的目的。

实际工作中，调节溶液中氢氧根浓度以控制金属离子生成难溶氢氧化物沉淀，是一种重要的离子分离方法。常见金属氢氧化物的沉淀条件见表 8.1。

表 8.1　常见金属氢氧化物沉淀的 pH 条件

金属氢氧化物	开始沉淀时 pH $c(M)=10^{-2}$ mol·L^{-1}	沉淀完全时 pH $c(M)=10^{-5}$ mol·L^{-1}	溶度积
$Fe(OH)_3$	1.8(2.2)*	2.8(4)	2.64×10^{-39}
$Al(OH)_3$	3.8(3.8)	4.8(6)	2.0×10^{-33}
$Cr(OH)_3$	4.6(5.0)	5.6(8)	7.0×10^{-31}
$Zn(OH)_2$	6.9(6.8)	8.4(9)	6.68×10^{-17}
$Fe(OH)_2$	6.8(5.8)	8.3(7)	4.87×10^{-17}
$Ni(OH)_2$	7.4(7.2)	8.9(9)	5.47×10^{-16}
$Mn(OH)_2$	8.7(8.3)	10.2(10)	2.06×10^{-13}
$Mg(OH)_2$	9.4(10.6)	10.9(12)	5.61×10^{-12}

注：* 括号内数值为实测值；数据引自华彤文. 普通化学原理. 2 版. 北京：北京大学出版社，1993.

除第一和第二主族元素外，金属的硫化物一般均难溶于水。不同金属硫化物的溶度积各不相同，而且有些相差很大。因此，定性分析化学中，常靠调节溶液酸度并通入硫化氢至饱和，用以控制溶液中硫离子浓度的方法进行离子分离和鉴定。

【例 8.7】 向 $c(MnCl_2)=0.1$ mol·L^{-1} 的溶液中通入 H_2S 至饱和，控制 $c(H^+)$ 最大为多少才能使 MnS($K_{sp}^{\ominus}=4.65\times10^{-14}$)沉淀生成？

解 要使 MnS 开始沉淀，所需 S^{2-} 的最低浓度为

$$c(S^{2-})/c^{\ominus}=K_{sp}^{\ominus}(MnS)/\{c(Mn^{2+})/c^{\ominus}\}=4.65\times10^{-14}/0.1=4.65\times10^{-13}$$

室温、常压下，在 H_2S 的饱和溶液中，$c(H_2S)\approx0.1$ mol·L^{-1}，则

$$c(H^+)/c^{\ominus}=\sqrt{\frac{K_{a1}^{\ominus}(H_2S)K_{a2}^{\ominus}(H_2S)\times\{c(H_2S)/c^{\ominus}\}}{c(S^{2-})/c^{\ominus}}}=$$

$$\sqrt{\frac{1.3\times10^{-7}\times7.1\times10^{-15}\times0.1}{4.65\times10^{-13}}}=1.41\times10^{-5}$$

可见，要使 MnS 沉淀，$c(H^+)$不能高于 1.41×10^{-5} mol·L^{-1}。

8.2.2 分步沉淀

如果溶液中同时含有几种离子，那么能否控制条件，使这几种离子分别沉淀，从而达到分离的目的呢？根据溶度积原理，生成沉淀所需试剂的离子浓度越小的先沉淀，所需试剂的离子浓度越大的则后沉淀。逐滴加入沉淀剂，使混合离子按顺序先后沉淀下来的现象称为分步沉淀(fractional precipitation)。如果生成各沉淀所需试剂离子的浓度相差足够大，就能达到分步沉淀从而将混合的离子分离的目的。

离子沉淀的先后次序取决于沉淀物的类型、$K_{sp}^{\ominus}$ 和被沉淀离子的浓度。对于同类型的难溶电解质，当被沉淀离子浓度相同或相近时，沉淀物 $K_{sp}^{\ominus}$ 小的先沉淀，$K_{sp}^{\ominus}$ 大的则后沉淀，$K_{sp}^{\ominus}$ 相差越大，离子分离的效果越好。例如，在含有相同浓度的 Cl^-、Br^-、I^- 的溶液中，逐滴加入 $AgNO_3$ 溶液，因为 $K_{sp}^{\ominus}(AgI)<K_{sp}^{\ominus}(AgBr)<K_{sp}^{\ominus}(AgCl)$，所以生成 AgI 所需的 Ag^+ 浓度最小，故 AgI 最先析出，然后依次为 AgBr、AgCl。

对不同类型的难溶电解质(如 AgCl、Ag_2CrO_4)，或者类型相同但溶液中离子的初始浓度不同时，则不能简单地以比较 $K_{sp}^{\ominus}$ 的大小来判断沉淀的次序，必须通过计算，得出生成不同难溶电解质所需沉淀剂浓度的大小来确定。例如，向含有 0.10 mol·L^{-1} 的 Cl^- 与 0.10 mol·L^{-1} CrO_4^{2-} 的溶液中逐滴加入 0.10 mol·L^{-1} 的 $AgNO_3$ 溶液，假定不考虑加入试剂后体积的变化。根据溶度积原理，生成 AgCl 沉淀所需的 Ag^+ 浓度最低需达到：

$$c(Ag^+)/c^{\ominus}=\frac{K_{sp}^{\ominus}(AgCl)}{c(Cl^-)/c^{\ominus}}=\frac{1.77\times10^{-10}}{0.10}=1.8\times10^{-9}$$

而生成 Ag_2CrO_4 沉淀所需 Ag^+ 浓度最低需达到：

$$c(Ag^+)/c^{\ominus}=\sqrt{\frac{K_{sp}^{\ominus}(Ag_2CrO_4)}{c(CrO_4^{2-})/c^{\ominus}}}=\sqrt{\frac{1.12\times10^{-12}}{0.10}}=3.4\times10^{-6}$$

由计算结果可见，沉淀 Cl^- 所需的 Ag^+ 浓度比沉淀 CrO_4^{2-} 所需的 Ag^+ 浓度小得多，因此 $K_{sp}^{\ominus}$ 较大的 AgCl 沉淀反而先于 $K_{sp}^{\ominus}$ 较小的 Ag_2CrO_4 沉淀生成。

当第二种沉淀 Ag_2CrO_4 开始生成时，溶液中同时存在 2 个沉淀-溶解平衡，是个多重平衡系统：

$$AgCl(s) = Ag^+(aq) + Cl^-(aq)$$
$$Ag_2CrO_4(s) = 2Ag^+(aq) + CrO_4^{2-}(aq)$$

故以下关系式成立：

$$c(Ag^+)/c^{\ominus} = \frac{K_{sp}^{\ominus}(AgCl)}{c(Cl^-)/c^{\ominus}} = \sqrt{\frac{K_{sp}^{\ominus}(Ag_2CrO_4)}{c(CrO_4^{2-})/c^{\ominus}}}$$

根据多重平衡原理，将 $c(CrO_4^{2-}) = 0.10\ mol \cdot L^{-1}$（忽略溶液体积变化）代入上式，计算得到 Ag_2CrO_4 开始沉淀时溶液中所剩余的未被沉淀的 Cl^- 浓度为：$c(Cl^-) = 5.3 \times 10^{-5}\ mol \cdot L^{-1}$。此时继续加入硝酸银溶液，2 种沉淀将同时析出。故分步沉淀作用的发生是由于离子积达到溶度积的先后不同而引起的：离子积先达到溶度积者必先被沉淀，这是分步沉淀的基本原则。

8.2.3 沉淀的转化

在红色的 Ag_2CrO_4 沉淀中加入 NaCl，搅拌后就可观察到沉淀由红色变化为白色。沉淀的转化过程可表示为：

$$Ag_2CrO_4(s,砖红色) + 2Cl^-(aq) = 2AgCl(s,白色) + CrO_4^{2-}(aq)$$

这种由一种难溶电解质转化为另一种难溶电解质的过程叫沉淀的转化。该反应的标准平衡常数为：

$$K^{\ominus} = \frac{c(CrO_4^{2-})/c^{\ominus}}{\{c(Cl^-)/c^{\ominus}\}^2} = \frac{K_{sp}^{\ominus}(Ag_2CrO_4)}{\{K_{sp}^{\ominus}(AgCl)\}^2} = \frac{1.12 \times 10^{-12}}{(1.77 \times 10^{-10})^2} = 3.57 \times 10^7$$

平衡常数很大，可见这个转化反应进行得很完全。

由上式可见沉淀转化反应的完全程度主要由沉淀物的溶度积及类型所决定。若类型相同，则溶度积较大的沉淀易于转化为溶度积较小的沉淀。另外，反应的完全程度还与试剂浓度有关。

有些沉淀如 $BaSO_4$、$CaSO_4$ 等，既不溶于水也不溶于酸，也不能用配位和氧化还原的方法将它溶解。这时，可以先将此类难溶强酸盐转化为难溶弱酸盐，然后再用酸溶解。例如，$CaSO_4$（$K_{sp}^{\ominus} = 2.45 \times 10^{-5}$），可用热的 Na_2CO_3 溶液处理，使之转化为疏松的，且能溶于酸的 $CaCO_3$($K_{sp}^{\ominus}=8.7\times10^{-9}$)。如将 $BaSO_4$ 转化为 $BaCO_3$：

$$BaSO_4(s) + CO_3^{2-}(aq) = BaCO_3(s) + SO_4^{2-}(aq)$$

反应的标准平衡常数为：

$$K^{\ominus}=\frac{K_{sp}^{\ominus}(BaSO_4)}{K_{sp}^{\ominus}(BaCO_3)}=\frac{1.07\times10^{-10}}{2.58\times10^{-9}}=4.1\times10^{-2}$$

标准平衡常数较小，说明需用饱和 Na_2CO_3 溶液多次处理，方可使反应彻底完成。

8.2.4 沉淀的溶解

根据溶度积规则，要使沉淀溶解，必须使难溶电解质的离子积 Q 小于 $K_{sp}^{\ominus}$。因此，对于难溶电解质的沉淀-溶解平衡：

$$A_mB_n(s)\underset{\text{沉淀}}{\overset{\text{溶解}}{\rightleftharpoons}}mA^{n+}(aq)+nB^{m-}(aq)$$

只要采用一定方法来降低平衡体系中阴离子和阳离子的浓度，就可促使沉淀溶解。常用的方法有以下几种：

(1)酸溶　常见的弱酸盐、氢氧化物沉淀等难溶电解质在酸中的溶解度比在纯水中大，这是由于弱酸根和 OH^- 可与 H^+ 结合为难离解的弱酸和水，从而降低了溶液中弱酸根和 OH^- 的浓度，使得 $Q<K_{sp}^{\ominus}$，沉淀溶解。例如，CaC_2O_4 溶于 HCl 的反应：

$$CaC_2O_4(s)+2H^+(aq)=Ca^{2+}(aq)+H_2C_2O_4(aq)$$

溶液中同时存在 2 个平衡：

$$CaC_2O_4(s)=Ca^{2+}(aq)+C_2O_4^{2-}(aq)$$
$$2H^+(aq)+C_2O_4^{2-}(aq)=H_2C_2O_4(aq)$$

反应的标准平衡常数为：

$$K^{\ominus}=\frac{K_{sp}^{\ominus}(CaC_2O_4)}{K_{a1}^{\ominus}(H_2C_2O_4)K_{a2}^{\ominus}(H_2C_2O_4)}$$

反应的实质就是 Ca^{2+} 和 H^+ 争夺 $C_2O_4^{2-}$ 生成 CaC_2O_4 或 $H_2C_2O_4$。反应的 $K^{\ominus}$ 越大，溶解反应进行的程度就越大，沉淀物溶解得就越完全。由上式可知，沉淀物的 $K_{sp}^{\ominus}$ 越大，生成的弱酸的 $K_a^{\ominus}$ 越小，反应进行得就越完全。

所以溶度积较大的难溶弱酸盐如碳酸盐、乙酸盐、草酸盐等都能溶于强酸。一些溶度积较大的难溶盐甚至可溶于弱酸，甚至铵盐水溶液中。由于 OH^- 在水中是最强的碱，所以难溶氢氧化物如 $Fe(OH)_3$、$Mg(OH)_2$、$Ca(OH)_2$、$Mn(OH)_2$ 等均易溶于强酸。但是 $K_{sp}^{\ominus}$ 较小的 Ag_2S、CuS、HgS 等，即使在最浓的非氧化性强酸中也不溶解。

【例 8.8】 欲将 0.10 mol $Mg(OH)_2$ 完全溶解于 1 L NH_4Cl 水溶液中，$c(NH_4Cl)$最低应为多少？

解 方法 1：

由反应式 $Mg(OH)_2(s)+2NH_4^+(aq)=Mg^{2+}(aq)+2NH_3(aq)+2H_2O(l)$

故完全溶解后 $c(Mg^{2+})=0.10\ mol\cdot L^{-1}$，$c(NH_3)=0.20\ mol\cdot L^{-1}$

$$c(OH^-)/c^{\ominus}=\sqrt{\frac{K_{sp}^{\ominus}\{Mg(OH)_2\}}{c(Mg^{2+})/c^{\ominus}}}=\sqrt{\frac{5.61\times10^{-12}}{0.10}}=7.50\times10^{-6}$$

此时 $pOH=5.13$

根据

$$pOH=pK_b^{\ominus}-\lg\frac{c(NH_3)}{c(NH_4^+)}$$

可得平衡时 $c(NH_4^+)=0.48\ mol\cdot L^{-1}$

所以，反应前 $c(NH_4Cl)$ 最低应为 $0.48\ mol\cdot L^{-1}+0.20\ mol\cdot L^{-1}=0.68\ mol\cdot L^{-1}$。

方法 2：

设 $Mg(OH)_2$ 完全溶解需 NH_4Cl 水溶液的最低浓度为 $x\ mol\cdot L^{-1}$。

由反应式 $Mg(OH)_2(s)+2NH_4^+(aq)=Mg^{2+}(aq)+2NH_3(aq)+2H_2O(l)$

$c^{eq}/mol\cdot L^{-1}$ $\qquad x-0.20 \qquad 0.10 \qquad 0.20$

$$K^{\ominus}=\frac{c(Mg^{2+})/c^{\ominus}\cdot\{c(NH_3)/c^{\ominus}\}^2}{\{c(NH_4^+)/c^{\ominus}\}^2}=\frac{K_{sp}^{\ominus}\{Mg(OH)_2\}}{\{K_b^{\ominus}(NH_3)\}^2}=$$

$$\frac{5.61\times10^{-12}}{(1.77\times10^{-5})^2}=1.79\times10^{-2}=\frac{0.10\times0.20^2}{\{x-0.20\}^2}$$

$$x=0.68$$

所以，所需 NH_4Cl 溶液最低浓度为 0.68 $mol \cdot L^{-1}$

（2）利用氧化还原反应使沉淀溶解　CuS 不溶于强酸，但加入具有氧化性的 HNO_3 后，由于发生了氧化还原反应，CuS 在 HNO_3 溶解了。

$$3CuS(s) = 3S^{2-}(aq) + 3Cu^{2+}(aq)$$

$$\downarrow 2NO_3^-(aq) + 8H^+(aq)$$

$$3Cu^{2+}(aq) + 3S\downarrow + 2NO\uparrow + 4H_2O$$

总反应为：

$$3CuS(s) + 2NO_3^- + 8H^+ = 3Cu^{2+} + 3S\downarrow + 2NO\uparrow + 4H_2O$$

利用 HNO_3 对 S^{2-} 的氧化作用，有效地降低溶液中 S^{2-} 的浓度，使 CuS、Ag_2S 等溶度积很小、不能利用酸碱反应而溶解的沉淀顺利溶解。

（3）利用配位反应使沉淀溶解　例如，可利用配合物 $[Ag(NH_3)_2]^+$ 的生成使 AgCl 溶解：

$$AgCl(s) = Ag^+(aq) + Cl^-(aq)$$

$$\downarrow 2NH_3$$

$$Ag(NH_3)_2^+(aq)$$

总反应为：

$$AgCl(s) + 2NH_3(aq) = Ag(NH_3)_2^+(aq) + Cl^-(aq)$$

Ag^+ 与 NH_3 结合生成了稳定的配离子 $Ag(NH_3)_2{}^+$，从而降低了溶液中 Ag^+ 的浓度，促使平衡向右移动，沉淀溶解了。

又比如，很多难溶卤化物离解所得金属离子可与过量的沉淀剂卤离子生成稳定的配合物，故这些卤化物可溶于过量的沉淀剂中，如：

$$HgI_2 + 2I^- = HgI_4^{2-}$$

对于 HgS 等溶度积极小的沉淀，往往单纯的酸溶、配位溶解或氧化还原溶解方法均不能使之有效溶解。此时可集合使用多种反应，同时降低其离解所得的阴离子、阳离子的浓度，从而达到使其完全溶解的目的。如由于 Hg^{2+} 可与 Cl^- 等配位剂反应生成稳定的配离子 $HgCl_4^{2-}$，同时 S^{2-} 可被 NO_3^-、Fe^{3+} 等氧化剂氧化，故 HgS 可溶于王水或 $FeCl_3$ 的盐酸溶液等氧化剂与配位剂的混合溶液中：

$$3HgS + 12Cl^- + 2NO_3^- + 8H^+ = 3HgCl_4^{2-} + 3S\downarrow + 2NO\uparrow + 4H_2O$$

$$HgS + 4Cl^- + 2Fe^{3+} = HgCl_4^{2-} + S\downarrow + 2Fe^{2+}$$

又如，CdS、SnS、Sb_2S_3 等易溶于盐酸，而在其他强酸中较难溶解，是因为溶于盐酸的同时有配位反应发生。这种利用多种反应达到溶解难溶物目的的方法称为“综合法”。

8.3 沉淀反应在分析化学中的应用(the application of precipitation reaction in analytical chemistry)

8.3.1 利用沉淀反应进行离子鉴定

沉淀反应能够产生具有明显特征的沉淀，有明显的外观变化，易为人们的感官所觉察。根据这种特征，可以推断某些离子存在。例如，Fe^{2+} 与 $K_3[Fe(CN)_6]$生成深蓝色沉淀，可借此反应来鉴定 Fe^{2+} 的存在。进行离子定性鉴定时，应特别注意反应条件，使所需反应正常发生，且避免干扰反应的进行。如利用 CrO_4^{2-} 与 Ba^{2+} 生成黄色 $BaCrO_4$ 沉淀反应来鉴定 Ba^{2+} 时，为避免由于 $SrCrO_4$ 黄色沉淀的生成对鉴定反应的干扰，应在醋酸介质中进行，因为后者溶度积较大，可溶于弱酸中。

8.3.2 利用沉淀反应进行离子分离

除碱金属和部分碱土金属外，许多金属氢氧化物的溶解度都比较小，而且它们的溶解度之间往往有较大的差别，如果控制溶液的 pH，也就是控制溶液的 OH^- 浓度，就可使某些氢氧化物沉淀析出而达到分离的目的。

许多金属阳离子的硫化物都是难溶的沉淀，因此就可以用 H_2S 为沉淀剂，以调节溶液酸度的办法控制 S^{2-} 的浓度，从而达到分离的目的。详见前述。

8.3.3 利用沉淀反应进行重量分析

利用沉淀反应，使试样中的被测成分与过量试剂作用，生成一种难溶化合物从试样中分离出来，然后根据沉淀的质量，算出被测物质中某种成分的含量，这种定量分析方法称为重量分析法。例如，测定可溶性硫酸盐中的含硫量时，可先精确称取一定量试样溶于水中，加入过量 $BaCl_2$ 沉淀剂，使所有的 SO_4^{2-} 完全变为 $BaSO_4$

沉淀，然后再经过滤、洗涤、干燥、灼烧等手续，最后称量所得 $BaSO_4$ 的质量。根据 $BaSO_4$ 的质量，可计算出试样中硫的含量。

8.3.4 利用沉淀反应进行滴定分析

在化学分析中，可利用沉淀反应进行滴定分析，即沉淀滴定法。该法经常用来测定天然水、土壤、肥料、农药等样品中 Cl^-、Br^- 等的含量。

本章小结

沉淀溶解平衡，是存在于难溶电解质饱和溶液中的固态沉淀与其溶解后离解出的离子之间的多相平衡：$A_mB_n(s)\underset{\text{沉淀}}{\overset{\text{溶解}}{\rightleftharpoons}}mA^{n+}(aq)+nB^{m-}(aq)$，该反应的标准平衡常数称为难溶电解质的溶度积。

溶度积原理根据离子积与溶度积的关系，指出沉淀的生成、溶解的条件：

①若 $Q>K_{sp}^{\ominus}$，溶液处于过饱和状态，沉淀可从溶液中析出。

②若 $Q=K_{sp}^{\ominus}$，溶液为饱和溶液，处于沉淀-溶解平衡状态。

③若 $Q<K_{sp}^{\ominus}$，溶液为不饱和溶液，无沉淀生成。若溶液中已有沉淀存在，则沉淀会溶解。

根据溶度积原理，可利用同离子效应、酸碱反应、配位反应、氧化还原反应等手段控制沉淀溶解反应的方向和完成程度，进行离子分离等操作。反之，亦可利用沉淀反应对酸碱反应、配位反应、氧化还原反应产生影响。

思考题

8.1　在难溶电解质未饱和溶液中、过饱和溶液中，是否存在沉淀溶解平衡？离子浓度之间是否存在定量关系？

8.2　溶度积常数与溶解度有何不同？

8.3　何谓溶度积规则？

8.4　过量的沉淀剂是否一定可以使离子被沉淀完全？

8.5　决定分步沉淀顺序的因素有哪些？利用分步沉淀进行离子分离时，决定是否能分离彻底的因素有哪些？

8.6　一般来说，具有什么性质的难溶电解质才能被酸溶解？

习 题

8.1 写出下列难溶电解质溶度积常数表达式：

$AgBr, Ag_2S, Ca_3(PO_4)_2, MgNH_4AsO_4$。

8.2 不考虑 Fe^{3+} 副反应的发生，根据 $K_{sp}^{\ominus}\{Fe(OH)_3\}$ 近似计算 $Fe(OH)_3$ 在水中的溶解度 $S/mol \cdot L^{-1}$。

8.3 假定 $Mg(OH)_2$ 溶于水后完全离解，且忽略副反应，计算 $Mg(OH)_2$ 在下列情况下的溶解度：

(1)在纯水中；

(2)在 $c(NaOH)=0.01\ mol \cdot L^{-1}$ 的氢氧化钠水溶液中；

(3)在 $c(MgCl_2)=0.01\ mol \cdot L^{-1}$ 的氯化镁水溶液中。

8.4 在 CaF_2 饱和溶液中，下列关系式正确的为：

(1) $2c(Ca^{2+})=c(F^-)$, $K_{sp}^{\ominus}(CaF_2)=\{c(Ca^{2+})/c^{\ominus}\}\{c(F^-)/c^{\ominus}\}^2$；

(2) $2c(Ca^{2+})=c(F^-)+c(HF)$, $K_{sp}^{\ominus}(CaF_2)=\{c(Ca^{2+})/c^{\ominus}\}\{c(F^-)/c^{\ominus}\}^2$；

(3) $2c(Ca^{2+})=c(F^-)+c(HF)$, $K_{sp}^{\ominus}(CaF_2)=\{c(Ca^{2+})/c^{\ominus}\}\{[c(F^-)+c(HF)]/c^{\ominus}\}^2$。

8.5 计算 CaF_2 在 $pH=5.00$ 的盐酸中的溶解度。

8.6 在一含有 CaF_2 和 $CaCO_3$ 沉淀的溶液中，$c(F^-)=2.0\times10^{-4}\ mol \cdot L^{-1}$，则 $c(CO_3^{2-})=$ ____________ $mol \cdot L^{-1}$。

8.7 将 20 mL $c(MgCl_2)=0.50\ mol \cdot L^{-1}$ 的氯化镁溶液与 20 mL $c(NH_3)=0.10\ mol \cdot L^{-1}$ 的氨水混合，有无 $Mg(OH)_2$ 沉淀生成？为防止沉淀生成，应加入多少克 $NH_4Cl(s)$？（忽略体积变化）

8.8 一溶液中，$c(Fe^{3+})=c(Fe^{2+})=0.05\ mol \cdot L^{-1}$，若要求将 Fe^{3+} 定性沉淀完全而又不至生成 $Fe(OH)_2$，溶液 pH 应控制在什么范围？

8.9 在 $c(H^+)=0.30\ mol \cdot L^{-1}$ 的溶液中不断通入 $H_2S(g)$ 以使 H_2S 保持饱和 $\{c(H_2S)\approx 0.10\ mol \cdot L^{-1}\}$，下列离子（浓度均为 $0.01\ mol \cdot L^{-1}$）哪些可被沉淀完全？哪些不被沉淀？

Pb^{2+}、Hg^{2+}、Cd^{2+}、Cu^{2+}、Zn^{2+}、Mn^{2+}、Ni^{2+}。

8.10 欲将 0.10 mol ZnS 完全溶解于 1.0 L 盐酸，盐酸的浓度 $c(HCl)$ 最低为多少？

8.11 在浓度均为 $0.1\ mol \cdot L^{-1}$ 的 Zn^{2+}、Mn^{2+} 混合溶液中，通入 H_2S 气体至饱和。溶液的 pH 应控制在什么范围可使这 2 种离子完全分离？

8.12 向一含 Pb^{2+} 和 Sr^{2+} 的溶液中逐滴加入 Na_2SO_4，首先有 $SrSO_4$ 生成。由此可知：

(1) $K_{sp}^{\ominus}(PbSO_4)>K_{sp}^{\ominus}(SrSO_4)$；

(2) $c(Pb^{2+})>c(Sr^{2+})$；

(3)$c(Pb^{2+})/c(Sr^{2+})>K_{sp}^{\ominus}(PbSO_4)/K_{sp}^{\ominus}(SrSO_4)$；

(4)$c(Pb^{2+})/c(Sr^{2+})<K_{sp}^{\ominus}(PbSO_4)/K_{sp}^{\ominus}(SrSO_4)$。

Optional question：

8.13 The first step in a commercial process in which magnesium is obtained from seawater involves precipitating Mg^{2+} as $Mg(OH)_2$. The concentration of magnesium ion in seawater is about 0.059 mol·L^{-1}. If a seawater sample is treated so that its $c(OH^-)$ is maintained at 2.0×10^{-3} mol·L^{-1}, what will be $c(Mg^{2+})$ remaining in solution when precipitating stops? Can we say that precipitation of $Mg(OH)_2$ is complete under these conditions?

9　氧化还原反应
Oxidation-Reduction Reaction

【教学目标】

- **掌握氧化还原反应式的配平方法。**
- **原电池和电极:**

1. 掌握有关原电池的基本概念。
2. 掌握电极电势概念,了解其物理意义。

- **氧化还原反应的方向和完成程度:**

1. 理解原电池电动势与反应的摩尔吉布斯自由能的关系,掌握判断氧化还原反应自发方向的方法。
2. 初步掌握能斯特方程的简单应用。
3. 掌握氧化还原反应标准平衡常数与反应的标准摩尔吉布斯自由能的关系。
4. 学会标准电极电势图、φ-pH 图的简单应用。

- **重要的氧化还原反应:**

1. 卤素:了解卤素单质的氧化性、卤素的歧化反应规律、卤酸盐的氧化性。
2. 氧:了解氧气的氧化性与介质酸度的关系;了解过氧化氢的不稳定性、氧化性、还原性及弱酸性。
3. 铬:了解 Cr(Ⅲ)与 Cr(Ⅵ)的存在形式与介质酸度的关系,了解它们的转化规律,$Cr_2O_7^{2-}$ 的氧化性。
4. 锰:了解 Mn(Ⅶ)、Mn(Ⅵ)、Mn(Ⅳ)、Mn(Ⅱ)的存在形式及介质酸度对它们氧化还原稳定性的影响,理解并掌握 MnO_4^- 在不同介质条件下还原反应的规律。

为研究方便，一般将化学反应分为氧化还原反应(oxidation-reduction reaction)和非氧化还原反应2大类。酸碱反应和沉淀反应都是非氧化还原反应。氧化还原反应中，反应物中某些元素原子核外电子运动状态发生了较强烈的变化，以至引起了元素氧化数的变化。这是一类非常重要的反应。冶金工业、化学工业中，应用了大量氧化还原反应。光合作用、动物、植物体内的代谢作用、土壤中某些元素存在形态的变化等，都涉及大量复杂的氧化还原过程。

9.1 氧化还原反应的基本概念(basic concepts of redox reaction)

9.1.1 氧化与还原

氧化还原反应是反应物中某些元素氧化数发生变化的化学反应，如：

$$2Mg(s) + O_2(g) = 2MgO(s)$$

$$Zn(s) + Cu^{2+}(aq) = Zn^{2+}(aq) + Cu(s)$$

$$2P(s) + 3Cl_2(g) = 2PCl_3(g)$$

人们对氧化还原概念的认识经历了一个过程。最初把与氧结合的过程叫氧化(oxidation)，把含氧物质失去氧的反应称为还原(reduction)。随着对化学反应的进一步研究，人们认识到许多与氧无关的反应中，原子之间也发生了较强烈的电子偏移、引起原子氧化数(oxidation number)的改变。由此产生了一个新的定义：物质中元素氧化数发生变化的反应称为氧化还原反应。物质失电子的过程即氧化数升高的过程叫氧化；得电子的过程即氧化数降低的过程叫还原。反应中，氧化与还原过程是同时发生的，且元素氧化数升高数与降低数相等。

自身氧化还原反应、歧化反应是2种较为特殊的重要氧化还原反应。如反应

$$2KClO_3 = 2KCl + 3O_2\uparrow$$

中，氯酸钾既是氧化剂(oxidizing agent)又是还原剂(reducing agent)，此类氧化还原反应称为自身氧化还原反应。有些元素具有多种不同的氧化数，一定条件下，处于中间氧化数的部分原子可被另一部分氧化，另一部分则被还原，如在碱性溶液中发生的反应：

$$Cl_2 + 2OH^- = Cl^- + ClO^- + H_2O$$

此类特殊的自身氧化还原反应被称为歧化反应。

在氧化还原反应中，氧化剂在反应过程中氧化数降低，生成其对应的还原产物——较弱的还原剂；而还原剂在反应过程中氧化数升高，生成其对应的氧化产物——较弱的氧化剂。故氧化还原反应方程式可写为：

$$\text{还原型(1)} + \text{氧化型(2)} = \text{氧化型(1)} + \text{还原型(2)}$$

其中，还原型(1)为还原剂，在反应中被氧化为氧化型(1)；氧化型(2)是氧化剂，在反应中被还原为还原型(2)。在氧化还原反应中，有失电子的一方，便有得电子的一方，电子的得失一定同时发生，或者说氧化和还原一定同时发生。因此，氧化与还原、氧化剂与还原剂既是对立的，又是相互依存的。

9.1.2 氧化还原反应式的配平

氧化还原反应式中，化学计量数往往比较复杂，尤其有介质参加反应时，反应式的配平更为困难。配平氧化还原方程式的方法除“氧化数法”外，另一种重要的配平水溶液中的离子反应式的方法称为“离子电子法”（又称半反应法 ionic-electronic method）。配平时须遵循下列配平原则：

①反应中氧化剂所得到的电子数必须等于还原剂所失去的电子数。

②根据质量守恒定律和电荷平衡原理，方程式两边各种元素的原子总数必须各自相等，各物种的电荷数的代数和必须相等。

现以反应式

$$I_2 + S_2O_3^{2-} \longrightarrow I^- + S_4O_6^{2-}$$

的配平为例，说明“离子电子法”配平反应式的步骤：

①将离子反应式拆分为 2 个半反应，一个表示氧化过程，另一个表示还原过程：

氧化过程 $\qquad S_2O_3^{2-} \longrightarrow S_4O_6^{2-}$

还原过程 $\qquad I_2 \longrightarrow I^-$

②分别对 2 个半反应式进行原子数的配平：

$$2S_2O_3^{2-} \longrightarrow S_4O_6^{2-}$$

$$I_2 \longrightarrow 2I^-$$

③分别对 2 个半反应式进行电荷数的配平，即在半反应式的左边或右边添加一定数目的电子：

$$2S_2O_3^{2-} = S_4O_6^{2-} + 2e^-$$

$$I_2 + 2e^- = 2I^-$$

④根据氧化剂、还原剂得、失电子数相等的原则，分别将 2 个半反应式乘以适当系数后加和，消去自由电子后即得到配平的离子反应式：

$$\begin{array}{rl} 2S_2O_3^{2-} = S_4O_6^{2-} + 2e^- & |\times 1 \\ +)\quad I_2 + 2e^- = 2I^- & |\times 1 \\ \hline I_2 + 2S_2O_3^{2-} = 2I^- + S_4O_6^{2-} & \end{array}$$

在进行半反应式的原子配平时，一般总先配平除 O、H 外的其他元素的原子。由于 O^{2-} 是极强的碱，在水溶液中不可能存在，故若出现有所谓“多余”或“缺少”氧原子的情况，必定有 H^+（酸性介质）或 OH^-（碱性介质）参加了反应，配平时可根据反应介质条件，按下列方法进行，但要注意在任何情况下（包括酸性、碱性和中性介质），反应式中不可能同时出现 H^+ 和 OH^-：

介质条件	半反应式		
	左边		右边
	O 原子	参加反应的物质	生成物
酸性	多	H^+	H_2O
	少	H_2O	H^+
碱性	多	H_2O	OH^-
	少	OH^-	H_2O
中性	多	H_2O	OH^-
	少	H_2O	H^+

【例 9.1】 配平下列反应式：

(1) $MnO_4^- + H_2SO_3 \longrightarrow Mn^{2+} + SO_4^{2-}$ （酸性介质）

(2) $ClO^- + Cr(OH)_4^- \longrightarrow Cl^- + CrO_4^{2-}$ （碱性介质）

解 (1)① $MnO_4 \longrightarrow Mn^{2+}$

$$MnO_4^- + 8H^+ \longrightarrow Mn^{2+} + 4H_2O$$

$$MnO_4^- + 8H^+ + 5e^- = Mn^{2+} + 4H_2O$$

② $$H_2SO_3 \longrightarrow SO_4^{2-}$$
$$H_2SO_3 + H_2O \longrightarrow SO_4^{2-} + 4H^+$$
$$H_2SO_3 + H_2O = SO_4^{2-} + 4H^+ + 2e^-$$

结合以上 2 个半反应式，得

$$2MnO_4^- + 5H_2SO_3 = 2Mn^{2+} + 5SO_4^{2-} + 4H^+ + 3H_2O$$

（2） ① $$ClO^- \longrightarrow Cl^-$$
$$ClO^- + H_2O \longrightarrow Cl^- + 2OH^-$$
$$ClO^- + H_2O + 2e^- = Cl^- + 2OH^-$$

② $$Cr(OH)_4^- \longrightarrow CrO_4^{2-}$$
$$Cr(OH)_4^- + 4OH^- \longrightarrow CrO_4^{2-} + 4H_2O$$
$$Cr(OH)_4^- + 4OH^- = CrO_4^{2-} + 4H_2O + 3e^-$$

结合以上二半反应式，得

$$3ClO^- + 2Cr(OH)_4^- + 2OH^- = 3Cl^- + 2CrO_4^{2-} + 5H_2O$$

离子电子法将一个复杂的问题一分为二进行处理，且无须计算元素氧化数及其变化，因此对于水溶液中发生的离子反应式的配平，尤其是有复杂有机化合物参加的氧化还原反应式的配平十分简单方便。

9.2 氧化还原反应与原电池（redox reaction and primary battery）

将金属锌置于硫酸铜水溶液中，会观察到随着反应的进行，金属锌逐渐溶解，而金属铜不断沉积出来并导致硫酸铜水溶液的蓝色逐渐变浅。相关的离子反应方程式为：

$$Zn(s) + Cu^{2+}(aq) = Zn^{2+}(aq) + Cu(s)$$
$$\Delta_r H_m^{\ominus}(298.15\ K) = -218.66\ kJ \cdot mol^{-1}$$
$$\Delta_r G_m^{\ominus}(298.15\ K) = -212.55\ kJ \cdot mol^{-1}$$

很显然，这是一个自发的氧化还原反应，系统没有对环境做功，但有热量放出，表明化学能转变为热能。

1863 年，英国化学家丹尼尔（J. F. Daniel）根据上述反应构造了 1 个原电池：分别将金属铜板和金属锌板浸于硫酸铜和硫酸锌水溶液中，并将 2 溶液间用一充有饱和 KNO_3 水溶液的、倒置的 U 形管（称为盐桥）连接，即组成了所谓锌-铜原电池（图 9.1）。

用导线将铜板及锌板分别与检流计二端子连接，可测得到有电流从铜板流向锌板，同时有化学反应发生。在锌板和硫酸锌溶液一侧，即原电池的负极，锌失去电子，被氧化，溶液中 Zn^{2+} 浓度增大：

$$Zn(s) = Zn^{2+}(aq) + 2e^-$$

在铜板和硫酸铜溶液一侧，即原电池的正极，Cu^{2+} 得到电子，被还原，有金属铜沉积于铜板：

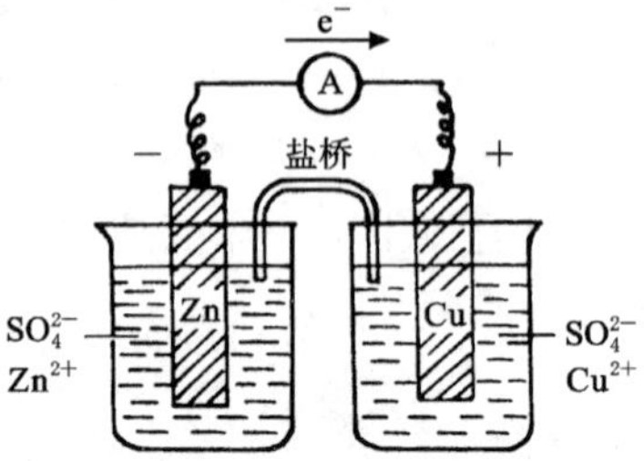

图 9.1 锌-铜原电池

$$Cu^{2+}(aq) + 2e^- = Cu(s)$$

系统内发生的总反应为：

$$Zn(s) + Cu^{2+}(aq) = Zn^{2+}(aq) + Cu(s)$$

这种把化学能转变为电能的装置叫作原电池(primary battery)。

原电池由 2 个“半电池”组成。在锌-铜原电池中，锌和锌盐溶液组成一个“半电池”；铜和铜盐溶液组成另一个“半电池”。半电池也被称为电极(electrode)。每个电极中均含有同一元素的具有不同氧化数的一对物质，称为一个氧化还原电对，或简称为电对，如铜电极由 Cu^{2+} 和 Cu 组成，锌电极由 Zn^{2+} 和 Zn 组成。电对中具有较高氧化数的物质称为氧化态物质(Ox)，具有较低氧化数的物质称为还原态物质(Red)。电极用符号氧化态/还原态表示。如铜电极表示为 Cu^{2+}/Cu、锌电极表示为 Zn^{2+}/Zn 等。原电池放电过程中，正极发生还原反应，负极发生氧化反应，分别叫作半电池反应或电极反应。电极反应通常书写为还原过程：

$$\text{氧化态} + ne^- = \text{还原态}$$

其中，“氧化态”除应包括氧化态物质外，还应包括其所需介质条件等；“还原态”除包括还原态物质外，还应包括其他还原产物。如电对 MnO_4^-/Mn^{2+}，其电极反应为：

$$MnO_4^- + 8H^+ + 5e^- = Mn^{2+} + 4H_2O$$

又如，电对 AgCl/Ag，其电极反应为：

$$AgCl + e^- = Ag + Cl^-$$

正极反应与负极反应的和称为原电池反应。书写电极反应或电池反应时，必须满足物质的量及电荷平衡，同时，应标明溶液的浓度、气体的分压力、纯液体或纯固体的相态等。

书面上，原电池用原电池符号表示。如将金属锌浸入 $c(Zn^{2+}) = 0.10\ mol \cdot L^{-1}$ 的硫酸锌水溶液中构成锌电极、将金属铜浸入 $c(Cu^{2+}) = 0.10\ mol \cdot L^{-1}$ 的硫酸铜水溶液中构成铜电极，再用盐桥连接组成的锌-铜原电池，可表示为：

$$(-)Zn|\ Zn^{2+}(0.10\ mol \cdot L^{-1}) \parallel Cu^{2+}(0.10\ mol \cdot L^{-1})|\ Cu(+)$$

符号中，"‖"代表盐桥，盐桥左、右分别为原电池的负极和正极；"|"代表两相间的界面；溶液中的物质应注明浓度，若电极中含有气体，应注明气体分压力。对于 Fe^{3+}/Fe^{2+}、MnO_4^-/Mn^{2+} 等电极，需在溶液中插入惰性金属 Pt 起导体作用，惰性电极一般亦应在原电池符号中表示出，如原电池：

$$(-)Pt|Fe^{2+}(0.1\ mol \cdot L^{-1}),\ Fe^{3+}(0.1\ mol \cdot L^{-1}) \parallel MnO_4^-(1\ mol \cdot L^{-1}),$$
$$H^+(1\ mol \cdot L^{-1}),\ Mn^{2+}(0.1\ mol \cdot L^{-1})|Pt(+)$$

根据研究需要，可将不同的电极组合成不同的原电池。

【例 9.2】 利用标准状态下的反应：$2KMnO_4 + 5H_2C_2O_4 + 3H_2SO_4 = K_2SO_4 + 2MnSO_4 + 10CO_2\uparrow + 8H_2O$ 组成原电池。说明电极及原电池组成并写出电极及原电池符号。

解 正极反应为还原反应，所以正极为 MnO_4^-/Mn^{2+}；电极反应为

$$MnO_4^- + 8H^+ + 5e^- = Mn^{2+} + 4H_2O$$

负极反应为氧化反应，所以负极为：$CO_2/H_2C_2O_4$，电极反应为

$$H_2C_2O_4 = 2CO_2\uparrow + 2H^+ + 2e^-$$

原电池符号为

$$(-)Pt\ |\ CO_2(100\ kPa)|H_2C_2O_4(1\ mol \cdot L^{-1}),H^+(1\ mol \cdot L^{-1}) \parallel MnO_4^-(1\ mol \cdot L^{-1}),$$

$$H^+(1\ mol \cdot L^{-1}),\ Mn^{2+}(1\ mol \cdot L^{-1})|Pt(+)$$

从理论上说，任何一个氧化还原反应都可以设计在原电池中进行，但实际操作时有时会有很大困难，特别是有些复杂的氧化还原反应。

按上述方法组成原电池，目的绝非用以提供电能，亦非只是用以验证氧化还原反应是电子转移的过程。这种原电池，将氧化反应、还原反应分开进行，为研究物质的氧化还原能力、氧化还原反应的自发方向以及氧化还原反应的完成程度提供了十分重要的信息。

9.3 原电池电动势和电极电势(galvanic potential of galvanic cell and electrode potential)

原电池的电动势 ε 等于电流强度为 0 时,原电池正、负电极间的电势差,是构成原电池的正、负电极间的最大电势差。原电池的电动势与组成系统的物质、温度、浓度、压力有关。当各物质均处于标准状态时,原电池的电动势称为标准电动势,以 $\varepsilon^{\ominus}$ 表示。原电池的电动势可用电位差计测得,如原电池:

$$(-)\mathrm{Zn} \mid \mathrm{Zn}(1\ \mathrm{mol\cdot L^{-1}}) \parallel \mathrm{Cu^{2+}}(1\ \mathrm{mol\cdot L^{-1}}) \mid \mathrm{Cu}(+)$$

在 298.15 K 时的电动势等于+1.10 V。所得结果说明铜电极的电势比锌电极的电势高 1.10 V。在正向自发的原电池中,总是正极的电势较高,在其中发生还原反应,氧化态物质自发转化为还原态物质;负极的电势较低,在其中发生氧化反应,还原态物质自发转化为氧化态物质。这说明电势较高的电极中,氧化态物质在水溶液中的氧化能力较强,而电势较低的电极中,还原态物质在水溶液中的还原能力较强。为定量说明物质在水溶液中的氧化还原能力,理应测定各个电极的电势值,但至今,只能测得原电池的电动势,无法测定单只电极的电势值。从实用考虑,只需选定 1 个电极作为参比的基准,将其他的电极一一与此参比电极组成原电池,并测定它们的电动势,便可得知不同电极的电势相对值,此相对值即可定量说明物质在水溶液中的氧化还原能力,这就如同确定海拔高度时以海平面作为基准一样。

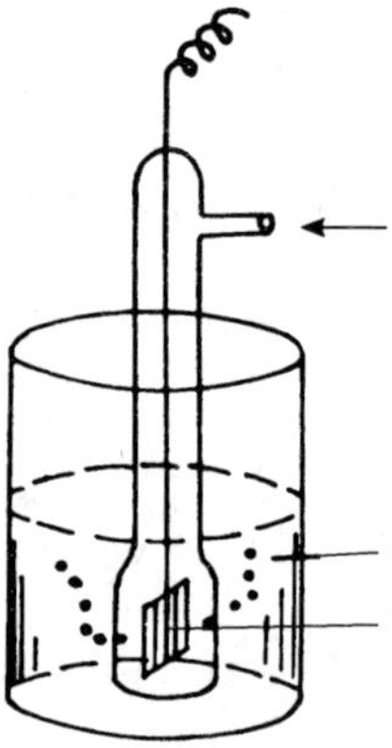

图 9.2 标准氢电极

IUPAC 规定,选"标准氢电极"(standard hydrogen electrode, SHE)作为比较的基准,规定在任意温度下,用标准氢电极作为参比电极,使之与各种其他的电极组成原电池,并规定标准氢电极作为各原电池的负极。实验温度下,任意一电极与标准氢电极组成的原电池的电动势称为该电极的电极电势 φ(electrode potential)。标准氢电极如图 9.2 所示,是将镀有铂黑的铂片浸入 $c(\mathrm{H^+})=1\ \mathrm{mol\cdot L^{-1}}$ 的水溶液中,并通入标准压力(100 kPa)的氢气组成的电极:

$$2\mathrm{H^+}(1\ \mathrm{mol\cdot L^{-1}}) + 2\mathrm{e^-} = \mathrm{H_2}(100\ \mathrm{kPa})。$$

任意温度下,氢电极的标准电极电势均为 0:即 $\varphi^{\ominus}(\mathrm{H^+/H_2})=0$ V。

若组成电极的各物质均处于热力学标准状态，则此时电极的电极电势称为该电极的标准电极电势 $\varphi^{\ominus}$(standard electrode potential)。例如，实验测得 298.15 K 时下列原电池的标准电动势 $\varepsilon^{\ominus}$：

$(-)Pt|H_2(100\ kPa)|H^+(1\ mol\cdot L^{-1})\parallel Cu^{2+}(1\ mol\cdot L^{-1})|Cu(+)$

$\varepsilon^{\ominus} = +0.341\,9\ V$

$(-)Pt|H_2(100\ kPa)|H^+(1\ mol\cdot L^{-1})\parallel Ag^{+}(1\ mol\cdot L^{-1})|Ag(+)$

$\varepsilon^{\ominus} = +0.799\,6\ V$

则 298.15 K 时，$\varphi^{\ominus}(Cu^{2+}/Cu)=+0.341\,9\ V$，$\varphi^{\ominus}(Ag^{+}/Ag) = +0.799\,6\ V$

$(-)Zn|Zn^{2+}(1\ mol\cdot L^{-1})\parallel H^+(1\ mol\cdot L^{-1})|H_2(100\ kPa)|Pt(+)$

$\varepsilon^{\ominus}=+0.761\,8\ V$

则 298.15 K 时，$\varphi^{\ominus}(Zn^{2+}/Zn) = -0.761\,8\ V$。

标准电极电势是一个非常重要的物理量，它定量地表示标准状态下，物质在水溶液中的氧化还原能力：标准电极电势越高，电对中的氧化态物质在标准状态、水溶液中的氧化能力越强；标准电极电势越低，电对中的还原态物质在标准状态、水溶液中的还原能力越强。

常用重要电极的标准电极电势(298.15 K)见附录Ⅴ。在使用标准电极电势表时应注意下面几点。

①由于很多物质的氧化还原能力与介质酸度有关，故标准电极电势表分为酸表和碱表，应用时应根据实际反应情况查阅。如电极反应中出现 H^+，则应从酸表查找($\varphi_A^{\ominus}$)，电极反应中出现 OH^-，则应从碱表查找($\varphi_B^{\ominus}$)。若电极反应中没有出现 H^+ 或 OH^-，则应根据物质的实际存在条件去查表，如 $Fe^{3+} + e^- = Fe^{2+}$ 电极，由于只能存在于酸性溶液中，所以其标准电极电势应在酸表($\varphi_A^{\ominus}$)中查找，而 $Ag(NH_3)_2^+ + e^- = Ag + 2NH_3$ 的标准电极电势应在碱表中查找($\varphi_B^{\ominus}$)。

②$\varphi^{\ominus}$ 值反映了物质得失电子趋势的大小，与电极反应的书写形式无关。如：

$$Zn^{2+}+2e^- = Zn \qquad \varphi^{\ominus}(Zn^{2+}/Zn) = -0.761\,8\ V$$
$$Zn = Zn^{2+}+2e^- \qquad \varphi^{\ominus}(Zn^{2+}/Zn) = -0.761\,8\ V$$
$$2Zn = 2Zn^{2+}+4e^- \qquad \varphi^{\ominus}(Zn^{2+}/Zn) = -0.761\,8\ V$$

9.4 氧化还原反应的自发方向(spontaneous direction of redox reaction)

9.4.1 氧化还原反应的摩尔吉布斯自由能与电极电势

根据化学热力学原理，在等温定压可逆途径条件下，氧化还原反应的摩尔吉布斯自由能等于利用该反应可能对环境所做的最大非体积功，即等于利用该氧化还原反应设计的原电池可能对环境所做的最大电功：

$$\Delta_r G_m = W'_{max}$$

对于任意一电池反应

$$a\mathrm{Ox}_1 + b\mathrm{Red}_2 = a'\mathrm{Red}_1 + b'\mathrm{Ox}_2$$

反应进度等于 1 mol 时系统对环境所能做的最大电功等于原电池电动势与电路中所通过电量的乘积 $q\cdot\varepsilon$，而电量 q 等于原电池反应电荷数 n 与法拉第常数 $F(9.65\times10^4\ \mathrm{C\cdot mol^{-1}})$ 的乘积。因为热力学规定系统做功时取负值，故：

$$W'_{max} = -nF\varepsilon$$

因此：

$$\Delta_r G_m = -nF\varepsilon$$

若反应在标准状态进行，则有：

$$\Delta_r G_m^{\ominus} = -nF\varepsilon^{\ominus}$$

式中，

$$\varepsilon = \varphi(+) - \varphi(-),\ \varepsilon^{\ominus} = \varphi^{\ominus}(+) - \varphi^{\ominus}(-)$$

据此，即可方便地对等温定压条件下水溶液中氧化还原反应的自发方向做出合理判断：

若 $\varepsilon>0$，即利用该氧化还原反应设计的原电池正极的电极电势高于负极的电极电势：$\varphi(+)>\varphi(-)$，则 $\Delta_r G_m<0$，反应能正向自发；

若 $\varepsilon<0$，即利用该氧化还原反应设计的原电池正极的电极电势低于负极的电极电势：$\varphi(+)<\varphi(-)$，则 $\Delta_r G_m>0$，反应不可能正向自发；

若 $\varepsilon=0$，即利用该氧化还原反应设计的原电池正极的电极电势等于负极的电极电势：$\varphi(+)=\varphi(-)$，则 $\Delta_r G_m=0$，反应处于平衡状态。

若反应在标准状态下进行，则比较 2 个电极的标准电极电势高低即可判断反应的自发方向。由此看来，自发的氧化还原反应，总是较强的氧化剂与较强的还原剂相互作用，生成较弱的还原剂和较弱的氧化剂。

【例 9.3】 计算 298.15 K 时，反应 $Sn^{2+}(aq)+Pb(s) = Sn(s)+Pb^{2+}(aq)$ 的 $\Delta_r G_m^{\ominus}$，并判断标准状态下反应的自发方向。

解 若利用该反应设计原电池，则正极为 Sn^{2+}/Sn，负极为 Pb^{2+}/Pb，

$$\Delta_r G_m^{\ominus} = -nF\varepsilon^{\ominus} = -nF\{\varphi^{\ominus}(Sn^{2+}/Sn) - \varphi^{\ominus}(Pb^{2+}/Pb)\} = -2\times9.65\times10^4\ \mathrm{C\cdot mol^{-1}}\times[-0.136\ \mathrm{V}-(-0.126\ \mathrm{V})] = 1.93\times10^3\ \mathrm{J\cdot mol^{-1}}$$

$\Delta_r G_m^{\ominus}>0$，反应在标准状态下逆向自发。或者可直接根据 $\varphi^{\ominus}(Pb^{2+}/Pb)>\varphi^{\ominus}(Sn^{2+}/Sn)$，得出反应逆向自发进行的结论。

9.4.2 能斯特(Nernst)方程

常见的氧化还原反应,是在 298.15 K 附近、非标准状态下进行的。298.15 K 附近,温度的变化对标准电极电势影响不明显,而浓度和压力往往对电极电势有较大影响。根据化学反应等温方程式和反应的摩尔吉布斯自由能变与电极电势的关系,可证得,对于任意电极:

$$a\mathrm{Ox} + n\mathrm{e}^- = a'\mathrm{Red}$$

$$\varphi = \varphi^{\ominus} + \frac{RT}{nF}\ln\frac{\{c(\mathrm{Ox})/c^{\ominus}\}^{a}}{\{c(\mathrm{Red})/c^{\ominus}\}^{a'}} = \varphi^{\ominus} + \frac{2.303\,RT}{nF}\lg\frac{\{c(\mathrm{Ox})/c^{\ominus}\}^{a}}{\{c(\mathrm{Red})/c^{\ominus}\}^{a'}}$$

式中,R 为摩尔气体常数,T 为热力学温度,F 为法拉第常数,n 为电极反应转移电荷数。

此式称为能斯特方程。能斯特方程是由化学反应等温方程式推演出来的,所以使用时需注意以下几点:

①固体、纯液体不出现在浓度项中。如锌电极:

$$\mathrm{Zn^{2+}(aq)} + 2\mathrm{e}^- = \mathrm{Zn(s)}$$

$$\varphi(\mathrm{Zn^{2+}/Zn}) = \varphi^{\ominus}(\mathrm{Zn^{2+}/Zn}) + \frac{2.303RT}{2F}\lg\{c(\mathrm{Zn^{2+}})/c^{\ominus}\}$$

②气体以其相对压力代入浓度项,如氢电极:

$$2\mathrm{H^+(aq)} + 2\mathrm{e}^- = \mathrm{H_2(g)}$$

$$\varphi(\mathrm{H^+/H_2}) = \varphi^{\ominus}(\mathrm{H^+/H_2}) + \frac{2.303\,RT}{2F}\lg\frac{\{c(\mathrm{H^+})/c^{\ominus}\}^2}{p(\mathrm{H_2})/p^{\ominus}}$$

③对于除氧化态、还原态物质外,还有其他物质如 H^+、OH^- 等参加的电极,它们的相对浓度亦要代入浓度项,如电极:

$$\mathrm{Cr_2O_7^{2-}} + 14\mathrm{H^+} + 6\mathrm{e}^- = 2\mathrm{Cr^{3+}} + 7\mathrm{H_2O}$$

$$\varphi(\mathrm{Cr_2O_7^{2-}/Cr^{3+}}) = \varphi^{\ominus}(\mathrm{Cr_2O_7^{2-}/Cr^{3+}}) + \frac{2.303RT}{6F}\lg\frac{\{c(\mathrm{Cr_2O_7^{2-}})/c^{\ominus}\}\{c(\mathrm{H^+})/c^{\ominus}\}^{14}}{\{c(\mathrm{Cr^{3+}})/c^{\ominus}\}^2}$$

能斯特方程说明,在一定温度下,增大氧化态物质的浓度或减小还原态物质的浓度,将使得电极电势升高,即增强了氧化态物质在水溶液中的氧化能力;反之,则电极电势降低,即增强了还原态物质的还原能力。因此,可利用各种改变反应物浓度的方法和手段,控制物质的氧化还原能力,使氧化还原反应向希望的方向自发进行。

【例 9.4】 判断反应：Sn^{2+}（1.0 mol·L^{-1}）+ Pb(s) = Sn(s) + Pb^{2+}（0.10 mol·L^{-1}）在 298.15 K 时的自发方向。

解 利用此反应设计原电池：

正极反应 $Sn^{2+}+2e^- = Sn$

负极反应 $Pb = Pb^{2+}+2e^-$

$\varphi(Sn^{2+}/Sn) = \varphi^{\ominus}(Sn^{2+}/Sn) = -0.136\ V$

$$\varphi(Pb^{2+}/Pb) = \varphi^{\ominus}(Pb^{2+}/Pb) + \frac{2.303RT}{2F}\lg\{c(Pb^{2+})/c^{\ominus}\} =$$

$$-0.126\ V + \frac{0.059\ V}{2}\lg 0.10 = -0.156\ V$$

因 $\varphi(Sn^{2+}/Sn) > \varphi(Pb^{2+}/Pb)$，所以反应正向自发进行。

与例 9.3 结果对比可看出，由于降低了 Pb^{2+} 浓度，使金属铅还原性增强，反应正方向进行。

从例 9.4 的计算结果看，靠改变物质的投放量而改变反应物浓度，对电极电势的影响不很明显。通常若两电对标准电极电势的差值大于 0.2～0.4 V，靠这种方法不会改变反应的自发方向（详见 9.5 节氧化还原反应标准平衡常数）。欲有效地控制氧化还原反应的方向，必须利用沉淀反应、配位反应以及调节介质酸度等方法，大幅度地改变反应物的浓度方可达到目的。

【例 9.5】 (1)判断 298.15 K，标准状态下，反应 $MnO_2 + 2Cl^- + 4H^+ = Mn^{2+} + Cl_2\uparrow + 2H_2O$ 能否正向自发进行？

(2)若用 $c(HCl) = 12\ mol\cdot L^{-1}$ 的盐酸与 MnO_2 作用，设 $c(Mn^{2+}) = 1.0\ mol\cdot L^{-1}$、$p(Cl_2) = 100\ kPa$，反应能否正向自发？

解 若利用该反应设计原电池，则

正极反应 $MnO_2 + 4H^+ + 2e^- = Mn^{2+} + 2H_2O$

负极反应 $2Cl^- = Cl_2\uparrow + 2e^-$

(1)已知 $\varphi^{\ominus}(MnO_2/Mn^{2+}) = 1.22\ V$，$\varphi^{\ominus}(Cl_2/Cl^-) = 1.36\ V$；

因 $\varphi^{\ominus}(MnO_2/Mn^{2+}) < \varphi^{\ominus}(Cl_2/Cl^-)$，所以标准状态下反应不能正向自发。

(2)在 $c(H^+) = 12\ mol\cdot L^{-1}$、$c(Mn^{2+}) = 1.0\ mol\cdot L^{-1}$ 条件下：

$$\varphi(MnO_2/Mn^{2+}) = \varphi^{\ominus}(MnO_2/Mn^{2+}) + \frac{2.303RT}{2F}\lg\frac{\{c(H^+)/c^{\ominus}\}^4}{c(Mn^{2+})/c^{\ominus}} =$$

$$1.22\ V + \frac{0.059\ V}{2}\lg 12^4 = 1.35\ V$$

$$\varphi(Cl_2/Cl^-) = \varphi^\ominus(Cl_2/Cl^-) + \frac{2.303RT}{2F}\lg\frac{p(Cl_2)/p^\ominus}{\{c(Cl^-)/c^\ominus\}^2} =$$

$$1.36\ V + \frac{0.059\ V}{2}\lg\frac{1}{12^2} = 1.30\ V$$

此时 $\varphi(MnO_2/Mn^{2+}) > \varphi(Cl_2/Cl^-)$，所以此条件下反应可以正向自发。实验室中，常用二氧化锰与浓盐酸反应制取氯气。

凡是有 H^+、OH^- 参加的电极反应，如：

$$MnO_4^- + 8H^+ + 5e^- = Mn^{2+} + 4H_2O$$

$$Cr_2O_7^{2-} + 14H^+ + 6e^- = 2Cr^{3+} + 7H_2O$$

$$O_2 + 4H^+ + 4e^- = 2H_2O$$

等，介质酸度都将对电极电势有影响，如 MnO_4^-、$Cr_2O_7^{2-}$ 等在强酸性介质中氧化能力明显增强。

【例 9.6】 298.15 K 时，下列原电池的电动势 $\varepsilon = 0.168$ V，计算负极溶液的 pH。

(－)Pt | H_2(100 kPa) | $H^+(c)$ ‖ $H^+(1\ mol \cdot L^{-1})$ | H_2(100 kPa) | Pt(＋)

解 $\varepsilon = \varphi^\ominus(H^+/H_2) - \varphi(H^+/H_2)$

$\varphi(H^+/H_2) = \varphi^\ominus(H^+/H_2) - \varepsilon = 0\ V - 0.168\ V = -0.168\ V$

根据氢电极的电极反应 $2H^+ + 2e^- = H_2$

$$\varphi(H^+/H_2) = \varphi^\ominus(H^+/H_2) + \frac{2.303RT}{2F}\lg\frac{\{c(H^+)/c^\ominus\}^2}{p(H_2)/p^\ominus} =$$

$$0\ V + \frac{0.059\ V}{2}\lg\frac{\{c(H^+)/c^\ominus\}^2}{1} = -0.059\ V \times pH$$

得 pH = 2.84

利用这种方法(电势测定法)可精确测定溶液的 pH(准确度可达 0.001 pH 单位)，并可根据测得数据计算出弱酸、弱碱的离解常数。由于氢电极操作复杂，实际工作中用 pH 玻璃电极和甘汞电极组成原电池，待测液 pH 可由酸度计(pH 计)直接读出。

【例 9.7】 向银电极 $Ag^+ + e^- = Ag$ 中加入 KI，将有 AgI 沉淀生成。反应达平衡后，溶液中 $c(I^-) = 1.0\ mol \cdot L^{-1}$。计算此时该电极的电极电势。

解 $\varphi(Ag^+/Ag) = \varphi^\ominus(Ag^+/Ag) + \frac{2.303RT}{F}\lg\{c(Ag^+)/c^\ominus\}$

$$= \varphi^\ominus(Ag^+/Ag) + \frac{2.303RT}{F}\lg\frac{K_{sp}^\ominus(AgI)}{c(I^-)/c^\ominus}$$

$$=\varphi^{\ominus}(Ag^+/Ag)+\frac{2.303RT}{F}\lg K_{sp}^{\ominus}(AgI)-\frac{2.303RT}{F}\lg\{c(I^-)/c^{\ominus}\}$$
$$=-0.15\ V$$

由于碘化银沉淀的生成大大降低了氧化态物质 Ag^+ 的浓度，电极电势大大下降，增强了金属银的还原能力，因此银可与氢碘酸反应放出氢气。AgCl 沉淀的生成也会降低银电极的电极电势，所以在盐酸溶液中，银也具有较强的还原性(但银不能从盐酸中置换出氢气)。实验室中将银浸泡在盐酸中制得银还原器，能还原多种物质。

例 9.7 中，电极反应实际分 2 步进行：

$$AgI = Ag^+ + I^-$$
$$Ag^+ + e^- = Ag$$

总的电极反应为：

$$AgI + e^- = Ag + I^-$$

因此该电极称为碘化银电极，电极符号为 AgI/Ag。当 $c(I^-) = 1\ mol\cdot L^{-1}$ 时，碘化银电极的电极电势称为其标准电极电势。

碘化银电极的能斯特方程应为：

$$\varphi(AgI/Ag) = \varphi^{\ominus}(AgI/Ag)-\frac{2.303RT}{F}\lg\{c(I^-)/c^{\ominus}\}$$

由以上推导过程可知，碘化银电极的标准电极电势为：

$$\varphi^{\ominus}(AgI/Ag) = \varphi^{\ominus}(Ag^+/Ag)+\frac{2.303RT}{F}\lg K_{sp}^{\ominus}(AgI) = -0.15\ V$$

可以看出，碘化银电极与前所述及的各种电极有明显不同，其电极电势是受不参加电子转移的 I^- 的浓度控制，所以称之为“第二类电极”。重要的第二类电极还有氯化银电极($AgCl/Ag$)、甘汞电极(Hg_2Cl_2/Hg)等。甘汞电极的电极反应和能斯特方程为：

$$Hg_2Cl_2 + 2e^- = 2Hg + 2Cl^-$$
$$\varphi(Hg_2Cl_2/Hg) = \varphi^{\ominus}(Hg_2Cl_2/Hg)-\frac{2.303RT}{F}\lg\{c(Cl^-)/c^{\ominus}\}$$

若甘汞电极中 KCl 溶液为饱和，则溶液中 Cl^- 浓度保持恒定，不随电极反应的进行而变化，因此一定温度下电极电势亦将保持恒定。这是第二类电极所具有的共同特点，即电极电势十分稳定。故实际工作中常用第二类电极作为参比电极使用。第二类电极的另一重要用途是用来测定难溶电解质的溶度积：根据离子浓度和电极电势，即可计算出结果。利用生成配位化合物的方法亦可做得第二类电极，可据之测得配位化合物的稳定常数。

【例 9.8】 计算 Cu^{2+}/CuI 电极的标准电极电势，并判断 I^- 能否被 Cu^{2+} 氧化。已知：$\varphi^{\ominus}(Cu^{2+}/Cu^+) = 0.153\ V$，$\varphi^{\ominus}(I_2/I^-) = 0.536\ V$。

解 Cu^{2+}/CuI 电极的电极反应为

$$Cu^{2+} + I^- + e^- = CuI$$

其标准电极电势为 $c(Cu^{2+}) = c(I^-) = 1\ mol \cdot L^{-1}$ 时该电极的电极电势，可由相关的 $\varphi^{\ominus}(Cu^{2+}/Cu^+)$ 求得：

$$\varphi^{\ominus}(Cu^{2+}/CuI) = \varphi^{\ominus}(Cu^{2+}/Cu^+) + \frac{2.303RT}{F}\lg\frac{c(Cu^{2+})/c^{\ominus}}{c(Cu^+)/c^{\ominus}} =$$

$$\varphi^{\ominus}(Cu^{2+}/Cu^+) + \frac{2.303RT}{F}\lg\frac{c(Cu^{2+})/c^{\ominus}}{K_{sp}^{\ominus}(CuI)/\{c(I^-)/c^{\ominus}\}} =$$

$$0.153\ V - 0.059\ V \times \lg 1.27 \times 10^{-12} = 0.85\ V$$

由于 CuI 沉淀的产生，大大降低了还原态物质 Cu^+ 浓度，使得 Cu^{2+} 的氧化能力明显升高，$\varphi^{\ominus}(Cu^{2+}/CuI) > \varphi^{\ominus}(I_2/I^-) > \varphi^{\ominus}(Cu^{2+}/Cu^+)$，因此反应

$$2Cu^{2+} + 4I^- = 2CuI\downarrow + I_2$$

能够正向自发进行。此反应是分析化学中定量测定 Cu^{2+} 浓度的基本反应。

9.5 氧化还原反应的标准平衡常数(standard equilibrium constant of redox reaction)

氧化还原反应进行趋势的大小用其标准平衡常数来说明。根据

$$\Delta_r G_m^{\ominus} = -nF\varepsilon^{\ominus}$$

和

$$\Delta_r G_m^{\ominus} = -RT\ \ln K^{\ominus}$$

得

$$\ln K^{\ominus} = \frac{nF\varepsilon^{\ominus}}{RT}$$

式中,R 为摩尔气体常数,T 为热力学温度,F 为法拉第常数,n 为氧化还原反应的反应电荷数(单位为 1),$\varepsilon^{\ominus}$为利用反应设计的原电池的标准电动势,$\varepsilon^{\ominus}=\varphi^{\ominus}(+)-\varphi^{\ominus}(-)$。

此式表明,一定温度下,氧化还原反应的完成程度主要由正、负 2 个电极标准电极电势的差决定,差值越大,反应的完成程度越高。化学反应的 $K^{\ominus}$若大于 10^6,可认为进行得十分完全,所以,若 $n=1$,$\varepsilon^{\ominus}=0.36$ V 时;$n=2$,$\varepsilon^{\ominus}=0.18$ V 时,即可认为反应完成得很彻底。故常用 $\varepsilon^{\ominus}$是否大于 0.2~0.4 V 来判断氧化还原反应的自发方向,在实际工作中很有意义。

【例 9.9】 计算 298.15 K 时,反应 $H_3AsO_4 + 2I^- + 2H^+ = HAsO_2 + I_2 + 2H_2O$ 的标准平衡常数。

解 利用反应设计原电池:

正极反应 $H_3AsO_4 + 2H^+ + 2e^- = HAsO_2 + 2H_2O$

负极反应 $2I^- = I_2 + 2e^-$

故

$$\lg K^{\ominus} = \frac{nF\varepsilon^{\ominus}}{2.303RT} = \frac{nF\{\varphi^{\ominus}(H_3AsO_4/HAsO_2) - \varphi^{\ominus}(I_2/I^-)\}}{2.303RT} = \frac{2\times(0.56\ \mathrm{V} - 0.54\ \mathrm{V})}{0.059\ \mathrm{V}} = 0.68$$

得 $K^{\ominus} = 4.8$

此反应 $K^{\ominus}$较小,只有在强酸性介质中正向反应才可进行完全,而在 pH =8 的条件下,反应逆向进行完全。

【例 9.10】 298.15 K 时,将 0.10 mol AgCl(s) 置于 1.0 L 酸中,并加入足量的锌粉。计算说明锌粉能否把 AgCl(s) 完全转化为 Ag(s) 和 Cl^-(aq)。已知:$\varphi^{\ominus}(Ag^+/Ag) = 0.80$ V,$\varphi^{\ominus}(Zn^{2+}/Zn) = -0.76$ V,$K_{sp}^{\ominus}(AgCl) = 1.77\times10^{-10}$。

解 $2AgCl(s) + Zn(s) = 2Ag(s) + Zn^{2+}(aq) + 2Cl^-(aq)$

(1)计算反应的 $K^{\ominus}$

$$\varphi^{\ominus}(AgCl/Ag) = \varphi^{\ominus}(Ag^+/Ag) + \frac{2.303RT}{F}\lg K_{sp}^{\ominus}(AgCl) = 0.80\ \mathrm{V} + 0.059\ \mathrm{V}\times\lg 1.77\times10^{-10} = 0.22\ \mathrm{V}$$

方法 1：

$$\lg K^{\ominus}=\frac{2F\{\varphi^{\ominus}(AgCl/Ag)-\varphi^{\ominus}(Zn^{2+}/Zn)\}}{2.303RT}=$$

$$\frac{2\times\{0.22\ V-(-0.76\ V)\}}{0.059\ V}=33.2$$

$K^{\ominus}=1.6\times10^{33}$

方法 2：

①$2Ag^{+}(aq)+Zn(s) = 2Ag(s)+Zn^{2+}(aq)$

$$\lg K_1^{\ominus}=\frac{2F\{\varphi^{\ominus}(Ag^{+}/Ag)-\varphi^{\ominus}(Zn^{2+}/Zn)\}}{2.303RT}=$$

$$\frac{2\times\{0.80\ V-(-0.76\ V)\}}{0.059\ V}=52.8$$

$K_1^{\ominus}=6.3\times10^{52}$

②$AgCl(s) = Ag^{+}(aq)+Cl^{-}(aq)$

$K_2^{\ominus}=K_{sp}^{\ominus}(AgCl)=1.77\times10^{-10}$

上述反应进行合并，①+2×②，得

$$2AgCl(s)+Zn(s) = 2Ag(s)+Zn^{2+}(aq)+2Cl^{-}(aq)$$

所以 $K^{\ominus}=K_1^{\ominus}(K_2^{\ominus})^2=1.8\times10^{33}$

(2)设 AgCl 已完全转化，则平衡时

$$c(Zn^{2+})=0.050\ mol\cdot L^{-1},\ c(Cl^{-})=0.10\ mol\cdot L^{-1}$$

$$Q=0.050\times(0.10)^2=5.0\times10^{-4}$$

$Q<K^{\ominus}$，即系统中若再加入 AgCl(s)，反应仍正向自发，所以可转化完全。利用此反应可回收废定影液中的银。

氧化还原反应机理复杂，所以很多氧化还原反应速率较慢甚至很慢。故即使有的反应标准平衡常数很大，实际也不一定能进行。例如，$S_2O_8^{2-}$ 具有很强的氧化能力，但一般均需加入催化剂（Ag^{+}、Cu^{2+} 等金属离子）才能使反应进行。因此，切不可根据氧化还原反应 $K^{\ominus}$（或正、负极标准电极电势差）的大小而判断不同反应进行的先后。

9.6 元素电极电势图及其应用(element potential diagram and its application)

常用的电势图有元素标准电极电势图、电势 φ-pH 图等。

9.6.1 元素标准电极电势图及其应用

在研究某元素在水溶液中的化学性质和氧化还原能力时,可把该元素的有关标准电极电势集中在一张图中,方便使用。将某元素各种不同氧化态物质按氧化数逐渐降低的顺序自左至右排列,每 2 种物质间均用直线连接,并在连线上标出各氧化还原电对的标准电极电势,就得到了该元素的标准电极电势图。如铜元素的标准电极电势图如下:

$$Cu^{2+} \xrightarrow{0.153\ V} Cu^{+} \xrightarrow{0.522\ V} Cu \quad (Cu^{2+} \text{—} Cu:\ 0.341\ 9\ V)$$

根据介质条件不同,标准电极电势图分为酸性介质和碱性介质 2 种,在使用时应加以注意。标准电极电势图给出了关于元素在水溶液中氧化还原性质的丰富信息,可据之简单判断水溶液中歧化反应的可能性:

$$A \xrightarrow{\varphi^{\ominus}(\text{左})} B \xrightarrow{\varphi^{\ominus}(\text{右})} C$$

若 $\varphi^{\ominus}$(右)$>\varphi^{\ominus}$(左),则在 B/C、A/B 2个电对中,标准状态下,物质 B 既是最强的氧化剂,又是最强的还原剂,歧化反应 $B \longrightarrow A + C$ 在水溶液中必可自发进行。所以 Cu^{+} 在水溶液中不能稳定存在,将歧化为 Cu^{2+} 和 Cu:

$$2Cu^{+}(aq) = Cu^{2+}(aq) + Cu(s)$$

而根据铁和锡的标准电极电势图:

$$Fe^{3+} \xrightarrow{0.771\ V} Fe^{2+} \xrightarrow{-0.447\ V} Fe$$

$$Sn^{4+} \xrightarrow{0.151\ V} Sn^{2+} \xrightarrow{-0.136\ V} Sn$$

标准状态下,Fe^{2+}、Sn^{2+} 在水溶液中均不发生歧化作用,而反歧化作用却可自发进行:

$$2Fe^{3+}(aq)+Fe(s) = 3Fe^{2+}(aq)$$

$$Sn^{4+}(aq)+Sn(s) = 2Sn^{2+}(aq)$$

所以在配制 $FeSO_4$ 水溶液、$SnCl_2$ 水溶液时，可分别加入铁屑、金属锡粒，以防止它们被空气氧化。

与某元素相关的各个标准电极电势之间具有确定的关系。设 A、B、C 是某元素的氧化数依次降低的 3 种不同存在形式：

(1) $A+n_1e^- = B \quad \varphi^{\ominus}(A/B)$

(2) $B+n_2e^- = C \quad \varphi^{\ominus}(B/C)$

(3) $A+(n_1+n_2)e^- = C \quad \varphi^{\ominus}(A/C)$

将以上 3 个电极分别与标准氢电极组成原电池，电池反应及反应的标准摩尔吉布斯自由能变分别为：

① $A+\dfrac{n_1}{2}H_2 = B+n_1H^+$

$$\Delta_r G_m^{\ominus}(1) = -n_1F\varepsilon^{\ominus}(1) = -n_1F\varphi^{\ominus}(A/B)$$

② $B+\dfrac{n_2}{2}H_2 = C+n_2H^+$

$$\Delta_r G_m^{\ominus}(2) = -n_2F\varepsilon^{\ominus}(2) = -n_2F\varphi^{\ominus}(B/C)$$

③ $A+\dfrac{(n_1+n_2)}{2}H_2 = C+(n_1+n_2)H^+$

$$\Delta_r G_m^{\ominus}(3) = -(n_1+n_2)F\varepsilon^{\ominus}(3) = -(n_1+n_2)F\varphi^{\ominus}(A/C)$$

根据状态函数的性质：

$$\Delta_r G_m^{\ominus}(3) = \Delta_r G_m^{\ominus}(1)+\Delta_r G_m^{\ominus}(2)$$

所以

$$\varphi^{\ominus}(A/C) = \frac{n_1\varphi^{\ominus}(A/B)+n_2\varphi^{\ominus}(B/C)}{n_1+n_2}$$

【例 9.11】 根据碱性介质中溴元素标准电极电势图，计算 $\varphi^{\ominus}(BrO_3^-/BrO^-)$：

$$BrO_3^- \text{——} BrO^- \xrightarrow{\;0.45\ V\;} Br_2 \xrightarrow{\;1.08\ V\;} Br^-$$

$$BrO_3^- \xrightarrow{\;0.52\ V\;} Br_2$$

解 $BrO_3^- + 2H_2O + 4e^- = BrO^- + 4OH^-$

$BrO^- + H_2O + e^- = \frac{1}{2}Br_2 + 2OH^-$

$$\varphi^{\ominus}(BrO_3^-/BrO^-) = \frac{5\varphi^{\ominus}(BrO_3^-/Br_2) - \varphi^{\ominus}(BrO^-/Br_2)}{4} = 0.54\ V$$

9.6.2 φ-pH 图，水在氧化还原反应中的稳定区域

很多氧化还原反应是在水溶液中进行，因此对于作为溶剂的水本身的氧化性和还原性应有足够的认识。作为氧化剂时 H_2O 的还原产物为 H_2，作为还原剂时 H_2O 的氧化产物为 O_2，所涉及的 2 个半反应分别为：

$$2H_2O + 2e^- = H_2 + 2OH^- \qquad \varphi^{\ominus}(H_2O/H_2) = -0.83\ V$$

$$O_2 + 4H^+ + 4e^- = 2H_2O \qquad \varphi^{\ominus}(O_2/H_2O) = 1.23\ V$$

半反应中出现 OH^- 和 H^+，表明水的氧化、还原性质与溶液中 OH^- 和 H^+ 浓度有关，即 H^+ 浓度的改变能引起电极电势的变化。以上 2 个电极的能斯特方程分别为：

$$\varphi(H_2O/H_2) = \varphi^{\ominus}(H_2O/H_2) + \frac{2.303RT}{2F}\lg\frac{1}{\{p(H_2)/p^{\ominus}\}\{c(OH^-)/c^{\ominus}\}^2}$$

和

$$\varphi(O_2/H_2O) = \varphi^{\ominus}(O_2/H_2O) + \frac{2.303RT}{4F}\lg\{p(O_2)/p^{\ominus}\}\{c(H^+)/c^{\ominus}\}^4$$

298.15 K 条件下，设 H_2 处于标准状态，可得：

$$\varphi(H_2O/H_2) = -0.83\ V + 0.059\ V \times pOH \approx -0.059\ V \times pH$$

同理，298.15 K 条件下，设 O_2 处于标准状态，可得：

$$\varphi(O_2/H_2O) = 1.23\ V - 0.059\ V \times pH$$

以 φ 为纵坐标，pH 为横坐标作图，可以得到 2 条斜率相同（$-0.059\ 2$ V/pH），而截距分别为 0 和 +1.23 V 的直线，见图 9.3 中的 a 线和 b 线。该图称为 φ-pH 图。

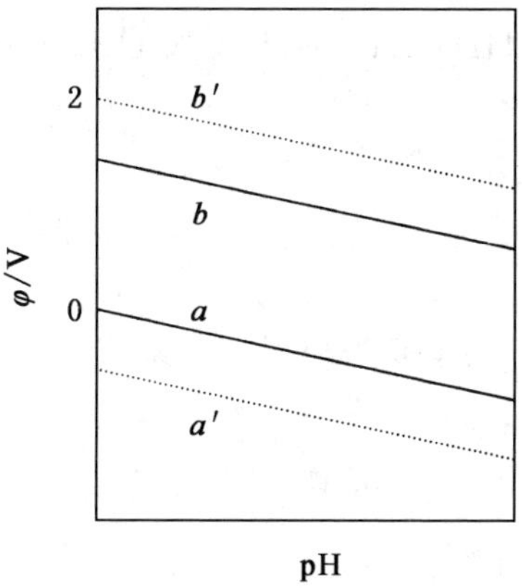

图 9.3 φ-pH 图

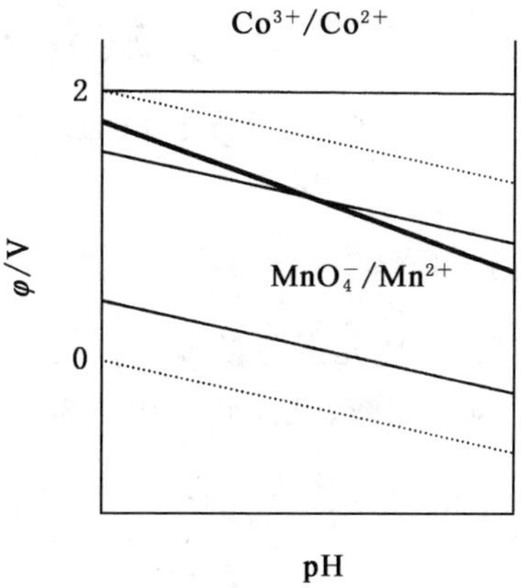

图 9.4 MnO_4^-/Mn^{2+}、Co^{3+}/Co^{2+} 的 φ-pH 图

利用 φ-pH 图可对物质能否与水发生氧化还原反应做出判断,即水存在的稳定区域做出判断:φ 值低于 a 线的任何电对中的还原态物质都可以将 H_2O 还原为 H_2;φ 值高于 b 线的任何电对中的氧化态物质都可以将 H_2O 氧化为 O_2;φ 值处于 2 线之间的任何电对不能使 H_2O 氧化或还原,这个区域是 H_2O 的稳定区。实验测得水的实际稳定区比理论计算值区间大,如图 9.3 中的 a′线,b′线所示。2 虚线分别比 a 线、b 线下移、上移约 0.6 V,a′线、b′线 2 虚线之间的区域代表实测的水的稳定区。例如从图 9.4 可知,虽然在高酸度条件下 MnO_4^-/Mn^{2+} 的电极电势高于 b 线,但低于 b′线,所以高锰酸钾水溶液可稳定存在。又如,对于 Co^{3+}/Co^{2+} 电对,电极反应为:

$$Co^{3+} + e^- = Co^{2+}$$

在 φ-pH 图中是一条平行于 pH 轴的直线,高于 b′线,所以在酸性水溶液中,Co^{3+} 不能稳定存在,与水发生如下反应:

$$4Co^{3+} + 6H_2O = 4Co^{2+} + O_2\uparrow + 4H_3O^+$$

元素的 φ-pH 图在分析化学、湿法冶金、环境保护等学科领域有着广泛的应用。

9.7 常见重要氧化还原反应(important oxidation-reduction reactions)

9.7.1 卤素

ⅦA 族元素包括氟、氯、溴、碘和砹,总称卤素,其中砹为放射性元素。

卤素在酸、碱性介质中的标准电极电势图如下。

$$\varphi_A^\ominus:\ ClO_4^- \xrightarrow{1.19\ V} \underbrace{ClO_3^- \xrightarrow{1.14\ V} HClO \xrightarrow{1.61\ V} Cl_2}_{1.47\ V} \xrightarrow{1.36\ V} Cl^-$$

$$BrO_4^- \xrightarrow{1.76\ V} \underbrace{BrO_3^- \xrightarrow{1.49\ V} HBrO \xrightarrow{1.59\ V} Br_2}_{1.48\ V} \xrightarrow{1.06\ V} Br^-$$

$$H_5IO_6 \xrightarrow{1.70\ V} \underbrace{IO_3^- \xrightarrow{1.14\ V} HIO \xrightarrow{1.44\ V} I_2}_{1.20\ V} \xrightarrow{0.54\ V} I^-$$

$$\varphi_B^\ominus:\ ClO_4^- \xrightarrow{0.36\ V} \underbrace{ClO_3^- \xrightarrow{0.50\ V} ClO^- \xrightarrow{0.40\ V} Cl_2}_{0.48\ V} \xrightarrow{1.36\ V} Cl^-$$

$$BrO_4^- \xrightarrow{0.93\ V} \underbrace{BrO_3^- \xrightarrow{0.54\ V} BrO^- \xrightarrow{0.45\ V} Br_2}_{0.52\ V} \xrightarrow{1.06\ V} Br^-$$

$$H_5IO_6 \xrightarrow{0.70\ V} \underbrace{IO_3^- \xrightarrow{0.14\ V} IO^- \xrightarrow{0.45\ V} I_2}_{0.20\ V} \xrightarrow{0.54\ V} I^-$$

(1)卤素单质的氧化性　由标准电极电势图可知,卤素单质最重要的化学性质是氧化性。卤素均为活泼的非金属,氧化性按 F_2、Cl_2、Br_2、I_2 顺序降低。F_2 的氧化性最强,能和除 He、Ne、Ar、Kr、O_2、N_2 外的所有单质直接化合。Cl_2 和 Br_2 也能直接和许多单质化合,但反应不如 F_2 剧烈,I_2 只是中等强度的氧化剂。

(2)卤素的歧化反应　卤素和水的反应有两种类型。F_2 可氧化水中的氧:

$$F_2 + H_2O = 2H^+ + 2F^- + \frac{1}{2}O_2\uparrow$$

Cl_2、Br_2、I_2 在水中发生歧化反应,如:

$$Cl_2 + H_2O = H^+ + Cl^- + HClO$$

由于反应有酸生成，故卤素在碱性溶液中歧化反应的完成程度大大高于在酸性介质中的歧化反应，酸性介质中，反歧化作用则进行得很完全。

卤素在碱性介质中的歧化分 2 步进行：

$$X_2+2OH^- = X^- + XO^- + H_2O$$
$$3XO^- = 2X^- + XO_3^-$$

由标准电极电势图可知，2 步歧化反应的平衡常数都很大，但实际产物却不同。Cl_2、Br_2、I_2 在碱性溶液中歧化，第一步反应速率均很快，第二步反应，对 IO^- 也很快，故 I_2 歧化，最终产物为 IO_3^- 和 I^-：

$$3I_2+6OH^- = 5I^- + IO_3^- + 3H_2O$$

但对 ClO^- 和 BrO^-，歧化反应较慢，故室温下 Cl_2 歧化产物为 Cl^- 和 ClO^-：

$$Cl_2+2OH^- = Cl^- + ClO^- + H_2O$$

Br_2 在 0℃时歧化产物为 Br^- 和 BrO^-，高于 50℃时则得 Br^- 和 BrO_3^-。

(3)卤酸根的氧化性　卤酸盐在酸性介质中是较强的氧化剂：

$$XO_3^- + 6H^+ + 6e^- = \frac{1}{2}X_2 + 3H_2O$$

它们能氧化卤离子，生成相应的卤素：

$$ClO_3^- + 5Cl^- + 6H^+ = 3Cl_2\uparrow + 3H_2O$$
$$BrO_3^- + 5Br^- + 6H^+ = 3Br_2 + 3H_2O$$
$$IO_3^- + 5I^- + 6H^+ = 3I_2 + 3H_2O$$

其中 BrO_3^- 和 Br^-、IO_3^- 和 I^- 的反应既快又完全，都是定量的反应。所以 $KBrO_3$、KIO_3 是分析化学中常用的氧化剂。ClO_3^- 和 Cl^- 的反应较慢，且有副产物(ClO_2)生成。在碱性介质中卤酸盐的氧化性都不强。

无水高氯酸 $HClO_4$ 是一种无色黏稠的液体。市售的试剂是 $w(HClO_4)=70\%$的高氯酸水溶液。它是最强的无机酸，能溶解活泼金属放出氢气。无水 $HClO_4$ 不稳定，受热分解：

$$4HClO_4 = 2Cl_2\uparrow + 7O_2\uparrow + 2H_2O$$

高氯酸是极强的氧化剂，高温下它接触有机物时会发生爆炸性反应，在实验室使用或制备无水高氯酸时应小心操作。

高氯酸盐中除 K^+、Rb^+、Cs^+ 盐外，都能溶解于水。分析化学上可利用此性质

定性检出 K^+、Rb^+、Cs^+：

$$K^+ + ClO_4^- = KClO_4 \downarrow \text{（白）}$$

定性分析化学中，可利用卤化银的不溶性以及 Br^-、I^- 的还原性来鉴定 Cl^-、Br^- 和 I^-：

$$Cl^- + Ag^+ = AgCl \downarrow \text{（白色）}$$
$$Br^- + Ag^+ = AgBr \downarrow \text{（浅黄色）}$$
$$I^- + Ag^+ = AgI \downarrow \text{（黄色）}$$

这些沉淀在硝酸中均不溶。但 AgCl 在饱和 $(NH_4)_2CO_3$ 溶液中溶解，与 AgBr、AgI 分离：

$$AgCl + 2NH_3 = [Ag(NH_3)_2]^+ + Cl^-$$

将沉淀与溶液分离，向所得溶液中加入 HNO_3，AgCl 沉淀复出，从而确证 Cl^- 的存在。对于 Br^- 和 I^-，可用氯水氧化使它们分别析出溴或碘从而得到鉴别。反应发生的先后顺序及加入的 CCl_4 层颜色变化为：

①$2I^- + Cl_2 = I_2 + 2Cl^-$（紫色）

②$I_2 + 5Cl_2 + 6H_2O = 2HIO_3 + 10HCl$（无色）

③$2Br^- + Cl_2 = Br_2 + 2Cl^-$（黄褐色）

9.7.2 氧和硫

9.7.2.1 氧气和臭氧

氧元素标准电极电势图如下：

$$\varphi_A^{\ominus}:\ O_2 \xrightarrow{0.695\ V} H_2O_2 \xrightarrow{1.76\ V} H_2O \quad (O_2 \xrightarrow{1.229\ V} H_2O)$$

$$\varphi_B^{\ominus}:\ O_2 \xrightarrow{-0.076\ V} HO_2^- \xrightarrow{0.88\ V} OH^-$$

O_2 是活泼气体，可以和许多物质反应，生成相应的氧化物。如和大多数单质直接化合成氧化物，也能和大多数非金属氢化物反应：

$$H_2S + O_2 \longrightarrow S(\text{或 } SO_2) + H_2O$$
$$NH_3 + O_2 \longrightarrow N_2(\text{或 } NO) + H_2O$$

和低氧化态氧化物（如 SO_2、CO）反应，生成高氧化态氧化物；和硫化物反应，生成相应的氧化物或硫酸盐：

$$PbS + 2O_2 = PbSO_4$$
$$2Sb_2S_3 + 9O_2 = 2Sb_2O_3 + 6SO_2$$

由 φ-pH 图（图 9.3）可知，氧气的氧化能力随溶液的酸度增大而增强。

臭氧 O_3（ozone）是氧的 2 种同素异形体之一，是唯一的具有极性的单质分子。臭氧能吸收紫外线，所以，由于近年来新闻媒体对大气臭氧层遭到破坏的大量报道和各国政府参与保护臭氧层的活动，使得臭氧几乎家喻户晓，尽人皆知。

常温、常压下，臭氧是淡蓝色、有鱼腥味的气体。它不稳定，在常温下缓慢分解，200℃以上分解迅速：

$$2O_3 = 3O_2$$

O_3 比 O_2 有更强的氧化性，它在酸性、碱性和中性介质中都是强氧化剂：

$$O_3 + 2H^+ + 2e^- = O_2 + H_2O \quad \varphi_A^{\ominus} = 2.07\ V$$
$$O_3 + H_2O + 2e^- = O_2 + 2OH^- \quad \varphi_B^{\ominus} = 1.24\ V$$

O_3 可将某些难以氧化的单质、化合物氧化，如可将 Ag 氧化至其最高氧化数：

$$2Ag + 2O_3 = Ag_2O_2 + 2O_2$$

能将 I^- 迅速而定量地氧化为 I_2，此反应可用来鉴定 O_3 和测定 O_3 的含量：

$$O_3 + 2I^- + H_2O = O_2 + I_2 + 2OH^-$$

由于臭氧的氧化性强，又不引起二次污染，常用于净化空气、漂白、除臭、杀菌和处理含酚、苯、氢氰酸等的工业废水。如利用臭氧处理含 CN^- 的电镀废液：

$$3O_3 + 2HCN = 2CO_2 + N_2 + 2O_2 + H_2O$$

当空气中 O_3 的体积分数高于 10^{-5} 时会引起头痛等症，对人体有害。

9.7.2.2 过氧化氢

H_2O_2（hydrogen peroxide）俗称双氧水。市售试剂是 $w(H_2O_2) \approx 30\%$ 的水溶液，医疗上消毒用 $w(H_2O_2) \approx 3\%$ 的 H_2O_2。

（1）过氧化氢的不稳定性　根据氧元素的标准电极电势图可知，H_2O_2 是不稳定的，可以发生歧化反应：

$$2H_2O_2(l) = 2H_2O(l) + O_2(g) \quad \Delta_r G_m^{\ominus} = -246\ kJ \cdot moL^{-1}$$

电极电势介于 O_2/H_2O_2 和 H_2O_2/H_2O 2 个电极电势之间的氧化还原电对

(PbO_2/Pb^{2+}、MnO_2/Mn^{2+}、Fe^{3+}/Fe^{2+}等)都是分解 H_2O_2 的催化剂。

(2)过氧化氢的氧化还原性　H_2O_2 中氧的氧化数为-1,它具有氧化性,也具有还原性,但主要表现为氧化性。作为氧化剂,它被还原成 H_2O 或 OH^-,例如:

$$H_2O_2+2I^-+2H^+ = I_2+2H_2O$$
$$4H_2O_2+PbS = PbSO_4+4H_2O$$
$$3HO_2^-+2Cr(OH)_4^- = 2CrO_4^{2-}+5H_2O+OH^-$$

油画的白色颜料中含铅,年久会因与空气中的 H_2S 作用生成 PbS 而变黑。为了恢复油画的本来面目,可用稀 H_2O_2 处理,使 PbS 转化为白色的 $PbSO_4$。过量的 H_2O_2 会歧化而自行分解为氧气和水,所以,过氧化氢是最洁净的氧化剂。

当 H_2O_2 与强氧化剂作用时才显示还原性。作为还原剂,它被氧化成氧气,例如:

$$2MnO_4^-+5H_2O_2+6H^+ = 2Mn^{2+}+5O_2\uparrow+8H_2O$$
$$Cr_2O_7^{2-}+3H_2O_2+8H^+ = 2Cr^{3+}+3O_2\uparrow+7H_2O$$
$$Cl_2+H_2O_2 = 2HCl+O_2$$

所以过氧化氢可作为工业上的除氯剂。

(3)过氧化氢的弱酸性　H_2O_2 具有弱酸性,能够部分离解:

$$H_2O_2 = H^++HO_2^- \quad K_{a1}^{\ominus}=2.4\times10^{-12}$$
$$HO_2^- = H^++O_2^{2-} \quad K_{a2}^{\ominus}\approx10^{-25}$$

所以,一定条件下,过氧化氢中的氢能被取代,生成过氧化物。此类反应称为转移过氧键反应。如 H_2O_2 和 $K_2Cr_2O_7$ 在有机溶剂中反应,生成蓝色的过氧化铬,此反应用于鉴定 H_2O_2 和 $Cr_2O_7^{2-}$:

$$4H_2O_2+Cr_2O_7^{2-}+2H^+ = 2Cr(O_2)_2O+5H_2O$$

$Cr(O_2)_2O$ 在有机溶剂如乙醚中稳定,在水中迅速分解:

$$Cr(O_2)_2O+(C_2H_5)_2O \rightarrow Cr(O_2)_2O\cdot(C_2H_5)_2O(\text{蓝色})$$

9.7.2.3　硫的化合物

H_2S 是有臭鸡蛋味、剧毒的气体。空气中 H_2S 的体积分数达 0.05%就能闻到其味,如含有 0.1%H_2S,就会引起头痛、头晕。大量吸入会造成中毒死亡。

硫化氢分子中硫的氧化数为-2,所以它具有还原性。硫化氢在空气中燃烧时,生成二氧化硫和水;若空气不足,则生成硫和水:

$$2H_2S+3O_2=2SO_2+2H_2O$$
$$2H_2S+O_2=2S\downarrow+2H_2O$$

能和许多氧化剂如 Cl_2、Br_2、I_2 及 Fe^{3+} 等反应：

$$4Cl_2+H_2S+4H_2O=H_2SO_4+8HCl$$
$$4Br_2+H_2S+4H_2O=H_2SO_4+8HBr$$
$$I_2+H_2S=S\downarrow+2HI$$
$$2Fe^{3+}+H_2S=2Fe^{2+}+S\downarrow+2H^+$$

H_2S 的水溶液叫氢硫酸，常温常压下其饱和溶液的浓度约为 0.1 $mol\cdot L^{-1}$。氢硫酸在空气中放置时，易被氧化析出硫，使溶液变浑浊。

由于 H_2S 有毒及存放不便，分析化学中常用硫代乙酰胺 $H_3C—\overset{\overset{\large S}{\|}}{C}—NH_2$ 作为 H_2S 的代用品。

在不同 pH 条件下，大多数金属离子可与 H_2S 作用生成难溶且具有特征颜色的硫化物沉淀。这一性质可用于离子的分离、鉴定。

硫化物溶解涉及的反应如下：

$K_{sp}^{\ominus}$ 较大的硫化物，如 MnS、ZnS、FeS、CoS、NiS 等，可溶于盐酸：

$$MnS+2H^+=Mn^{2+}+H_2S\uparrow$$

$K_{sp}^{\ominus}$ 较小的硫化物，如 CdS、SnS、Sb_2S_3 等，溶于浓盐酸：

$$CdS+2H^++2Cl^-=CdCl_2+H_2S\uparrow$$

$K_{sp}^{\ominus}$ 很小的硫化物，如 CuS、Ag_2S 等，溶于硝酸：

$$3CuS+8H^++2NO_3^-=3Cu^{2+}+3S\downarrow+2NO\uparrow+4H_2O$$

$K_{sp}^{\ominus}$ 极小的 HgS 可溶于王水：

$$3HgS+8H^++2NO_3^-+12Cl^-=3[HgCl_4]^{2-}+2NO\uparrow+3S\downarrow+4H_2O$$

和氧能生成过氧化物相似，可溶性硫化物可与硫粉作用生成多硫化氢和多硫化物：

$$S^{2-}+(x-1)S=S_x^{2-}$$

随着 x 增大，溶液颜色由黄到红逐渐加深。多硫化物在酸性条件下不稳定，易发生歧化：

$$S_2^{2-} + 2H^+ = S\downarrow + H_2S\uparrow$$

多硫化物具有氧化性，在工农业生产中有着广泛的应用，如 CaS_4 可用于农业杀虫剂，Na_2S_2 作为脱毛剂大量用于皮革工业。

SO_2 气体是大气污染物之一，主要来自燃料的燃烧。SO_2 易溶于水，其溶液是亚硫酸。H_2SO_3 中硫的氧化数为 +4，所以 H_2SO_3 及其盐既有氧化性又有还原性，但以还原性为主，在碱性溶液中还原性更强。例如，H_2SO_3 易被空气中的 O_2 氧化，可被 MnO_4^-、Br_2 等氧化：

$$2H_2SO_3 + O_2 = 2H_2SO_4$$

$$5H_2SO_3 + 2MnO_4^- = 2Mn^{2+} + 5SO_4^{2-} + 3H_2O + 4H^+$$

$$Br_2 + H_2SO_3 + H_2O = H_2SO_4 + 2HBr$$

只在遇到强还原剂如 H_2S 时，H_2SO_3 才表现出氧化性：

$$H_2SO_3 + 2H_2S = 3S\downarrow + 3H_2O$$

定性分析中，可先用 H_2O_2 将 SO_3^{2-} 氧化为 SO_4^{2-}，然后加入 $BaCl_2$ 溶液，根据白色 $BaSO_4$ 沉淀的生成以鉴定 SO_3^{2-} 的存在。

亚硫酸钠溶液与硫共煮，可制得硫代硫酸钠 $Na_2S_2O_3$，俗称大苏打或海波。硫代硫酸钠有以下 3 个重要性质：

(1)遇酸迅速分解

$$S_2O_3^{2-} + 2H^+ = SO_2\uparrow + S\downarrow + H_2O$$

这是鉴定 $S_2O_3^{2-}$ 的一种方法。

(2)还原性　和碘反应时，$S_2O_3^{2-}$ 被定量氧化为连四硫酸根，此反应是滴定分析中碘量法的基础：

$$I_2 + 2S_2O_3^{2-} = S_4O_6^{2-} + 2I^-$$

与氯、溴等反应时主要被氧化为硫酸根：

$$S_2O_3^{2-} + 4Cl_2 + 5H_2O = 2SO_4^{2-} + 10H^+ + 8Cl^-$$

$$4Br_2 + S_2O_3^{2-} + 5H_2O = 2SO_4^{2-} + 10H^+ + 8Br^-$$

其他重要的反应如：

$$S_2O_3^{2-} + CN^- = SO_3^{2-} + SCN^- \text{（解 } CN^- \text{ 毒）}$$

(3)配位性　硫代硫酸根可作为配位化合物的配位体，如 AgCl、AgBr 等沉淀可和 $S_2O_3^{2-}$ 形成配离子而溶解：

$$Ag^+ + 2S_2O_3^{2-} = [Ag(S_2O_3)_2]^{3-}$$

鉴定 $S_2O_3^{2-}$ 的另一种特效方法，是在含 $S_2O_3^{2-}$ 的溶液中加入过量的 $AgNO_3$。由于 $Ag_2S_2O_3$ 不稳定，沉淀由白色逐渐变棕，最后生成 Ag_2S 黑色沉淀：

$$2Ag^+ + S_2O_3^{2-} = Ag_2S_2O_3\downarrow(\text{白})$$

$$Ag_2S_2O_3 + H_2O = Ag_2S(\text{黑}) + H_2SO_4$$

过硫酸可以看成为是磺基—SO_3H 取代过氧化氢 H—O—O—H 中的氢所得到的物质，可认为是过氧化氢的衍生物。其结构中含有过氧基(—O—O—)，因此具有强氧化性。其中比较重要的是过二硫酸及其盐，是常用的强氧化剂，$\varphi^{\ominus}(S_2O_8^{2-}/SO_4^{2-}) = 2.010\ V$。过二硫酸的结构简式为

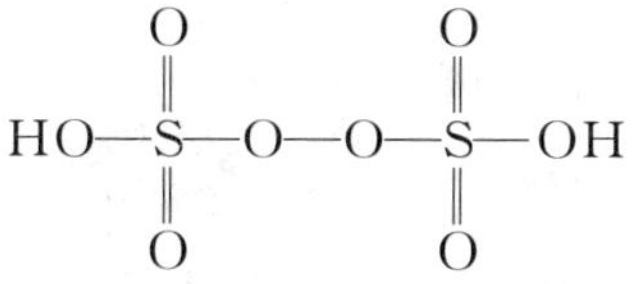

在酸性溶液中，$S_2O_8^{2-}$ 能将 Cr^{3+} 氧化为 $Cr_2O_7^{2-}$，将 Mn^{2+} 氧化为 MnO_4^-，只是反应速率较慢，需加热或用 Ag^+、Cu^{2+} 等重金属离子为催化剂：

$$5S_2O_8^{2-} + 2Mn^{2+} + 8H_2O \xlongequal[\triangle]{Ag^+} 10SO_4^{2-} + 2MnO_4^- + 16H^+$$

$$3S_2O_8^{2-} + 2Cr^{3+} + 7H_2O = Cr_2O_7^{2-} + 6SO_4^{2-} + 14H^+$$

反应后经加热至沸腾，过量的过二硫酸根可自行分解除去：

$$2S_2O_8^{2-} + 2H_2O = 4HSO_4^- + O_2\uparrow$$

9.7.3　氮和砷

9.7.3.1　铵盐

含 NH_3 或 NH_4^+ 的氮肥叫氨态氮肥。重要的有液氨、氨水、硫酸铵、硝酸铵和碳酸氢铵等。氮肥在农、林业生产上具有十分重要的意义。铵盐受热容易分解，分解产物与酸根对应的酸有无氧化性有关。如果对应的酸没有氧化性，如 NH_4Cl、NH_4HCO_3、$(NH_4)_3PO_4$ 等，热分解产物是 NH_3 和相应的酸或酸的分解产物：

$$NH_4Cl = NH_3 + HCl$$

$$NH_4HCO_3 = NH_3 + CO_2\uparrow + H_2O$$

如果酸有氧化性，则由于 NH_3 具有还原性，分解出的产物比较复杂，如：

$$NH_4NO_2 = N_2\uparrow + 2H_2O$$
$$NH_4NO_3 = N_2O\uparrow + 2H_2O$$

铵盐热分解的实质是质子转移的过程。酸越弱，对应的酸根离子得质子能力越强，因此，弱酸的铵盐分解温度比强酸盐低。如 NH_4HCO_3 在室温下缓慢分解，30℃以上加速分解，因此，在运输、贮存过程中要注意密封包装，存于阴冷干燥处。

NH_4^+ 的一种定性鉴别方法是加入奈斯勒试剂（$K_2[HgI_4]$的碱性水溶液）。当试液中含有 NH_4^+ 时会生成组成为

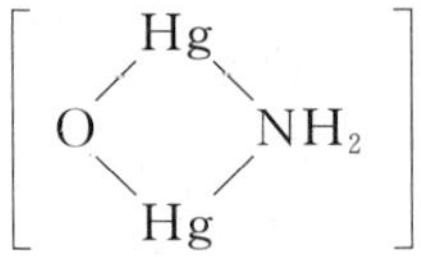

I 的红棕色沉淀或黄色溶液。

9.7.3.2 **硝酸及亚硝酸**

(1)氧化还原性　市售浓硝酸，$w(HNO_3) \approx 68\%$，$\rho \approx 1.4\ g \cdot cm^{-3}$，$c(HNO_3) \approx 16\ mol \cdot L^{-1}$。$HNO_3$ 受热或见光会部分分解：

$$4HNO_3 = 4NO_2\uparrow + O_2\uparrow + 2H_2O$$

HNO_3 具有强氧化性，$\varphi^\ominus(NO_3^-/NO) = 0.957\ V$，$\varphi^\ominus(NO_3^-/NO_2) = 0.803\ V$ 浓 HNO_3 能把 C、S 氧化成 CO_2、H_2SO_4，而本身被还原为 NO 或 NO_2：

$$4HNO_3 + 3C = 3CO_2\uparrow + 4NO\uparrow + 2H_2O$$
$$2HNO_3 + S = H_2SO_4 + 2NO\uparrow$$

除了金、铂等不活泼金属外，硝酸能和所有金属反应，还原产物主要取决于硝酸的浓度和金属的活泼性。因 HNO_3 的浓度不同，在大多数情况下被还原成 NO、NO_2 或 N_2O。稀 HNO_3 和较活泼金属反应，除上述还原产物外，还会有 H_2 和 NH_4^+ 生成：

$M + HNO_3(12 \sim 16\ mol \cdot L^{-1})$：产物以 NO_2 为主；

$M + HNO_3(6 \sim 8\ mol \cdot L^{-1})$：产物以 NO 为主；

$M + HNO_3(2\ mol \cdot L^{-1})$：产物以 N_2O 为主；

M(活泼)$+ HNO_3(< 2\ mol \cdot L^{-1})$：产物以 NH_4^+ 为主；

M(活泼)$+ HNO_3$(极稀)：产物以 H_2 为主。

事实上，不同浓度的 HNO_3 被还原产物都不是单一的，只是在某种浓度时以

某种还原产物为主，如：

$$Cu+4HNO_3(\text{浓})=Cu(NO_3)_2+2NO_2\uparrow+2H_2O$$
$$3Cu+8HNO_3(\text{稀})=3Cu(NO_3)_2+2NO\uparrow+4H_2O$$
$$4Zn+10HNO_3(\text{稀})=4Zn(NO_3)_2+N_2O\uparrow+5H_2O$$
$$4Zn+10HNO_3(\text{极稀})=4Zn(NO_3)_2+NH_4NO_3+3H_2O$$

利用硝酸的氧化性可进行 NO_3^- 的定性鉴定：取硝酸盐溶液，加入过量的硫酸亚铁固体，然后从试管内壁慢慢注入浓硫酸。由于 NO_3^- 被 Fe^{2+} 还原生成的 NO 与过量的 Fe^{2+} 生成配合物亚硝酰合铁，在浓硫酸与混合溶液的接界处出现棕色环，即可证明有 NO_3^- 存在：

$$NO_3^-+3Fe^{2+}+4H^+=3Fe^{3+}+NO\uparrow+2H_2O$$
$$Fe^{2+}+NO=Fe(NO)^{2+}$$

亚硝酸根 NO_2^- 对此反应有干扰。亚硝酸盐在酸性溶液中有强氧化性，$\varphi^{\ominus}(HNO_2/NO)=0.983$ V，氧化性强于硝酸。NO_2^- 在醋酸介质中即可氧化 $FeSO_4$，试液即可显棕色：

$$NO_2^-+2HAc+Fe^{2+}=Fe^{3+}+NO\uparrow+H_2O+2Ac^-$$
$$Fe^{2+}+NO=Fe(NO)^{2+}$$

此反应是 NO_2^- 的一种定性鉴定方法。

NO_2^- 中 N 的氧化数为+3，所以它除具有氧化性又具有还原性：

$$5NO_2^-+2MnO_4^-+6H^+=5NO_3^-+2Mn^{2+}+3H_2O$$

(2)硝酸盐的热分解反应　硝酸盐的热分解大致可分为 3 类：

①金属活动顺序表中，Mg 之前的金属，其硝酸盐受热分解为亚硝酸盐和氧气：

$$2NaNO_3=2NaNO_2+O_2\uparrow$$

强热下，$NaNO_2$ 继续分解：

$$4NaNO_2=2Na_2O+4NO\uparrow+O_2\uparrow$$

②活泼性在 Mg 与 Cu 之间的金属硝酸盐，受热分解为金属氧化物、NO_2 和 O_2：

$$2Pb(NO_3)_2=2PbO+4NO_2\uparrow+O_2\uparrow$$

③活泼性在 Cu 以后的金属硝酸盐，受热分解为金属单质、NO_2 和 O_2：

$$2AgNO_3 = 2Ag + 2NO_2\uparrow + O_2\uparrow$$

由于硝酸盐或亚硝酸盐在高温时均分解放出氧气，所以固态硝酸盐及亚硝酸盐在高温时均为强氧化剂。

9.7.3.3 亚砷酸盐的还原性

砷的常见氧化物是三氧化二砷 As_2O_3，俗称砒霜，是一种极毒的物质。它微溶于水（在热水中溶解度稍大），生成弱酸亚砷酸。

三氧化二砷是以酸性为主的两性物质，能溶于酸，也能溶于碱：

$$As_2O_3 + 6HCl = 2AsCl_3 + 3H_2O$$

$$As_2O_3 + 2NaOH = 2NaAsO_2 + H_2O$$

砷元素的标准电极电势图如下：

$$\varphi_A^{\ominus}: H_3AsO_4 \xrightarrow{0.560\ V} HAsO_2 \xrightarrow{0.248\ V} As$$

$$\varphi_B^{\ominus}: AsO_4^{3-} \xrightarrow{-0.71\ V} AsO_2^- \xrightarrow{-0.68\ V} As$$

在碱性介质中亚砷酸盐是一种较强的还原剂：

$$AsO_4^{3-} + 2H_2O + 2e^- = AsO_2^- + 4OH^-,\ \varphi^{\ominus} = -0.71\ V$$

在碱性溶液中 AsO_2^- 能定量地将单质碘还原成碘化物：

$$NaAsO_2 + 4NaOH + I_2 = Na_3AsO_4 + 2NaI + 2H_2O$$

在酸性溶液中砷酸是氧化剂，因此，在酸性溶液中上述反应就向相反方向进行，As(V)氧化 I^- 为 I_2：

$$H_3AsO_4 + 2NaI + 2HCl = HAsO_2 + 2NaCl + I_2 + 2H_2O$$

9.7.4 氯化亚锡

氯化亚锡（$SnCl_2$）是化学实验室中广泛使用的还原剂。锡元素标准电极电势图如下：

$$\varphi_A^{\ominus}: Sn^{4+} \xrightarrow{0.151\ V} Sn^{2+} \xrightarrow{-0.137\,5\ V} Sn;$$

$$\varphi_B^{\ominus}: Sn(OH)_6^{2-} \xrightarrow{-0.93\ V} HSnO_2^- \xrightarrow{-0.909\ V} Sn。$$

由电极电势知，无论在酸性或碱性介质中 Sn(Ⅳ)的氧化能力都很弱，而 Sn^{2+} 却是很强的还原剂。在酸性溶液中，Sn^{2+} 可以把 Fe^{3+} 还原成 Fe^{2+}，把汞盐还原成亚汞盐：

$$2Fe^{3+} + Sn^{2+} = 2Fe^{2+} + Sn^{4+}$$
$$2HgCl_2 + SnCl_2 = SnCl_4 + Hg_2Cl_2 \downarrow \text{（白色）}$$

当 $SnCl_2$ 过量时，亚汞被还原成金属汞：

$$Hg_2Cl_2 + SnCl_2 = SnCl_4 + 2Hg$$

生成的沉淀由白变灰、黑。这个反应很灵敏，常用来检验 Hg^{2+} 或 Sn^{2+} 的存在。

$SnCl_2$ 极易水解：

$$SnCl_2 + H_2O = Sn(OH)Cl \downarrow + HCl$$

所以在配制 $SnCl_2$ 溶液时，要将 $SnCl_2$ 首先溶于浓盐酸后再用水稀释到所需浓度。另外，为防止空气中的氧气氧化 Sn^{2+} 为 Sn^{4+}，在配制好的 $SnCl_2$ 溶液中应加入金属锡粒：

$$2Sn^{2+} + O_2 + 4H^+ = 2Sn^{4+} + 2H_2O$$
$$Sn^{4+} + Sn = 2Sn^{2+}$$

9.7.5 铬和锰

9.7.5.1 铬

铬是ⅥB族元素，常见氧化数为 0、+3 和 +6。

(1)水溶液中 Cr(Ⅲ)和 Cr(Ⅵ)的存在型体　Cr(Ⅲ)在酸性水溶液中以水合 Cr^{3+} 形式存在，因配体不同，呈绿、蓝、灰或淡紫色；向 Cr^{3+} 溶液中加入适量 NaOH，生成绿色 $Cr(OH)_3$ 沉淀。$Cr(OH)_3$ 为两性，溶于酸生成 Cr^{3+}，溶于碱生成绿色亚铬酸根离子：

$$Cr(OH)_3 + 3H^+ = Cr^{3+} + 3H_2O$$
$$Cr(OH)_3 + OH^- = Cr(OH)_4^-$$

Cr(Ⅵ)的重要化合物是黄色的铬酸钾 K_2CrO_4 和橙色的重铬酸钾 $K_2Cr_2O_7$。向 CrO_4^{2-} 黄色溶液中加酸，CrO_4^{2-} 转化为 $Cr_2O_7^{2-}$，溶液变为橙色；反之，向橙色的 $Cr_2O_7^{2-}$ 溶液中加碱，则 $Cr_2O_7^{2-}$ 转化为 CrO_4^{2-}，溶液变为黄色：

$$2CrO_4^{2-} + 2H^+ = Cr_2O_7^{2-} + H_2O \quad K^{\ominus} = 4.2 \times 10^{14}$$

在 pH<5 的溶液中，Cr(Ⅵ)主要以 $Cr_2O_7^{2-}$ 型体存在，在 pH>8 的溶液中，主要以 CrO_4^{2-} 型体存在，在近中性溶液中，两者可大量共存。因此，$K_2Cr_2O_7$ 溶液中加入 Ag^+、Pb^{2+}、Ba^{2+} 等，均生成难溶的铬酸盐沉淀，且铬酸盐沉淀一般均易溶于酸：

$$Cr_2O_7^{2-} + 2Pb^{2+} + H_2O = 2PbCrO_4\downarrow + 2H^+$$

(2)Cr(Ⅲ)与 Cr(Ⅵ)的转化　铬元素标准电极电势图如下：

$$\varphi_A^{\ominus}：Cr_2O_7^{2-} \xrightarrow{\quad 1.332\ V \quad} Cr^{3+} \xrightarrow{\quad -0.744\ V \quad} Cr$$

$$\varphi_B^{\ominus}：CrO_4^{2-} \xrightarrow{\quad -0.12\ V \quad} Cr(OH)_4^- \xrightarrow{\quad -1.2\ V \quad} Cr$$

由以上数据可知，酸性溶液中，Cr(0)具有强还原性，与酸反应转化为 Cr^{3+}：

$$6H^+ + 2Cr = 2Cr^{3+} + 3H_2\uparrow$$

$Cr_2O_7^{2-}$ 则具有强氧化性，能与很多还原性物质如 Fe^{2+}、I^-、H_2SO_3、$S_2O_3^{2-}$、H_2O_2、H_2S 等反应，生成 Cr^{3+}：

$$Cr_2O_7^{2-} + 6Fe^{2+} + 14H^+ = 2Cr^{3+} + 6Fe^{3+} + 7H_2O$$
$$Cr_2O_7^{2-} + 6I^- + 14H^+ = 2Cr^{3+} + 3I_2 + 7H_2O$$

因此，在酸性溶液中 Cr^{3+} 是铬元素最稳定的氧化还原状态，只有极强的氧化剂如过二硫酸铵$(NH_4)_2S_2O_8$ 等才能将其氧化。

$Cr_2O_7^{2-}$ 氧化性随介质酸度升高而增大。可利用其在强酸介质中对有机物的氧化测定土壤中有机质含量和水中化学耗氧量(COD)。过去常用 $K_2Cr_2O_7$ 与浓硫酸配制铬酸洗液，它有极强的去除玻璃仪器中油污的能力。但因 $Cr_2O_7^{2-}$ 有致癌作用，故铬酸洗液使用渐少。工业废水中 $Cr_2O_7^{2-}$ 可用 SO_2、$NaHSO_3$、Fe^{2+} 等还原性物质除去：

$$Cr_2O_7^{2-} + 3H_2SO_3 + 2H^+ = 2Cr^{3+} + 4H_2O + 3SO_4^{2-}$$

碱性溶液中，$Cr(OH)_4^-$ 具有还原性，易于被氧化为 Cr(Ⅵ)，如被 H_2O_2 氧化：

$$2Cr(OH)_4^- + 3HO_2^- = 2CrO_4^{2-} + 5H_2O + OH^-$$

而 CrO_4^{2-} 基本无氧化性。所以，欲将 Cr^{3+} 氧化为 $Cr_2O_7^{2-}$ 时，一般先将溶液调节至强碱性。

9.7.5.2　锰

锰是Ⅶ B 族第一个元素，+2、+4、+7 为常见稳定的氧化数。锰元素标准电极电势图如下：

$$\varphi_A^{\ominus}:\ \overbrace{MnO_4^- \xrightarrow{0.56\ V} MnO_4^{2-} \xrightarrow{2.26\ V} MnO_2 \xrightarrow{1.224\ V} Mn^{2+}}^{1.51\ V} \xrightarrow{-1.185\ V} Mn$$

$$\underbrace{MnO_4^- \longrightarrow MnO_2}_{1.679\ V}$$

$$\varphi_B^{\ominus}:\ \underbrace{MnO_4^- \xrightarrow{0.56\ V} MnO_4^{2-} \xrightarrow{0.60\ V} MnO_2}_{0.59\ V} \xrightarrow{-0.05\ V} Mn(OH)_2 \xrightarrow{-1.56\ V} Mn$$

从酸性介质中标准电极电势图可知，Mn(0)具强还原性，Mn(Ⅳ)、Mn(Ⅵ)和Mn(Ⅶ)均具强氧化性，即酸性介质中 Mn^{2+} 是锰元素最稳定的氧化还原状态，酸性介质中 Mn(Ⅳ)、Mn(Ⅵ)和 Mn(Ⅶ)的还原产物均为 Mn^{2+}。只有强氧化剂如 $NaBiO_3$、$(NH_4)_2S_2O_8$ 等才能把 Mn^{2+} 氧化成 MnO_4^-，反应进行会引起溶液颜色的明显变化，此反应可用于定性检出 Mn^{2+}：

$$2Mn^{2+} + 5NaBiO_3 + 14H^+ = 2MnO_4^- + 5Bi^{3+} + 5Na^+ + 7H_2O$$

MnO_2 是一重要的 Mn(Ⅳ)化合物，是一种常用的氧化剂，在酸性介质中被还原转化成 Mn(Ⅱ)：

$$MnO_2 + 4HCl = MnCl_2 + Cl_2\uparrow + 2H_2O$$

$$MnO_2 + H_2C_2O_4 + 2H^+ = Mn^{2+} + 2CO_2\uparrow + 2H_2O$$

MnO_2 在工业中重要的应用之一是制备 Mn(Ⅱ)盐。欲使 MnO_2 氧化，必须在强碱和熔融的情况下使用强氧化剂：

$$2MnO_2 + 4KOH + O_2 = 2K_2MnO_4 + 2H_2O$$

从碱性介质中标准电极电势图可知，Mn(0)和 Mn(Ⅱ)都具还原性，Mn(Ⅵ)和 Mn(Ⅶ)都具强氧化性，故在碱性介质中，MnO_2 是锰元素最稳定的氧化还原状态。所以，白色 $Mn(OH)_2$ 沉淀极易被空气氧化为 MnO_2；MnO_4^- 在中性、碱性介质中被还原生成 MnO_2。

绿色的 MnO_4^{2-} 在水溶液中易歧化，生成 MnO_4^- 和 MnO_2。由电极反应

$$MnO_4^{2-} + 2H_2O + 2e^- = MnO_2\downarrow + 4OH^-$$

可知，$\varphi(MnO_4^{2-}/MnO_2)$随介质碱性增强而降低，而 $\varphi(MnO_4^-/MnO_4^{2-})$与介质酸度无关，故 MnO_4^{2-} 可在强碱性介质中稳定存在而不歧化。因此，MnO_4^- 在强碱性介质中的还原产物为 MnO_4^{2-}。

高锰酸钾是一种重要试剂，具有强氧化性，固体高锰酸钾遇甘油等有机物会爆

炸；溶液中，依介质酸性、近中性和强碱性的不同，还原产物分别为 Mn^{2+}、MnO_2 和 MnO_4^{2-}。分析化学中常在酸性溶液中用高锰酸钾测定 $H_2C_2O_4$、H_2O_2、Fe^{2+} 等：

$$5H_2O_2 + 2MnO_4^- + 6H^+ = 2Mn^{2+} + 5O_2\uparrow + 8H_2O$$

$$2MnO_4^- + 5H_2C_2O_4 + 6H^+ = 2Mn^{2+} + 10CO_2\uparrow + 8H_2O$$

9.7.6 铜和汞

9.7.6.1 铜

铜是ⅠB族元素，化学活泼性较差。室温下，铜在干燥的空气中比较稳定，在水中也不发生反应，但在含有 CO_2 的潮湿空气中，则会在表面逐渐生成一层铜锈（铜绿-碱式碳酸铜 $Cu_2(OH)_2CO_3$）：

$$Cu + O_2 + H_2O + CO_2 = Cu_2(OH)_2CO_3$$

在有 O_2 存在的条件下，铜还可以溶解在氨水中：

$$2Cu + O_2 + 2H_2O + 8NH_3 = 2Cu(NH_3)_4^{2+} + 4OH^-$$

所以不可用铜器盛氨水。

当遇到配位能力较强的 CN^- 时，即使在无空气存在的条件下，铜也可以溶解，并放出氢气：

$$2Cu + 4CN^- + 2H_2O = 2Cu(CN)_2^- + 2OH^- + H_2\uparrow$$

以上反应说明，由于Cu(Ⅱ)配离子的形成，增强了单质铜的还原性。

Cu(Ⅱ)表现较强的氧化性。向Cu(Ⅱ)溶液中加入KI不能生成 CuI_2，而是发生氧化还原反应生成CuI沉淀：

$$2Cu^{2+} + 4I^- = 2CuI\downarrow + I_2$$

由于CuI的溶度积很小，使 Cu^{2+} 的氧化性增强，反应得以顺利地向生成CuI的方向进行。这一反应进行得很完全，因而可以通过此反应用碘量法来测定溶液中 Cu^{2+} 的含量。Cu(Ⅰ)的其他卤化物也可以在有卤素离子存在的条件下，向 Cu^{2+} 的溶液中加入还原剂（如 SO_2、Sn^{2+}、Cu等）而沉淀出来，例如：

$$2Cu^{2+} + 2X^- + SO_2 + 2H_2O = 2CuX\downarrow + 4H^+ + SO_4^{2-}$$

用弱还原剂还原氢氧化铜的碱性溶液可以生成氧化亚铜，医学上用于检验糖尿病患者尿液中的葡萄糖：

$$2Cu(OH)_4^{2-}+\underset{(葡萄糖)}{C_6H_{12}O_6}\longrightarrow Cu_2O(s)+\underset{(葡萄糖酸)}{C_6H_{12}O_7}+2H_2O+4OH^-$$

9.7.6.2 汞

汞是ⅡB族元素，单质及其化合物一般都有剧毒。汞在室温下就可以与硫粉作用，生成 HgS。所以可以把硫粉撒在有汞的地方，防止有毒的汞蒸气进入空气中。若空气中已有汞蒸气，可以把碘升华为气体，使汞蒸气与碘蒸气相遇，生成 HgI_2，以除去空气中的汞蒸气。

汞可形成 Hg(Ⅰ)和 Hg(Ⅱ)化合物。氯化汞($HgCl_2$)，是直线型共价分子，易升华，故俗称升汞。其微溶于水，在水溶液中主要以分子形式存在，剧毒。向 Hg^{2+} 水溶液中加入 KI，先有红色 HgI_2 沉淀生成($K_{sp}^{\ominus}=5\times10^{-29}$)，继而沉淀溶于过量的 KI，生成无色的 HgI_4^{2-} 配离子。其 KOH 溶液即为奈斯勒试剂。

氯化亚汞(Hg_2Cl_2)，也是直线型分子(Cl—Hg—Hg—Cl)，有甜味，故俗称甘汞。由于难溶于水，少量服用无毒。汞原子电子构型为 $5d^{10}6s^2$，若亚汞离子是单原子离子，则意味着在氯化亚汞的分子中，汞原子中还存在着 1 个未成对电子，这是一种很难存在的不稳定构型；另外，实验证明，氯化亚汞是反磁性的，这与亚汞离子是单原子离子相矛盾。多种试验证明，亚汞离子是双原子离子$[Hg\text{-}Hg]^{2+}$，而不是 Hg^+。例如，在测量电对 Hg(Ⅰ)/Hg 的电极电势时，能斯特方程中只有取 $n=2$ 才能与实验事实相符；电导法、拉曼光谱法、X 射线衍射法等也证明有双核的 Hg-Hg 键存在。

Hg_2^{2+} 与 Hg^{2+} 可发生转化。根据汞的标准电极电势图：

$$Hg^{2+}\xrightarrow{\ 0.908\ V\ }Hg_2^{2+}\xrightarrow{\ 0.796\ V\ }Hg$$

可知在标准状态下，Hg_2^{2+} 不歧化，稳定性强于 Hg^{2+}。所以只要有 Hg 存在，Hg^{2+} 易于转化为 Hg_2^{2+}。但是，只要使 Hg^{2+} 生成更难溶的沉淀或更稳定的配合物，降低 Hg^{2+}/Hg_2^{2+} 电对的电极电势，使之小于 Hg_2^{2+}/Hg 的电极电势，则 Hg_2^{2+} 的歧化反应即可自发进行。如 Hg_2Cl_2 与氨水反应，首先生成的氯化氨基亚汞，由于其溶解度大于氯化氨基汞，所以最终转化为白色的氯化氨基汞和汞，沉淀呈灰黑色：

$$Hg_2Cl_2+2NH_3=NH_2Hg_2Cl+NH_4Cl$$

$$NH_2Hg_2Cl=NH_2HgCl+Hg$$

定性分析中，向难溶氯化物沉淀中加入氨水，若沉淀变为灰黑色，即可基本断定 Hg_2Cl_2 的存在。

又如，在 Hg_2^{2+} 溶液中通入 H_2S 时，得到的是 HgS 沉淀：

$$Hg_2^{2+} + H_2S = HgS\downarrow + Hg + 2H^+$$

HgS 难溶于盐酸或硝酸中，但能溶于过量的浓的 Na_2S 溶液中：

$$HgS + S^{2-} \longrightarrow HgS_2^{2-}$$

利用 Sn^{2+} 的还原性，可鉴定 Hg^{2+} 的存在。详见 9.7.4。

本章小结

氧化数发生变化的化学反应称为氧化还原反应。氧化还原反应可设计在原电池中进行。原电池电动势与反应的摩尔吉布斯自由能之间关系为：

$$\Delta_r G_m = -nF\varepsilon$$

因此使得反应 $\Delta_r G_m$ 的测定十分简单、精确，所以原电池是研究氧化还原反应的重要工具。原电池电动势等于正、负电极电极电势之差。电极电势是物质在水溶液中氧化还原能力的定量标度，自发进行的氧化还原反应是电极电势较高的电对中的氧化态物质与电极电势较低的电对中的还原态物质之间的作用。能斯特方程给出一定温度下标准电极电势与电极电势之间的定量关系，即浓度(压力)对电极电势的影响。因此，可利用诸如改变酸度、沉淀反应、配位反应等手段控制氧化还原反应的自发方向。

氧化还原反应的标准平衡常数与正、负电极标准电极电势的差有关。所以可利用酸碱反应、沉淀反应、配位反应等，改善反应的完成程度。

应熟悉一些重要氧化剂、还原剂的性质及其在水溶液中重要反应。

思考题

9.1　何谓氧化还原反应？何谓自身氧化还原反应？何谓歧化反应？

9.2　原电池中，正极和负极上各发生什么反应？

9.3　何谓电极电势？何谓标准电极电势？电极电势的高低说明了什么？

9.4　利用电极电势判断氧化还原反应的方向和完成程度，理论基础是什么？

9.5　电极电势与电极反应的书写形式是否有关？氧化还原反应的标准平衡常数与反应式的书写形式是否有关？

习题

9.1　配平下列电极反应：

(1) $Cr_2O_7^{2-} \longrightarrow Cr^{3+}$(酸性介质);

(2) $MnO_4^- \longrightarrow Mn^{2+}$(酸性介质);

(3) $MnO_4^- \longrightarrow MnO_2$(中性介质);

(4) $I_2 \longrightarrow IO_3^-$(碱性介质);

(5) $H_2C_2O_4 \longrightarrow CO_2$(酸性介质);

(6) $H_2O_2 \longrightarrow O_2$(酸性介质);

(7) $H_2O_2 \longrightarrow O_2$(碱性介质);

(8) $H_2O_2 \longrightarrow H_2O$(酸性介质);

(9) $H_2O_2 \longrightarrow OH^-$(碱性介质);

(10) $Ag^+ + Cl^- \longrightarrow AgCl$。

9.2 用离子电子法配平下列反应方程式:

(1) $As_2O_3 + NO_3^- \longrightarrow H_3AsO_4 + NO$(酸性介质);

(2) $Cr_2O_7^{2-} + H_2S \longrightarrow Cr^{3+} + S$(酸性介质);

(3) $MnO_4^- + H_2C_2O_4 \longrightarrow Mn^{2+} + CO_2$(酸性介质);

(4) $Cr^{3+} + S_2O_8^{2-} \longrightarrow Cr_2O_7^{2-} + SO_4^{2-}$(酸性介质);

(5) $Mn^{2+} + NaBiO_3 \longrightarrow MnO_4^- + Bi^{3+}$(酸性介质);

(6) $Co(NH_3)_6^{2+} + O_2 \longrightarrow Co(NH_3)_6^{3+} + OH^-$;

(7) $Cr(OH)_4^- + HO_2^- \longrightarrow CrO_4^{2-} + OH^-$;

(8) $H_3AsO_4 + I^- \longrightarrow HAsO_2 + I_2$(酸性介质);

(9) $Cu^{2+} + I^- \longrightarrow CuI + I_2$;

(10) $Hg_2Cl_2 + NH_3 \longrightarrow HgNH_2Cl + Hg$;

(11) $MnO_4^{2-} \longrightarrow MnO_4^- + MnO_2$。

9.3 根据标准电极电势,判断下列水溶液中的反应能否进行:

(1) $SnCl_2$ 能否将 Fe^{3+} 还原?产物是什么?

(2) $FeCl_3$ 能否将 Cu 氧化?产物是什么?

(3) 酸性介质中,$KMnO_4$ 或 $K_2Cr_2O_7$ 能否氧化 Cl^- 为 Cl_2?

(4) H_2O_2 能否将 Fe^{2+} 氧化?能否被 Fe^{3+} 氧化?

(5) PbO_2 能否与 HCl 反应生成 Cl_2?

(6) $SnCl_2$ 能否将 Hg_2Cl_2 还原为 Hg?

(7) MnO_4^- 能否与 Mn^{2+} 在水溶液中大量共存?

9.4 写出下列原电池符号,并计算电动势(298.15 K):

(1) $Zn(s) + Ni^{2+}(0.080\ mol \cdot L^{-1}) = Zn^{2+}(0.020\ mol \cdot L^{-1}) + Ni(s)$;

(2) $2Fe^{3+}(0.10\ mol \cdot L^{-1}) + 2Cl^-(1.0\ mol \cdot L^{-1}) =$
$2Fe^{2+}(1.0\ mol \cdot L^{-1}) + Cl_2(100\ kPa)$;

(3) $Cr_2O_7^{2-}(1.0\ mol \cdot L^{-1}) + 6Cl^-(1.0\ mol \cdot L^{-1}) + 14H^+(10\ mol \cdot L^{-1}) =$

$2Cr^{3+}(1.0\ mol\cdot L^{-1})+3Cl_2(100\ kPa)+7H_2O$。

9.5 计算 298.15 K 时下列反应的标准摩尔吉布斯自由能、摩尔吉布斯自由能、标准平衡常数，并试用 3 种方法判断反应自发方向：

(1) $3Fe^{2+}(1.0\ mol\cdot L^{-1})+NO_3^-(1.0\ mol\cdot L^{-1})+4H^+(1.0\times10^{-3}\ mol\cdot L^{-1})=$

$3Fe^{3+}(1.0\ mol\cdot L^{-1})+NO(100\ kPa)+2H_2O$；

(2) $Fe^{2+}(1.0\ mol\cdot L^{-1})+HNO_2(1.0\ mol\cdot L^{-1})+H^+(1.0\times10^{-3}\ mol\cdot L^{-1})=$

$Fe^{3+}(1.0\ mol\cdot L^{-1})+NO(100\ kPa)+H_2O$。

9.6 反应 $Zn^{2+}(1\times10^{-5}\ mol\cdot L^{-1})+Cu=Zn+Cu^{2+}(0.1\ mol\cdot L^{-1})$在 298.15 K 时标准平衡常数 $K^{\ominus}$ 约等于：

(1) 10^{37}；(2) 10^{42}；(3) 10^{-37}；(4) 10^{-42}。

9.7 $\varphi(Hg_2Cl_2/Hg)=\varphi^{\ominus}(Hg_2^{2+}/Hg)+$____________________；

$\varphi(Hg_2Cl_2/Hg)=\varphi^{\ominus}(Hg_2Cl_2/Hg)+$____________________。

9.8 已知 $\varphi^{\ominus}(Pb^{2+}/Pb)=-0.126\ V$，$\varphi^{\ominus}(PbSO_4/Pb)=-0.359\ V$，计算 $K_{sp}^{\ominus}(PbSO_4)$。

9.9 卤化亚铜 CuX 均为白色沉淀。CuI 可按下法制得：$Cu^{2+}(aq)+I^-(aq)\longrightarrow CuI\downarrow+I_2$。试计算说明能否用类似方法制备 CuBr、CuCl。已知 $K_{sp}^{\ominus}(CuBr)=2.0\times10^{-9}$，$K_{sp}^{\ominus}(CuCl)=2.0\times10^{-6}$。估计用下法能否得到 CuCl：

$$CuCl_2+Cu\longrightarrow CuCl\downarrow$$

9.10 由电极(1)：$H^+(0.10\ mol\cdot L^{-1})/H_2(100\ kPa)$和电极(2)：$H^+(x\ mol\cdot L^{-1})/H_2(100\ kPa)$组成原电池(浓差电池)，测得电动势 $\varepsilon=0.016\ V$。若(1)为正极或(2)为正极，x 各应为多少？

9.11 根据电极 $O_2+4H^++4e^-=2H_2O$，$\varphi^{\ominus}=1.229\ V$，计算电极 $O_2+2H_2O+4e^-=4OH^-$ 的标准电极电势。

9.12 测得标准甘汞电极与电极 $HB(0.10\ mol\cdot L^{-1})/H_2(100\ kPa)$组成原电池的电动势 $\varepsilon=0.48\ V$。计算 $K_a^{\ominus}(HB)$。

9.13 将一硝酸亚汞溶液与汞组成电极(1)。再将该溶液稀释至原浓度 1/10 后，与汞组成电极(2)。利用此二电极组成原电池，$\varepsilon=0.03\ V(298.15\ K)$。据此判断水溶液中亚汞离子以 Hg_2^{2+}，而非 Hg^+ 形式存在。

9.14 计算反应 $Hg_2^{2+}=Hg^{2+}+Hg$ 在 298.15 K 时标准平衡常数 $K^{\ominus}$ 及 $Hg_2(NO_3)_2$ 水溶液中 $c(Hg^{2+})/c(Hg_2^{2+})$。

9.15 根据 $\varphi^{\ominus}(PbO_2/Pb^{2+})$和氧元素在酸性介质中的标准电极电势图，写出 PbO_2 催化 H_2O_2 分解为 H_2O 和 O_2 的有关反应式。

9.16 如何实现 Cr(Ⅲ)与 Cr(Ⅵ)之间的转化？写出有关反应式。

9.17 已知 $\varphi^{\ominus}(Br_2/Br^-)=1.07\ V$，$\varphi^{\ominus}(Fe^{3+}/Fe^{2+})=0.77\ V$，在 25℃利用下列反应组成原电池：

$2Fe^{2+}(aq)+Br_2(l)=2Fe^{3+}(aq)+2Br^-(aq)$

(1)计算该原电池的电动势 $\varepsilon^{\ominus}$；

(2)计算该反应的 $\Delta_r G_m^{\ominus}$；

(3)写出原电池符号；

(4)计算当 $c(Br^-) = 0.1\ mol \cdot L^{-1}$，$c(Fe^{2+}) = c(Fe^{3+})/10$ 时，原电池的 ε，并判断反应自发方向。

9.18 Hg_2Cl_2 是利尿剂，为什么有时服用含有 Hg_2Cl_2 的药剂反而会中毒？

9.19 求反应 $H_2O = H^+ + OH^-$ 在 298.15 K 时的标准平衡常数 $K^{\ominus}$。

已知：$\varphi^{\ominus}(O_2/OH^-) = 0.401\ V$，$\varphi^{\ominus}(O_2/H_2O) = 1.229\ V$。

9.20 将反应 $AgCl + I^- = AgI + Cl^-$ 设计为原电池，其中 $c(I^-) = 0.2\ mol \cdot L^{-1}$，$c(Cl^-) = 0.1\ mol \cdot L^{-1}$，

(1)写出原电池电极反应；

(2)已知 $\varphi^{\ominus}(AgI/Ag) = -0.152\ V$，$\varphi^{\ominus}(AgCl/Ag) = 0.222\ V$，求电池电动势；

(3)求 298.15 K 时，该反应的标准平衡常数。

Optional questions:

9.21 A cell is constructed by two hydrogen electrodes: One immersed in a solution with $c(H^+) = 1.0\ mol \cdot L^{-1}$ and the other in a solution with $c(KOH) = 0.65\ mol \cdot L^{-1}$.

(1) Determine ε for the cell.

(2) If the solution of KOH is replaced by a solution with $c(NH_3) = 0.65\ mol \cdot L^{-1}$, will ε be higher or lower? What will be it?

10 配位化合物 Coordination Compound

【教学目标】

- **基本概念：**

1. 了解配合物、配合物内界、外界、中心原子、配体、配位原子及螯合物等概念。
2. 根据化学式命名配合物。

- **配合物结构的价键理论要点。**
- **配位反应：**

1. 理解配合物稳定常数的概念，能进行有关的近似计算。
2. 理解配体酸效应、中心原子水解效应、沉淀反应、氧化还原反应等影响配位平衡移动的因素并能进行有关简单的近似计算。

配位化合物(简称配合物)是一类复杂化合物,具有多种重要的特性,在分析化学、生物化学、医药、化工生产等许多领域都有广泛的应用。近代物质结构的理论和实验手段的发展,为深入研究配合物提供了有利条件,已形成了化学学科中的一个新兴的分支学科——配位化学(coordination chemistry)。

10.1 配位化合物的基本概念(basic concepts of coordination compounds)

10.1.1 配位化合物的组成

AgCl、NH_3、$CuSO_4$等简单化合物,分子中的原子利用共价键结合,符合经典的化合价原理。简单化合物之间还可以反应,生成复杂的分子间化合物。如在$CuSO_4$溶液中加入过量的氨水,得到深蓝色的溶液,再加入乙醇降低该物质的溶解度,可得深蓝色的晶体。经测定其化学组成为$CuSO_4 \cdot 4NH_3$,晶体中存在复杂的结构单元$[Cu(NH_3)_4]^{2+}$,化学式为$[Cu(NH_3)_4]SO_4$;它溶解于水后,溶液中主要存在SO_4^{2-}和$[Cu(NH_3)_4]^{2+}$,而Cu^{2+}和NH_3浓度很低,说明这种复杂的、不符合经典的化合价原理的结构单元具有一定的稳定性。这种含有稳定的复杂结构单元的复杂化合物就是配合物。

配合物中所含稳定的结构单元称为配位个体。配位个体可以是电中性分子,如$[Ni(CO)_4]$,中性配位个体就是配合物。配位个体也可以是带电荷的离子,带电荷的配位个体称为配离子,通常也称为配合物。带正电荷的配离子称为配阳离子,如$[Cu(NH_3)_4]^{2+}$,带负电荷的称为配阴离子,如$[Fe(CN)_6]^{3-}$。含有配离子的化合物如$[Cu(NH_3)_4]SO_4$、$K_3[Fe(CN)_6]$等统称为配合物。通常称配合物中的配位个体为配合物的内界,其他部分为外界。若配位个体是电中性分子,则配合物中只有内界。位于配位个体结构中心的原子或离子统称为中心原子,与中心原子结合的分子、阴离子或阳离子称为配体(也称为配位体)。

表 10.1 配合物的组成

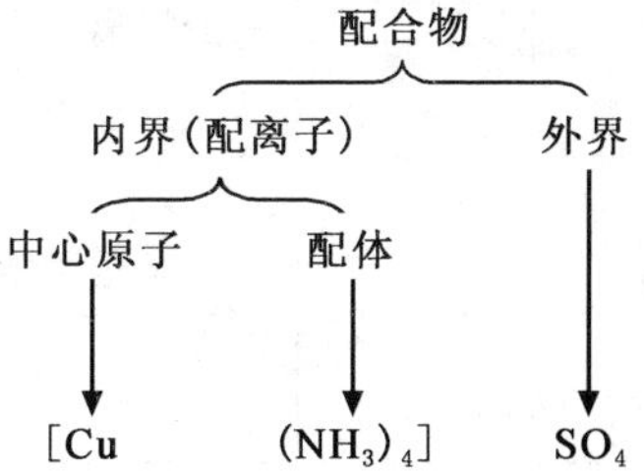

配合物化学式中,方括号内是配合物的内界。内界是配合物的主要特征部分;方括号以外是配合物的外界,如表 10.1 所示:

配合物的组成:

(1)中心原子　中心原子是内界的核心部分。

很多金属离子都可作中心原子，最常见的是过渡元素的离子，如 Cu^{2+}、Fe^{3+}、Fe^{2+}、Zn^{2+}、Ag^{+}、Hg^{2+} 等。某些金属原子，如 Fe、Mo、Ni、Co 以及某些非金属原子如 B、Si 等，也可作为配合物内界的核心部分成为中心原子。

(2)配体(配位体)、配位原子　NH_3、H_2O、Cl^-、CN^- 等均为常见的配体。配体中与中心原子直接结合的原子称为配位原子，如 NH_3 中的 N 原子，H_2O 中的 O 原子，CN^- 中的 C 原子等均为配位原子。

只含有 1 个配位原子的配体称为单齿配体，含有 2 个或多个配位原子的配体称为多齿配体。常见的配体见表 10.2。

表 10.2　常见的配体

类型	配位原子	实　　例
单齿	C	CO、C_2H_4、CNR(R 代表烃基)，CN^-
	N	NH_3、NO、NR_3、RNH_2、C_5H_5N(吡啶，简写为 Py)、NCS^-、NH_2^-、NO_2^-
	O	ROH、R_2O、H_2O、R_2SO、OH^-、$RCOO^-$、ONO^-、SO_4^{2-}、CO_3^{2-}
	P	PH_3、PR_3、PX_3(X 代表卤素)、PR_2^-
	S	R_2S、RSH、$S_2O_3^{2-}$
	X	F^-、Cl^-、Br^-、I^-
双齿	N	乙二胺(en)$H_2\ddot{N}—CH_2—CH_2—\ddot{N}H_2$，联吡啶(bipy)$\ddot{N}H_5C_5—C_5H_5\ddot{N}$
	O	草酸根 $C_2O_4^{2-}$，乙酰丙酮离子($acac^-$) 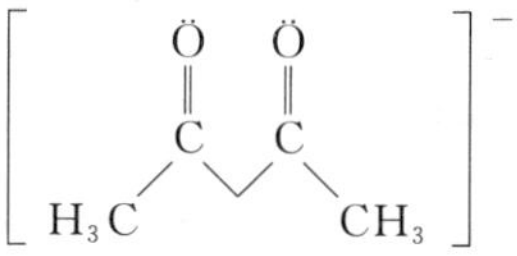
三齿	N	二乙基三胺(dien) $H_2\ddot{N}—CH_2—CH_2—\ddot{N}H—CH_2—CH_2—\ddot{N}H_2$
四齿	N	氨基三乙酸：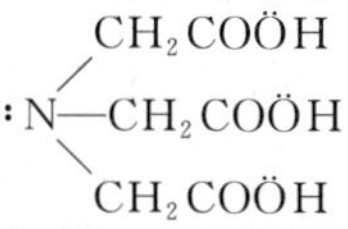
五齿	N、O	乙二胺三乙酸根离子 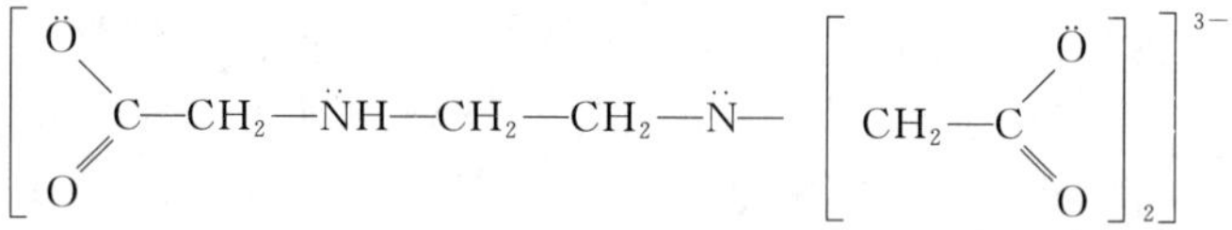
六齿	N、O	乙二胺四乙酸根离子 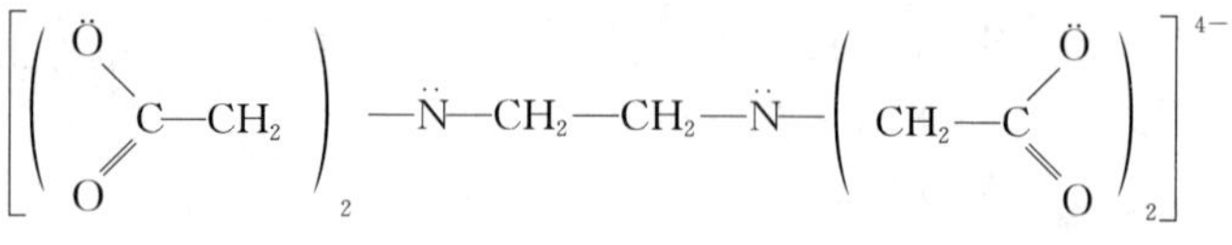

(3)配位数　直接与中心原子结合的配位原子的数目称为中心原子的配位数。对于单齿配体,配位数等于配体的个数。对于多齿配体,配位数不等于配体的个数,如在$[Cu(en)_2]^{2+}$中,每个乙二胺分子含有 2 个配位原子,故Cu^{2+}的配位数等于 4。中心原子的配位数一般为 2、4、6、8,而以 4 和 6 为最常见。

配位数的多少取决于中心原子与配体的性质,如半径、电荷等,也与生成配合物时的条件有关,如浓度、温度等。一般情况下,中心原子电荷数多,配位数较大;中心原子半径大,其周围容纳配体的有效空间大,配位数也大。若配体的体积较小、电荷少,则有利于形成高配位数的配合物。

(4)配离子的电荷数　配离子的电荷数等于中心原子与配体电荷的代数和。配合物内界电荷数与外界电荷数的代数和为零。

10.1.2 配位化合物的命名

按中国化学会《无机化学命名原则》(1980)规定,配合物的命名(the nomenclature of coordination compounds)与简单无机化合物命名相似,阴离子在前,阳离子在后,叫作某化某、某酸某、某酸。配离子或中性配合物的命名顺序为:配体数(汉字)—配体—合—中心原子及其氧化数(罗马数字)。若外界为H^+,则在配阴离子后缀以"酸"字。

若内界有 2 种以上的配体,命名时则规定:无机配体在前,有机配体在后;先列阴离子配体,后列阳离子、中性分子配体;同类配体按配位原子元素符号的英文顺序排列,如氨在前,水在后;配位原子相同时,含原子数目少的配体列在前面;不同配体间以"·"隔开。

例如:

$[Cu(NH_3)_4]SO_4$	硫酸四氨合铜(Ⅱ);
$K_3[Fe(CN)_6]$	六氰合铁(Ⅲ)酸钾;
$K_4[Fe(CN)_6]$	六氰合铁(Ⅱ)酸钾;
$H_2[PtCl_6]$	六氯合铂(Ⅳ)酸;
$Na_3[Ag(S_2O_3)_2]$	二(硫代硫酸根)合银(Ⅰ)酸钠;
$K[Co(NO_2)_4(NH_3)_2]$	四硝基·二氨合钴(Ⅲ)酸钾;
$[CoCl_2(NH_3)_3(H_2O)]Cl$	氯化二氯·三氨·一水合钴(Ⅲ);
$[Co(NH_3)_2(en)_2](NO_3)_3$	硝酸二氨·二(乙二胺)合钴(Ⅲ);
$[Ni(CO)_4]$	四羰基合镍;
$[Co(NO_2)_3(NH_3)_3]$	三硝基·三氨合钴(Ⅲ);
$[Pt(NH_3)_6][PtCl_4]$	四氯合铂(Ⅱ)酸六氨合铂(Ⅱ)。

有些配体在不同的配合物中,与中心原子相结合的配位原子不同,命名时须注

意区别。

有些配合物有俗名，如 $K_3[Fe(CN)_6]$，俗称铁氰化钾或赤血盐；$K_4[Fe(CN)_6]$，俗称亚铁氰化钾或黄血盐，表 10.3 列出了常见的单齿配位体。

表 10.3 常见的单齿配位体

中性分子配位体及其名称		阴离子配位体及其名称			
H_2O	水(aqua)	F^-	氟(fluoro)	NH_2^-	氨基(amide)
NH_3	氨(ammine)	Cl^-	氯(chloro)	NO_2^-	硝基(nitro)
CO	羰基(carbonyl)	Br^-	溴(bromo)	ONO^-	亚硝酸根(nitrite)
NO	亚硝酰基(nitrosyl)	I^-	碘(iodo)	SCN^-	硫氰酸根(thiocyano)
CH_3NH_2	甲胺(methylamine)	OH^-	羟(hydroxo)	NCS^-	异硫氰酸根(isothiocyano)
C_5H_5N	吡啶(pyridine，缩写 py)	CN^-	氰(cyano)	$S_2O_3^{2-}$	硫代硫酸根(thiosulfate)
$(NH_2)_2CO$	尿素(urea)	O^{2-}	氧(oxo)	CH_3COO^-	乙酸根(acetate)
		O_2^{2-}	过氧(peroxo)		

10.1.3 配位化合物的异构现象

配合物结构复杂，异构现象非常普遍。

(1)构造异构　构造异构是指配合物的化学式相同，但原子排列次序不同而造成的异构现象。

例如，$CoBrSO_4(NH_3)_5$ 有红色和紫色 2 种异构体。红色的可与 $AgNO_3$ 溶液反应，其中的溴可全部生成 AgBr 沉淀，故它的化学式为$[Co(SO_4)(NH_3)_5]Br$；紫色的可与 $BaCl_2$ 溶液反应，其中的硫酸根可全部生成 $BaSO_4$ 沉淀，故其化学式为$[CoBr(NH_3)_5]SO_4$。又如，$CrCl_3(H_2O)_6$ 有$[Cr(H_2O)_6]Cl_3$（紫色）、$[CrCl(H_2O)_5]Cl_2 \cdot H_2O$（亮绿色）和$[CrCl_2(H_2O)_4]Cl \cdot 2H_2O$（暗绿色）3 种构造异构体。

(2)空间异构　空间异构是指化学式和原子排列次序都相同，而原子在空间排列方向不同而造成的异构现象。空间异构分为几何异构和旋光异构 2 种。

①几何异构：例如，平面正方形的$[PtCl_2(NH_3)_2]$有顺式和反式 2 种几何异构体（图 10.1）。2 个相同的配体处于正方形相邻二顶角的叫顺式异构体，处于对角的称为反式异构体。顺式异构体呈棕黄色，为极性分子，可溶于水，是一种抗癌药物。反式异构体为淡黄色，是非极性分子，难溶于水，没有抗癌作用。

配位数为 6 的八面体配合物也有顺、反异构现象。若配合物中含有多种配体，或既有单齿配体，又有多齿配体，几何异构现象就更多、更复杂。

②旋光异构：2 种异构体互成镜像关系，类似于人的左手和右手，这种分子称为

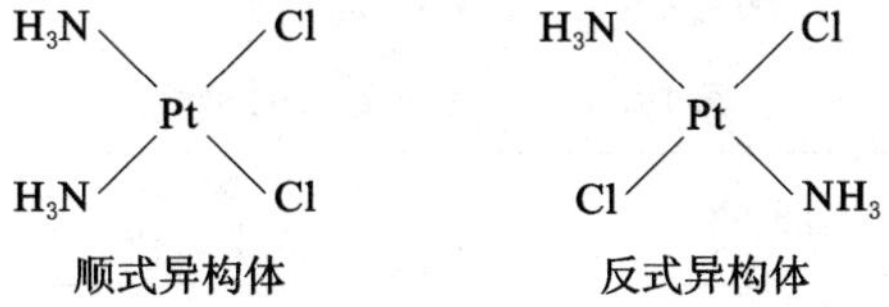

图 10.1 $[PtCl_2(NH_3)_2]$的顺、反式异构体

手性分子或不对称分子。例如，*cis*-$[CoCl_2(en)_2]^+$与它的镜像不能重叠(图 10.2)。由图 10.2 可见，异构体Ⅱ与异构体Ⅰ不能重叠，但异构体Ⅱ与异构体Ⅰ的镜像相同，所以 *cis*-$[CoCl_2(en)_2]^+$属于手性分子，具有旋光异构体(异构体Ⅰ、异构体Ⅱ)。这类配合物异构体在生物体内的生理功能有极大的差异。

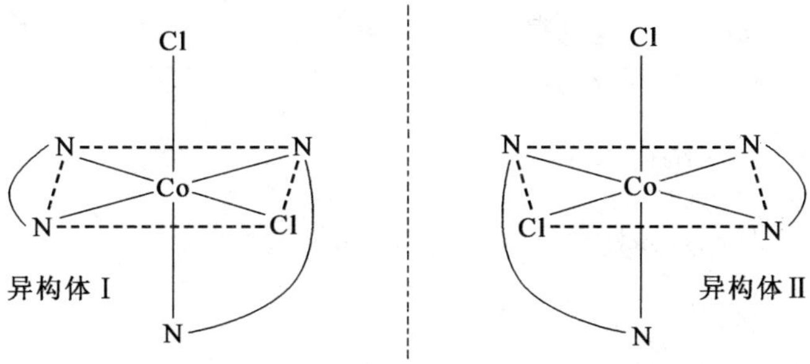

图 10.2 *cis*-$[CoCl_2(en)_2]^+$与其旋光异构体

10.1.4 配位化合物的磁性

物质在外加磁场的作用下产生附加磁场，顺磁性物质的附加磁场与外加磁场方向相同，反磁性物质的附加磁场与外加磁场方向相反。分子中含自旋平行电子时，物质一般具有顺磁性，如 O_2、$[FeF_6]^{3-}$、$[Fe(CN)_6]^{3-}$等。分子中电子均成对时，物质一般具有抗磁性，如 H_2、$[Zn(NH_3)_4]^{2+}$、$[Ni(CN)_4]^{2-}$等。

物质磁性强弱用磁矩 μ 表示：

$$\mu \approx \sqrt{n(n+2)}$$

式中，μ 以玻尔磁子(B. M)为单位，n 为分子中未成对的电子数目。顺磁性物质的磁矩较大，抗磁性物质的磁矩较小或为 0。

$\mu=0$ 的物质，其中电子皆已成对，具有抗磁性，如 H_2、$[Zn(NH_3)_4]^{2+}$、$[Ni(CN)_4]^{2-}$等。$\mu>0$ 的物质，其中有未成对电子，具有顺磁性，如 O_2、

$[FeF_6]^{3-}$、$[Fe(CN)_6]^{3-}$ 等，表 10.4 列出了一些配合物的磁矩。

表 10.4 一些配合物的磁矩 B. M

中心原子 d 电子总数	配合物	磁矩（实验值）	未成对 d 电子数	磁矩（估算值）
1	$[Ti(H_2O)_6]^{3+}$	1.73	1	1.73
2	$[V(H_2O)_6]^{3+}$	2.75～2.85	2	2.83
3	$[Cr(H_2O)_6]^{3+}$	3.70～3.90	3	3.87
	$[Cr(NH_3)_6]Cl_3$	3.88	3	3.87
	$K_2[MnF_6]$	3.90	3	3.87
5	$[Mn(H_2O)_6]^{2+}$	5.65～6.10	5	5.92
	$K_4[Mn(CN)_6]\cdot 3H_2O$	1.80	1	1.73
	$K_3[FeF_6]$	5.90	5	5.92
	$K_3[Fe(CN)_6]$	2.40	1	1.73
	$NH_4[Fe(EDTA)]$	5.91	5	5.92
6	$[Fe(H_2O)_6]^{2+}$	5.10～5.70	4	4.90
	$K_3[CoF_6]$	5.26	4	4.90
	$[Co(NH_3)_6]^{3+}$	0	0	0
	$[Co(CN)_6]^{3-}$	0	0	0
	$[CoCl_2(en)_2]^{+}$	0	0	0
	$[Co(NO_2)_6]^{3-}$	0	0	0
	$[Fe(CN)_6]^{4-}$	0	0	0
7	$[Co(H_2O)_6]^{2+}$	4.30～5.20	3	3.87
	$[Co(NH_3)_6](ClO_4)_2$	4.26	3	3.87
	$[Co(en)_3]^{2+}$	3.82	3	3.87
8	$[Ni(H_2O)_6]^{2+}$	2.80～3.50	2	2.83
	$[Ni(NH_3)_6]Cl_2$	3.11	2	2.83
	$[Ni(CN)_4]^{2-}$	0	0	0
9	$[Cu(H_2O)_4]^{2+}$	1.70～2.20	1	1.73

10.1.5 螯合物

螯合物(chelate)是由多齿配体与中心原子形成的具有环状结构的配合物，其特点是配体像螃蟹双螯钳住中心原子一样，形成稳定的环状结构。其中，五元环、六元环最为稳定，如图 10.3 所示。一般而言，螯合物比简单配合物更稳定。如 *o*-phen 与 Fe^{2+} 生成的螯合物有 3 个五元环，这个螯合物是红色的，可用作 Fe^{2+} 的定性鉴定和定量测定。

形成螯合物的多齿配体称为螯合剂。螯合剂多是含 N、O、S 等配位原子的有机化合物，如氨基乙酸 NH_2CH_2COOH、氨基三乙酸 $N(CH_2COOH)_3$、乙二胺四

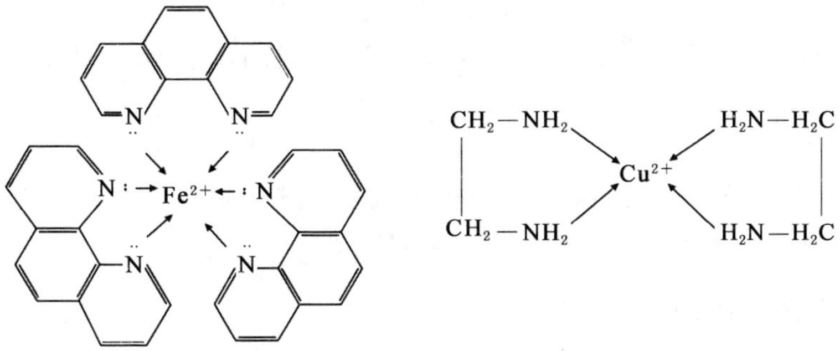

图 10.3 $[Fe(phen)_3]^{2+}$ 与 $[Cu(en)_2]^{2+}$ 的环状结构

乙酸 $(HOOCCH_2)_2NCH_2CH_2N(CH_2COOH)_2$(简称 EDTA,简式为 H_4Y)等。

EDTA 酸根离子中有 6 个配位原子(2 个氨基氮原子和 4 个羧基氧原子),具有极强的螯合能力,可与除碱金属外几乎所有的金属离子形成稳定的螯合物,且螯合比大都是 1∶1(图 10.4),如:

$$Ca^{2+} + H_4Y = CaY^{2-} + 4H^+$$

$$Zn^{2+} + H_4Y = ZnY^{2-} + 4H^+$$

$$Al^{3+} + H_4Y = AlY^- + 4H^+$$

EDTA 在分析化学中有着非常广泛的应用,是配位滴定分析中最常用的滴定剂。EDTA 在工业生产和其他领域中也有重要的应用,如可用于硬水软化等。

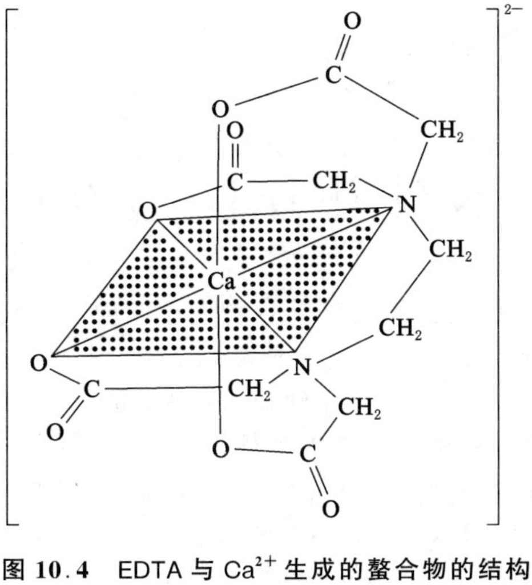

图 10.4 EDTA 与 Ca^{2+} 生成的螯合物的结构

10.2 配位化合物的价键理论(valence bond theory of coordination compounds)

美国化学家鲍林(L. Pauling)首先将轨道杂化理论应用于配合物结构的研究，经补充修改，逐渐形成了近代配合物结构的价键理论。

10.2.1 价键理论要点

价键理论认为，配体中配位原子价层轨道含有孤电子对，而中心原子价层含有空轨道。形成配合物时，中心原子价层的空轨道发生杂化生成空的杂化轨道，生成的空的杂化轨道与配体中配位原子中含有孤电子对的轨道叠加形成配位键，使中心原子与配体键合。

若中心原子全部以外层轨道(ns、np、nd 等)参与杂化和成键作用，这样得到的配合物称为外轨型配合物。若中心原子有($n-1$)d 等内层轨道参与杂化和成键作用，这样得到的配合物称为内轨型配合物。

10.2.2 配位化合物的生成

$Ag(NH_3)_2^+$ 的生成：实验测定，该配合物为直线型构型。Ag^+ 的价电子结构为 $4d^{10}5s^05p^0$。价键理论认为，与 NH_3 生成配合物时，Ag^+ 中的空的 5s 轨道与 1 条空的 5p 轨道发生 sp 等性杂化，生成 2 条 sp 杂化轨道，分别接受 2 个 NH_3 中 N 原子提供的孤对电子生成 2 个配位键，故 $Ag(NH_3)_2^+$ 配离子为直线型。

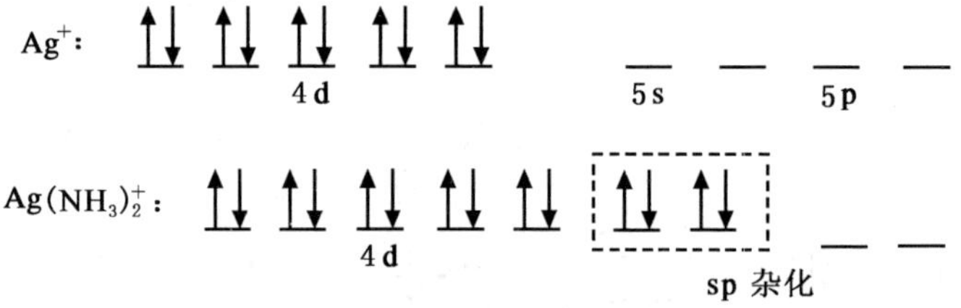

$Zn(NH_3)_4^{2+}$ 的生成：实验测定该配合物为正四面体形构型。Zn^{2+} 价电子结构为 $3d^{10}4s^04p^0$。价键理论认为，生成配合物时，Zn^{2+} 中的全空的 4s、4p 轨道发生 sp^3 等性杂化，得到 4 条等性 sp^3 杂化轨道，分别接受 4 个 N 原子提供的孤对电子形成 4 个配位键，故所得配离子为正四面体形。

FeF_6^{3-} 的生成：实验测定该配合物为正八面体构型。Fe^{3+} 价电子结构为 $3d^54s^04p^04d^0$。价键理论认为，生成配合物时，Fe^{3+} 中全空的 1 条 4s 轨道、3 条 4p 轨道和 2 条 4d 轨道发生 sp^3d^2 杂化，生成 6 条 sp^3d^2 等性杂化轨道，与 6 个 F^- 形成 6 条配位键，故所得配离子的空间构型为正八面体。

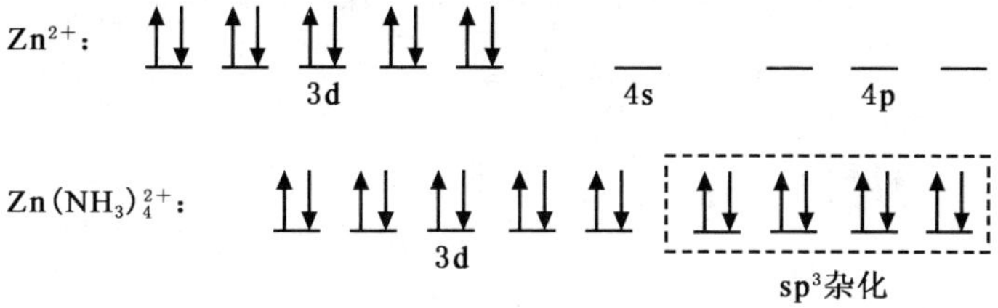

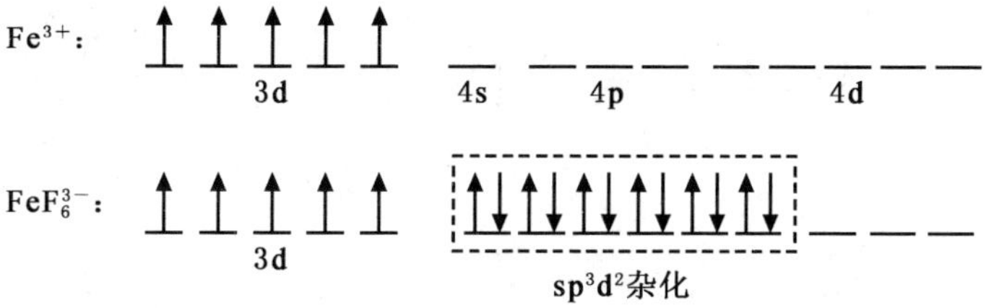

上述 3 种配合物均为外轨型，而 $Fe(CN)_6^{3-}$ 则不同。Fe^{3+} 中的 5 个 3d 电子，在 CN^- 作用下，重排到 3 条 3d 轨道中，空出的 2 条 3d 轨道与 1 条 4s 轨道及 3 条 4p 轨道发生 d^2sp^3 杂化，6 条 d^2sp^3 杂化轨道再分别与 CN^- 中配位原子的孤对电子形成配位键。$Fe(CN)_6^{3-}$ 的空间构型也是正八面体，是内轨型配合物。

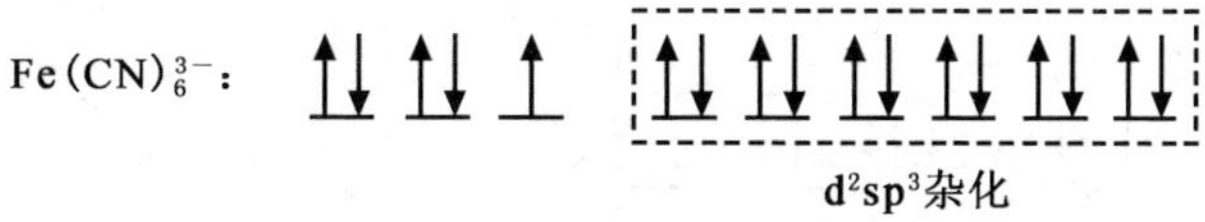

$Ni(CN)_4^{2-}$ 的生成：实验测定该配合物为平面正方形构型。Ni^{2+} 的价电子层结构是 $3d^84s^04p^0$。价键理论认为，生成配合物时，Ni^{2+} 内层的 8 个 3d 电子重排到 4 条 3d 轨道中，空出的 1 条 3d 轨道与 1 条 4s 轨道及 2 条 4p 轨道发生 dsp^2 杂化，并与 4 个配体的配位原子生成 4 个配位键，故该配离子为平面正方形构型，也是内轨型配合物。

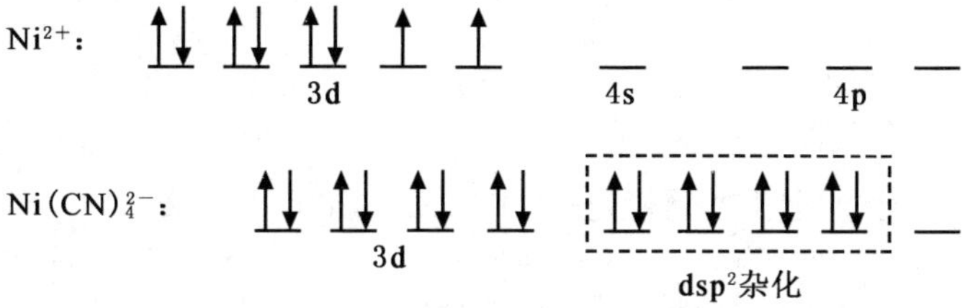

中心原子杂化轨道的类型决定了配离子的空间构型和配位数（表 10.5）。

表 10.5 几种配离子空间立体构型

配离子	电子排布	杂化类型	几何构型	配位数
$Ag(NH_3)_2^+$ $Ag(CN)_2^-$ $Cu(NH_3)_2^+$	↑↓ ↑↓ ↑↓ ↑↓ ↑↓ [↑↓ ↑↓] — —	sp	 直线形	2
$Cu(CN)_3^{2-}$	↑↓ ↑↓ ↑↓ ↑↓ ↑↓ [↑↓ ↑↓ ↑↓] —	sp^2	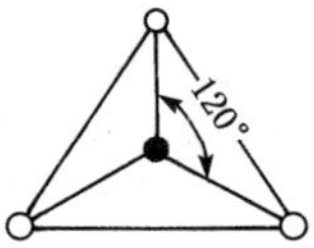 平面三角形	3
$Zn(NH_3)_4^{2+}$ $Cd(CN)_4^{2-}$	↑↓ ↑↓ ↑↓ ↑↓ ↑↓ [↑↓ ↑↓ ↑↓ ↑↓]	sp^3	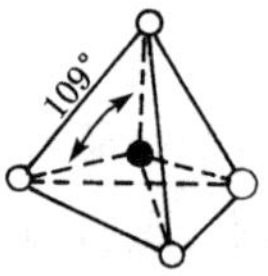 正四面体形	4
$Ni(CN)_4^{2-}$	↑↓ ↑↓ ↑↓ ↑↓ [↑↓ ↑↓ ↑↓ ↑↓] —	dsp^2	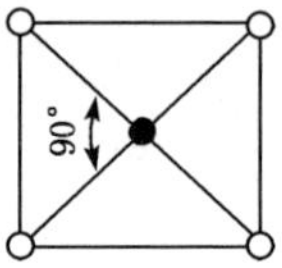 平面正方形	4
$Ni(CN)_5^{3-}$ $Fe(CO)_5$	↑↓ ↑↓ ↑↓ ↑↓ [↑↓ ↑↓ ↑↓ ↑↓ ↑↓]	dsp^3	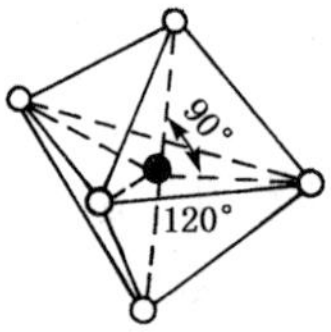 三角双锥形	5
FeF_6^{3-}	↑ ↑ ↑ ↑ ↑ [↑↓ ↑↓ ↑↓ ↑↓ ↑↓ ↑↓] — —	sp^3d^2	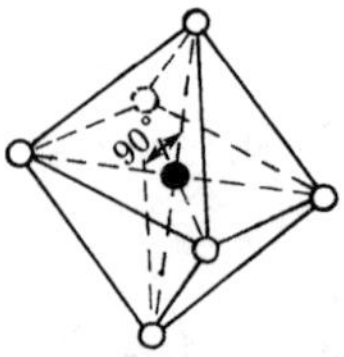 八面体	6
$Fe(CN)_6^{3-}$	↑↓ ↑↓ ↑ [↑↓ ↑↓ ↑↓ ↑↓ ↑↓ ↑↓]	d^2sp^3		
$Cr(NH_3)_6^{3+}$	↑ ↑ ↑ [↑↓ ↑↓ ↑↓ ↑↓ ↑↓ ↑↓]	d^2sp^3		

在形成外轨型配合物时，中心原子的电子排布不受配体的影响，保持其原有的价电子构型，有最大可能的未成对电子数。在形成内轨型配合物时，中心原子的电子排布受配体的影响发生重排，其原有的价电子构型发生变化，未成对电子数可能减少到最小。至于何时形成内轨型配合物，何时形成外轨型配合物，主要与以下2个因素有关。

(1)中心原子的电子层构型　内层没有d电子或d轨道全满(d^{10})的离子，如Al^{3+}、Ag^{+}、Zn^{2+}、Hg^{2+}等只形成外轨型配合物，其他构型的过渡元素离子，既可形成外轨型亦可形成内轨型配合物，如Fe^{3+}。内层d电子数为4、5、6、7的离子，易生成内轨型配合物。

(2)配位原子的电负性　配位原子与中心原子电负性差值越大，越易生成外轨型配合物。F^{-}、OH^{-}、H_2O等配体的配位原子电负性较大，其孤对电子只能进入中心原子的外层轨道，对内层d电子的作用很弱，故这些配体倾向于生成外轨型配合物。CN^{-}、CO等配体中的配位原子(C)的电负性较小，易给出孤对电子，对中心原子的电子结构影响较大，故易形成内轨型配合物。而NH_3、Cl^{-}等配体可生成外轨型配合物，也可生成内轨型配合物。

外轨型和内轨型配合物在性质上有差异。例如，内轨型配合物形成时，配体的孤对电子深入到中心原子的内层轨道，二者结合比较牢固，因此，内轨型配合物的稳定性一般比外轨型配合物稳定性好，其在水溶液中的稳定常数也一般比较大。

外轨型和内轨型配合物在磁性上也不相同。外轨型配合物可能有最多的未成对电子，这些未成对电子自旋平行，因此，外轨型配合物多表现为顺磁性，磁矩较高；内轨型配合物的未成对电子很少甚至完全没有，因此，它们是很弱的顺磁性物质，磁矩很小，或为抗磁性物质。确定配合物是外轨型还是内轨型，磁矩数据是重要的依据。

价键理论可以较好地说明和预测配合物的空间构型和磁矩，但这个理论还不能对配合物的吸收光谱、配位键的键能、配合物的热力学性质等做合理解释。近年来，发展产生了晶体场理论、配位场理论、分子轨道理论等，本书不予讨论。

10.3 配位平衡(coordination equilibrium)

10.3.1 配离子的稳定常数

配离子在水溶液中可以发生离解，离解过程可以看成是配离子生成过程的逆过程。各种配离子的组成、结构不同，它们离解的程度也不同，即它们的稳定性不同。配离子在水溶液中稳定性的大小可用配合-离解反应的标准平衡常数来表示，例如：

$$Cu^{2+}(aq)+4NH_3(aq)\rightleftharpoons Cu(NH_3)_4^{2+}(aq)$$

此反应的标准平衡常数：

$$K_f^{\ominus}=\frac{c\{Cu(NH_3)_4^{2+}\}/c^{\ominus}}{\{c(Cu^{2+})/c^{\ominus}\}\{c(NH_3)/c^{\ominus}\}^4}$$

$K_f^{\ominus}$ 称为 $Cu(NH_3)_4^{2+}$ 的稳定常数。配离子稳定常数越大，说明配位反应进行得越完全，离解反应越不容易发生，配离子在水溶液中越稳定。一些常见配离子的稳定常数列于附录Ⅵ。

配位反应是分步进行的，每步都有其平衡常数。如上述配位反应可表示为：

$$Cu^{2+}(aq)+NH_3(aq)\rightleftharpoons Cu(NH_3)^{2+}(aq)$$

$$K_1^{\ominus}=\frac{c\{Cu(NH_3)^{2+}\}/c^{\ominus}}{\{c(Cu^{2+})/c^{\ominus}\}\{c(NH_3)/c^{\ominus}\}}$$

$$Cu(NH_3)^{2+}(aq)+NH_3(aq)\rightleftharpoons Cu(NH_3)_2^{2+}(aq)$$

$$K_2^{\ominus}=\frac{c\{Cu(NH_3)_2^{2+}\}/c^{\ominus}}{\{c[Cu(NH_3)^{2+}]/c^{\ominus}\}\{c(NH_3)/c^{\ominus}\}}$$

$$Cu(NH_3)_2^{2+}(aq)+NH_3(aq)\rightleftharpoons Cu(NH_3)_3^{2+}(aq)$$

$$K_3^{\ominus}=\frac{c\{Cu(NH_3)_3^{2+}\}/c^{\ominus}}{\{c[Cu(NH_3)_2^{2+}]/c^{\ominus}\}\{c(NH_3)/c^{\ominus}\}}$$

$$Cu(NH_3)_3^{2+}(aq)+NH_3(aq)\rightleftharpoons Cu(NH_3)_4^{2+}(aq)$$

$$K_4^{\ominus}=\frac{c\{Cu(NH_3)_4^{2+}\}/c^{\ominus}}{\{c[Cu(NH_3)_3^{2+}]/c^{\ominus}\}\{c(NH_3)/c^{\ominus}\}}$$

$K_1^{\ominus}$、$K_2^{\ominus}$、$K_3^{\ominus}$、$K_4^{\ominus}$ 分别称为第一、二、三、四级稳定常数。配合物的稳定常数等于各级稳定常数的乘积。通常，配合物的逐级稳定常数随着配位数的增大而减小，即 $K_1^{\ominus}>K_2^{\ominus}>K_3^{\ominus}>K_4^{\ominus}$，这与随配体增多，配体间的相互斥力增大有关。一般情况下，配合物的各级稳定常数彼此相差不很大。当溶液中有过量的配体存在时，平衡趋向于生成最高配位数形式的配合物，故在做近似处理时，其他配位数的各级配离子浓度可以忽略不计。

10.3.2 配位平衡的计算

【例 10.1】 计算在 $c\{Cu(NH_3)_4^{2+}\} = c(NH_3) = 0.10\ mol \cdot L^{-1}$ 的铜氨配离子与氨水的混合溶液中 $c(Cu^{2+})$。已知 $K_f^{\ominus}\{Cu(NH_3)_4^{2+}\} = 2.1\times10^{13}$。

解 由于 $K_f^{\ominus}\{Cu(NH_3)_4^{2+}\}$ 很大，即 $Cu(NH_3)_4^{2+}$ 很稳定，又因有过量的 NH_3 存在，可利用 $K_f^{\ominus}\{Cu(NH_3)_4^{2+}\}$ 做近似计算；且配合物离解出的 Cu^{2+} 浓度很小，因此可设 $c(Cu^{2+}) = x\ mol \cdot L^{-1}$，并做近似计算：

$$Cu^{2+} + 4NH_3 \rightleftharpoons Cu(NH_3)_4^{2+}$$

$c^{eq}/mol \cdot L^{-1}$ $\quad x \quad 0.10+4x\approx0.10 \quad 0.10-x\approx0.10$

$$K_f^{\ominus}\{Cu(NH_3)_4^{2+}\} = \frac{c\{Cu(NH_3)_4^{2+}/c^{\ominus}\}}{\{c(Cu^{2+})/c^{\ominus}\}\{c(NH_3)/c^{\ominus}\}^4} = \frac{0.10}{x\times0.10^4} = 2.1\times10^{13}$$

得 $\quad c(Cu^{2+}) = 4.8\times10^{-11}\ mol \cdot L^{-1}$

【例 10.2】 将 $c(AgNO_3)=0.20\ mol \cdot L^{-1}$ 的硝酸银溶液 20 mL 与

(1) $c(NH_3)=1.0\ mol \cdot L^{-1}$ 的氨水 20 mL 混合；

(2) $c(KCN)=1.0\ mol \cdot L^{-1}$ 的氰化钾水溶液 20 mL 混合。求混合液中 Ag^+ 浓度。

解 (1)由于反应的标准平衡常数较大，且 NH_3 大大过量，故设平衡时：

$$c(Ag^+)=x\ mol \cdot L^{-1}$$

$$c(NH_3)=(0.50-0.20+2x)\ mol \cdot L^{-1}\approx(0.50-0.20)mol \cdot L^{-1}$$

$$c[Ag(NH_3)_2^+]=(0.10-x)mol \cdot L^{-1}\approx0.10\ mol \cdot L^{-1}$$

并做近似计算：

	Ag^+ +	$2NH_3$ $\rightleftharpoons$	$Ag(NH_3)_2^+$
$c_0/(mol \cdot L^{-1})$	0.10	0.50	0
$c^{eq}/(mol \cdot L^{-1})$	x	0.50−0.20	0.10

$$K_f^{\ominus}\{Ag(NH_3)_2^+\} = \frac{c\{Ag(NH_3)_2^+/c^{\ominus}\}}{\{c(Ag^+)/c^{\ominus}\}\{c(NH_3)/c^{\ominus}\}^2} = \frac{0.10}{x\times0.30^2} = 1.1\times10^7$$

$$c(Ag^+) = 1.0\times10^{-7}\ mol \cdot L^{-1}$$

(2)同理可得：$c(Ag^+) = 8.5\times10^{-22}\ mol \cdot L^{-1}$

10.3.3 配位平衡与酸碱平衡

很多碱，如 F^-、NH_3、CN^-、$C_2O_4^{2-}$、Y^{4-} 等，常常作为配合物的配体。当系统中 H^+ 浓度增大时，这些作为碱的配体与 H^+ 之间的酸碱平衡发生移动，二者结合成酸，使系统中配体的浓度降低，从而使配合物的稳定性降低。这种由于系统的酸度升高使配合物稳定性降低的作用称为配体酸效应。

【例 10.3】 若将例 10.2 中的 2 溶液都调节到 pH = 0，试判断会发生什么变化？分别计算 2 反应的标准平衡常数，并说明配体酸效应与配离子稳定常数以及配体的 $K_b^\ominus$ 是否有关？

解 (1) $Ag(NH_3)_2^+ + 2H^+ \rightleftharpoons Ag^+ + 2NH_4^+$

$$K_1^\ominus = \frac{\{K_b^\ominus(NH_3)\}^2}{K_f^\ominus\{Ag(NH_3)_2^+\}\{K_w^\ominus\}^2} = \frac{(1.8\times10^{-5})^2}{1.1\times10^7\times(1.0\times10^{-14})^2} = 2.9\times10^{11}$$

(2) $Ag(CN)_2^- + 2H^+ \rightleftharpoons Ag^+ + 2HCN$

$$K_2^\ominus = \frac{1}{K_f^\ominus\{Ag(CN)_2^-\}\{K_a^\ominus(HCN)\}^2} = \frac{1}{1.3\times10^{21}\times(4.9\times10^{-10})^2} = 3.2\times10^{-3}$$

反应(1)标准平衡常数很大，说明反应进行得十分彻底，即 $Ag(NH_3)_2^+$ 配离子基本被破坏；反应(2)标准平衡常数较小，反应进行得不完全，即酸效应对 $Ag(CN)_2^-$ 配离子稳定性影响较小。

由例 10.3 可以看出，酸效应对配合物稳定性影响程度，与配合物的 $K_f^\ominus$、配体的 $K_b^\ominus$ 及介质酸度有关。因此，很多配合物都必须在高于一定 pH 的溶液中方能稳定生成和存在。但若中心原子在较高 pH 的介质中生成氢氧化物、碱式盐等沉淀，亦会使配合物的稳定性降低，此种现象称为配合物中心原子的水解效应。所以，定性分析化学中利用配位反应进行离子鉴定时，往往必须严格控制溶液酸度。例如，利用生成 $K_2Na[Co(ONO)_6]$ 黄色沉淀鉴定 K^+ 时：

$$2K^+ + Na_3[Co(ONO)_6] \rightleftharpoons K_2Na[Co(ONO)_6]\downarrow + 2Na^+$$

反应必须在弱酸性的醋酸介质中进行，以防酸度过高发生配体(NO_2^-)酸效应或酸度过低发生中心原子(Co^{3+})水解效应而使实验失败。利用配位反应进行定量测定时，控制溶液酸度也总是最重要的反应条件之一。

10.3.4 配位平衡与沉淀平衡

在烧杯中放少量 $AgNO_3$ 溶液，加数滴 NaCl 溶液，产生 AgCl 白色沉淀；再滴加氨水，AgCl 沉淀溶解，生成 $Ag(NH_3)_2^+$；再加入 KBr 溶液，又产生淡黄色 AgBr 沉淀；若再滴入 $Na_2S_2O_3$ 溶液，则又溶解生成 $Ag(S_2O_3)_2^{3-}$；再滴入 KI 溶液，又生成黄色 AgI 沉淀；再加 KCN 溶液，沉淀又溶解生成 $Ag(CN)_2^-$；再加 Na_2S 溶液，又产生黑色 Ag_2S 沉淀。由于 Ag_2S 的 $K_{sp}^{\ominus}$ 极小，至今尚未发现可将其溶解的配位剂。以上过程可表示为：

$$Ag^+(aq)\xrightarrow{Cl^-}AgCl(s)\xrightarrow{NH_3}Ag(NH_3)_2^+(aq)\xrightarrow{Br^-}AgBr(s)\xrightarrow{S_2O_3^{2-}}$$

$$Ag(S_2O_3)_2^{3-}(aq)\xrightarrow{I^-}AgI(s)\xrightarrow{CN^-}Ag(CN)_2^-(aq)\xrightarrow{S^{2-}}Ag_2S(s)$$

可见，由于配位反应与沉淀反应的相互影响，可利用沉淀反应破坏配合物，也可利用配位反应使沉淀溶解。

【例 10.4】 欲使 0.10 mol AgBr 完全溶解于 1.0 L $Na_2S_2O_3$ 溶液中，此溶液的最低浓度 $c(Na_2S_2O_3)$ 应为多少？

解 设溶解后，溶液中 $S_2O_3^{2-}$ 的浓度为 x mol·L^{-1}：

$$AgBr(s)+2S_2O_3^{2-}(aq)\rightleftharpoons Ag(S_2O_3)_2^{3-}(aq)+Br^-(aq)$$

$c^{eq}/(mol\cdot L^{-1})$	x	0.10	0.10

$$K^{\ominus}=\frac{\{c[Ag(S_2O_3)_2^{3-}]/c^{\ominus}\}\{c(Br^-)/c^{\ominus}\}}{\{c(S_2O_3^{2-})/c^{\ominus}\}^2}=$$

$$K_f^{\ominus}\{Ag(S_2O_3)_2^{3-}\}K_{sp}^{\ominus}(AgBr)=$$

$$2.9\times10^{13}\times5.4\times10^{-13}=16$$

故 $\dfrac{0.10^2}{x^2}=16$

所以 $x=0.025$

$$c_0(S_2O_3^{2-})=0.025\ mol\cdot L^{-1}+2\times0.10\ mol\cdot L^{-1}=0.23\ mol\cdot L^{-1}$$

由计算结果可知，AgBr 易溶于硫代硫酸钠溶液。

【例 10.5】 计算 1.0 L 的 $c(NH_3)=1.0$ mol·L^{-1} 的氨水，最多可溶解多少摩尔 AgCl、AgBr 和 AgI？

解 设最多可溶解 x mol AgX：

$$AgX(s)\ +\ 2NH_3(aq)\rightleftharpoons Ag(NH_3)_2^+(aq)+X^-(aq)$$

$c_0/(mol\cdot L^{-1})$	1.0	0	0
$c^{eq}/(mol\cdot L^{-1})$	$1.0-2x$	x	x

$$K^{\ominus} = K_{sp}^{\ominus}(AgX)K_f^{\ominus}\{Ag(NH_3)_2^+\} = \frac{x^2}{(1.0-2x)^2}$$

对于 AgCl　$K^{\ominus} = 1.8\times10^{-10}\times1.1\times10^7 = 2.0\times10^{-3}$

$x = 4.7\times10^{-2}$

对于 AgBr　$K^{\ominus} = 5.4\times10^{-13}\times1.1\times10^7 = 5.9\times10^{-6}$

$x = 2.4\times10^{-3}$

对于 AgI　$K^{\ominus} = 8.5\times10^{-17}\times1.1\times10^7 = 9.4\times10^{-10}$

$x = 3.0\times10^{-5}$

即 1.0 L 浓度为 1.0 $mol\cdot L^{-1}$ 的氨水中，最多可溶解 AgCl 4.7×10^{-2} mol，AgBr 2.4×10^{-3} mol，AgI 3.0×10^{-5} mol。即 AgCl 易溶于氨水，AgBr 于氨水中也可溶解，AgI 难溶于氨水。

从例 10.4 和例 10.5 计算结果可见，对于配合物与沉淀间相互转化的反应，自发方向及反应的完成程度主要由配合物稳定常数的大小、沉淀溶度积的大小决定，反应总易于向生成较稳定的物质的方向自发进行。如所举由 AgCl～Ag_2S 一系列反应的结果，溶液中银离子浓度依次降低。

10.3.5　配位平衡与氧化还原平衡

根据能斯特方程可知，电极电势与组成电极的氧化态物质、还原态物质的浓度有关。若加入配位剂与氧化态或还原态形成稳定的配合物，可使溶液中游离的氧化态或还原态物质的浓度降低，电极电势发生改变。因此，配位反应可影响氧化还原反应的完成程度，甚至可影响氧化还原反应的方向。例如，水溶液中 Fe^{3+} 可以氧化 I^-：

$$2Fe^{3+} + 2I^- \rightleftharpoons 2Fe^{2+} + I_2\downarrow$$

若溶液中含有 F^-，由于 FeF_6^{3-} 的生成，降低了 $\varphi(Fe^{3+}/Fe^{2+})$，此时 I_2 反而可将 Fe^{2+} 氧化：

$$2Fe^{2+} + I_2 + 12F^- \rightleftharpoons 2FeF_6^{3-} + 2I^-$$

当然，氧化还原反应也可影响配位反应的进行。如利用生成 $Co(NCS)_4^{2-}$ 蓝色配合物定性鉴定 Co^{2+} 时，为防止 Fe^{3+} 与试剂 KNCS 反应生成深红色的 $Fe(NCS)_6^{3-}$ 对鉴定反应的干扰，可先加入 $SnCl_2$ 溶液将 Fe^{3+} 还原为 Fe^{2+}。

【例 10.6】(1)求 298.15 K 时,标准铜电极作正极、标准氢电极作负极组成的原电池的电动势。

(2)若往上述铜电极中加入氨,使氨水和铜氨配离子溶液的浓度均为 1.0 mol · L^{-1},此时电池的电动势又将为多少?

解 (1)$\varphi^{\ominus}(Cu^{2+}/Cu) = 0.34\ V$,$\varphi^{\ominus}(H^{+}/H_2) = 0\ V$

故 $\varepsilon^{\ominus} = (0.34-0)V = 0.34\ V$

(2)$Cu^{2+} + 4NH_3 \rightleftharpoons Cu(NH_3)_4^{2+}$

$$K_f^{\ominus}\{Cu(NH_3)_4^{2+}\} = \frac{c\{Cu(NH_3)_4^{2+}\}/c^{\ominus}}{\{c(Cu^{2+})/c^{\ominus}\}\{c(NH_3)/c^{\ominus}\}^4} = 2.1\times10^{13}$$

$$\varphi(Cu^{2+}/Cu) = \varphi^{\ominus}(Cu^{2+}/Cu) + \frac{2.303RT}{2F}\lg\{c(Cu^{2+})/c^{\ominus}\} =$$

$$\varphi^{\ominus}(Cu^{2+}/Cu) + \frac{2.303RT}{2F}\lg\frac{c\{Cu(NH_3)_4^{2+}\}/c^{\ominus}}{K_f^{\ominus}\{Cu(NH_3)_4^{2+}\}\{c(NH_3)/c^{\ominus}\}^4} =$$

$$\varphi^{\ominus}(Cu^{2+}/Cu) - \frac{2.303RT}{2F}\lg K_f^{\ominus}\{Cu(NH_3)_4^{2+}\} =$$

$$0.34\ V - \frac{0.059\ V}{2}\lg(2.1\times10^{13}) = -0.05\ V$$

$$\varepsilon = -0.05\ V$$

可见,由于铜电极中加入了氨水,使该电池的电动势降低。

10.3.6 配合物之间的转化平衡

在一种配离子溶液中,加入能与中心原子形成更稳定配离子的配位剂,则发生配离子之间的转化。

【例 10.7】已知,$K_f^{\ominus}\{Zn(NH_3)_4^{2+}\} = 2.9\times10^9$,$K_f^{\ominus}\{Zn(CN)_4^{2-}\} = 5.0\times10^{16}$,若往 $Zn(NH_3)_4^{2+}$ 溶液中加入足量固体 KCN 会发生什么变化?

解 $Zn(NH_3)_4^{2+} + 4CN^- = Zn(CN)_4^{2-} + 4NH_3$

$$K^{\ominus} = \frac{K_f^{\ominus}\{Zn(CN)_4^{2-}\}}{K_f^{\ominus}\{Zn(NH_3)_4^{2+}\}} = \frac{5.0\times10^{16}}{2.9\times10^9} = 1.7\times10^7$$

平衡常数很大,说明反应进行得很完全,几乎可以完全转化。当系统中有 2 种或多种配体同时存在时,总是倾向于生成更稳定的配离子。

10.4 重要的配位化合物及其应用(important coordination compounds and their applications)

配合物在自然界普遍存在,在日常生活和工农业生产中发挥着重要作用。配位化学不仅是无机化学的重要内容,而且与其他许多学科领域有密切联系,如生物化学、有机化学、分析化学、环境科学、药物学、冶金、电镀、催化等。

在生命科学中,配合物起着非常重要的作用,许多生命现象均与配合物有关。例如,生物体内的酶有很多是复杂的金属离子的配合物,称为金属酶。动、植物体内的各种微量元素,特别是金属元素,如 Cu、Zn、Mn、No、Ni 等,主要功能是生成金属酶。目前已知的金属酶有几百种。又如动物体内的血红蛋白和肌红蛋白都含有血红素,这是一种 Fe^{2+} 的复杂有机配合物(图 10.5)。植物体内起光合作用的叶绿素是 Mg^{2+} 的复杂配合物(图 10.6)。固氮菌利用固氮酶将空气中的 N_2 固定为氨态氮,固氮酶就是一种含铁、钼的蛋白。研究生物体内各种配合物的组成、结构、性能及其与催化、呼吸、光合、固氮等各种生物变化有关的反应机理,现在已发展成为一个专门的分支学科——生物无机化学,成为化学科学与生命科学交叉的一个活跃领域。

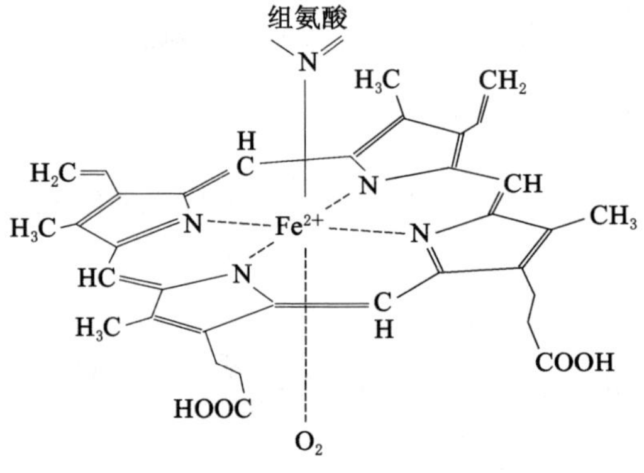

图 10.5 血红素

在天然水体和地下水以及土壤溶液中,有很多金属离子存在。例如,矿泉水中就有很多 Ca^{2+}、Mg^{2+}、Sr^{2+}、Zn^{2+} 等。这些金属离子,特别是过渡金属元素的离子,在自然条件下往往不是以简单离子的形式存在,而是与 OH^-、H_2O、Cl^-、HCO_3^-、SO_4^{2-} 及各种有机配体(如草酸根、柠檬酸根、氨基酸、腐殖酸等)形成配离

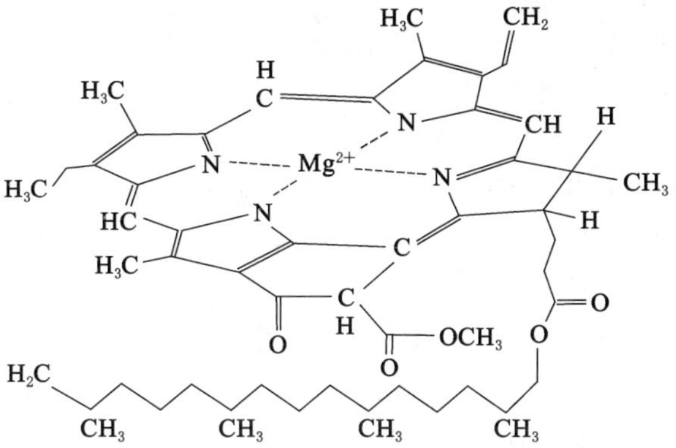

图 10.6 叶绿素

子。例如，Al^{3+} 在不同的 pH 条件下就可能有 $Al(H_2O)_6^{3+}$、$Al(HO)(H_2O)_5^{2+}$、$Al(HO)_2(H_2O)_4^{+}$、$Al(HO)_3(H_2O)_3$、$Al(HO)_4(H_2O)_2^{-}$、$Al(HO)_5(H_2O)^{2-}$、$Al(HO)_6^{3-}$ 等多种存在形式，而且还可以有不同的聚合状态，如 $Al_2(HO)_2^{4+}$、$Al_{13}(HO)_{32}^{7+}$ 等。金属离子在环境中的形态及其反应，如配合与解离、沉淀和溶解、氧化和还原、吸附和解吸等，对金属离子的迁移、生物有效性和毒性都有很大的影响。因此金属离子的配合物在水化学、环境化学、土壤化学、植物营养等学科的研究中都备受关注。

配合物在分析化学中有着广泛的应用。例如，某些元素可以用特殊的试剂进行快速而灵敏的鉴定，这些试剂往往是特殊的螯合剂。如铜试剂(二乙氨基二硫代甲酸钠)可在氨性溶液中与 Cu^{2+} 生成棕色螯合物沉淀。由于邻菲罗啉(*o*-phen)可与 Fe^{2+} 生成橙红色螯合物，故又称其为亚铁试剂。8-羟基喹啉等有机螯合剂可与多种金属离子生成螯合物沉淀，常用于离子的分离。利用 EDTA 等螯合剂进行配位滴定是一种重要的滴定分析方法。分析化学中常用的一些指示剂、掩蔽剂、显色剂等，也有很多属于配位剂。

配合物在工业生产中也有极为重要的作用。例如，配合物用于冶金，使传统的冶金工艺发生根本性改变，诞生了湿法冶金。如含 Au 的矿砂用 KCN 溶液处理，使 Au 生成配合物进入液相，再用金属 Zn 即可将 Au 还原出来。这种工艺也被土法淘金的人利用，结果是含氰的废水到处排放，造成严重的环境污染。目前，已有将细菌用于金矿处理的新工艺。在多相催化、均相催化和金属酶模拟催化等领域中，都用过渡金属的配合物作催化剂。例如，齐格勒(Ziegler)和纳塔(Natta)发现的 Al 和 Ti 的配合物可以催化乙烯的低压聚合，推动了高分子化学和塑料工业的发展，为此他们获得了 1963 年的诺贝尔化学奖。今天过渡金属化合物与ⅢA 或ⅡB 金属有机化合物的组合都称为 Ziegler 催化剂。电镀工业中也用到很多配合物，如镀 Zn、Cd 或 Cr 时，多用 KCN 加到镀液中，控制金属离子的浓度，使镀层光亮、致密。随着环境保护意识的增强，更多更好的配体已取代了 KCN，现在的电镀工业几乎都是“无氰电镀”。

本章小结

配合物是一类含有稳定的结构单元的复杂化合物。配合物中所含稳定的结构单元称为配位个体。配位个体是配合物的内界，其他部分为外界。

配位个体由中心原子和配体（配位体）组成。配体分为单齿配体和多齿配体。直接与中心原子结合的配位原子的数目称为中心原子的配位数。由多齿配体与中心原子形成的具有环状结构的配合物称为螯合物，其中五元环、六元环最为稳定。螯合物具有特殊的稳定性。

配合物价键理论认为：配合物的中心原子与配体以配位键结合，即配体中配位原子的孤对电子进入中心原子的空的价电子轨道；中心原子以杂化轨道接受配体提供的孤对电子。若中心原子全部以外层轨道（ns、np、nd 等）参与杂化和成键，这样形成的配合物为外轨型配合物；若中心原子有（$n-1$）d 等内层电子也参与了杂化和成键，则形成内轨型配合物。一般而言，内轨型配合物较外轨型配合物稳定。确定一个配合物是外轨型还是内轨型，磁矩数据是重要的依据。

配合物（配离子）在水溶液中稳定性的大小可用配位反应的标准平衡常数 $K_f^{\ominus}$ 表示。配体酸效应、中心原子水解效应、沉淀反应、氧化还原反应等均对配位平衡有影响，影响配合物在水溶液中的稳定性；反之，配位反应又对酸碱反应、沉淀反应、氧化还原反应的完成程度有影响。

思考题

10.1 解释下列概念：配合物内界、外界、中心原子、配位体、配位原子、中心原子配位数、多齿配体、单齿配体、螯合物。

10.2 何谓配位键？简述配合物的价键理论要点。

10.3 物质的磁矩与分子内单电子数目有何关系？利用磁矩数据，是否一定能判断配合物是内轨型或外轨型？

10.4 何谓配体酸效应？中心原子水解效应？它们对配合物在溶液中的稳定性有何影响？

习题

10.1 命名下列化合物，并指明中心原子及其配体、配位数：

$[Zn(NH_3)_4]Cl_2$、$K_3[AlF_6]$、$[Co(NH_3)_4(H_2O)_2]SO_4$、$[PtCl(NH_3)_5]Cl_3$、$K_2[HgI_4]$、$Na_3[Co(ONO)_6]$、$[PtCl_4(NH_3)_2]$、$[Co(en)_3]Cl_3$。

10.2 下列物质中，不能作为配体的是：

(1)NH_3；(2)NH_4^+；(3)$H_2NCH_2CH_2NH_2$；(4)  。

10.3 下列物质中，能作为螯合剂的是：

(1)HO—OH；(2)$H_2N—NH_2$；(3)$(CH_3)_2N—NH_2$；

(4)$H_2N—CH_2—CH_2—CH_2—NH_2$。

10.4 根据价键理论，绘出中心原子外层电子结构，并估计配离子的空间构型：

(1)$[Zn(CN)_4]^{2-}$；(2)$[HgI_4]^{2-}$；(3)$[MnF_6]^{4-}$；(4)$[Co(NH_3)_6]^{3+}$(抗磁性)。

10.5 下列配离子在强酸性介质中肯定能稳定存在的是：

(1)$[Fe(C_2O_4)_3]^{3-}$；(2)$[AlF_6]^{3-}$；(3)$[Mn(NH_3)_6]^{2+}$；(4)$[AgCl_2]^-$。

10.6 配合物的价键理论可以解释和预测：

(1)配合物空间构型、磁矩；(2)配价键的键能；(3)配合物的颜色；(4)配合物的热力学性质。

10.7 在定性分析中，$Na_3[Co(ONO)_6]$试剂用来测定：

(1) NH_4^+；(2) NH_3；(3) Mn^{2+}；(4) K^+。

10.8 加入氨水即可进行分离的一组离子是：

(1)Al^{3+}和Zn^{2+}；(2)Cu^{2+}和Ag^+；(3)Cd^{2+}和Ni^{2+}；(4)Cr^{3+}和Al^{3+}。

10.9 将$c(AgNO_3)=0.20\ mol \cdot L^{-1}$的硝酸银溶液与$c(NH_3)=0.80\ mol \cdot L^{-1}$的氨水等体积混合。计算混合液中$c(Ag^+)$和$c\{Ag(NH_3)_2^+\}$。

10.10 加酸于$c\{Ag(NH_3)_2^+\}=c(NH_3)=0.10\ mol \cdot L^{-1}$的银氨配离子溶液中，为保证配离子能稳定存在(离解度≤1.0%)，溶液 pH 不应低于多少？

10.11 向$c\{Ag(NH_3)_2^+\}=c(Cl^-)=0.10\ mol \cdot L^{-1}$、$c(NH_3)=5.0\ mol \cdot L^{-1}$的溶液中滴加$HNO_3$至恰有白色沉淀生成。近似计算此时溶液的 pH(忽略体积变化)。

10.12 向 100 mL 含$c\{Ag(S_2O_3)_2^{3-}\}=0.10\ mol \cdot L^{-1}$、$c(S_2O_3^{2-})=0.20\ mol \cdot L^{-1}$的二(硫代硫酸根)合银配离子溶液中加入等体积的 KCl 或 KI 溶液。为使有 AgCl 或 AgI 沉淀生成，KCl 或 KI 溶液的浓度$c(KCl)$、$c(KI)$最低各为多少？

10.13 向$CuSO_4$溶液中加入 NaOH，所得$Cu(OH)_2$沉淀经过滤、洗涤后，加入氨水：

$$Cu(OH)_2+4NH_3 = Cu(NH_3)_4^{2+}+2OH^-$$

计算该反应的标准平衡常数，并判断$Cu(OH)_2$是否易溶于氨水？

向$CuSO_4$溶液中加入适量氨水，便生成$Cu(OH)_2$沉淀：

$$Cu^{2+}+2NH_3+2H_2O = Cu(OH)_2\downarrow+2NH_4^+$$

再加入过量氨水，发生下列反应：

$$Cu(OH)_2+4NH_3 = Cu(NH_3)_4^{2+}+2OH^-$$
$$2OH^-+2NH_4^+ = 2NH_3+2H_2O$$

总反应可表示为：

$$Cu(OH)_2+2NH_3+2NH_4^+ = Cu(NH_3)_4^{2+}+2H_2O$$

计算此反应的标准平衡常数，判断如此得到的 $Cu(OH)_2$ 是否易溶于氨水？试解释之。

10.14 计算 298.15 K 时下列原电池的电动势：

$$(-)Zn|Zn(NH_3)_4^{2+}(0.10\ mol\cdot L^{-1}),NH_3(0.10\ mol\cdot L^{-1})\|$$
$$Cu(NH_3)_4^{2+}(0.10\ mol\cdot L^{-1}),NH_3(0.10\ mol\cdot L^{-1})|Cu(+)$$

10.15 忽略体积变化，计算需加入多少克 NaCl 才恰能使 0.010 mol AgCl 完全溶于 100 mL 水中？由计算结果看，是否加入的沉淀剂浓度越大，沉淀越完全？[已知：$K_f^\ominus(AgCl_2^-)=3.0\times10^5$]

10.16 向一 $c(Zn^{2+})=0.20\ mol\cdot L^{-1}$ 的溶液中滴加浓氨水，使其生成 $Zn(NH_3)_4^{2+}$。计算当 $c(Zn^{2+})$ 分别降低到 $1.0\times10^{-4}\ mol\cdot L^{-1}$ 和 $1.0\times10^{-14}\ mol\cdot L^{-1}$ 时，$c(NH_3)$ 各为多少？$c(OH^-)$ 各为多少？此时是否有 $Zn(OH)_2$ 沉淀生成？根据计算结果，叙述向含 Zn^{2+} 溶液中滴加浓氨水过程中所发生的现象。

10.17 向含有 $c(AgNO_3)=0.10\ mol\cdot L^{-1}$ 的硝酸银和 $c(Na_2S_2O_3)=0.50\ mol\cdot L^{-1}$ 的硫代硫酸钠的溶液中加入 NaBr 固体，并使 Br^- 浓度达到 $0.10\ mol\cdot L^{-1}$，计算有无 AgBr 沉淀生成。

10.18 0.10 g AgBr 固体能否完全溶解于 100 mL $c(NH_3)=1.00\ mol\cdot L^{-1}$ 的氨水中？

Optional questions：

10.19 Derive a standard equilibrium constant for reaction $AgBr(s)+2S_2O_3^{2-}(aq)=Ag(S_2O_3)_2^{3-}(aq)+Br^-(aq)$, and explain why this reaction (the fixing of photographic film) is expected to go essentially to complection. Explain why $NH_3(aq)$ can not be used in the fixing of photographic film.

10.20 Show that the oxidation of $[Co(NH_3)_6]^{2+}$ to $[Co(NH_3)_6]^{3+}$ should occur spontaneously in alkline solution with H_2O_2 as an oxidizing agent.

11　无机定性分析概论

Introduction of Inorganic Qualitative Analysis

【教学目标】

- 无机定性分析基本知识：

1. 了解无机定性分析的一般步骤，系统分析、分别分析的特点。
2. 掌握分析反应进行的具体条件、灵敏度和选择性的概念。

- 无机离子的定性鉴定：

1. 了解阴离子的一般鉴定过程，掌握常见阴离子的个别鉴定方法。
2. 了解阳离子的一般鉴定过程，掌握常见阳离子的个别鉴定方法。

11.1 概述(brief introduction of qualitative analysis)

定性分析(qualitative analysis)的任务是鉴定物质中所含有的组分。无机定性分析的对象是无机物,分析的结果通常以某些元素、离子、化合物是否存在来表示。无机定性分析可采用化学分析法和仪器分析法。化学分析法的依据是物质间的化学反应,反应在溶液中进行的鉴定方法称为湿法;在固体之间进行的方法称为干法,如焰色反应、熔珠试验等。试样的用量为 0.01~0.1 g(试液的体积为 1~10 mL)的无机定性分析,属于半微量分析。

11.1.1 定性分析的一般步骤

定性分析的对象是多种多样的,如溶液、可溶物、难溶化合物、矿石、合金、化工产品等都可能是样品。由于分析对象不同,具体的分析方法也随之而异。因此,想要制定一个适用于所有情况的分析方案是不可能的。不过,各种具体分析过程包括一些一般的步骤。这些步骤大体上包括:试样的外表观察和准备、初步试验、阴离子分析、阳离子分析和分析结果的判断 5 个方面的内容。

在了解试样的来源、品类、用途以及分析目的等有关情况的基础上进行准确认真的观察,可以为以后的分析提供一些有价值的信息。对于气体试样,要注意其气味、颜色和酸碱性。对于液体试样,也应注意它的颜色和气味,试验其酸碱性。对于固体试样,要看其组成是否均匀,呈晶形或无定形,是否存在风化或潮解现象以及试液的酸碱性等。颜色常能提供有关组成的重要信息。如果一种物质的晶体无色,这就不仅划定了可能存在的离子的范围,也排除了一大批构成有色物质的离子。一些常见离子的颜色如表 11.1 所示。

表 11.1 常见离子的颜色

颜色	常见离子
黄至橙	CrO_4^{2-}、$[Fe(CN)_6]^{4-}$、Fe^{3+}、$Cr_2O_7^{2-}$、$[Fe(CN)_6]^{3-}$
粉红	Co^{2+}、Mn^{2+}(浅)
绿至蓝	Ni^{2+}、Fe^{2+}(浅)、MnO_4^{2-}、Cr^{3+}、Cu^{2+}、钴的碱式盐和无水盐、$Ni(NH_3)_6^{2+}$
紫红色	MnO_4^-、$Ti(H_2O)_6^{3+}$

对于制备好的试样通常将其分为 4 份,分别用于初步试验、阴离子分析、阳离

子分析和保留备用。

初步试验的种类很多，其中最常用的几种方法为：焰色试验、硼砂珠试验、灼烧试验和溶剂对试样的作用。

有些元素可以使火焰呈现出特征的颜色，这一性质对于分析单一化合物很有帮助。灼烧试验是在一端封闭的玻璃管中装入少量试样，起初缓慢加热，然后灼烧，观察玻璃管中的变化，包括是否放出气体或蒸气、是否有升华现象、颜色有无改变等。

研究各种溶剂对试样的作用，可对试样组成得到很多认识，而且还可解决选择什么溶剂来制备分析试液的问题。

最常用的溶剂是水。做水溶解试验时，先用冷水溶解试样。若不溶，加热后看是否溶解。若看不到明显的溶解，则可取一些清液放在表玻璃上蒸干，如得到一些固体残渣，就说明试样有部分溶解。

若试样难溶于水，可依次用稀 HCl、浓 HCl、氨水、稀 HNO_3、浓 HNO_3 和王水等，分别在冷时和加热时处理，观察溶解情况。选择最先能溶解试样的溶剂制成溶液，待分析。

对分析结果做出总的结论时，要把观察、试验、分析得来的现象综合进行考虑，不允许这些信息相互矛盾或发生不合理的情况。由于湿法分析鉴定的独立组分是离子，在判断原试样的组成时就有一定的局限性。例如，仅根据分析结果是 K^+、Na^+、NO_3^- 和 Cl^- 这一事实，无从得知原试样是 $KCl+NaNO_3$ 还是 KNO_3+NaCl，在这种情况下只需报告上述离子就足够了。有时分析结果中只有阳离子而没有阴离子，那么原试样可能是氢氧化物或氧化物，如果只有阴离子而没有阳离子，则说明原试样是酸或酸性氧化物。

11.1.2 分别分析和系统分析

分别分析是在其他离子共存的条件下，不需要经过分离或者用简易的分离方法除去干扰离子，直接鉴定某种离子的方法。

分别分析最适用于指定范围内离子的分析。为了缩小鉴定的范围，往往要先做一些初步试验，以初步肯定或否定某些离子存在的可能性，然后再对可能存在的离子加以一一鉴定。显然，这种分析方法具有简单、迅速、重复操作方便、不受鉴定顺序的限制等优点。

系统分析是按照一定的步骤和顺序将离子逐步分离后再加以鉴定的分析方法。它首先将离子分成若干组，然后在每一组中再进一步分离直到彼此不再干扰鉴定为止。

系统分析中用于分离出某组离子的试剂叫组试剂。组试剂一般是沉淀剂。理想的组试剂应使该组离子或沉淀完全,或者全留在溶液中而与其他离子分离完全,而且反应要迅速,沉淀与溶液要易于分开。此外,一个组内离子的种类不宜太多,以便于鉴定。

显然,在系统分析中,欲鉴定某一离子,不可能直接地分别地进行,而只能在分析系统中去寻找它。为了掌握这一方法,必须对离子的性质、彼此的异同以及在不同反应中所得产物的性质等有较好的了解。系统分析的缺点是方法烦琐、费时、层层分离容易丢失待检离子,生产上一般不采用。为了快速鉴定出离子,可以通过若干初步试验,用消去法排除一些不可能存在的离子后,再根据可能存在的离子的性质,灵活地将系统分析与分别分析结合起来,设计最简单的分析方案,鉴定可能存在的离子。

11.2 定性分析中的化学反应(qualitative analytical reaction)

在定性分析中,要应用许多化学反应。这些化学反应又称为分析反应(analytical reaction)。分析反应包括 2 类:一类用来分离或掩蔽离子,另一类用来鉴定离子。对前者,要求反应进行得完全、迅速,用起来方便。对后者,要求不仅反应完全、迅速地进行,而且有外部特征,否则就无从鉴定某离子是否存在。这些外部特征通常是:

(1)沉淀的生成和溶解;

(2)溶液颜色的改变;

(3)特殊气体的排出;

(4)特殊气味(如酯类)的产生等。

其中用得最多的是(1)、(2)项。

11.2.1 分析反应进行的条件

分析反应同一切其他化学反应一样,只有在一定的条件下才能按预期的方向进行。如果不注意反应条件,就有可能造成分离不彻底或鉴定不明确,得不出正确的结论。分析反应要求的具体条件很多,其中主要有以下几项。

11.2.1.1 反应离子的浓度

在溶液中相互反应的离子,只有当其浓度满足一定条件时反应才能发生和使反应完全。以沉淀的生成为例,从理论上讲,对于溶液中生成沉淀的离子,其离子积应大于该温度下的溶度积，否则沉淀将不会生成。在实际的鉴定过程中，被测离子的浓度往往要比理论计算得到的浓度大若干倍，才能保证析出足够量的沉淀，以便于观察。例如，以 HCl 鉴定 Ag^+ 的反应，在 HCl 的浓度足够大时，Ag^+ 的浓度应不低于 10 $\mu g \cdot mL^{-1}$，否则沉淀将难以察觉或根本不产生。

11.2.1.2 溶液的酸度

许多分离反应和鉴定反应都要求在一定的酸度下进行。例如，$PbCrO_4$ 生成沉淀的反应只能在中性或微酸性溶液中进行，在溶液酸度过高的情况下，由于 CrO_4^{2-} 大部分转化为 $Cr_2O_7^{2-}$，降低了溶液中 CrO_4^{2-} 的浓度，以致于得不到 $PbCrO_4$ 沉淀。

适宜的酸度条件可以通过加入酸碱来调节，必要时还要用缓冲溶液来维持。

11.2.1.3 溶液的温度

溶液的温度对某些沉淀的溶解度，以及对某些反应进行的速率都有较大的影响。如 100℃时，$PbCl_2$ 沉淀在 100 g 水中可溶解 3.34 g，是室温下溶解度（20℃时每 100 g 水中可溶解 0.99 g）的 3 倍多。根据这一情况，当以沉淀的形式分离它时应尽量在低温下进行；相反，将它溶解以同其他氯化物沉淀分离时，又应趁热进行。

对于某些分析反应，加热是不可缺少的条件。例如，$S_2O_8^{2-}$ 氧化 Mn^{2+} 的反应在室温下反应速率很慢，通常须对溶液加热，以加快反应速率。

11.2.1.4 溶剂的影响

一般的分析反应都是在水溶液中进行的。在进行分离或鉴定反应中，有时也会遇到反应产物的溶解度较大或不够稳定等情况。这时，就需要加入可使其溶解度降低或使其稳定性增加的有机溶剂。例如，将 H_2O_2 加到铬酸盐的酸性溶液中形成深蓝色过氧化物 CrO_5，它在水溶液中迅速分解生成 Cr^{3+} 和 O_2。但在乙醚中该化合物则稳定得多。因此，为便于观察到深蓝色过氧化物 CrO_5 的生成，需向溶液中加入乙醚。

11.2.1.5 干扰物质的影响

某一鉴定反应能否成功地鉴定某离子，除上述因素外，还应考虑干扰物质是否存在。例如，以 H_2SO_4 鉴定 Pb^{2+} 时，如果仅仅根据白色沉淀而断定有 Pb^{2+}，很不可靠，因为 Ba^{2+}、Sr^{2+}、Hg_2^{2+} 等也生成类似的白色沉淀，鉴定 Pb^{2+} 时，必须设法消除它们的干扰。

以上是反应进行的主要条件。除此以外，反应是否需要催化剂，反应在何种器皿中进行更为灵敏等，也应加以注意。

11.2.2 鉴定反应的灵敏度和选择性

11.2.2.1 鉴定反应的灵敏度

对于同一离子，可能有多种不同的鉴定反应。评价这些反应可以从不同的角度去进行，而反应灵敏度是其中很重要的一项。灵敏度可用最低浓度和检出限量来表示。

最低浓度是指在一定的条件下，某鉴定反应能得出肯定结果时该离子的最低浓度，最低浓度以 ρ_B 表示，常用单位 $\mu g \cdot mL^{-1}$；检出限量是指在一定条件下，某鉴定反应能检出的某离子的最小质量，检出限量以 m 表示，常用单位 μg。

最低浓度和检出限量的关系为：

$$m = \rho_B \cdot V$$

式中，V 为鉴定时所取试液的体积。

最低浓度愈低，检出限量愈小，鉴定反应愈灵敏。

最低浓度和检出限量是相互关联的，只用其中一种方式表示反应的灵敏度是不全面的。因为虽然被测离子的浓度达到了最低浓度，但若所取试液的体积太小，被测离子的质量达不到检出限量，也不可能观察到反应现象；如果被测试液中离子的质量足够，但若浓度太小，达不到最低浓度，同样也不可能观察到反应现象。

应该指出，对于同一离子，不同的鉴定反应具有不同的灵敏度；同一鉴定反应，由于操作条件不同，灵敏度也不同。例如，在滤纸上进行的鉴定反应，一般比在点滴板上进行时灵敏度高 5 倍以上。因此，当谈到某鉴定反应的灵敏度时，总要把这个反应同它的进行条件联系在一起。另外，利用某一反应鉴定某一离子，若得到否定的结果，只能说明在一定灵敏度下该离子未能检出，不能肯定该离子不存在。

11.2.2.2 鉴定反应的选择性

若一种试剂只能与几种离子起反应，则该试剂称为这几种离子的选择性试剂。若一种试剂能在其他离子共存时不受干扰地鉴定某离子，则这一反应的选择性最好，称为专属反应或特效反应，该试剂则称为某种离子的专属试剂或特效试剂。

在实际工作中，特效反应不多，所谓特效也并非专一，而是相对于一定的条件而言的。例如，NH_4^+ 与 NaOH 作用，生成的氨气（NH_3）具有特殊气味、并能使湿润的红色石蕊试纸变蓝，通常认为这是 NH_4^+ 的专属反应，但如果有 CN^- 存在时，在热的 NaOH 介质中也可以放出 NH_3。

提高反应选择性的途径主要是：控制溶液酸度、加入掩蔽剂、分离干扰离子和附加补充试验等。在选择鉴定反应时，需同时考虑反应的灵敏度和选择性，在灵敏度能满足要求的条件下，尽量采用选择性高的反应。

11.2.2.3 空白实验和对照试验

定性分析中，选用的鉴定反应灵敏度很高，但有时并不能保证鉴定的可靠性，这是因为：

(1)溶剂、辅助试剂或器皿等可能引进外来离子，从而被当作试液中存在的离子而鉴定出来；

(2)试剂失效或反应条件控制不当，而使鉴定反应现象不明显或得出否定的结果。

第一种情况可以用空白试验加以解决。空白试验是用蒸馏水代替试样，按照鉴定某种离子时完全相同的程序，试验待鉴定离子是否仍可检出。例如，在试样的盐酸溶液中用 NH_4SCN 鉴定 Fe^{3+} 时，得到了浅红色溶液，表示有微量铁存在。为弄清这微量 Fe^{3+} 是否为原试样中所有，可另取配制试液用的蒸馏水，加入同量的 HCl 和 NH_4SCN 溶液，如得到同样的浅红色，说明此微量 Fe^{3+} 并非原试样所有；如所得红色更浅或无色，才可以说明试样中确实含有微量 Fe^{3+} 。

第二种情况，即当鉴定反应不够明显或现象异常时，特别是在怀疑所得到的否定结果是否准确时，往往需要做对照试验：以已知离子的溶液代替试样，用同样方法进行试验，用以检查试剂是否失效或反应条件是否控制正确。

空白试验和对照试验对于正确判断分析结果、及时纠正错误有重要意义。应该指出，在定量分析中也用到空白试验和对照试验，它们用来检验和消除系统误差，与上面讲述的相比，其意义不尽相同。

11.2.2.4 干扰的消除

在一个试液中如果有几种物质共存，在鉴定其中一种物质时，别的物质可能干扰。所以消除干扰是保证鉴定结果正确的重要步骤。在实际工作中可以通过控制反应条件、分离和掩蔽等方法来消除干扰。

例如，在 Cl^-、PO_4^{3-}、CO_3^{2-} 共存下用 $AgNO_3$ 试剂鉴定 Cl^- 时，PO_4^{3-} 和 CO_3^{2-} 也与试剂反应，干扰 Cl^- 的鉴定。如果鉴定反应在稀 HNO_3 溶液中进行就可以消除 PO_4^{3-} 和 CO_3^{2-} 的干扰。

分离除去干扰的方法有：

(1)气化分离(蒸发、热分解)、加入酸碱使平衡移动、利用氧化还原反应等；

(2)使干扰离子生成难溶沉淀而分离除去；

(3)其他诸如萃取分离，离子交换、色谱法等方法。

掩蔽是通过加入某种试剂以阻止干扰离子参加鉴定反应。掩蔽干扰离子的方法之一，是使干扰离子生成比较稳定的配合物，从而大大降低了干扰离子在试液中的浓度，这样就不会干扰鉴定反应。例如，在含有 Pb^{2+} 和 Ba^{2+} 的混合溶液中，用 $BaSO_4$ 法鉴定 Ba^{2+} 时，Pb^{2+} 有干扰。利用 Pb^{2+} 能与 Ac^- 生成 $Pb(Ac)_3^-$ 配离子而 Ba^{2+} 不能与 Ac^- 反应的性质，在混合液中加入 NaAc 后就可以消除 Pb^{2+} 的干扰。

11.3 阴离子分析(anion analysis)

在水溶液中，非金属元素常以简单或复杂的阴离子形式存在。阴离子的数目较多，现选用农业上常遇到的 10 种阴离子进行研究：Cl^-、SO_4^{2-}、CO_3^{2-}、PO_4^{3-}、AsO_4^{3-}、CN^-、S^{2-}、NO_3^-、NO_2^-、SiO_3^{2-} 等。

由于阴离子在分析过程中容易起变化，不适于进行手续繁多的系统分析。阴离子分析中没有理想的组试剂，它们共存的机会也较少，可利用的特效反应较多，所以阴离子分析主要采用分别分析的方法。

11.3.1 阴离子分析试液的制备

制备阴离子分析试液时必须满足 3 个要求：除去重金属离子；保持阴离子原来的存在状态；将阴离子全部转入试液。

在制备阴离子分析试液时，一般用饱和 Na_2CO_3 溶液与试样共煮。由于复分解反应，试样中的阴离子转入溶液中。在这一过程中，许多重金属离子因生成氢氧化物、碳酸盐或碱式碳酸盐沉淀而被除去，避免了它们对阴离子鉴定的干扰。这样制得的阴离子分析溶液称为 Na_2CO_3 提取液。

残渣中可能存在难以转化的硫化物、磷酸盐和卤化物，此时可取部分残渣加入稀 H_2SO_4，用 Zn 粉还原，S^{2-} 和 X^-(表示 Cl^-、Br^- 或 I^-)可转入溶液中；其余残渣用 HNO_3 溶解后可供鉴定 PO_4^{3-} 用。

由于在制备阴离子分析试液时加入了 Na_2CO_3，故需用原试样鉴定 CO_3^{2-}。

11.3.2 阴离子的初步检验

在阴离子分析中，在鉴定前要做一些初步试验，借以弄清哪些阴离子有可能存在，从而把目标缩小到为数较少的几种阴离子范围内。这类试验中的某项如果得出否定的结果，往往可以排除一批阴离子存在的可能性，所以这类初步试验通常也称为消去试验。阴离子的初步试验一般包括分组试验、挥发性试验、氧化还原性试验等项目。

11.3.2.1 分组试验

阴离子分析中的分组试验，目的不是进行阴离子的系统分析，只是把阴离子按其跟某些试剂的反应分成组，组试剂只起查明该组是否存在的作用。

阴离子的分组方案很多，本书根据阴离子的钡盐和银盐的溶解度不同，把阴离子分为 3 组，如表 11.2 所示。

表 11.2 阴离子分组

组别	阴离子	组试剂	特 性
第一组	SO_4^{2-}、CO_3^{2-}、PO_4^{3-}、AsO_4^{3-}、SiO_3^{2-}	$BaCl_2$（中性或弱碱性溶液）	钡盐难溶于水，银盐溶于硝酸
第二组	Cl^-、CN^-、S^{2-}	$AgNO_3$（硝酸溶液）	钡盐溶于水，银盐难溶于水及硝酸
第三组	NO_3^-、NO_2^-	无组试剂	钡盐、银盐都易溶于水

11.3.2.2 挥发性试验

阴离子中，CO_3^{2-}、CN^-、S^{2-}、NO_2^- 等遇酸会生成具有不同特征的气体，如表 11.3 所示。在初步实验时，可利用此特性检查哪些阴离子可能存在。如试液显酸性，表明这些遇酸生成气体的阴离子不可能大量存在，但不可轻易否定，只可作为参考，仍需做个别鉴定。

表 11.3 遇酸生成气体的常见阴离子

阴离子	遇酸放出的气体	遇酸的反应	气体的特征
CO_3^{2-}	CO_2	$CO_3^{2-}+2H^+ = CO_2\uparrow + H_2O$	无色，无臭，能使 $Ba(OH)_2$ 溶液变浑
CN^-	HCN	$CN^- + H^+ = HCN\uparrow$	剧毒，苦杏仁味，能使苦味酸试纸变红
S^{2-}	H_2S	$S^{2-}+2H^+ = H_2S\uparrow$	腐卵臭，能使湿润醋酸铅试纸变黑
NO_2^-	NO、NO_2	$2NO_2^- + 2H^+ = NO\uparrow + NO_2\uparrow + H_2O$	刺激臭味，并有棕色气体生成

11.3.2.3 氧化性试验和还原性试验

10 种阴离子中，NO_2^- 在稀 H_2SO_4 酸性条件下，可将 I^- 氧化成 I_2，使淀粉容易变成蓝色。当 H^+ 浓度大于 $1.0\ mol\cdot L^{-1}$ 时，AsO_4^{3-} 亦能将 I^- 氧化为 I_2。

试液以 H_2SO_4 酸化后，加入 $w(KMnO_4)=0.03\%$ 的高锰酸钾溶液，还原性的阴离子 S^{2-}、NO_2^-、Cl^- 等可使高锰酸钾褪色（其中 Cl^- 仅在浓度高和加热条件下才有明显反应）。

有些阴离子在酸性溶液中不能共存。在一定的酸性条件下，当不能共存的离子有一方已被鉴定出来之后，另一方就没必要再去鉴定了。表 11.4 列出了酸性溶液中不能共存的阴离子。

表 11.4 酸性溶液中不能共存的阴离子

氧化性阴离子	还原性阴离子
NO_3^-	S^{2-}
NO_2^-	S^{2-}、I^-

11.3.3 阴离子的个别鉴定

11.3.3.1 SO_4^{2-} 的鉴定

试液用 HCl 酸化，在所得清液里加 $BaCl_2$ 溶液，有白色 $BaSO_4$ 沉淀生成，表示有 SO_4^{2-}(sulfate ion)存在：

$$Ba^{2+} + SO_4^{2-} = BaSO_4 \downarrow$$

这是鉴定 SO_4^{2-} 的很好的反应。但应注意，在酸性溶液中 $S_2O_3^{2-}$ 有白色乳浊状的硫缓慢析出；大量 SiO_3^{2-} 存在时与酸生成 H_2SiO_3 的白色冻状胶体。但这 2 种产物与 $BaSO_4$ 的结晶形沉淀易于区别。

灵敏度：检出限量(limit of detection)为 5 μg，最低浓度为 100 $\mu g \cdot mL^{-1}$。

11.3.3.2 CO_3^{2-} 的鉴定

在制备阴离子分析试液时，已加入了大量的 Na_2CO_3，故欲鉴定 CO_3^{2-}(carbonate ion)，须取原试样进行。

CO_3^{2-} 与酸作用生成 CO_2，它使 $Ba(OH)_2$ 溶液变浑：

$$CO_3^{2-} + 2H^+ = H_2O + CO_2 \uparrow$$
$$CO_2 + Ba(OH)_2 = BaCO_3 \downarrow + H_2O$$

SO_3^{2-}、$S_2O_3^{2-}$ 与酸作用生成 SO_2，也能使 $Ba(OH)_2$ 变浑，它们存在时应事先加入 $w(H_2O_2) = 3\%$ 的过氧化氢，将它们氧化为 SO_4^{2-}。

灵敏度：检出限量为 60 μg，最低浓度为 500 $\mu g \cdot mL^{-1}$。

11.3.3.3 PO_4^{3-} 的鉴定

在 HNO_3 存在下，PO_4^{3-}(phosphate ion) 与 $(NH_4)_2MoO_4$ 作用生成黄色磷钼酸铵沉淀：

$$PO_4^{3-} + 3NH_4^+ + 12MoO_4^{2-} + 24H^+ = (NH_4)_3[P(Mo_3O_{10})_4] \cdot 6H_2O \downarrow + 6H_2O$$

生成的沉淀溶于碱和过量的磷酸盐溶液中，所以反应要保持在酸性介质中进行，并需加入过量的$(NH_4)_2MoO_4$。

AsO_4^{3-} 和微量 SiO_3^{2-} 的干扰可以加酒石酸消除。使用玻璃器皿时溶液中经常含有微量的 SiO_3^{2-}，故在鉴定 PO_4^{3-} 时，无论是否已鉴定出 SiO_3^{2-}，都要采取消除 SiO_3^{2-} 干扰的措施。

S^{2-} 和 Cl^- 能还原钼酸铵为钼蓝（低价钼的混合物），使溶液呈蓝色。可事先加浓 HNO_3 煮沸消除这些离子的干扰：

$$3S^{2-} + 2NO_3^- + 8H^+ = 2NO\uparrow + 3S\downarrow + 4H_2O$$

$$3Cl^- + NO_3^- + 4H^+ = Cl_2\uparrow + NOCl(\text{亚硝酰氯}) + 2H_2O$$

灵敏度：检出限量为 1.25 μg，最低浓度为 25 μg · mL^{-1}；检出限量为 1.5 μg，最低浓度为 30 μg · mL^{-1}（在 SiO_3^{2-} 存在下）。

11.3.3.4 AsO_4^{3-} 的鉴定

在硝酸介质中，AsO_4^{3-}（arsenate ion）与过量的钼酸铵反应，则有黄色的沉淀生成：

$$AsO_4^{3-} + 3NH_4^+ + 12MoO_4^{2-} + 24H^+ = (NH_4)_3AsO_4 \cdot 12MoO_3\downarrow + 12H_2O$$

PO_4^{3-} 有同样反应，反应条件也相似。若 PO_4^{3-} 不存在，则此反应对 AsO_4^{3-} 是特效的。

灵敏度：检出限量为 7 μg，最低浓度为 70 μg · mL^{-1}。

当有 PO_4^{3-} 存在时，可取试液 2 滴，加入等体积的浓 HCl，再加 1 滴 KI 和 4 滴苯，搅拌后苯层出现紫色（I_2）示有 AsO_4^{3-} 存在。

灵敏度：检出限量为 5 μg，最低浓度为 100 μg · mL^{-1}。

11.3.3.5 Cl^- 的鉴定

Cl^-（chloride ion）在硝酸介质中与 $AgNO_3$ 反应生成 AgCl 沉淀；沉淀溶于 $w\{(NH_4)_2CO_3\}=12\%$的碳酸铵溶液中，酸化后重新析出沉淀：

$$Ag^+ + Cl^- = AgCl\downarrow(\text{白})$$

$$AgCl + 2NH_3 = Ag(NH_3)_2^+ + Cl^-$$

$$Ag(NH_3)_2^+ + Cl^- + 2H^+ = AgCl\downarrow + 2NH_4^+$$

在卤化银和 AgCN 沉淀中，只有溶度积较大的 AgCl 可溶解在 $w\{(NH_4)_2CO_3\} = 12\%$的碳酸铵溶液中。

AgCl 沉淀遇光后易分解，析出不易溶于$(NH_4)_2CO_3$ 溶液的游离 Ag，从而使 AgCl 变为略带紫色，最后变黑。所以出现沉淀后，应立即用$(NH_4)_2CO_3$ 溶液处理，而不宜放置过久。

灵敏度：检出限量为 1 μg，最低浓度为 10 μg · mL^{-1}。

11.3.3.6 CN^- 的鉴定

氰化物(cyanide)溶液可使硫化铜的黑色褪去：

$$Cu^{2+} + S^{2-} = CuS\downarrow(黑)$$
$$CuS + 4CN^- = [Cu(CN)_4]^{2-} + S^{2-}$$

反应特效，可在滤纸上进行。

灵敏度：检出限量为 2.5 μg，最低浓度为 50 μg · mL^{-1}。

11.3.3.7 S^{2-} 的鉴定

无机酸甚至醋酸，都能分解许多硫化物(sulfide)而生成 H_2S 气体：

$$S^{2-} + 2H^+ = H_2S\uparrow$$

根据 H_2S 气体的特殊臭味，或使湿润的 $Pb(Ac)_2$ 试纸变黑的反应即可知存在 H_2S 与否：

$$H_2S + Pb(Ac)_2 = 2HAc + PbS\downarrow$$

该反应属特效反应，最好在气室(或用验气装置)中进行。

灵敏度：检出限量为 1 μg，最低浓度为 20 μg · mL^{-1}。

11.3.3.8 NO_2^- 的鉴定

NO_2^-(nitrite) 在醋酸介质中能使对氨基苯磺酸重氮化，然后与 α-萘胺生成红色偶氮染料，这是鉴定 NO_2^- 的特效反应。

灵敏度：检出限量为 0.01 μg，最低浓度为 0.2 μg · mL^{-1}。

11.3.3.9 NO_3^- 的鉴定

将试液以 H_2SO_4 酸化，加二苯胺的浓 H_2SO_4 溶液，NO_3^-(nitrate ion)存在时溶液变为深蓝色。此反应受到 NO_2^- 的干扰，可事先加入尿素将 NO_2^- 破坏：

$$2NO_2^- + CO(NH_2)_2 + 2H^+ = CO_2\uparrow + 2N_2\uparrow + 3H_2O$$

灵敏度：检出限量为 0.5 μg，最低浓度为 10 μg · mL^{-1}。

11.3.3.10 SiO_3^{2-} 的鉴定

在试液中加 HNO_3 至呈微酸性，加热除去 CO_2，冷却后加稀氨水至溶液为碱性，加饱和 NH_4Cl 并加热，生成白色胶状的硅酸沉淀，表示有 SiO_3^{2-}(silicate ion)存在：

$$SiO_3^{2-} + 2NH_4^+ = H_2SiO_3 \downarrow + 2NH_3$$

11.4 阳离子分析(cation analysis)

11.4.1 阳离子的初步检验

实际存在的阳离子数目比阴离子多,最常见的阳离子有 20 多种,本书主要讨论较常见的 16 种阳离子:Ag^+、Pb^{2+}、Cu^{2+}、Hg^{2+}、Cd^{2+}、Fe^{3+}、Fe^{2+}、Al^{3+}、Cr^{3+}、Zn^{2+}、Ba^{2+}、Ca^{2+}、Mg^{2+}、Na^+、K^+ 和 NH_4^+ 等。

这些阳离子中,Cu^{2+}、Fe^{3+}、Fe^{2+}、Cr^{3+}、Ni^{2+} 和 Co^{2+} 等在水溶液中有颜色,其他离子均为无色;Pb^{2+}、Cu^{2+}、Cr^{3+}、Hg^{2+}、Fe^{3+} 和 Fe^{2+} 具有氧化还原性质。

16 种阳离子与常用试剂的反应简述如下。

(1)与 HCl 的反应　16 种阳离子中,只有 Ag^+、Pb^{2+} 能与 HCl 反应生成氯化物沉淀。AgCl 在水中的溶解度很小,但能溶于氨水,在浓的 HCl 或浓的 HCl + NaCl 溶液中部分溶解生成 $AgCl_2^-$。$PbCl_2$ 在水中的溶解度随温度的升高显著增大,可溶于热水。

(2)与 H_2SO_4 的反应　16 种阳离子中,只有 Pb^{2+}、Ba^{2+} 和 Ca^{2+} 能与 H_2SO_4 反应生成硫酸盐沉淀,其中 $CaSO_4$ 沉淀可溶于饱和的 $(NH_4)_2SO_4$ 溶液生成 $(NH_4)_2[Ca(SO_4)_2]$,$PbSO_4$ 沉淀可溶于 NH_4Ac 溶液生成 $Pb(Ac)_3^-$。

(3)与 NaOH 的反应　16 种阳离子中,NH_4^+ 与 NaOH 反应可放出氨气;除 Ba^{2+}、Ca^{2+}、Na^+ 和 K^+ 外,其他阳离子均形成氢氧化物或碱式盐沉淀,其中 $Pb(OH)_2$、$Zn(OH)_2$、$Al(OH)_3$、$Cr(OH)_3$ 能溶解在过量的 NaOH 中形成 PbO_2^{2-}、ZnO_2^{2-}、AlO_2^-、$Cr(OH)_4^-$,表现出明显的两性。$Cu(OH)_2$ 在过量的 NaOH 中部分溶解。

(4)与氨水的反应　16 种阳离子中,Ag^+、Cu^{2+}、Zn^{2+} 和 Cd^{2+} 等与氨水反应能形成氢氧化物等沉淀,沉淀能溶于过量的氨水形成配合物。

Pb^{2+}、Hg^{2+}、Fe^{3+}、Fe^{2+}、Al^{3+} 和 Cr^{3+} 能形成氢氧化物或碱式盐沉淀,但沉淀不溶于过量的氨水。在较高浓度的氨水中 Mg^{2+} 才能形成氢氧化物沉淀。

(5)与 $(NH_4)_2S$ 的反应　Ag^+、Pb^{2+}、Cu^{2+},Hg^{2+}、Cd^{2+}、Fe^{2+} 和 Zn^{2+} 等与 $(NH_4)_2S$ 反应生成硫化物沉淀,Fe^{3+}、Cr^{3+} 和 Al^{3+} 形成氢氧化物沉淀。Ag^+、Pb^{2+} 和 Cu^{2+} 的硫化物的沉淀溶于热的 HNO_3 中,HgS 溶于王水,其他硫化物沉淀可用稀酸溶解。

(6)与 Na_2CO_3 的反应　Ag^+、Ba^{2+} 和 Ca^{2+} 与 Na_2CO_3 反应生成白色碳酸盐沉淀，沉淀溶于强酸和醋酸中，Pb^{2+}、Cu^{2+}、Hg^{2+}、Cd^{2+}、Fe^{2+} 和 Zn^{2+} 与 Na_2CO_3 的反应形成碱式碳酸盐沉淀，Mg^{2+} 在浓度较大时才析出沉淀。Ag^+ 的碳酸盐沉淀、Zn^{2+} 的碱式碳酸盐沉淀能溶于过量的 $(NH_4)_2CO_3$ 中。Fe^{3+}、Al^{3+} 和 Cr^{3+} 等形成氢氧化物沉淀。

11.4.2　阳离子的个别鉴定

11.4.2.1　NH_4^+ 的鉴定

K_2HgI_4 的 KOH 溶液称为奈斯勒试剂。在碱性介质中，NH_4^+(ammonia ion)与碱反应生成的 NH_3 与奈斯勒试剂作用，当 NH_4^+ 浓度大时生成红棕色沉淀，NH_4^+ 浓度小时溶液变棕色或黄色：

$$NH_3+2[HgI_4]^{2-}+3OH^- =$$

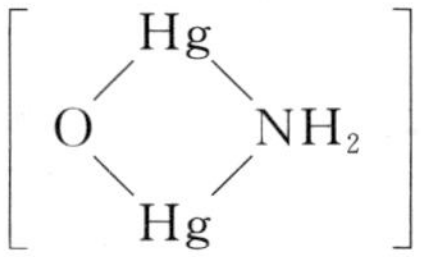

$$I\downarrow+7I^-+2H_2O$$

由于一些重金属离子与碱作用生成各种有色沉淀干扰测定，所以鉴定时应把 NH_3 赶出，利用验气装置来鉴定，此时反应特效。当 NH_4^+ 浓度较大时，形成红棕色沉淀；浓度较小时生成红棕色胶体溶液，浓度极小时得到黄色溶液。

灵敏度：检出限量为 0.05 μg，最低浓度为 1 $\mu g \cdot mL^{-1}$。

11.4.2.2　Na^+ 的鉴定

Na^+(sodium ion)在中性或醋酸性溶液中与醋酸铀酰锌 $Zn(UO_2)_3(Ac)_8$ 反应生成柠檬黄色结晶形沉淀：

$$Na^+ + Zn^{2+}+3UO_2^{2+}+9Ac^-+9H_2O = NaAc\cdot Zn(Ac)_2\cdot 3UO_2(Ac)_2\cdot 9H_2O\downarrow$$

产物的溶度积不够小，易形成过饱和溶液，故应加入过量试剂，并以玻璃棒摩擦管壁以促进沉淀的生成，或加入乙醇降低沉淀的溶解度。强酸或强碱能使醋酸铀酰锌试剂分解。

为了消除干扰，在分别分析中可取原试液加饱和 $Ba(OH)_2$ 溶液至呈明显碱性，此时大部分阳离子和 PO_4^{3-}、AsO_4^{3-} 等都将被沉淀。引入试液中的 Ba^{2+} 应继续以 $(NH_4)_2CO_3$ 除之，最后用灼烧法除去铵盐。残渣用水加热浸取后，取溶液以 HAc 酸化，按 1∶8 的滴数加入醋酸铀酰锌试剂，并以玻棒摩擦管壁，如有柠檬黄色结晶形沉淀生成，表示有 Na^+ 存在。

灵敏度：检出限量为 12.5 μg，最低浓度为 250 $\mu g \cdot mL^{-1}$。

11.4.2.3 K^+的鉴定

K^+(potassium ion) 在中性或醋酸性溶液中与六亚硝酸根合钴(Ⅲ)酸钠 Na_3-$[Co(ONO)_6]$反应生成黄色结晶形沉淀。沉淀的组成因反应条件而异,但主要产物是含 2 个 K^+ 的配合物:

$$Na^+ + 2K^+ + [Co(ONO)_6]^{3-} = K_2Na[Co(ONO)_6]\downarrow$$

强酸和强碱能使试剂分解:

$$2[Co(ONO)_6]^{3-} + 10H^+ = 2Co^{2+} + 5NO\uparrow + 7NO_2\uparrow + 5H_2O$$
$$[Co(ONO)_6]^{3-} + 3OH^- = Co(OH)_3\downarrow + 6NO_2^-$$

I^- 及其他还原剂能使试剂中的 Co^{3+} 还原为 Co^{2+},NO_2^- 还原为 NO 气体:

$$2Co^{3+} + 2I^- = 2Co^{2+} + I_2$$
$$2NO_2^- + 2I^- + 4HAc = I_2 + 2NO\uparrow + 4Ac^- + 2H_2O$$

常见阳离子最主要的干扰是 NH_4^+,它也能与试剂反应生成黄色沉淀 $(NH_4)_2Na[Co(ONO)_6]$,但在沸水中加热 1～2 min 后,$(NH_4)_2Na[Co(ONO)_6]$ 沉淀完全分解:

$$NO_2^- + NH_4^+ = N_2\uparrow + 2H_2O$$

而黄色的 $K_2Na[Co(ONO)_6]$无变化。

灵敏度:检出限量为 4 μg,最低浓度为 80 $\mu g \cdot mL^{-1}$。

11.4.2.4 Ca^{2+}的鉴定

Ca^{2+}(calcium ion)与 $(NH_4)_2C_2O_4$ 在 pH = 4 的醋酸介质中生成白色结晶形沉淀:

$$Ca^{2+} + C_2O_4^{2-} = CaC_2O_4\downarrow$$

此沉淀溶于强酸,但不溶于醋酸。

pH 为 4～5 的溶液中,在过量饱和$(NH_4)_2C_2O_4$ 作用下,Fe^{2+}、Al^{3+}、Zn^{2+}、Mg^{2+} 和 Cu^{2+} 及少量 Hg^{2+} 等与 $C_2O_4^{2-}$ 形成配合物而不干扰。当 Ba^{2+} 存在时,可在试液中加入饱和$(NH_4)_2SO_4$ 数滴,使其生成 $BaSO_4$ 沉淀,而 $CaSO_4$ 能形成可溶性配合物$(NH_4)_2Ca(SO_4)_2$。分离沉淀后,取离心液在 pH ≈ 4 的醋酸介质中加入$(NH_4)_2C_2O_4$ 生成白色结晶形沉淀表示有 Ca^{2+} 存在。

灵敏度:检出限量为 1 μg,最低浓度为 20 $\mu g \cdot mL^{-1}$。

11.4.2.5 Mg^{2+}的鉴定

Mg^{2+}(magnesium ion)在碱性溶液中与对硝基偶氮间苯二酚(镁试剂)的碱性溶液生成天蓝色沉淀。一些现象表明,天蓝色沉淀是 $Mg(OH)_2$ 吸附存在于碱性溶液中的试剂而生成的。此试剂在酸性溶液中显黄色,在碱性溶液中显紫色,被 $Mg(OH)_2$ 吸附后显天蓝色。

很多重金属离子有干扰,可用加 Zn 粉或形成硫化物(氨性条件)的方法除去。大量铵盐会妨碍 $Mg(OH)_2$ 沉淀的生成,故应事先除掉。

灵敏度:检出限量为 0.5 μg,最低浓度为 10 $\mu g \cdot mL^{-1}$。

11.4.2.6 Ba^{2+}的鉴定

Ba^{2+}(barium ion)与 K_2CrO_4 能生成 $BaCrO_4$ 黄色沉淀:

$$Ba^{2+} + CrO_4^{2-} = BaCrO_4 \downarrow$$

此沉淀溶于稀盐酸或稀硝酸,但不溶于醋酸。

试剂在溶液中存在下列平衡:

$$2CrO_4^{2-} + 2H^+ = Cr_2O_7^{2-} + H_2O$$

在大量 Ac^- 存在时,H^+ 浓度减小,平衡向左移,CrO_4^{2-} 的浓度增大,有利于 $BaCrO_4$ 沉淀的生成。因此,无论试剂使用 K_2CrO_4 或 $K_2Cr_2O_7$,只要溶液中存在着 HAc-NaAc 缓冲体系,使酸度不致过大,其结果总是得到 $BaCrO_4$ 沉淀。而当强酸存在时,上述平衡强烈移向右方,$BaCrO_4$ 沉淀便不能生成,已经生成的也会溶解。酸度太低,固然 $BaCrO_4$ 更容易沉出,但反应的选择性也降低了,如 $SrCrO_4$ 可能沉淀。适宜的酸度 pH 为 4.4,所以使用 HAc-NaAc 缓冲体系最为合适。

Ag^+、Pb^{2+} 和 Hg^{2+} 有相似反应,但 $BaCrO_4$ 沉淀不溶于 NaOH 而与 $PbCrO_4$ 区别,不溶于氨水而与 Ag_2CrO_4(砖红色)区别。也可用 Zn 粉除去 Ag^+、Pb^{2+} 和 Hg^{2+} 后再进行检查。

灵敏度:检出限量为 3.5 μg,最低浓度为 70 $\mu g \cdot mL^{-1}$。

11.4.2.7 Pb^{2+}的鉴定

Pb^{2+}(lead ion)与 H_2SO_4 生成 $PbSO_4$ 白色沉淀。沉淀溶于热的浓 NH_4Ac 或 NaOH 中,将此溶液以 HAc 酸化,并加入 K_2CrO_4 则得黄色 $PbCrO_4$ 沉淀:

$$Pb^{2+} + SO_4^{2-} = PbSO_4 \downarrow \text{(白色)}$$

$$Pb^{2+} + CrO_4^{2-} = PbCrO_4 \downarrow \text{(黄色)}$$

与 H_2SO_4 生成白色沉淀的阳离子还有 Hg^{2+}、Ba^{2+}、Sr^{2+} 和较浓的 Ca^{2+} 等,但

它们都不溶于 NH_4Ac 或 NaOH 中，故无干扰。

灵敏度：检出限量为 20 μg，最低浓度为 250 $\mu g \cdot mL^{-1}$。

11.4.2.8 Ag^+ 的鉴定

Ag^+ (silver ion)与 HCl 生成白色凝乳状 AgCl 沉淀，沉淀溶于氨水生成 $Ag(NH_3)_2^+$，当用 HNO_3 酸化后又重新析出 AgCl 沉淀：

$$Ag^+ + Cl^- = AgCl\downarrow (白色)$$
$$AgCl + 2NH_3 = Ag(NH_3)_2^+ + Cl^-$$
$$Ag(NH_3)_2^+ + Cl^- + 2H^+ = AgCl\downarrow + 2NH_4^+$$

此反应特效。

灵敏度：检出限量为 2.5 μg，最低浓度为 10 $\mu g \cdot mL^{-1}$。

11.4.2.9 Al^{3+} 的鉴定

茜素磺酸钠试剂，简称茜素 S，在 pH 为 4～9 的介质中，试剂与 Al^{3+} (aluminum ion)形成红色螯合物沉淀。

与 NH_3 生成深色氢氧化物沉淀的阳离子有干扰，可用纸上分离法鉴定。可利用亚铁氰化钾 $K_4[Fe(CN)_6]$ 与干扰离子生成沉淀的反应，将它们固定于纸中央，再以水使 Al^{3+} 扩散至外圈。在外圈加茜素磺酸钠试剂并在氨气上熏蒸，烘干后出现红色斑点，示有 Al^{3+} 存在。

灵敏度：检出限量为 0.15 μg，最低浓度为 3 $\mu g \cdot mL^{-1}$。

11.4.2.10 Hg^{2+} 的鉴定

Hg^{2+} (mercury ion)与 $SnCl_2$ 反应生成白色沉淀，当 $SnCl_2$ 过量时，Hg_2Cl_2 进一步被还原为金属汞，沉淀逐渐变为灰黑色：

$$2Hg^{2+} + SnCl_2 = Hg_2Cl_2\downarrow (白色) + Sn^{4+}$$
$$Hg_2Cl_2 + SnCl_2 = 2Hg\downarrow (黑色) + SnCl_4$$

大量 Ag^+ 存在有影响。Ag^+ 与 Hg^{2+} 共存时，当加入 $SnCl_2$ 后立即有黑色沉淀生成。可在试液中加入 HCl，离心除去 AgCl 沉淀后再鉴定。

灵敏度：检出限量为 1 μg，最低浓度为 20 $\mu g \cdot mL^{-1}$。

11.4.2.11 Fe^{2+} 的鉴定

Fe^{2+} (ferrous ion)与铁氰化钾 $K_3[Fe(CN)_6]$ 试剂生成深蓝色沉淀：

$$Fe^{2+} + K^+ + [Fe(CN)_6]^{3-} = KFe[Fe(CN)_6]\downarrow$$

此沉淀不溶于酸，但为碱所分解，生成 $Fe(OH)_3$ 沉淀。因此反应要在盐酸

（非氧化性酸）溶液中进行。

Fe^{3+}与铁氰化钾生成深棕色溶液，在短时间内影响不大。与试剂有反应的其他阳离子，可影响灵敏度，但不易完全掩蔽蓝色沉淀。与铁氰化钾生成有色沉淀的离子如下：Ag^{+}（橙）、Cu^{2+}（砖红色）、Hg^{2+}（黄白）、Zn^{2+}（棕黄）、Pb^{2+}（白，加 NaOH 为棕色）。由于这些离子与试剂的生成物颜色都不深，都不足以掩盖 Fe^{2+} 生成的深蓝色。

灵敏度：检出限量为 1 μg，最低浓度为 20 μg・mL^{-1}。

11.4.2.12 Fe^{3+} 的鉴定

Fe^{3+}（ferric ion）在酸性溶液中与亚铁氰化钾 $K_4[Fe(CN)_6]$生成深蓝色沉淀：

$$Fe^{3+} + K^{+} + [Fe(CN)_6]^{4-} = KFe[Fe(CN)_6]\downarrow \text{（深蓝色）}$$

此沉淀不溶于酸，但可被碱分解，生成 $Fe(OH)_3$ 沉淀。因此鉴定反应要在盐酸（非氧化性酸）溶液中进行。

许多阳离子都与亚铁氰化钾生成各种颜色的沉淀或溶液，如大量存在会影响 Fe^{3+} 的鉴定。在这种情况下，最好用 $SnCl_2$ 还原 Fe^{3+} 为 Fe^{2+}，然后用邻二氮菲法检出。

亚铁氰化钾与其他离子反应生成的沉淀颜色如下：Fe^{2+}（白色、空气中逐渐变蓝色）、Pb^{2+}（白色）、Cu^{2+}（砖红色）、Zn^{2+}（白色）、Ag^{+}（白色）、Hg^{2+}（开始白色渐变浅蓝绿色）。无 Fe^{3+} 时，可用来预测其他离子的存在。

灵敏度：检出限量为 0.05 μg，最低浓度为 1 μg・mL^{-1}。

11.4.2.13 Cu^{2+} 的鉴定

Cu^{2+}（copper ion）与 $K_4[Fe(CN)_6]$在中性或稀酸溶液中反应，生成砖红色 $Cu_2[Fe(CN)_6]$沉淀：

$$2Cu^{2+} + [Fe(CN)_6]^{4-} = Cu_2[Fe(CN)_6]\downarrow \text{（砖红色）}$$

沉淀可溶于 NH_3-NH_4Cl 中，生成深蓝色 $Cu(NH_3)_4^{2+}$；与强碱作用时，被分解成蓝色 $Cu(OH)_2$ 沉淀。

Fe^{3+} 有干扰，可加 NaF 掩蔽。

灵敏度：检出限量为 0.02 μg，最低浓度为 0.4 μg・mL^{-1}。

11.4.2.14 Zn^{2+} 的鉴定

在酸性溶液中有 $CoCl_2$ 存在时，锌盐（zinc salt）与硫氰酸汞铵$(NH_4)_2[Hg(CNS)_4]$作用生成天蓝色沉淀{钴、锌的四硫氰酸汞盐：$Co[Hg(CNS)_4]$蓝色及 $Zn[Hg(CNS)_4]$白色}。

$$Co^{2+} + [Hg(CNS)_4]^{2-} = Co[Hg(CNS)_4]\downarrow$$ 蓝色(反应慢)

$$Zn^{2+} + [Hg(CNS)_4]^{2-} = Zn[Hg(CNS)_4]\downarrow$$ 白色(反应快)

由于生成白色 $Zn[Hg(CNS)_4]$沉淀,加速了蓝色 $Co[Hg(CNS)_4]$沉淀的生成,它们同时与该试剂较迅速地生成天蓝色混晶沉淀,表示有 Zn^{2+}存在。

反应需在中性或弱酸性溶液中进行。溶液中 Co^{2+} 的浓度不能高于 0.02%,否则在 Zn^{2+}不存在时,也能较快地生成 $Co[Hg(CNS)_4]$蓝色沉淀而误检。

Cu^{2+}与试剂生成沉淀,Fe^{3+}与试剂生成血红色配合物。它们存在时,应事先在试液中加入 NaOH,将这些离子沉淀为氢氧化物,然后吸取含有 ZnO_2^{2-} 的离心液,以 HCl 酸化,使其转化为 Zn^{2+},再按上述方法鉴定。

$Cu(OH)_2$、$Fe(OH)_3$ 略溶于浓 NaOH,生成 CuO_2^{2-}、FeO_2^-,因此上述分离有时不能彻底,与 Zn^{2+}混在一起的 Cu^{2+},使 Zn^{2+}与 Co^{2+}的混晶不呈天蓝色,而是带有紫色以至黑色,也可说明有 Zn^{2+}存在。

Fe^{3+}的干扰也可加 NaF 掩蔽。

灵敏度:检出限量为 0.5 μg,最低浓度为 10 $\mu g \cdot mL^{-1}$。

11.4.2.15 Cr^{3+}的鉴定

Cr^{3+}(chromium ion)在碱性介质中可被 H_2O_2 或 Na_2O_2 氧化为 CrO_4^{2-}:

$$2[Cr(OH)_4]^- + 3H_2O_2 + 2OH^- = 2CrO_4^{2-} + 8H_2O$$

用 H_2SO_4 酸化至 pH 为 2~3,这时 CrO_4^{2-} 转变成 $Cr_2O_7^{2-}$,然后加一些戊醇或乙醚,再加 H_2O_2,此时若在戊醇或乙醚层中有蓝色的过氧化铬 CrO_5 生成,表示有 Cr^{3+}存在:

$$Cr_2O_7^{2-} + 4H_2O_2 + 2H^+ = 2CrO_5 + 5H_2O$$

CrO_5 在水溶液中不稳定,蓝色很快消失,故应在加 H_2O_2 之前加入戊醇或乙醚。在上述反应条件下,其他离子无干扰。

灵敏度:检出限量为 2.5 μg,最低浓度为 50 $\mu g \cdot mL^{-1}$。

11.4.2.16 Cd^{2+}的鉴定

Cd^{2+}(cadmium ion)在氨性溶液中以 $Cd(NH_3)_4^{2+}$ 配离子形式存在,将此溶液加入 Na_2S 溶液中(保证 Na_2S 过量以防止可能共存的砷析出 As_2S_3 或 As_2S_5)可生成黄色 CdS 沉淀。

与 Cd^{2+}能同时存在于氨水中的 Ag^+、Cu^{2+}、Ni^{2+}、Co^{2+}和 Zn^{2+}等也能生成硫化物沉淀,故有不同程度的干扰。Ag^+可在加氨水前以 HCl 除去,其他离子可在氨水溶液中加 KCN 掩蔽。

灵敏度：检出限量为 0.5 μg，最低浓度为 10 μg · mL^{-1}。

11.4.3 阳离子硫化氢系统分组方案简介

对于含有多种阳离子的试样的定性分析，一般采用硫化氢系统分析法。除此以外，还有其他一些分组方案，如以其他硫化物作为分组试剂的分组系统，以酸碱为分组试剂的酸碱系统。

硫化氢系统将常见阳离子进行分组的情况如表 11.5 所示。

表 11.5 常见阳离子硫化氢系统分组方案

组别	组试剂	组内离子	组的其他名称
Ⅰ	稀 HCl	Ag^{+}、Hg_2^{2+}、Pb^{2+}	盐酸组、银组
Ⅱ	H_2S、 $c(HCl) = 0.3\ mol \cdot L^{-1}$	Cu^{2+}、Hg^{2+}、Cd^{2+}、 As(Ⅲ)、As(Ⅴ)、Sn(Ⅲ)、 Sn(Ⅴ)	硫化氢组、铜锡组 （ⅡA-铜组、ⅡB-锡组）
Ⅲ	$(NH_4)_2S$、 $(NH_3 + NH_4Cl)$	Fe^{3+}、Fe^{2+}、Al^{3+}、Zn^{2+}、 Cr^{3+}	硫化铵组、铁组
Ⅳ	$(NH_4)_2CO_3$、 $(NH_3 + NH_4Cl)$	Ba^{2+}、Ca^{2+}、Sr^{2+}	碳酸铵组、钙组
Ⅴ	—	Mg^{2+}、Na^{+}、K^{+}、NH_4^{+}	可溶组、钠组

由于硫化氢气体毒性较大，而且制备也不方便，故目前多以硫代乙酰胺（CH_3CSNH_2，简写为 TAA）的水溶液代替 H_2S 作沉淀剂。

硫代乙酰胺在酸性溶液中水解生成 H_2S，因而它可以代替 H_2S 沉淀第Ⅱ组阳离子。水解反应如下：

$$CH_3CSNH_2 + H_2O = CH_3CONH_2 + H_2S\uparrow$$

在碱性溶液中水解生成 S^{2-}，可以代替 Na_2S 作沉淀剂使ⅡA 组与ⅡB 组分离。水解反应如下：

$$CH_3CSNH_2 + 3OH^- = CH_3COO^- + NH_3 + S^{2-} + H_2O$$

在氨性溶液中水解生成 HS^-，可以代替$(NH_4)_2S$ 沉淀Ⅲ组阳离子。TAA 水解速率随溶液酸度、温度而异，温度高水解加快，一般在沸腾水浴中进行。在碱性溶液中水解比在酸性溶液中更快。

习　　题

11.1　已知用生成 AsH_3 气体的方法鉴定砷时，检出限量为 1 μg，每次取试液 0.05 mL。求此鉴定方法的最低浓度。

11.2　如何将下列各对沉淀分离？

(1) AgCl，$PbSO_4$；(2) $BaSO_4$，$PbSO_4$；(3) ZnS，CuS；(4) $Zn(OH)_2$，$Cu(OH)_2$；(5) AgCl，$Pb(OH)_2$；(6) HgS，CuS。

11.3　根据下列初步试验结果，判断未知溶液中哪些阴离子肯定存在，哪些阴离子不可能存在，哪些阴离子可能存在。

未知溶液	$BaCl_2$		$AgNO_3$ +HNO_3	氧化性阴离子试验	还原性阴离子试验	肯定存在离子	不可能存在离子	可能存在离子
	不加 HCl	加 HCl						
1	+	+(白)	−	−	−			
2	+(白)	−	−	+	−			
3	−	−	+(黑)	−	+			
4	−	−	−	+	+			
5	−	−	−	−	−			

11.4　有下列 7 种物质，以 2 种或更多种混合，然后做(1)～(4)项实验，试判断存在的、不存在的和存在与否不能确定的物质各是什么？

$BaCl_2$，$Ca(NO_3)_2$，$MgCl_2$，K_2CrO_4，NaCl，$(NH_4)_2SO_4$，$(NH_4)_2C_2O_4$。

(1)样品加于水中后，得白色沉淀(A)和无色溶液(B)；

(2)(A)全溶于稀 HCl 溶液；

(3)(B)中加入 0.1 $mol \cdot L^{-1}$ $Ba(NO_3)_2$，得到的白色沉淀不溶于稀 HCl 溶液；

(4)灼烧除去(B)中的铵盐，加 NH_3 后无沉淀生成。

11.5　有一能溶于水的混合物，已经在阳离子分析中鉴定出有 Pb^{2+}，问在阴离子分析中哪些离子可不必鉴定？

11.6　Ba^{2+}、Pb^{2+} 共存时如何分别鉴定它们？

12 化学与食品、化学与环境保护

Chemistry and Food, Chemistry and Environmental Protection

【教学目标】

● 化学与食品：

1. 了解食品的主要营养构成及对人体的作用。

2. 了解食品中的有害成分及其来源。

● 化学与环境保护：

1. 了解大气的主要污染源及其防治措施。

2. 了解水体的主要污染源及其防治措施。

3. 了解土壤的主要污染源及其防治措施。

12.1 化学与食品(chemistry and food)

食品是人类赖以生存的物质基础。食品不仅能提供人体新陈代谢的营养需要,而且某些食品还具有防治疾病、美容、抗衰老等功效。19世纪以来,食品所涉及的化学知识逐渐系统化,已形成一门新兴的学科分支——食品化学。

12.1.1 食品的营养成分与化学

食品的种类千差万别,其化学组成如表12.1所示:

表12.1 食品的化学组成

- 食品的化学组成
  - 自然成分
    - 无机物
      - 水
      - 矿物质
    - 有机物
      - 蛋白质
      - 碳水化合物
      - 脂类
      - 维生素
    - 微量元素
    - 激素
    - 色素、香味物质
    - 有毒物质
  - 非自然成分
    - 食品添加剂
      - 天然的添加剂
      - 合成的添加剂
    - 污染物质

注:虚线框内为基本营养成分

食品中能提供维持人体正常功能所必需的成分和能量的物质称为营养成分。碳水化合物、脂类、蛋白质是食品中含量最高的营养成分,也是人体的主要能量来源。

(1)碳水化合物　碳水化合物主要是由植物性食品提供,是人类膳食热量的主要来源(占80%左右)。它们还提供了期望的质构、好的口感。在正常条件下,碳水化合物可促进脂肪的利用,还可以起补充组织蛋白质的重要作用。

(2)蛋白质　蛋白质是复杂的大分子,主要由碳、氢、氧、氮和硫组成。从结构特点来看,蛋白质是由20多种不同的氨基酸通过肽键相互连接而成的。

"生命是蛋白质的存在形式。"在构成蛋白质的20多种氨基酸中,有8种称为必需氨基酸，这 8 种氨基酸人体不能合成，也不能由其他氨基酸转化，必须由食品提供。这 8 种必需氨基酸是赖氨酸、苯丙氨酸、缬氨酸、蛋氨酸、色氨酸、亮氨酸、异亮氨酸和苏氨酸。

食品中的蛋白质，主要来源于肉类、禽类、鱼类、蛋类、乳类、粮食、油料的种子和硬壳果类。1973 年联合国粮农组织提出：成人平均蛋白质的最低需要量是 $0.57\ g \cdot d^{-1} \cdot kg^{-1}$，儿童为 $2\ g \cdot d^{-1} \cdot kg^{-1}$。为了维持机体的正常生长发育和组织更新，一方面要从食品中获得较丰富的蛋白质；另一方面还要保证食品中蛋白质的质量和正常比例。

(3)脂类　脂类是一大类可溶于有机溶剂而不溶于水的化合物，99%的植物和动物脂类是脂肪酸甘油酯。天然脂类是甘油和脂肪酸的一酯、二酯和三酯的混合物。

食用脂类具有重要的营养价值，它们供给人体热量(脂类所含热量相当于相同质量蛋白质或碳水化合物的 2.25 倍)和必需的脂肪酸。食品中的饱和脂肪酸广泛分布于动物脂肪、鱼油和植物油中，不饱和脂肪酸主要分布在鱼油和植物油中。

脂类还可作为维生素的载体，并可改善食品的口味。

(4)维生素　维生素是除必需氨基酸和必需脂肪酸以外，必须由食品供给的有机物料，是人或动物维持正常生理功能所必需的营养成分。维生素可分为水溶性与脂溶性两大类，其结构复杂。如维生素 B_{12}，是人体中唯一的含钴维生素。人们对维生素 B_{12} 的需求完全靠外界供给。维生素 B_{12} 在动物的肝、肾和肉类中含量最多，人体机能正常时能经胃肠道吸收这些食物中的维生素 B_{12}，并将之贮存于肝脏内。其他 B 族维生素也常起辅酶作用。有的维生素专一性地作用于某些组织，如维生素 A 只对视觉起作用，维生素 D 对骨骼形成起作用，维生素 K 有抗出血功能等。

人体只需少量的维生素，一般通过食品可满足对各种维生素的需求。维生素摄入不足，会造成人体各类疾病的发生，需在食品中添加必需的维生素，或者服用维生素药剂等加以补充。

(5)矿物质　矿物质也是食品的营养成分和质量成分。食品中的矿物质可以无机或有机金属盐类，或者配合物的形式存在。食品中有 60 多种化学元素，其中占人体总质量 96%的是 O、C、H 和 N 4 种，称为必需的宏量元素。K、Na、P、S、Ca、Mg 和 Cl 为人体必需的常量元素，其余元素的含量低于 $50\ mg \cdot kg^{-1}$，为微量元素。从周期表看，人体必需的 11 种宏量元素和常量元素全部集中在原子序数为 1～20 号(图 12.1)，人体必需的微量元素多为过渡元素。

各种矿物元素在体内有其严格的浓度范围。当通过食品、饮水摄入不足或过量时，体内元素分布失调，会导致疾病发生，甚至造成死亡。对于人体内微量元素的失调，常采用将微量元素化合物制成各种药品和食品添加剂的方法，用于医疗和预防。如用碘化食盐预防甲状腺肿大，食品中添加硫酸锌、硫酸铜、葡萄糖酸锌、葡萄糖酸铜作营养强化剂，补充锌、铜，用铁盐强化食品治疗缺铁性贫血，用亚硒酸钠等硒制剂降低克山病发病率等。

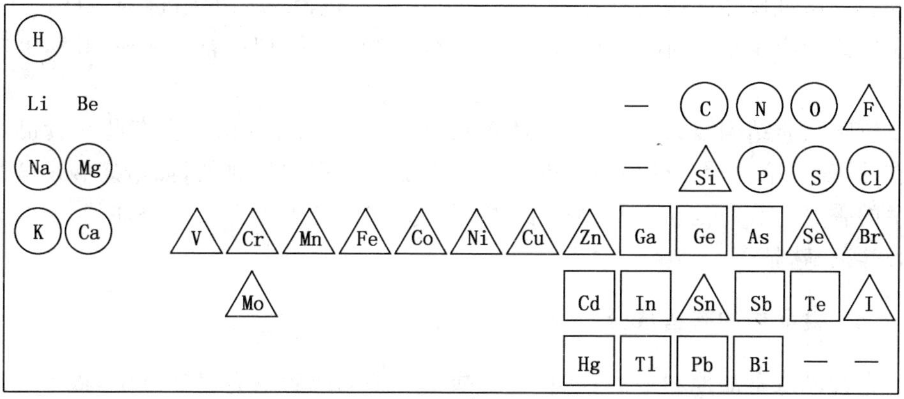

①○——必需的宏量元素；△——必需的微量元素；□——有毒元素。

②此表摘引自孙淑声、赵钰琳. 无机化学(生物类). 北京：北京大学出版社，1993。

图 12.1 人体中元素的分类与周期表

12.1.2 食品添加剂

在食品制备和加工等过程中，为了改善食品的品质、风味、增加营养成分以及防腐等目的而加入食品中的物质统称为食品添加剂。目前，采用的食品添加剂多数是人工合成的化学物质，也有某些为天然来源或由其他食物中提取。食品添加剂基本可分为 4 类：维持、增加食品营养性能类(食品改良剂、食品强化剂)；增加食品保存时间加强稳定类(防腐剂、杀菌剂、抗氧化剂)；改善食品色、香、味或型体类(漂白剂、保色剂、着色剂、酸味剂、香味剂、膨胀剂、增稠剂)；辅助食品加工类(结着剂、抗结剂、凝固剂、乳化剂、溶剂等)。

12.1.3 食品的风味化学

人们对食品的需求，不仅要求数量足、营养好，而且要求品种多、质量高、风味美。每种食品都有其特殊的风味。“风味”是摄入食品时所有感官(嗅、味、视、触、听)知觉的综合。味感是食品风味诸要素中重要的一方面，它是食品与味觉器官相互作用引起的一种感觉。食品的味虽然多种多样，但最基本的味是甜味、酸味、咸味和苦味，一般称原味，还有鲜味、辣味等。在食品风味中嗅感是同样重要的另一种感觉。嗅感是挥发性物质对人体鼻腔的刺激感，令人喜欢的是香气，令人厌恶的为臭气。此外，食品风味还包括涩感、清凉感等。良好的风味是衡量食品质量的重要标准之一。

随着微量和超微量分析化学技术的进步与发展，食品风味化学的研究有了很大进展。通过仪器能确切地鉴定大多数风味物质以及它们的结构与风味的关系。当在风味物质中引入不同的取代基或取代基位置不同时，都可使味感发生较大变化。

风味物质结构复杂，在食品中浓度极低。食品中的风味物质有些是食品本身含有的，如香草、薄荷、柠檬等。有些是制作加工过程中形成的，如焙烤和发酵过程产生的香气。有些是从天然物质中提取的，有些则是人工合成后添加的，如合成水果香味剂、味精等。

12.1.4 食品中的有害成分

在食品或食品原料中，有些化学物质是有害的或者具有潜在危险，摄入食品的同时它们也进入人体，造成严重危害。这些有害物质包括不同种类的无机物和有机物。

(1)天然有毒成分　食品中的天然有毒物质可存在于植物性食品或动物性食品中。

植物具有合成多种化学物质的能力，有些化学物质被人和动物摄入后能引起毒性反应。植物食品中有毒物质主要有蛋白质抑制酶、硫代葡萄糖苷、氰、棉酚等。

有毒动物多为水产品，其毒素有些是大分子的蛋白质，有些则是小分子的胍类化合物。

(2)某些有毒的食品添加剂

①硝酸盐和亚硝酸盐：用作食品保藏剂和色素稳定剂已有悠久的历史，特别是在肉类和鱼类食品加工中，用来保护色泽、抑制微生物和产生特殊风味。但它们都属于生理毒性盐类。

硝酸盐、亚硝酸盐的慢性中毒导致甲状腺代谢性增大，亚硝酸盐急性中毒导致高铁血红蛋白症，使氧运输受阻。此外，食品残存过多的亚硝酸盐还能与蛋白质分解的产物胺或酰胺反应，生成具有致癌毒性的 N-亚硝基衍生物。

②抗氧化剂：是防止食品发生氧化反应所添加的试剂，但有些是有毒的，如生育酚和天然存在于棉籽中的棉酚。叔丁基羟甲基和叔丁基羟基茴香醚是两种最常用的延缓氧化的化学物质，均有一定的毒性。

③亚硫酸盐防腐剂：因其毒性较低，长期以来为防止褐变一直作为食品添加剂。但亚硫酸盐能引起某些人群的过敏反应，引起晕厥、胸闷和呼吸困难等。生菜食品中亚硫酸盐含量较高，黄酒和啤酒也是亚硫酸盐的重要来源，过量食用是有害的。

(3)微生物代谢的产物　食品变质的原因之一是微生物的繁殖和代谢。食物变质产生霉菌和细菌毒素，其中黄曲霉素是最常见和毒性最强的霉菌毒素，它是由黄曲霉或寄生曲霉中少数菌株产生的，对肝脏有毒害且有致癌作用。金黄色葡萄球菌是一种常见于人类和动物皮肤以及表皮的细菌，它生长产生的肠毒素是引发食物中毒事件最常见的原因之一，中毒症状为在进餐 2～3 h 后表现恶心、呕吐、腹部绞痛和腹泻。

(4)食品中的污染物质　某些有害的污染物是由于加工处理过程的疏忽而进入食品的。污染物可通过食物链富集。

①烟熏剂及烟熏食品致癌物：食品烟熏是一种古老的用来保存和增加风味的食品加工方法。许多食品在烟熏过程中可被燃料燃烧过程中产生的多环芳烃污染，如强致癌物苯并(a)芘。当不能用加热方法消毒时，氧化乙烯、甲基溴化物常被用做烟熏剂来消毒食品或小麦、谷物等，但它们能破坏食品的营养成分或与食品中的组分发生化学反应，产生有毒物质。

②农药：许多农药性质稳定，能残留于土壤中并可通过食物链富集，造成食品污染。

③重金属：重金属作为一种普遍的环境污染物和进入食品的污染物，已日益受到人们的关注。汞、镉、铅、砷为最主要的有毒重金属。

汞能与人体组织中的蛋白质结合成汞蛋白盐，损害中枢神经系统。汞在体内蓄积达到一定浓度时，出现机体中毒症状，严重时可致精神紊乱、疯狂、痉挛致死。

镉是毒性很强的金属，在环境中广为分布。镉的无机盐被摄入后很容易被人体吸收，部分以金属蛋白质复合物的形式贮存在肾脏中，导致肾小管上皮细胞损伤，出现肾小管功能紊乱。长期毒性反应还有贫血、肝功能受损害和骨质疏松等。

食品中的铅来源于食品加工原料、添加剂、生产工艺、容器、包装和贮运过程的污染。铅经过消化道进入人体并蓄积，引起铅中毒。铅损害神经系统、造血器官和肾脏，表现为失眠、头晕、肠胃炎、贫血等症状。

砷虽不属金属，但对人体的毒害类似重金属。土壤、地壳的砷含量一般为 $2\ mg \cdot kg^{-1}$，这是食品中砷的主要来源。含砷农药的使用也使食品中砷含量增加。砷在体内排泄缓慢，常因蓄积引起慢性中毒。砷对机体的直接作用是强烈腐蚀引起局部糜烂、溃疡及出血，麻痹血管和运动中枢。

12.2 化学与环境保护(chemistry and environmental protection)

依据《中华人民共和国环境法》,环境指的是:大气、水、土地、矿藏、森林、草原、野生动物、野生植物、水生生物、名胜古迹、风景游览区、温泉疗养区、自然保护区、生活居住区等。

人类不断地从环境中摄取生存所必需的物质和能量,同时也对环境产生影响。工农业的发展破坏了生态平衡,使环境受到污染;而环境质量的变化又不断地反馈作用于人类,危害人类健康,甚至威胁到人类的生存。

环境保护是我国一项基本国策,日益严重的环境污染已引起人们普遍的重视。

12.2.1 大气污染及其防治

(1)大气的组成及垂直分布　在地球外面大气的质量约 5.27×10^{15} t,厚度约 1 000 km,海平面上的大气压力为 101.325 kPa。

大气是多种气体的混合物,表 12.2 列出了清洁干燥空气的组成。

表 12.2　清洁干燥空气的组成　%

组分	体积分数	组分	体积分数
N_2	78.09	Xe	9×10^{-6}
O_2	20.95	O_3	4×10^{-6}
Ar	0.934	NO_2	2×10^{-6}
CO_2	0.033	NH_3	6×10^{-7}
Ne	0.001 82	SO_2	2×10^{-7}
He	0.000 52	CH_3Cl	5×10^{-8}
CH_4	0.000 16	C_2H_4	2×10^{-8}
Kr	0.000 11	CH_3F	5×10^{-8}
H_2	0.000 05	CH_2F_2	1×10^{-8}
N_2O	0.000 02		
CO	0.000 01		

大气可分为对流层、平流层、中间层和电离层等。

对流层是大气的最低一层,平均厚度为 12 km。对流层集中了全部大气质量的 3/4 和几乎全部的水汽。主要大气现象都发生在对流层,大气污染也主要发生在对流层。对流层的温度随着高度的升高而下降。太阳辐射对地面加热不均匀,引起对流层大气运动及上层的冷空气和下层的热空气对流。

平流层(臭氧层)是指从对流层顶到 50 km 高度范围的大气。这一层空气稀薄,臭氧浓度较大,可达 10 mg · kg^{-1}。臭氧能大量吸收太阳紫外线,使地球生物免受紫外线辐射的伤害。平流层温度上高下低,大气垂直运动很弱,以水平运动为主。污染物一旦进入平流层,将长期滞留,产生严重危害。

中间层是从平流层顶到 85 km 高度范围的大气。气温随高度增加而降低。在这一层大气吸收光辐射,发生激烈的光化学反应。

电离层(热成层)是从中间层顶到 800 km 高度范围的大气。这一层空气更稀薄,气体分子在太阳紫外辐射和宇宙线的作用下处于电离状态。电离层具有反射无线电波的能力,使无线电波能绕地球曲面远距离传播。

(2)大气中的主要污染物

①颗粒物:颗粒是飘浮在大气中的固体或液体微粒。主要来源于燃料的燃烧、开矿选矿、金属冶炼、爆破、固体粉碎加工等过程及火山爆发、风沙、海水喷溅等自然过程。粒径小于 10 μm 的颗粒叫飘尘,它能长期地在大气中飘浮。颗粒物成分复杂,理化性质活泼,生物活性高,吸附能力强,可成为各种有害气体及其他污染物的载体。这些污染物通过呼吸进入人体后,会引起中毒甚至死亡。大气颗粒物还可能引发某些化学反应,形成二次污染。

②硫氧化物:大气中的硫氧化物主要是二氧化硫及少量的三氧化硫、硫酸、硫酸盐颗粒。它们主要来自含硫燃料的燃烧、金属冶炼、石油化工生产和火山爆发等。SO_2 是大气中主要的污染物之一,其含量是大气污染的一个主要指标。SO_2 刺激呼吸系统,使支气管收缩而痉挛,引起心血管疾病等。大气中的粉尘可催化 SO_2 向 SO_3 转化,生成的 SO_3 和水结合生成硫酸气溶胶及酸雨。著名的 1952 年英国“伦敦烟雾”事件就是大气中的 SO_2、硫酸烟雾和粉尘所致,当时伦敦上空连续 5 天被烟雾笼罩,4 000 多人丧生。

SO_2 对植物的伤害程度与其浓度、持续时间及植物种类有关,伤害症状多发生在生理功能旺盛的叶片上,表现为细胞的叶绿体被破坏、组织脱水并坏死,在形态上形成许多褪色斑点。

③氮氧化物:污染环境的氮氧化物主要是 NO 和 NO_2。它们主要来自燃料的燃烧,以及生产和使用硝酸的工厂排放的废气,汽车、飞机排出的尾气中也有高浓度的氮氧化物。

NO 能刺激呼吸器官,和血液中的血红蛋白结合成亚硝基血红蛋白,阻碍氧的运送,引起中毒,甚至窒息死亡。NO 在大气中很易氧化为 NO_2,NO_2 强烈刺激呼吸器官,引起急性哮喘病,还可能引发肺气肿和肺癌。NO_2 对动、植物的危害症状

与 SO_2 相似。氮氧化物最大的危害是能引起光化学烟雾。

④光化学烟雾：1944 年在美国洛杉矶第一次发现光化学烟雾，所以其亦称洛杉矶烟雾。近年来我国兰州等地也多次发生光化学烟雾污染。光化学烟雾主要是氮氧化物在阳光作用及逆温条件下形成的：

$$NO_2 + h\nu \longrightarrow NO + O$$

氧化能力极强的氧原子与氧分子生成 O_3。当大气中有碳氢化合物时，氧原子可与它生成自由基：

$$O_2 + O \longrightarrow O_3$$

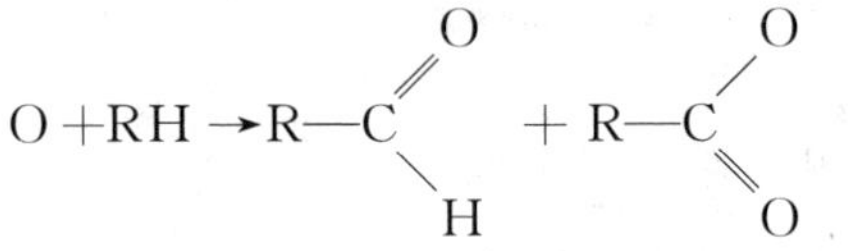

烃　　　　醛　　　　酰氧基

式中，"R—"代表—CH_3、—C_2H_5 等基团。酰氧基很快发生转变，最后生成过氧酰硝酸酯：

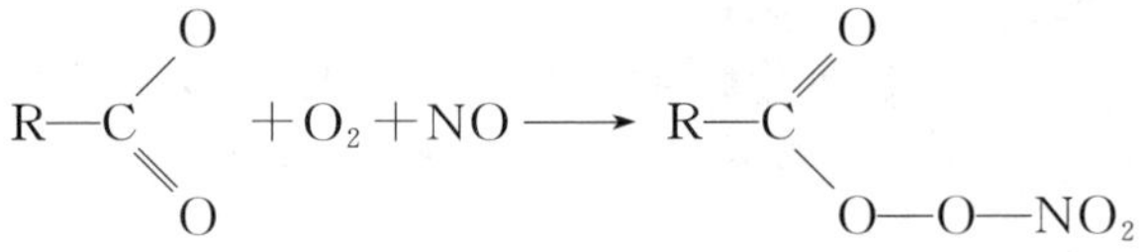

过氧酰硝酸酯(PAN)

以上反应产生的臭氧、醛和 PAN 等有毒物质是光化学烟雾的主要成分，这些产物凝聚成浅蓝色烟雾，使大气能见度降低，能引发眼睛红肿、喉痛、肺气肿、动脉硬化等疾病，严重时可致人死亡。光化学烟雾对植物生长也产生危害。

⑤碳氧化物：CO 主要来自燃料的不完全燃烧，其中约 80%来自汽车尾气的排放。CO 是大气污染物中含量最多的一种。CO 和血液中血红蛋白的结合能力比氧气大 210 倍，CO 中毒可引起各种缺氧症状，危害中枢神经系统，严重时使人窒息死亡。

CO_2 主要来自燃料的完全燃烧。大气中 CO_2 的含量因植物光合作用的消耗和海洋的溶解吸收而减少，又因人和动物的呼吸及燃料的燃烧而得到补充，在正常情况下其浓度在一定水平上波动。近半个世纪以来，CO_2 的浓度逐年递增。CO_2 是一种主要的"温室气体"，它能强烈吸收地球以长波辐射形式散发回大气的能量，形成温室保护层(温室效应)。温室效应使地球表面温度升高，导致气候条件变化，冰川和极地的冰雪融化，海平面升高。

⑥酸雨：煤、石油等矿物燃料燃烧时，排放出大量 SO_2、NO_x 等。这些气体在大气中氧化并与水结合形成硫酸、硝酸，随着降雨落到地面，即为酸雨。世界上主要的酸雨区在西欧和北美，我国酸雨主要分布在南方，其中以西南地区最为严重。

酸雨成分复杂、危害极大。它伤害植物，使土壤、水体酸化，影响土壤微生物的活动，使土壤营养成分淋失，毁坏森林，腐蚀建筑及金属设施。

(3)大气污染的防治　在解决大气污染问题中，物理方法和化学方法起着重要的作用。

①消烟除尘：粒径大的粉尘可在消烟除尘室通过重力沉降除去，较小颗粒可采用旋风除尘和水膜除尘，更小的颗粒可通过静电除尘去除。

②除去 SO_2：燃料脱硫是防治大气污染的一项根本措施。将燃料进行预处理，如对高硫煤可用热的 NaOH 溶液萃取，以除去全部无机硫及大部分有机硫。

可用氨水、氢氧化钠和碳酸钠等除去烟道气中的 SO_2。

用活性炭作为吸附剂，使含有 SO_2 和 O_2 的气体通过，SO_2 和 O_2 被活性炭吸附，并生成 SO_3，再与水蒸气反应生成 H_2SO_4，被吸附在活性炭表面上。

利用含高浓度 SO_2 的烟气制硫酸则一举两得。在炉渣中加入石灰石，使硫氧化物形成 $CaSO_4$ 而得到固定，也是可行的。

③除去尾气中的 CO 和烃类：改善燃烧条件，减少不完全燃烧产生的碳粒和 CO。在汽车尾气系统中安装“催化转换器”，常用铂和钯合金作催化剂，使以下反应快速进行：

$$CO + NO = CO_2 + \frac{1}{2}N_2$$

④除去氮氧化物：氮氧化物具有氧化性，可用催化还原法除去。例如，以氨作还原剂，以 CuO-CrO 作催化剂可使 NO_x 转化为 N_2，转化率在 90%以上：

$$6NO + 4NH_3 \xrightarrow{\text{CuO-CrO}} 5N_2 + 6H_2O$$

$$6NO_2 + 8NH_3 \xrightarrow{\text{CuO-CrO}} 7N_2 + 12H_2O$$

12.2.2　水污染及其防治

(1)水资源及其污染　水是宝贵的自然资源，是人类和生物界赖以生存的物质，没有水就没有生命。水也是工业和农业的命脉，水资源的丰缺对人类的生活有巨大的影响。

地球上的水是极其丰富的，但水资源则很有限。水资源是指对人类生活和生产有密切关系的淡水资源。地球上总水量约为 13.6×10^{18} t，其中 97%以上为海洋咸水，淡水则不足 3%，而且大部分贮存在南北极的冰帽和高山的冰川中。因此，人类易于利用的淡水资源十分有限，而且在地域分布和时间分布上极不均衡。随着工业生产的发展，人民生活水平的提高，用水量迅速增加，某些地区水资源已明显不足，而人类活动对水的污染使这个矛盾更加尖锐。

水污染是指进入水体的污染物的数量超过了水体自净能力（天然水体具有接收并净化一定数量污染物质的能力），破坏了水体原有的功能（如饮用、灌溉、养鱼等），使水质恶化。大多数情况下，污染物在水中浓度不高，但是，可以经过食物链而富集。例如，DDT 在海水中含量很低（$<3\times10^{-6}$ mg·kg^{-1}），被水中浮游生物吸收后，可富集 13 000 倍，达 0.04 mg·kg^{-1}；小鱼吞食浮游生物后，富集 16.6 万倍，达 0.5 mg·kg^{-1}；大鱼吃小鱼后，富集 66.6 万倍，达 2.0 mg·kg^{-1}。据估计，现在每年全世界约有 4 200 亿米^3 的污水排入江、河、湖、海等天然水体，污染了 55 000 亿米^3 的淡水，这种污染还在日益加剧。

（2）水中的污染物　水中主要污染物及其来源如表 12.3 所示。

表 12.3　水中的污染物

污染物质	主要来源
悬浮物	采矿、粉碎加工、水土流失、岩石风化等
铅	金属矿山、铅电池厂、冶炼厂、油漆厂、印刷厂等
镉	矿山、冶炼厂、电镀厂、化工厂等
汞及有机汞	农药厂、化工厂、炼汞厂等
铬(Ⅵ)	矿山、金属冶炼厂、电镀厂、皮革厂等
砷	农药厂、冶炼厂、化肥厂、涂料厂等
酚类	合成树脂厂、焦化厂、煤气厂、炼油厂等
游离氯	织物漂白、造纸厂等
氰化物	电镀厂、焦化厂、煤气厂等
有机氯	农药厂、农田施用农药等
有机磷	农药厂、农田施用农药等
石油烃	石油开采、运输、炼油厂等

①固体悬浮物：主要是工业废渣和尾矿排入水体，还有随地表水流入水体的泥沙和各种有机物等。悬浮物降低了水的透明度，使水变色、变味、变混浊，造成水质

恶化。

②无机污染物：工业废水中往往含有酸、碱、盐等无机污染物。如金属冶炼厂、制酸厂的废水中常含有强酸；造纸厂、制革厂、人造纤维厂等废水中含有碱；化工厂的废水及流经矿山的天然水含有各种盐类。酸、碱污染物使水的pH降低或升高，微生物的生长受到影响，水生生物的种群也可能改变，生态平衡受到破坏。盐含量大的水工业上不能使用，用于灌溉也会使土壤盐渍化。

某些工业废水中含有砷、汞、镉、铅、铬、镍、钴等重金属盐及氰化物等有毒物质。重金属在水中易生成氢氧化物、磷酸盐和碳酸盐等沉淀，被水中悬浮物吸附后富集在底泥中。水体里各种各样的有机或无机配位体，可与重金属形成稳定的配合物，提高了重金属在水中的溶解度，形成二次污染。

施用化肥是农业增产的重要措施，但化肥用量的增加也会引起环境问题。磷矿石中含有一定量的砷、镉、氟、汞、铅等有毒元素，所以过量施用磷肥会造成土壤污染。同时，过量的氮、磷随地面流水进入河流、湖泊、水库等水体，使水体富营养化，造成水生植物大量繁殖，水中溶解氧急剧下降，严重时使鱼类死亡，水体发臭。

③有机污染物：造纸、皮革、制糖、食品及石油化工厂等排放的废水及生活废水中所含碳水化合物、脂肪、蛋白质等有机物，在微生物作用下分解，此过程中要消耗大量水中的溶解氧。

人工合成的有机磷杀虫剂1605、敌百虫等和有机氯杀虫剂DDT、多氯联苯等，都是有剧毒的有机污染物，施用这些农药及农药厂排放的“三废”均会引起水体污染。

④放射性污染：核武器工厂的废物、核武器试验和核电站产生的核裂变产物，放射性同位素在医学、工农业生产和科研应用中排放的放射性废水、废渣等，都是放射性污染源。放射性污染物通过食物或饮水进入人体，会给健康带来危害。

(3) 水污染的防治　水体受到污染后，进行处理是一项非常复杂而艰巨的工作，需耗费大量人力、物力、财力，所以必须首先采取行政、法律、经济、技术等措施保护水资源，合理利用水资源，防止水体受污染，减少废水排放量及废水中有毒物质的含量，提高废水利用率，进行废水排放前的净化处理，才能有效消除或减少对水体的污染。

①物理处理法：通过沉淀、过滤、浮选、离心、蒸发等物理作用，把污水中的悬浮物、胶体颗粒和油分离出去，使污水得到初步净化。还可通过吸附和反渗透等方法净化污水。

②生物处理法：利用微生物将有机物分解为简单的物质，将有毒物质转化为无毒物质。生物处理法又有好气生物处理、厌气生物处理以及氧化塘等多种。

③化学处理法：利用沉淀、中和、氧化还原、混凝、配位等方法，将各种污染物从污水中分离出来，或将其转化为无害物质。如：

a. 中和法：酸性废水，可加入石灰、石灰石和电石渣等中和。

若酸性废水中含重金属盐，如铅、锌、铜等，用碱液调节溶液酸度可使之生成重金属的氢氧化物沉淀。

碱性废水可加入酸中和，也可用含 CO_2、SO_2 等酸性气体的烟道气中和。

b. 氧化还原法：某些溶解于污水中的有毒物质可用氧化还原法使其转化为无毒或毒性较小的物质。例如，用空气、漂白粉、氯气除去污水中的氰、HS^- 等物质；含有 $Cr_2O_7^{2-}$ 的镀铬废水中加入 $FeSO_4$ 或 Na_2SO_3，然后加碱使 Cr^{3+} 生成 $Cr(OH)_3$ 沉淀除去，Fe^{3+} 也随之除去。

c. 离子交换法：当污水量较少，或有毒物质浓度较低时，可利用离子交换树脂处理污水，使污水得到净化的同时，还可回收其中的贵重金属。

12.2.3 土壤污染及其防治

（1）土壤污染　土壤是陆地表层植物能够生长的疏松部分，是由固体、液体和气体三相物质组成。固相物质构成土壤的骨架，粒间大小和形状不同的孔隙是液相和气相存在的场所。土壤是环境的重要组成部分，是人类不可缺少的自然资源，是农业生产的基本环境条件。

人类的活动可能使土壤受到污染。污染物从外界环境进入土壤后，会发生沉淀、配位、氧化还原等反应，使某些有毒物质变为不溶性化合物，使植物难以利用，或排出土壤之外，使土壤维持正常的功能，这种作用称为土壤自净作用。当进入土壤的污染物在数量上和速度上超过土壤自净能力时，污染物就在土壤中逐渐积累，土壤的机能就遭到破坏，而且这种破坏往往是不可逆转的。

土壤污染物的来源，主要是被污染的大气、水以及固体废弃物，其中工业废水和生活污水对土壤的污染最普遍。不合理地施用农药、化肥及污水灌溉也会给土壤带来污染。

土壤中的污染物主要为：

①农药：不合理地施用农药，会造成土壤污染。农药对土壤的污染程度与农药的稳定性、土壤性质、施用农药的次数和用量有关。稳定性高的农药在土壤中残留时间长，对土壤污染严重。如 DDT、六六六等，施用 1 年后土壤中仍残留 26%～80%，特别是在腐殖质和其他有机物质含量高的土壤里残留时间更长。

农药在生物体内富集并可通过食物链富集，造成农畜产品污染。另外，大量农药进入生态环境后，对昆虫的种类和数量影响很大，尤其是杀伤了许多无害昆虫及害虫的天敌,破坏了生态平衡。

②重金属:污染土壤的重金属主要有镉、汞、铬、铅和砷等。

工业排放的镉主要是通过高温挥发和冲刷溶解作用,在大气、水体和土壤中扩散。镉很容易在作物体内积累。酸性土壤中镉的溶解性增大,更易对植物造成毒害,而在碱性土壤中镉形成难溶的氢氧化物,因此向被镉污染的土壤中施用石灰或磷肥,可减轻镉的污染。

汞污染是由于施用有机汞农药及工业排放造成的。汞污染物的生物毒性以烷基汞最强,其次是无机汞。汞对植物产生危害,主要是烷基汞和蛋白质中的巯基结合,使某些酶的功能受到破坏。

土壤中铬的来源主要是工业排放的含铬废水、废渣以及废气中颗粒态的铬。微量铬有利于植物生长,而高浓度铬则抑制植物的正常生长,其中Cr(Ⅵ)毒性较大,对动植物都有害。

砷是磷肥中的一种杂质,施磷肥和含砷农药可造成土壤砷污染。砷以3价或5价形态存在于土壤中,主要取决于土壤的氧化还原电势。微量砷对植物生长是有利的,但过量砷(大于$10\ mg \cdot kg^{-1}$)对植物有毒害。

③固体废弃物:土壤中的固体废弃物可分为矿业废物、工业废物、农业废物、放射性废物和城市垃圾等。固体废物及其淋洗液中的有害物质会使土壤品质变劣,阻碍土壤微生物的活动,影响植物根系的正常生长。

④化肥及污水:长期施用化肥,会使土壤胶体分散,结构破坏,同时使土壤自净能力降低。

污水灌溉可增加土壤有机质,提高土壤肥力。但污水中的酚和氰化物会使粮食和蔬菜品质变劣;硼浓度过大时可导致农作物急性中毒,造成减产或绝收;含石油污染物的废水会把多种可致癌的稠环芳烃带入土壤。污水中的重金属亦造成土壤污染。

(2) 土壤污染的防治　当土壤被污染后,要进行治理是非常困难的,许多污染物,特别是重金属污染物很难消除。因此最根本的方法是从各方面加强管理,尽可能消除和控制污染源,避免土壤污染。以下几个方面尤其应引起注意:

①控制和消除"三废"排放:土壤中的污染物除化肥农药外,其余主要来自工业"三废",因此消除和控制"三废"排放最为重要。

②科学施肥:施用化肥的目的不仅是为了增产,还应把提高环境质量、控制对环境的污染作为重要原则。

③合理使用农药:必须综合采用农业的、化学的、物理的、生物的防治措施。要大力推广高效、低毒、低残留农药和生物农药。

④改良土壤：重金属污染物一般处于土壤表层，所以被严重污染的小块土壤，可用排土、容土法清除污染物。

施加土壤改良剂，控制灌水条件，改变耕作制度，选种适宜作物等农业措施都可用以改良土壤。

大自然是人类赖以生存发展的基本条件。尊重自然、顺应自然、保护自然，是全面建设社会主义现代化国家的内在要求。必须牢固树立和践行绿水青山就是金山银山的理念，站在人与自然和谐共生的高度谋划发展。在污染防治方面，预防远远比治理重要，首先要保护环境，预防环境污染，同时做好污染治理。

习　　题

12.1　对人体健康有意义的微量元素主要有哪些？

12.2　为什么要使用食品添加剂？食品添加剂主要分哪几类？

12.3　食品的主要营养成分有哪些？食品中又有哪些有害成分？

12.4　什么是"温室效应"？其主要危害性有哪些？

12.5　什么叫酸雨？它是怎样形成的？写出 SO_2 和 NO_2 形成酸雨的化学反应式。

12.6　光化学烟雾是怎样形成的？其主要成分是什么？

12.7　写出用漂白粉处理污水中 CN^- 的化学反应式。

12.8　写出用 $FeSO_4$ 处理镀铬废水中 $Cr_2O_7^{2-}$ 的化学反应式。

12.9　如果废水中 $c(Cr^{3+}) = 0.01\ mol \cdot L^{-1}$，欲用 NaOH 处理，使其生成 $Cr(OH)_3$ 沉淀而除去。计算其定量沉淀完全时溶液的 pH。$K_{sp}^{\ominus}\{Cr(OH)_3\} = 6.3\times10^{-31}$。

12.10　如何用化学方法除去大气污染物中的 SO_2、氮氧化物、汽车尾气中的 CO？

附　　录

附录Ⅰ-1　SI单位制的词头

表示的因数	词头名称	词头符合	表示的因数	词头名称	词头符合
10^{18}	艾[可萨]	E(exa)	10^{-1}	分	d(deci)
10^{15}	拍[它]	P(peta)	10^{-2}	厘	c(centi)
10^{12}	太[拉]	T(tera)	10^{-3}	毫	m(milli)
10^{9}	吉[咖]	G(giga)	10^{-6}	微	μ(micro)
10^{6}	兆	M(mega)	10^{-9}	纳[诺]	n(nano)
10^{3}	千	k(kilo)	10^{-12}	皮[可]	p(pico)
10^{2}	百	h(hecto)	10^{-15}	飞[母托]	f(femto)
10^{1}	十	da(deca)	10^{-18}	阿[托]	a(atto)

附录Ⅰ-2　一些非推荐单位、导出单位与SI单位的换算

物理量	换　算　单　位
长度	1 Å$=10^{-10}$ m，1 in$=2.54\times10^{-2}$ m
质量	1(市)斤$=0.5$ kg，1(市)两$=50$ g，1 lb(磅)$=0.454$ kg，1 oz(盎司)$=28.3\times10^{-3}$ kg
压力	1 atm$=760$ mmHg$=1.013\times10^{5}$ Pa，1 mmHg$=1$ Torr$=133.0$ Pa 1 bar$=10^{5}$ Pa，1 Pa$=1$ N·m^{-2}
温度	$T/\text{K}=t/℃+273.15$ $F/℉=\frac{9}{5}T/\text{K}-459.67=\frac{9}{5}t/℃+32$
能量	1 cal$=4.184$ J，1 eV$=1.602\times10^{-19}$ J，1 erg$=10^{-7}$ J
电量	1 esu(静电单位库仑)$=3.335\times10^{-10}$ C
其他	R(摩尔气体常数)$=1.986$ cal·K^{-1}·mol^{-1}$=0.082\,06$ dm^{-3}·atm·K^{-1}·mol^{-1}$=$ 8.314 J·K^{-1}·mol^{-1}$=8.314$ kPa·dm^{3}·K^{-1}·mol^{-1} 1 eV/粒子相当于 96.5 kJ·mol^{-1}，1 C·m^{-1}$=12.0$ J·mol^{-1} 1 D(Debye)$=3.336\times10^{-30}$ C·m

附录Ⅱ 常见物质的 $\Delta_f H_m^\ominus$、$\Delta_f G_m^\ominus$ 和 $S_m^\ominus$(298.15 K)

物 质	$\Delta_f H_m^\ominus/(kJ \cdot mol^{-1})$	$\Delta_f G_m^\ominus/(kJ \cdot mol^{-1})$	$S_m^\ominus/(J \cdot k^{-1} \cdot mol^{-1})$
Ag(s)	0	0	42.55
Ag^+(aq)	105.58	77.12	72.68
$Ag(NH_3)_2^+$(aq)	−111.3	−17.2	245
AgCl(s)	−127.07	−109.80	96.2
AgBr(s)	−100.4	−96.9	107.1
Ag_2CrO_4(s)	−731.74	−641.83	218
AgI(s)	−61.84	−66.19	115
Ag_2O(s)	−31.1	−11.2	121
Ag_2S(s,α)	−32.59	−40.67	144.0
$AgNO_3$(s)	−124.4	−33.47	140.9
Al(s)	0	0	28.33
Al^{3+}(aq)	−531	−485	−322
$AlCl_3$(s)	−704.2	−628.9	110.7
α-Al_2O_3(s)	−1 676	−1 582	50.92
B(s,β)	0	0	5.86
B_2O_3(s)	−1 272.8	−1 193.7	53.97
BCl_3(g)	−404	−388.7	290.0
BCl_3(l)	−427.2	−387.4	206
B_2H_6(g)	35.6	86.6	232.0
Ba(s)	0	0	62.8
Ba^{2+}(aq)	−537.64	−560.74	9.6
$BaCl_2$(s)	−858.6	−810.4	123.7
BaO(s)	−548.10	−520.41	72.09
$Ba(OH)_2$(s)	−944.7	—	—
$BaCO_3$(s)	−1 216	−1 138	112
$BaSO_4$(s)	−1 473	−1 362	132
Br_2(l)	0	0	152.23
Br^-(aq)	−121.5	−104.0	82.4
Br_2(g)	30.91	3.14	245.35
HBr(g)	−36.40	−53.43	198.59
HBr(aq)	−121.5	−104.0	82.4
Ca(s)	0	0	41.2
Ca^{2+}(aq)	−542.83	−553.54	−53.1
CaF_2(s)	−1 220	−1 167	68.87
$CaCl_2$(s)	−795.8	−748.1	105
CaO(s)	−635.09	−604.04	39.75
$Ca(OH)_2$(s)	−986.09	−898.56	83.39
$CaCO_3$(s,方解石)	−1 206.9	−1 128.8	92.9

续附录Ⅱ

物 质	$\Delta_f H_m^\ominus/(kJ \cdot mol^{-1})$	$\Delta_f G_m^\ominus/(kJ \cdot mol^{-1})$	$S_m^\ominus/(J \cdot k^{-1} \cdot mol^{-1})$
$CaSO_4$(s,无水石膏)	−1 434.1	−1 321.9	107
C(石墨)	0	0	5.74
C(金刚石)	1.987	2.900	2.38
C(g)	716.68	671.21	157.99
CO(g)	−110.52	−137.15	197.56
CO_2(g)	−393.51	−394.36	213.6
CO_3^{2-}(aq)	−667.14	−527.90	−56.9
HCO_3^-(aq)	−691.99	−586.85	91.2
CO_2(aq)	−413.8	−386.0	118
H_2CO_3(aq,非电离)	−699.65	−623.16	187
CCl_4(l)	−135.4	−65.2	216.4
CH_3OH(l)	−238.7	−166.4	127
C_2H_5OH(l)	−277.7	−174.9	161
HCOOH(l)	−424.7	−361.4	129.0
CH_3COOH(l)	−484.5	−390	160
CH_3COOH(aq,非电离)	−485.76	−396.6	179
CH_3COO^-(aq)	−486.01	−369.4	86.6
CH_3CHO(l)	−192.3	−128.2	160
CH_4(g)	−74.81	−50.75	186.15
C_2H_2(g)	226.75	209.20	200.82
C_2H_4(g)	52.26	68.12	219.5
C_2H_6(g)	−84.68	−32.89	229.5
C_3H_8(g)	−103.85	−23.49	269.9
C_4H_6(g,丁二烯-1,2)	165.5	201.7	293.0
C_4H_8(g,丁烯-1)	1.17	72.04	307.4
n-C_4H_{10}(g)	−124.73	−15.71	310.0
C_6H_6(g)	82.93	129.66	269.2
C_6H_6(l)	49.03	124.50	172.8
Cl_2(g)	0	0	222.96
Cl^-(aq)	−167.16	−131.26	56.5
HCl(g)	−92.31	−95.30	186.80
ClO_3^-(aq)	−99.2	−3.3	162
Co(s)(α,六方)	0	0	30.04
$Co(OH)_2$(s,桃红)	−539.7	−454.4	79
Cr(s)	0	0	23.8
Cr_2O_3(s)	−1 140	−1 058	81.2
$Cr_2O_7^{2-}$(aq)	−1 490	−1 301	262
CrO_4^{2-}(aq)	−881.2	−727.9	50.2
Cu(s)	0	0	33.15

续附录Ⅱ

物　质	$\Delta_f H_m^{\ominus}/(kJ \cdot mol^{-1})$	$\Delta_f G_m^{\ominus}/(kJ \cdot mol^{-1})$	$S_m^{\ominus}/(J \cdot k^{-1} \cdot mol^{-1})$
Cu^{+}(aq)	71.67	50.00	41
Cu^{2+}(aq)	64.77	65.52	−99.6
$Cu(NH_3)_4^{2+}$(aq)	−348.5	−111.3	274
Cu_2O(s)	−169	−146	93.14
CuO(s)	−157	−130	42.63
Cu_2S(s,α)	−79.5	−86.2	121
CuS(s)	−53.1	−53.6	66.5
$CuSO_4$(s)	−771.36	−661.9	109
$CuSO_4$(s)·$5H_2O$(s)	−2 279.7	1 880.06	300
F_2(g)	0	0	202.7
F^{-}(aq)	−332.6	−278.8	−14
F(g)	78.99	61.92	158.64
Fe(s)	0	0	27.3
Fe^{2+}(aq)	−89.1	−78.87	−138
Fe^{3+}(aq)	−48.5	−4.6	−316
Fe_2O_3(s,赤铁矿)	−824.2	−742.2	87.40
Fe_3O_4(s,磁铁矿)	−1 120.9	−1 015.46	146.44
H_2(g)	0	0	130.57
H^{+}(aq)	0	0	0
H_3O^{+}(aq)	−285.85	−237.19	69.96
Hg(g)	61.32	31.85	175.0
HgO(s,红)	−90.83	−58.56	70.29
HgS(s,红)	−58.2	−50.6	82.4
$HgCl_2$(s)	−224	−179	146
Hg_2Cl_2(s)	−265.2	−210.78	192
I_2(s)	0	0	116.14
I_2(g)	62.438	19.36	260.6
I^{-}(aq)	−55.19	−51.59	111
HI(g)	25.9	1.30	206.48
K(s)	0	0	64.18
K^{+}(aq)	−252.4	−283.3	103
KCl(s)	−436.75	−409.2	82.59
KI(s)	−327.90	−324.89	106.32
KOH(s)	−424.76	−379.1	78.87
$KClO_3$(s)	−397.7	−296.3	143
$KMnO_4$(s)	−837.2	−737.6	171.7
Mg(s)	0	0	32.68
Mg^{2+}(aq)	−466.85	−454.8	−138
$MgCl_2$(s)	−641.32	−591.83	89.62

续附录Ⅱ

物　质	$\Delta_f H_m^\ominus$/(kJ·mol^{-1})	$\Delta_f G_m^\ominus$/(kJ·mol^{-1})	$S_m^\ominus$/(J·k^{-1}·mol^{-1})
$MgCl_2 \cdot 6H_2O$(s)	−2 499.0	−2 215.0	366
MgO(s,方镁石)	−601.70	−569.44	26.9
$Mg(OH)_2$(s)	−924.54	−833.58	63.18
$MgCO_3$(s,菱镁石)	−1 096	−1 012	65.7
$MgSO_3$(s)	−1 285	−1 171	91.6
Mn(s,α)	0	0	32.0
Mn^{2+}(aq)	−220.7	−228.0	−73.6
MnO_2(s)	−520.03	−465.18	53.05
MnO_4^-(aq)	−518.4	−425.1	189.9
$MnCl_2$(s)	−481.29	−440.53	118.2
Na(s)	0	0	51.21
Na^+(aq)	−240.2	−261.89	59.0
NaCl(s)	−411.15	−384.15	72.13
Na_2O(s)	−414.2	−375.5	75.06
NaOH(s)	−425.61	−379.53	64.45
Na_2CO_3(s)	−1 130.7	−1 044.5	135.0
NaI(s)	−287.8	−286.1	98.53
Na_2O_2(s)	−510.87	−447.69	94.98
HNO_3(l)	−174.1	−80.79	155.6
NO_3^-(aq)	−207.4	−111.3	146
NH_3(g)	−46.11	−16.5	192.3
$NH_3 \cdot H_2O$(aq,非电离)	−366.12	−263.8	181
NH_4^+(aq)	−132.5	−79.37	113
NH_4Cl(s)	−314.4	−203.0	94.56
NH_4NO_3(s)	−365.6	−184.0	151.1
$(NH_4)_2SO_4$(s)	−901.90	—	187.5
N_2(g)	0	0	191.5
NO(g)	90.25	86.57	210.65
NOBr(g)	82.17	82.42	273.5
NO_2(g)	33.2	51.30	240.0
N_2O(g)	82.05	104.2	219.7
N_2O_4(g)	9.16	97.82	304.2
N_2H_4(g)	95.40	159.3	238.4
N_2H_4(l)	50.63	149.2	121.2
NiO(s)	−240	−212	38.0
O_3(g)	143	163	238.8
O_2(g)	0	0	205.03
OH^-(aq)	−229.99	−157.29	−10.8
H_2O(l)	−285.84	−237.19	69.94

续附录Ⅱ

物　质	$\Delta_f H_m^{\ominus}/(kJ \cdot mol^{-1})$	$\Delta_f G_m^{\ominus}/(kJ \cdot mol^{-1})$	$S_m^{\ominus}/(J \cdot k^{-1} \cdot mol^{-1})$
$H_2O(g)$	−241.82	−228.59	188.72
$H_2O_2(l)$	−187.8	−120.4	—
$H_2O_2(aq)$	−191.2	−134.1	144
P(s,白)	0	0	41.09
P(红)(s,三斜)	−17.6	−121.1	22.8
$PCl_3(g)$	−287	−268.0	311.7
$PCl_5(s)$	−443.5	—	—
Pb(s)	0	0	64.81
$Pb^{2+}(aq)$	−1.7	−24.4	10
PbO(s,黄)	−215.33	−187.90	68.70
$PbO_2(s)$	−277.40	−217.36	68.62
$Pb_3O_4(s)$	−718.39	−601.24	211.29
$H_2S(g)$	−20.6	−33.6	205.7
$H_2S(aq)$	−40	−27.9	121
$HS^-(aq)$	−17.7	12.0	63
$S^{2-}(aq)$	33.2	85.9	−14.6
$H_2SO_4(l)$	−813.99	−690.10	156.90
$HSO_4^-(aq)$	−887.34	−756.00	132
$SO_4^{2-}(aq)$	−909.27	−744.63	20
$SO_2(g)$	−296.83	−300.19	248.1
$SO_3(g)$	−395.7	−371.1	256.6
Si(s)	0	0	18.8
SiO_2(s,石英)	−910.94	−856.67	41.84
$SiF_4(g)$	−1 614.9	−1 572.7	282.4
$SiCl_4(l)$	−687.0	−619.90	240
$SiCl_4(g)$	−657.01	−617.01	330.6
Sn(s,白)	0	0	51.55
Sn(s,灰)	−2.1	0.13	44.14
SnO(s)	−286	−257	56.5
$SnO_2(s)$	−580.7	−519.7	52.3
$SnCl_2(s)$	−325	—	—
$SnCl_4(s)$	−511.3	−440.2	259
Zn(s)	0	0	41.6
$Zn^{2+}(aq)$	−153.9	−147.0	−112
ZnO(s)	−348.3	−318.3	43.64
$ZnCl_2(aq)$	−488.19	−409.5	0.8
ZnS(s,闪锌矿)	−206.0	−201.3	57.7

注：摘自 Robert C. West,“CRC Handbook Chemistry and Physics”,69 ed.,1988—1989,D50～93,D96～97.已换算成 SI 单位。

附录Ⅲ　弱酸、弱碱的离解常数 $K^{\ominus}$

弱电解质	t/℃	离解常数	弱电解质	t/℃	离解常数
H_3AsO_4	18	$K_1^{\ominus}=5.62\times10^{-3}$	H_2S*	18	$K_1^{\ominus}=1.3\times10^{-7}$
	18	$K_2^{\ominus}=1.70\times10^{-7}$		18	$K_2^{\ominus}=7.1\times10^{-15}$
	18	$K_3^{\ominus}=3.95\times10^{-12}$	HSO_4^-	25	$K^{\ominus}=1.2\times10^{-2}$
H_3BO_3	20	$K^{\ominus}=7.3\times10^{-10}$	H_2SO_3	18	$K_1^{\ominus}=1.54\times10^{-2}$
HBrO	25	$K^{\ominus}=2.06\times10^{-9}$		18	$K_2^{\ominus}=1.02\times10^{-7}$
H_2CO_3	25	$K_1^{\ominus}=4.30\times10^{-7}$	H_2SiO_3	30	$K_1^{\ominus}=2.2\times10^{-10}$
	25	$K_2^{\ominus}=5.61\times10^{-11}$		30	$K_2^{\ominus}=2\times10^{-12}$
$H_2C_2O_4$	25	$K_1^{\ominus}=5.90\times10^{-2}$	HCOOH	25	$K^{\ominus}=1.77\times10^{-4}$
	25	$K_2^{\ominus}=6.40\times10^{-5}$	CH_3COOH	25	$K^{\ominus}=1.76\times10^{-5}$
HCN	25	$K^{\ominus}=4.93\times10^{-10}$	$CH_2ClCOOH$	25	$K^{\ominus}=1.4\times10^{-3}$
HClO	18	$K^{\ominus}=2.95\times10^{-8}$	$CHCl_2COOH$	25	$K^{\ominus}=3.32\times10^{-2}$
H_2CrO_4	25	$K_1^{\ominus}=1.8\times10^{-1}$	$H_3C_6H_5O_7$	20	$K_1^{\ominus}=7.1\times10^{-4}$
	25	$K_2^{\ominus}=3.20\times10^{-7}$	(柠檬酸)	20	$K_2^{\ominus}=1.68\times10^{-5}$
HF	25	$K^{\ominus}=3.53\times10^{-4}$		20	$K_3^{\ominus}=4.1\times10^{-7}$
HIO_3	25	$K^{\ominus}=1.69\times10^{-1}$	$NH_3\cdot H_2O$	25	$K^{\ominus}=1.77\times10^{-5}$
HIO	25	$K^{\ominus}=2.3\times10^{-11}$	AgOH	25	$K^{\ominus}=1\times10^{-2}$
HNO_2	12.5	$K^{\ominus}=4.6\times10^{-4}$	$Al(OH)_3$	25	$K_1^{\ominus}=5\times10^{-9}$
NH_4^+	25	$K^{\ominus}=5.64\times10^{-10}$		25	$K_2^{\ominus}=2\times10^{-10}$
H_2O_2	25	$K^{\ominus}=2.4\times10^{-12}$	$Be(OH)_2$	25	$K_1^{\ominus}=1.78\times10^{-6}$
H_3PO_4	25	$K_1^{\ominus}=7.52\times10^{-3}$		25	$K_2^{\ominus}=2.5\times10^{-9}$
	25	$K_2^{\ominus}=6.23\times10^{-8}$	$Ca(OH)_2$	25	$K_2^{\ominus}=6\times10^{-2}$
	25	$K_3^{\ominus}=2.20\times10^{-13}$	$Zn(OH)_2$	25	$K_1^{\ominus}=8\times10^{-7}$

注：* 除 H_2S 外，数据摘自 Robert C. West，"CRC Handbook Chemistry and Physics"，69 ed，1988—1989，D 159～164(～0.1～0.01N)。

附录Ⅳ　常见难溶电解质的溶度积 $K_{sp}^{\ominus}$ (298.15 K)

难溶电解质	$K_{sp}^{\ominus}$	难溶电解质	$K_{sp}^{\ominus}$
AgCl	1.77×10^{-10}	$Fe(OH)_2$	4.87×10^{-17}
AgBr	5.35×10^{-13}	$Fe(OH)_3$	2.64×10^{-39}
AgI	8.51×10^{-17}	FeS	1.59×10^{-19}
Ag_2CO_3	8.45×10^{-12}	Hg_2Cl_2	1.45×10^{-18}
Ag_2CrO_4	1.12×10^{-12}	HgS(黑)	6.44×10^{-53}
Ag_2SO_4	1.20×10^{-5}	$MgCO_3$	6.82×10^{-6}
$Ag_2S(\alpha)$	6.69×10^{-50}	$Mg(OH)_2$	5.61×10^{-12}
$Ag_2S(\beta)$	1.09×10^{-49}	$Mn(OH)_2$	2.06×10^{-13}

续附录Ⅳ

难溶电解质	$K_{sp}^{\ominus}$	难溶电解质	$K_{sp}^{\ominus}$
$Al(OH)_3$	2×10^{-33}	MnS	4.65×10^{-14}
$BaCO_3$	2.58×10^{-9}	$Ni(OH)_2$	5.47×10^{-15}
$BaSO_4$	1.07×10^{-10}	NiS	1.07×10^{-21}
$BaCrO_4$	1.17×10^{-10}	$PbCl_2$	1.17×10^{-5}
$CaCO_3$	4.96×10^{-9}	$PbCO_3$	1.46×10^{-13}
$CaC_2O_4\cdot H_2O$	2.34×10^{-9}	$PbCrO_4$	1.77×10^{-14}
CaF_2	1.46×10^{-10}	PbF_2	7.12×10^{-7}
$Ca_3(PO_4)_2$	2.07×10^{-33}	$PbSO_4$	1.82×10^{-8}
$CaSO_4$	7.10×10^{-5}	PbS	9.04×10^{-29}
$Cd(OH)_2$	5.27×10^{-15}	PbI_2	8.49×10^{-9}
CdS	1.40×10^{-29}	$Pb(OH)_2$	1.42×10^{-20}
$Co(OH)_2$(桃红)	1.09×10^{-15}	$SrCO_3$	5.60×10^{-10}
$Co(OH)_2$(蓝)	5.92×10^{-15}	$SrSO_4$	3.44×10^{-7}
CoS(α)	4.0×10^{-21}	$ZnCO_3$	1.19×10^{-10}
CoS(β)	2.0×10^{-25}	$Zn(OH)_2$(γ)	6.68×10^{-17}
$Cr(OH)_3$	7.0×10^{-31}	$Zn(OH)_2$(β)	7.71×10^{-17}
CuI	1.27×10^{-12}	$Zn(OH)_2$(ε)	4.12×10^{-17}
CuS	1.27×10^{-36}	ZnS	2.93×10^{-25}

注：摘自 Robert C. West,“CRC Handbook Chemistry and Physics”,69 ed,1988—1989,B 207～208。

附录Ⅴ-1 酸性溶液中的标准电极电势 $\varphi^{\ominus}$(298.15 K)

	电极反应	$\varphi^{\ominus}$/V
Ag	$AgBr+e^-=Ag+Br^-$	+0.071 33
	$AgCl+e^-=Ag+Cl^-$	+0.222 3
	$Ag_2CrO_4+2e^-=2Ag+CrO_4^{2-}$	+0.447 0
	$Ag^++e^-=Ag$	+0.799 6
Al	$Al^{3+}+3e^-=Al$	−1.662
As	$HAsO_2+3H^++3e^-=As+2H_2O$	+0.248
	$H_3AsO_4+2H^++2e^-=HAsO_2+2H_2O$	+0.560
Bi	$BiOCl+2H^++3e^-=Bi+H_2O+Cl^-$	+0.158 3
	$BiO^++2H^++3e^-=Bi+H_2O$	+0.320
Br	$Br_2+2e^-=2Br^-$	+1.066
	$BrO_3^-+6H^++5e^-=\frac{1}{2}Br_2+3H_2O$	+1.482
Ca	$Ca^{2+}+2e^-=Ca$	−2.868
Cl	$ClO_4^-+2H^++2e^-=ClO_3^-+H_2O$	+1.189

续附录Ⅴ-1

	电 极 反 应	$\varphi^{\ominus}$/V
	$Cl_2+2e^-=2Cl^-$	+1.358
	$ClO_3^-+6H^++6e^-=Cl^-+3H_2O$	+1.451
	$ClO_3^-+6H^++5e^-=\frac{1}{2}Cl_2+3H_2O$	+1.47
	$HClO+H^++e^-=\frac{1}{2}Cl_2+H_2O$	+1.611
	$ClO_3^-+3H^++2e^-=HClO_2+H_2O$	+1.214
	$ClO_2+H^++e^-=HClO_2$	+1.277
	$HClO_2+2H^++2e^-=HClO+H_2O$	+1.645
Co	$Co^{3+}+e^-=Co^{2+}$	+1.83
Cr	$Cr_2O_7^{2-}+14H^++6e^-=2Cr^{3+}+7H_2O$	+1.232
Cu	$Cu^{2+}+e^-=Cu^+$	+0.153
	$Cu^{2+}+2e^-=Cu$	+0.341 9
	$Cu^++e^-=Cu$	+0.522
Fe	$Fe^{2+}+2e^-=Fe$	−0.447
	$Fe(CN)_6^{3-}+e^-=Fe(CN)_6^{4-}$	+0.358
	$Fe^{3+}+e^-=Fe^{2+}$	+0.771
H	$2H^++2e^-=H_2$	0
Hg	$Hg_2Cl_2+2e^-=2Hg+2Cl^-$	+0.281
	$Hg_2^{2+}+2e^-=2Hg$	+0.797 3
	$Hg^{2+}+2e^-=Hg$	+0.851
	$2Hg^{2+}+2e^-=Hg_2^{2+}$	+0.920
I	$I_2+2e^-=2I^-$	+0.535 5
	$I_3^-+2e^-=3I^-$	+0.536
	$IO_3^-+6H^++5e^-=\frac{1}{2}I_2+3H_2O$	+1.195
	$HIO+H^++e^-=\frac{1}{2}I_2+H_2O$	+1.439
K	$K^++e^-=K$	−2.931
Mg	$Mg^{2+}+2e^-=Mg$	−2.372
Mn	$Mn^{2+}+2e^-=Mn$	−1.185
	$MnO_4^-+e^-=MnO_4^{2-}$	+0.558
	$MnO_2+4H^++2e^-=Mn^{2+}+2H_2O$	+1.224
	$MnO_4^-+8H^++5e^-=Mn^{2+}+4H_2O$	+1.507
	$MnO_4^-+4H^++3e^-=MnO_2+2H_2O$	+1.679
Na	$Na^++e^-=Na$	−2.71

续附录Ⅴ-1

	电极反应	$\varphi^{\ominus}/V$
N	$NO_3^- + 4H^+ + 3e^- = NO + 2H_2O$	+0.957
	$2NO_3^- + 4H^+ + 2e^- = N_2O_4 + 2H_2O$	+0.803
	$HNO_2 + H^+ + e^- = NO + H_2O$	+0.983
	$N_2O_4 + 4H^+ + 4e^- = 2NO + 2H_2O$	+1.035
	$NO_3^- + 3H^+ + 2e^- = HNO_2 + H_2O$	+0.934
	$N_2O_4 + 2H^+ + 2e^- = 2HNO_2$	+1.065
O	$O_2 + 2H^+ + 2e^- = H_2O_2$	+0.695
	$H_2O_2 + 2H^+ + 2e^- = 2H_2O$	+1.776
	$O_2 + 4H^+ + 4e^- = 2H_2O$	+1.229
P	$H_3PO_4 + 2H^+ + 2e^- = H_3PO_3 + H_2O$	−0.276
Pb	$PbI_2 + 2e^- = Pb + 2I^-$	−0.365
	$PbSO_4 + 2e^- = Pb + SO_4^{2-}$	−0.358 8
	$PbCl_2 + 2e^- = Pb + 2Cl^-$	−0.267 5
	$Pb^{2+} + 2e^- = Pb$	−0.126 2
	$PbO_2 + 4H^+ + 2e^- = Pb^{2+} + 2H_2O$	+1.455
	$PbO_2 + SO_4^{2-} + 4H^+ + 2e^- = PbSO_4 + 2H_2O$	+1.691 3
S	$H_2SO_3 + 4H^+ + 4e^- = S + 3H_2O$	+0.449
	$S + 2H^+ + 2e^- = H_2S$	+0.142
	$SO_4^{2-} + 4H^+ + 2e^- = H_2SO_3 + H_2O$	+0.172
	$S_4O_6^{2-} + 2e^- = 2S_2O_3^{2-}$	+0.08
	$S_2O_8^{2-} + 2e^- = 2SO_4^{2-}$	+2.010
Sb	$Sb_2O_3 + 6H^+ + 6e^- = 2Sb + 3H_2O$	+0.152
	$Sb_2O_5 + 6H^+ + 4e^- = 2SbO^+ + 3H_2O$	+0.581
Sn	$Sn^{4+} + 2e^- = Sn^{2+}$	+0.151
V	$V(OH)_4^+ + 4H^+ + 5e^- = V + 4H_2O$	−0.254
	$VO^{2+} + 2H^+ + e^- = V^{3+} + H_2O$	+0.337
	$V(OH)_4^+ + 2H^+ + e^- = VO^{2+} + 3H_2O$	+1.00
Zn	$Zn^{2+} + 2e^- = Zn$	−0.761 8

附录Ⅴ-2 碱性溶液中的标准电极电势 $\varphi^{\ominus}$(298.15 K)

	电 极 反 应	$\varphi^{\ominus}$/V
Ag	$Ag_2S+2e^-=2Ag+S^{2-}$	−0.691
	$Ag_2O+H_2O+2e^-=2Ag+2OH^-$	+0.342
Al	$H_2AlO_3^-+H_2O+3e^-=Al+4OH^-$	−2.33
As	$AsO_2^-+2H_2O+3e^-=As+4OH^-$	−0.68
	$AsO_4^{3-}+2H_2O+2e^-=AsO_2^-+4OH^-$	−0.71
Br	$BrO_3^-+3H_2O+6e^-=Br^-+6OH^-$	+0.61
	$BrO^-+H_2O+2e^-=Br^-+2OH^-$	+0.761
Cl	$ClO_3^-+H_2O+2e^-=ClO_2^-+2OH^-$	+0.33
	$ClO_4^-+H_2O+2e^-=ClO_3^-+2OH^-$	+0.36
	$ClO_2^-+H_2O+2e^-=ClO^-+2OH^-$	+0.66
	$ClO^-+H_2O+2e^-=Cl^-+2OH^-$	+0.81
Co	$Co(OH)_2+2e^-=Co+2OH^-$	−0.73
	$Co(NH_3)_6^{3+}+e^-=Co(NH_4)_6^{2+}$	+0.108
	$Co(OH)_3+e^-=Co(OH)_2+OH^-$	+0.17
Cr	$Cr(OH)_3+3e^-=Cr+3OH^-$	−1.48
	$CrO_2^-+2H_2O+3e^-=Cr+4OH^-$	−1.2
	$CrO_4^{2-}+4H_2O+3e^-=Cr(OH)_3+5OH^-$	−0.13
Cu	$Cu_2O+H_2O+2e^-=2Cu+2OH^-$	−0.360
Fe	$Fe(OH)_3+e^-=Fe(OH)_2+OH^-$	−0.56
H	$2H_2O+2e^-=H_2+2OH^-$	−0.827 7
Hg	$HgO+H_2O+2e^-=Hg+2OH^-$	+0.097 7
I	$IO_3^-+3H_2O+6e^-=I^-+6OH^-$	+0.26
	$IO^-+H_2O+2e^-=I^-+2OH^-$	+0.485
Mg	$Mg(OH)_2+2e^-=Mg+2OH^-$	−2.690
Mn	$Mn(OH)_2+2e^-=Mn+2OH^-$	−1.56
	$MnO_4^-+2H_2O+3e^-=MnO_2+4OH^-$	+0.595
	$MnO_4^{2-}+2H_2O+2e^-=MnO_2+4OH^-$	+0.60
N	$NO_3^-+H_2O+2e^-=NO_2^-+2OH^-$	+0.01
O	$O_2+2H_2O+4e^-=4OH^-$	+0.401
S	$S+2e^-=S^{2-}$	−0.476
	$SO_4^{2-}+H_2O+2e^-=SO_3^{2-}+2OH^-$	−0.93
	$2SO_3^{2-}+3H_2O+4e^-=S_2O_3^{2-}+6OH^-$	−0.571
	$S_4O_6^{2-}+2e^-=2S_2O_3^{2-}$	+0.08
Sb	$SbO_2^-+2H_2O+3e^-=Sb+4OH^-$	−0.66
Sn	$Sn(OH)_6^{2-}+2e^-=HSnO_2^-+H_2O+3OH^-$	−0.93
	$HSnO_2^-+H_2O+2e^-=Sn+3OH^-$	−0.909

注：摘自 Robert C. West，"CRC Handbook of Chemistry and Physics"，69 ed，1988—1989，D 151～158。

附录Ⅵ　常见配离子的稳定常数 $K_f^\ominus$(298.15 K)

配离子	$K_f^\ominus$	配离子	$K_f^\ominus$
$Ag(CN)_2^-$	1.3×10^{21}	$FeCl_3$	98
$Ag(NH_3)_2^+$	1.1×10^{7}	$Fe(CN)_6^{4-}$	1.0×10^{35}
$Ag(SCN)_2^-$	3.7×10^{7}	$Fe(CN)_6^{3-}$	1.0×10^{42}
$Ag(S_2O_3)_2^{3-}$	2.9×10^{13}	$Fe(C_2O_4)_3^{3-}$	2×10^{20}
$Al(C_2O_4)_3^{3-}$	2.0×10^{16}	$Fe(NCS)^{2+}$	2.2×10^{3}
AlF_6^{3-}	6.9×10^{19}	FeF_3	1.13×10^{12}
$Cd(CN)_4^{2-}$	6.0×10^{18}	$HgCl_4^{2-}$	1.2×10^{15}
$CdCl_4^{2-}$	6.3×10^{2}	$Hg(CN)_4^{2-}$	2.5×10^{41}
$Cd(NH_3)_4^{2+}$	1.3×10^{7}	HgI_4^{2-}	6.8×10^{29}
$Cd(SCN)_4^{2-}$	4.0×10^{3}	$Hg(NH_3)_4^{2+}$	1.9×10^{19}
$Co(NH_3)_6^{2+}$	1.3×10^{5}	$Ni(CN)_4^{2-}$	2.0×10^{31}
$Co(NH_3)_6^{3+}$	2×10^{35}	$Ni(NH_3)_4^{2+}$	9.1×10^{7}
$Co(NCS)_4^{2-}$	1.0×10^{3}	$Pb(CH_3COO)_4^{2-}$	3×10^{8}
$Cu(CN)_2^-$	1.0×10^{24}	$Pb(CN)_4^{2-}$	1.0×10^{11}
$Cu(CN)_4^{3-}$	2.0×10^{30}	$Zn(CN)_4^{2-}$	5×10^{16}
$Cu(NH_3)_2^+$	7.2×10^{10}	$Zn(C_2O_4)_2^{2-}$	4.0×10^{7}
$Cu(NH_3)_4^{2+}$	2.1×10^{13}	$Zn(OH)_4^{2-}$	4.6×10^{17}
		$Zn(NH_3)_4^{2+}$	2.9×10^{9}

注：摘自“Lange's Handbook of Chemistry”，13 ed，1985(5)：71～91。

附录Ⅶ　元素的第一电离能 I_1/(kJ · mol^{-1})

ⅠA																	0
H 1 312	ⅡA											ⅢA	ⅣA	ⅤA	ⅥA	ⅦA	He 2 372
Li 520	Be 900											B 801	C 1 086	N 1 402	O 1 314	F 1 681	Ne 2 081
Na 496	Mg 738	ⅢB	ⅣB	ⅤB	ⅥB	ⅦB	Ⅷ			ⅠB	ⅡB	Al 578	Si 787	P 1 012	S 1 000	Cl 1 251	Ar 1 251
K 419	Ca 590	Sc 631	Ti 658	V 650	Cr 653	Mn 717	Fe 759	Co 758	Ni 737	Cu 746	Zn 906	Ga 579	Ge 726	As 944	Se 941	Br 1 140	Kr 1 351
Rb 403	Sr 550	Y 616	Zr 660	Nb 664	Mo 685	Tc 702	Ru 711	Rh 720	Pd 805	Ag 731	Cd 868	In 588	Sn 709	Sb 832	Te 869	I 1 008	Xe 1 170
Cs 376	Ba 503	La 538	Hf 654	Ta 761	W 770	Re 760	Os 840	Ir 880	Pt 870	Au 890	Hg 1 007	Tl 589	Pb 716	Bi 703	Po 812	At 912	Rn 1 037

注：表中数据依据 Robert C. West，“CRC Handbook of Chemistry and Physics”63th ed. 中的数据，乘以 96.484 6 将单位由电子伏特(eV)转变为 kJ · mol^{-1} 所得。

附录Ⅷ 常见化合物的摩尔质量/($g \cdot mol^{-1}$)

Ag_3AsO_4	462.53	$CdCl_2$	183.33	H_2CO_3	62.03
AgBr	187.78	CdS	144.47	$H_2C_2O_4 \cdot 2H_2O$	126.07
AgCl	143.32	$Ce(SO_4)_2$	332.24	HF	20.01
AgCN	133.89	CH_3COOH	60.05	HI	127.91
Ag_2CrO_4	331.73	CH_3COONa(NaAc)	82.03	HIO_3	175.61
AgI	234.77	$C_6H_{12}O_6$	180.16	HNO_3	63.02
$AgNO_3$	169.87	$CoCl_2$	129.84	H_2O	18.02
AgSCN	165.95	CoS	90.99	H_2O_2	34.02
$AlCl_3$	133.33	$CoSO_4$	154.99	H_3PO_4	97.99
Al_2O_3	101.96	$CrCl_3$	158.36	H_2S	34.08
$Al(OH)_3$	78.00	Cr_2O_3	151.99	H_2SO_4	98.09
$Al_2(SO_4)_3$	342.17	CuCl	99.00	$HgCl_2$	271.50
As_2O_3	197.84	$CuCl_2$	134.45	Hg_2Cl_2	472.09
As_2O_5	229.84	CuI	190.45	HgI_2	454.40
As_2S_3	246.05	CuO	79.55	HgO	216.59
$BaCO_3$	197.31	Cu_2O	143.09	HgS	232.65
BaC_2O_4	225.32	CuS	95.62	$HgSO_4$	296.67
$BaCl_2$	208.25	$CuSO_4$	159.62	KBr	119.00
$BaCl_2 \cdot 2H_2O$	244.37	$CO(NH_2)_2$	60.05	$KBrO_3$	167.00
$BaCrO_4$	253.32	CO_2	44.01	KCl	74.55
$Ba(OH)_2$	171.35	$FeCl_3$	162.21	K_2CO_3	138.21
$BaSO_4$	233.37	FeO	71.85	KCN	65.12
$CaCl_2$	110.99	Fe_2O_3	159.69	K_2CrO_4	194.19
$CaCO_3$	100.09	$Fe(OH)_3$	106.88	$K_2Cr_2O_7$	294.18
CaC_2O_4	128.10	$FeSO_4 \cdot 7H_2O$	278.01	$KHC_2O_4 \cdot H_2C_2O_4 \cdot 2H_2O$	254.19
CaO	56.08	$FeSO_4 \cdot (NH_4)_2SO_4 \cdot 6H_2O$	392.14	KI	166.00
$Ca(OH)_2$	74.10	H_3AsO_3	125.94	$KHC_8H_4O_4$(KHP)	204.22
$Ca_3(PO_4)_2$	310.18	H_3AsO_4	141.94	KIO_3	214.00
$CaSO_4$	136.14	H_3BO_3	61.83	$KMnO_4$	158.03
$CdCO_3$	172.41	HCl	36.46	KNO_3	101.10

续表

K_2O	94.20	$Na_2HPO_4 \cdot 12H_2O$	358.14	$NiCl_2 \cdot 6H_2O$	237.69
KOH	56.11	$Na_2H_2Y \cdot 2H_2O$	372.24	$NiSO_4 \cdot 7H_2O$	280.87
K_2SO_4	174.27	$NaNO_3$	85.00	P_2O_5	141.91
$MgCO_3$	84.32	Na_2SO_4	142.05	$PbCl_2$	278.10
$MgCl_2$	95.22	$NaOH$	40.00	$PbCO_3$	267.21
MgC_2O_4	112.33	$Na_2S_2O_3$	158.12	$Pb_3(PO_4)_2$	811.54
$MgNH_4PO_4$	137.32	$Na_2B_4O_7 \cdot 10H_2O$	381.42	$PbSO_4$	303.27
MgO	40.31	NH_2CH_2COOH	75.07	SO_2	64.07
$Mg(OH)_2$	58.33	NH_2CONH_2	60.06	SiF_4	104.08
$Mg_2P_2O_7$	222.55	NH_3	17.03	SiO_2	60.08
$MgSO_4 \cdot 7H_2O$	246.49	NH_4Cl	53.49	$SnCl_2$	189.60
$MnCO_3$	114.95	$NH_4Fe(SO_4)_2 \cdot 12H_2O$	482.2	$SnCl_4$	260.50
$MnCl_2 \cdot 4H_2O$	197.91	$(NH_4)_2CO_3$	96.09	$SrCO_3$	147.63
MnO_2	86.94	$(NH_4)_2C_2O_4$	124.10	$SrCrO_4$	203.62
MnS	87.01	NH_4HCO_3	79.06	$SrSO_4$	183.68
$MnSO_4 \cdot 4H_2O$	223.06	$(NH_4)_2MoO_4$	196.01	$ZnCO_3$	125.39
Na_2CO_3	105.99	NH_4NO_3	80.04	$ZnCl_2$	136.29
$Na_2C_2O_4$	134.00	$(NH_4)_2HPO_4$	132.06	$ZnSO_4 \cdot 7H_2O$	287.57
$NaCl$	58.44	$(NH_4)_2SO_4$	132.15	$ZnSO_4$	161.46
$NaHCO_3$	84.01	NH_4VO_3	116.98		

参考文献

[1] 华彤文. 普通化学原理. 4 版. 北京:北京大学出版社，2013.
[2] 北京大学《大学基础化学》编写组. 大学基础化学. 北京：高等教育出版社，2003.
[3] Ralph H Petrucci. 普通化学原理与应用. 8 版(影印版). 北京：高等教育出版社,2004.
[4] 孙淑声,赵钰琳. 无机化学(生物类). 北京:北京大学出版社，1993.
[5] 严宣申. 普通无机化学. 2 版. 北京:北京大学出版社，1999.
[6] 周公度. 结构和物性. 3 版. 北京:高等教育出版社，2009.
[7] 徐光宪. 物质结构简明教程. 北京:高等教育出版社，1965.
[8] 国家技术监督局计量司、标准化司编. 量和单位国家标准实施指南. 北京:中国标准出版社,1996.
[9] 席泽宗. 人类认识世界的五个里程碑. 北京:清华大学出版社、暨南大学出版社,2000.
[10] 苏锵. 稀土元素——您身边的大家族. 北京:清华大学出版社、暨南大学出版社,2000.
[11] Goldberg D H. Shaum's 题解精粹:化学. 北京:高等教育出版社,2000.
[12] Lee J D. A New Concise Inorganic Chemistry. 3rd ed. New York: Van Nostrand Reinhold Company Ltd, 1977.
[13] Willian B Wood. Biochemistru 2nd ed. The Benjamin/cummongs Publishing Company,1981.
[14] 卜平宇,夏泉. 普通化学. 北京:科学出版社,2006.
[15] 董元彦. 无机及分析化学. 2 版. 北京:科学出版社,2006.
[16] 朱裕贞,顾达,黑恩成. 现代基础化学. 北京:化学工业出版社,2001.
[17] 傅献彩. 大学化学. 北京:高等教育出版社,1999.
[18] Jean B. Umland, Jon M. Bellama. General Chemistry. 北京:机械工业出版社,2004.